国家管网集团员工队伍基本功训练系列教材

管 道 工

(油气管线安装工和带压封堵工)

国家石油天然气管网集团有限公司 编

石油工业出版社

内 容 提 要

本书是国家石油天然气管网集团有限公司生产部与人力资源部统一组织编写的"国家管网集团员工队伍基本功训练系列教材"中的一本。本书系统介绍管道工(油气管线安装工和带压封堵工)应掌握的基础知识、操作技能及相关知识、典型作业案例。

本书既可用于职业技能鉴定培训,也可用于员工岗位技术培训和自学提高。

图书在版编目(CIP)数据

管道工/国家石油天然气管网集团有限公司编. --北京:石油工业出版社,2024.12. --(国家管网集团员工队伍基本功训练系列教材). --ISBN 978-7-5183-6959-1

Ⅰ.TU81

中国国家版本馆 CIP 数据核字第 2024237NP7 号

出版发行:石油工业出版社

(北京市朝阳区安华里二区 1 号楼　100011)
网　　址:www.petropub.com
编辑部:(010)64243803
图书营销中心:(010)64523633
经　　销:全国新华书店
印　　刷:北京晨旭印刷厂

2024 年 12 月第 1 版　2024 年 12 月第 1 次印刷
787×1092 毫米　　开本:1/16　　印张:24.75
字数:597 千字

定价:90.00 元
(如发现印装质量问题,我社图书营销中心负责调换)
版权所有,翻印必究

《国家管网集团员工队伍基本功训练系列教材》

编 委 会

主　　任：王振声

副 主 任：李　荡　　冯庆善

委　　员：李凤学　　赵赏鑫　　司刚强　　肖　连　　刘志刚

　　　　　王晓刚　　唐善华　　崔　涛　　张世斌　　张　平

　　　　　仪　林　　董　鹏　　崔锦红　　蒋金生　　肖德刚

　　　　　赖少川　　李　军　　王现中　　孙向东　　赵　罡

　　　　　李　关　　宗照峰　　白晓彬

《管道工》编审组

主　　编：刘少柱　严金涛

副 主 编：齐健龙　徐葱葱

参编人员：王新举　王　伟　习　恒　刘大奎　张宏涛
　　　　　韩　林　于　雷　刘　洋　杨　忠　杨顺兴
　　　　　李景昌　王书浩　张　宏　刘坤龙　侯少锋
　　　　　张　伟　杜　伟

主　　审：张晓春

参审人员：高　义　李佳萌　张　振　程志杰　李铁夫
　　　　　牛健壮　张　响　李念隆　刘　权　曹海铭
　　　　　王明波　刘　军

前 言

在2023年制定的《国家管网集团统编教材(员工队伍基本功训练教材)编制工作方案》中,提出了如下总体目标:围绕国家石油天然气管网集团有限公司(以下简称集团公司)生产运维主营业务,涵盖基层管理、技术、技能三个序列,立足于2024年年底初步建立具有集团公司自主知识产权、适用于管网业务实际的培训教材体系,促进员工掌握操作技能、理解操作基本原理、提升实操能力和应急处置能力,推动基层员工基本功和操作技能稳步提升。

2023年4月以来,以符合国家相关法律法规、国家及行业相关标准规范、人力资源和社会保障部认定的职业技能等级培训教材和题库为基础,结合集团公司相关规章制度、企业标准、体系和流程文件,以及安全生产队伍"三湾改编"工作成果,稳步、有序开展了输油工、输气工、油气管道保护工、管道工、液化天然气储运工、油气管道调度员等六个工种培训和技能认定教材的编写、出版工作。该系列教材是集团公司首套员工培训教材,油气管道调度员更是全国油气管网运行调度的首套培训教材,编写开发过程将编审人员的现场业务实践经验汇聚成书,正是集团公司倡导的学习型组织的有力体现。本套教材的出版发行,将用于打造"全国一张网"的管网铁军提高业务水平和岗位履职能力,亦对实现"服务国家战略、服务人民需要、服务行业发展"的公司品牌具有重要意义。

国家管网集团员工队伍基本功训练系列教材《管道工》是针对长输油气管道油气管线安装和带压封堵作业的操作员工培训教材,包含三部分:基础知识、技能操作及相关知识、典型作业案例。基础知识讲述输送介质,金属材料,管道钢管、管件,焊接,识图、制图,管道安装,液压,起重,常用工机具的基础知识9个模块的内容;技能操作及相关知识讲述常用设备使用和维护,管道和设备试压,管道开孔,管道封堵,排油与置换,管道切割,管道安装7个模块的内容;典型作业案例列举了输油管道换管、输气管道换管、站内阀门更换、天然气阀室重建、跨越管道钢结构施工、站场工艺管道安装6个实践案例。

为编好教材,集团公司北方管道有限责任公司组织相关专家、技术骨干与技能操作人才等形成编写团队,以生产一线业务实际为重点操作项目,努力让教材发挥岗位培训工具书、提高员工基本功的作用。编写团队利用了大量业余时间,收集了大量生产现场技术、案例等一手资料,望本书的出版能给在维抢修一线奋斗的同志以启迪。教材编写过程也受到了来自集团公司生产部张晓春总监和高义总监的悉心指导与帮助,在此表示衷心感谢!

由于编者水平有限,书中难免存在疏漏和错误,恳请广大读者批评指正,以便修订完善。

编 者

目录

第一部分 基础知识

模块一 输送介质基础知识 ……………………………………………………… 3
 项目一 原油知识 ……………………………………………………………… 3
 项目二 成品油知识 …………………………………………………………… 6
 项目三 天然气知识 …………………………………………………………… 8

模块二 金属材料基础知识 …………………………………………………… 12
 项目一 金属材料种类和性能 ………………………………………………… 12
 项目二 金属热处理、冷处理 ………………………………………………… 16

模块三 管道钢管、管件基础知识 …………………………………………… 20
 项目一 管道钢管 ……………………………………………………………… 20
 项目二 管件 …………………………………………………………………… 28
 项目三 阀门 …………………………………………………………………… 33
 项目四 密封件 ………………………………………………………………… 39

模块四 焊接基础知识 ………………………………………………………… 42
 项目一 焊接工艺知识 ………………………………………………………… 42
 项目二 焊接变形的预防与处理 ……………………………………………… 47

模块五 识图、制图基础知识 ………………………………………………… 53
 项目一 投影和三视图 ………………………………………………………… 53
 项目二 剖面图、轴测图 ……………………………………………………… 56
 项目三 管道布置图 …………………………………………………………… 65
 项目四 管道施工图 …………………………………………………………… 71
 项目五 装配图 ………………………………………………………………… 80

模块六 油气管道安装基础知识 ……………………………………………… 85
 项目一 管道测量和计算 ……………………………………………………… 85
 项目二 长输油气管道安装工序 ……………………………………………… 89
 项目三 站内工艺管道安装工序 ……………………………………………… 96

模块七　液压基础知识 ·· 101
　　项目一　液压原理 ·· 101
　　项目二　主要液压部件 ·· 104

模块八　起重基础知识 ·· 115
　　项目一　起重吊装作业安全技术要求 ···································· 115
　　项目二　构件承载能力及杠杆变形形式 ·································· 116
　　项目三　重心计算和地锚受力分析 ······································ 118
　　项目四　起重吊装作业指挥信号 ·· 121

模块九　常用工机具 ·· 131
　　项目一　常用工具 ·· 131
　　项目二　常用量具 ·· 136
　　项目三　常用机具 ·· 146

第二部分　操作技能及相关知识

模块一　常用设备使用和维护 ·· 159
　　项目一　电磁感应式防腐层剥离机 ······································ 159
　　项目二　三通及短节 ·· 161
　　项目三　夹板阀 ·· 164
　　项目四　开孔机 ·· 168
　　项目五　封堵器 ·· 173
　　项目六　堵孔器 ·· 186
　　项目七　液压站 ·· 189
　　项目八　囊及囊压监测仪 ·· 190
　　项目九　管道对口器 ·· 193
　　项目十　消磁机 ·· 196
　　项目十一　管口加热器 ·· 198
　　项目十二　堵漏卡具 ·· 200
　　项目十三　套筒 ·· 202
　　项目十四　气瓶 ·· 205
　　项目十五　减压器 ·· 209

模块二　管道和设备试压 ·· 212
　　项目一　管道试压 ·· 212
　　项目二　阀门试压 ·· 215

项目三　封堵设备试压 ·········· 221

模块三　油气管道开孔　223
　项目一　手动开孔 ·········· 223
　项目二　电动开孔 ·········· 225
　项目三　液压开孔 ·········· 228

模块四　油气管道封堵　233
　项目一　塞式封堵 ·········· 233
　项目二　囊式封堵 ·········· 244
　项目三　筒式封堵 ·········· 254
　项目四　折叠式封堵 ·········· 264

模块五　排油与置换　273
　项目一　外接泵排油 ·········· 273
　项目二　氮气加压置换排油 ·········· 274
　项目三　可燃气体置换 ·········· 276

模块六　管道切割　281
　项目一　铰接式切管机切割 ·········· 281
　项目二　机械切割 ·········· 282
　项目三　火焰切割 ·········· 288
　项目四　水射流切割 ·········· 289

模块七　油气管道安装　292
　项目一　简易下料 ·········· 292
　项目二　管子螺纹连接 ·········· 296
　项目三　手工冷煨制 DN25mm 以下钢管 ·········· 298
　项目四　手工热煨制 DN50mm 以下钢管 ·········· 299
　项目五　等径、异径直交马鞍展开下料 ·········· 300
　项目六　90°单节虾米腰弯头展开下料 ·········· 303
　项目七　异径斜交马鞍展开下料 ·········· 305
　项目八　等径正交 Y 形三通管展开下料 ·········· 307
　项目九　异径直交弯头马鞍展开下料 ·········· 309
　项目十　管阀件预制组对 ·········· 311
　项目十一　90°摆头弯组对 ·········· 313
　项目十二　水平、垂直 90°法兰弯管测量与组对 ·········· 315
　项目十三　任意角加直管段组对 ·········· 317
　项目十四　同一平面内标高相同(不同)来回弯组对 ·········· 320

第三部分 典型作业案例

案例一 输油管道换管 ········· 327
案例二 输气管道换管 ········· 337
案例三 站内阀门更换 ········· 347
案例四 天然气阀室重建 ········· 354
案例五 跨越管道钢结构施工 ········· 360
案例六 站场工艺管道安装 ········· 363

附录

附录一 危害因素辨识与风险防控 ········· 371
附录二 现场作业标准化 ········· 374

参考文献 ········· 383

第一部分

基础知识

模块一 输送介质基础知识

项目一 原油知识

原油即石油,也称黑色金子,是一种深褐色或有点绿色的黏稠液体,习惯上将直接从油井中开采出来未加工的石油称为原油。原油是含烃类和非烃化合物及其他复杂成分的混合物,主要成分是烷烃。不同油田的石油成分和外貌有很大差别。

一、原油的组成

原油主要由碳、氢、硫、氮、氧五种元素组成。其中碳含量为 83%～87%,氢含量为 11%～14%,这两种元素含量在原油中一般为 96%～99.5%;此外还有硫、氮、氧元素,三者总含量一般为 1%～4%。除此之外,在原油中,还发现有少量的金属元素(如铁、镍、铜、钒等)、非金属元素(如砷、氯、磷、硅等),其含量均很少。上述元素都以化合物的形式存在于原油中。

碳和氢按照一定的数量关系结合成多种不同性质的碳氢化合物,简称为烃。碳和氢两种元素与硫、氮、氧形成的含硫化合物、含氮化合物、含氧化合物及胶质沥青质等,简称为非烃。原油主要就是由各种烃类组成的。根据烃类的结构,烃类分成饱和烃和不饱和烃,饱和烃性质比较稳定,不易变质,不饱和烃性质比较活泼,容易变质。

原油中的烃类主要是烷烃、环烷烃和芳香烃以及分子中兼有这三类烃结构的混合烃。烷烃在常温常压下,当含碳原子数小于 5 时处于气态;当含碳原子数在 5～16 之间为液态(新戊烷除外);含碳原子数大于 16 为固态,就是人们常说的蜡。一般情况下,蜡溶解在液态烃中,当温度下降到一定值时蜡才从液态中析出。

原油中,硫、氮、氧等元素和碳、氢元素形成的含硫、含氮、含氧化合物,统称为非烃类化合物。硫、氮、氧这些元素在原油中的含量不高,一般为 1%～4%,若以非烃化合物的形式计,其含量可达 10%～20%。

二、原油的分类

原油可按以下几种方式分类:

(1)按硫含量分类：超低硫原油、低硫原油、含硫原油和高硫原油四类。

(2)按重度分类：轻质原油、中质原油、重质原油三类。

(3)按组成分类：石蜡基原油、环烷基原油和中间基原油三类。石蜡基原油含烷烃较多；环烷基原油含环烷烃、芳香烃较多；中间基原油介于二者之间。

目前我国已开采的原油以低硫石蜡基居多，大庆等地原油均属此类。其中，最有代表性的大庆原油，硫含量低，蜡含量高，凝点高，能生产出优质煤油、柴油、溶剂油、润滑油和商品石蜡。胜利原油胶质含量高达29%，密度较大，含蜡量高，为15%~21%，属含硫中间基，汽油馏分感铅性好，且富有环烷烃和芳香烃，故是催化重整的良好原料。

三、原油的物理性质

原油的物理性质是评定原油质量及控制原油输送的重要指标，也是输油管道和站库设计的重要依据。

(一)密度

密度是指物体单位体积内所具有的质量。绝大多数原油的密度在 $0.8~0.98\text{g/cm}^3$ 之间。密度是衡量原油(油品)的质量指标之一。

(二)API 度

API 度是指衡量一种油品相对于水的轻重指标。API 度越大，相对密度越小。众所周知，油是比水轻的，水的 API 度是 10，而原油的 API 度一般在 10~70 之间。

原油 API 度主要用于判断原油品质的好坏。原油分轻质、中质、重质三类，分类的标准就是 API 度。API 度高于 31.1 的原油是轻质原油，API 度介于 22.3~31.1 之间的原油是中质原油，API 度在 22.3 之下的，是重质原油。还有一种原油 API 度很低，甚至低于 10，比水重，混合后会沉于水底，称为超重油、稠油或沥青油。

对于原油的商业价值和炼油工艺来讲，最好的原油 API 度介于 40~45 之间，这个重度区间的原油最容易加工，生产出来的主流油制品多，收率高。低于这个重度，在炼油过程中会有很多的杂质产出，因此一般来说，API 度越低，此种原油的价格也越低。

(三)黏度

黏度是衡量原油在流动时所引起的内部摩擦阻力的指标。原油黏度大小取决于温度、压力、溶解气量及其化学组成，温度增高其黏度降低，压力增高其黏度增大，溶解气量增加其黏度降低，轻质油组分增加其黏度降低。原油黏度变化较大，一般在 $1~100\text{mPa·s}$ 之间。黏度大的原油俗称稠油，稠油由于流动性差而开发难度增大。一般来说，黏度大的原油密度也较大。

(四)析蜡点

析蜡点是指原油在静止状态下开始析出固体蜡的温度。一般情况下含蜡量高，蜡熔点高的原油析蜡点也高。当原油的温度低于析蜡点，蜡晶开始析出，析出的蜡晶互相连接，形成网络结构，从而使原油出现凝固现象。

石蜡是一种白色或淡黄色固体，由高级烷烃组成，熔点为 37~76℃。

(五)凝点

凝点是指原油冷却到由液体变为固体时的温度。原油凝点不同于水的凝固,不是简单地由液态转变为固态,而是转变成凝胶状,介于液体和固体之间。原油的凝点一般在$-50 \sim 35℃$之间。凝点的高低与石油中的组分含量有关,轻质组分含量高,凝点低,重质组分含量高,尤其是石蜡含量高,凝点就高。

(六)闪点、燃点、自燃点

闪点是表示油品挥发性和安全性的指标。原油的闪点范围比较宽,一般在$-20 \sim 100℃$之间。闪点低的油品挥发性高,容易着火,安全性较差,闪点越高越安全。所以加热原油的最高温度,一般应低于闪点$20 \sim 30℃$。

燃点是原油加热到闪点以后,再继续升温,在规定条件下其所产生的油气与空气混合气遇到明火可形成连续燃烧(持续时间不小于5s)的最低温度。燃点也称为原油的着火点,通常在$2 \sim 154℃$之间。

自燃点是原油在受热已达到相当高的温度,外界无火焰,开始在空气中自行燃烧的最低温度。原油作为一种混合物,自燃点一般在$350 \sim 530℃$之间。油品越重,自燃点越低,如汽油自燃点在$415 \sim 530℃$,煤油自燃点在$380 \sim 425℃$,柴油的自燃点在$350 \sim 380℃$,渣油的自燃点更低。

四、原油的危险性

原油具有易燃、易爆性、热膨胀性、静电荷积聚性、易沸溢性、易流淌扩散性、易挥发性、毒性和腐蚀性的特点,在储运过程中易发生泄漏和火灾爆炸,同时还可能造成人员中毒。

(一)易燃性

原油闪点较低,火灾危险性分类为甲B类,在空气中只要较小的点燃能量就会燃烧,具有较高的火灾危险性。

(二)易爆性

原油蒸气的爆炸浓度极限范围较宽,爆炸下限浓度值较低,易发生爆炸。当原油蒸气与空气混合,达到一定浓度时,遇到点火源即可发生爆炸,爆炸危险性较大。

(三)热膨胀性

原油体积由温度改变引起的变化相对不大。但若着火现场附近的原油受到火焰辐射的高热时,其体积会有较大的增长(由于原油中低沸点组分会汽化膨胀),会因膨胀而顶爆固定容积的容器或溢出容器,并可进而参与燃烧甚至爆炸,酿成更大事故。

(四)静电荷积聚性

原油输送过程中会产生静电,且不易消除。如果静电放电产生的电火花能量达到或大于油品蒸气的最小点火能,且油品蒸气(油气)浓度正处在燃烧、爆炸极限范围内时,就会立即引起燃烧、爆炸。

(五)易沸溢性

当原油含水率为$0.3\% \sim 4\%$时,遇高热或发生火灾易产生沸溢或喷溅,燃烧的油品大量外溢,甚至从罐中喷出,造成重大火灾事故,同时高浓度油品蒸汽对人体有一定危害作用。

（六）易流淌扩散性

原油具有流动性,易流淌扩散。一旦发生泄漏,泄漏后的原油及挥发的蒸气易在地表、地沟、下水道及凹坑等低洼处滞留,并贴地面流动,往往在预想不到的地方遇火源而引起火灾,同时因油品的漫流会给火灾扑救带来困难。

（七）易挥发性

原油含有轻烃类物质,在常温下易于挥发。若挥发的烃类与空气形成的混合气体达到爆炸极限,就有可能发生爆炸。

（八）毒性

原油本身毒性较低,遇热会分解释放出有毒的烟雾,人吸入大量蒸气会引起神经麻痹。

（九）腐蚀性

储罐和管道受原油中水分和腐蚀性物质的作用,发生电化学腐蚀,往往会造成罐壁或管壁变薄,最后导致穿孔和油品泄漏。

项目二　成品油知识

一、成品油的种类

成品油是经过石油炼厂将原油炼制加工而成,可分为石油燃料(汽油、航空汽油、煤油、柴油)、石油溶剂与化工原料、润滑剂、石蜡、石油沥青、石油焦等六类。其中,石油燃料产量最大,约占总产量的90%。各种润滑剂约占总产量5%。

（一）汽油

汽油为无色至淡黄色、易挥发液体,主要用作汽油机的燃料,广泛用于汽车、摩托车、快艇、直升机、农林业用飞机等。溶剂汽油则用于橡胶、油漆、油脂、香料等工业。

（二）航空汽油

航空汽油用作活塞式航空发动机燃料的石油产品,具有足够低的结晶点(-60℃以下)和较高的发热量、良好的蒸发性和足够的抗爆性。

（三）煤油

煤油的纯品为无色透明液体,含有杂质时呈淡黄色。煤油在常温下为液体,略具臭味,不溶于水;主要用于燃料油或用作机械零部件的洗涤剂,化工原料和金属工件表面化学热处理等工艺用油,还可作为喷气式飞机和涡轮螺旋桨式飞机使用的航空煤油。

（四）柴油

柴油主要作为内燃机燃油。柴油品种主要分为轻柴油、军用柴油和重柴油三大类:

(1)轻柴油。淡黄色液体,主要应用于转速不低于960r/min的压燃式高速柴油发动机作燃料;分为5号、0号、-10号、-20号、-35号和-50号6个牌号,分别表示该型号柴油的凝点不高于牌号的数值。

(2)军用柴油。由石油直馏馏分经脱蜡精制而得的轻柴油,按质量分为优级品和一级品,每个等级根据凝点分为-10号、-35号、-50号三个牌号。军用柴油主要用于坦克和舰艇的柴油机,也可用于柴油车。

(3)重柴油。主要应用于中、低速压燃式柴油发动机作燃料。

二、成品油的物理性质

成品油管道输送中需要重点考虑的油品物性指标有:密度、黏度、凝点、饱和蒸气压、闪点、辛烷值。其中,密度、黏度、凝点、饱和蒸气压是成品油管道运行工艺中需要重点考虑的指标,密度更是作为油品批次跟踪的重要参数。闪点是柴油质量控制的重要指标,辛烷值是汽油质量控制的重要指标。

密度、黏度、凝点的概念与原油相同,不再重复介绍。闪点既是评价油品蒸发倾向的指标,又是确保其安全性的指标。不同标号的汽油闪点在常压下为-50~-20℃之间,柴油在常压下的闪点为10~20℃。

在一定温度下油品蒸气压越高,输送油品的离心泵越容易发生汽蚀;油品蒸气压越高,管道越容易发生液柱分离。运行控制中要保证管道最高点的压力高于油品的饱和蒸气压0.2MPa以上,以确保管道内是纯液相流体。

汽油的抗爆性指标,亦称辛烷值,就是人们常说的汽油的标号,如92号、95号汽油等,是实际汽油抗爆性与标准汽油的抗爆性的比值。标号越高,抗爆性能就越强。标准汽油是由异辛烷和正庚烷组成。异辛烷的抗爆性好,其辛烷值定为100;正庚烷的抗爆性差,在汽油机上容易发生爆震,其辛烷值定为0。如果汽油的标号90,则表示该标号的汽油与含异辛烷90%、正庚烷10%的标准汽油具有相同的抗爆性。例如90号汽油,可以保证在压缩比不大于9的发动机上使用不产生爆燃现象,97号汽油就可以保证在压缩比不大于9.7的发动机上使用不产生爆燃现象。

三、成品油的危险性

成品油具有易燃、易爆、易挥发、易流失、易积聚静电、膨胀性、漂浮性、渗透性和毒性的特点,在输送过程中易发生泄漏和火灾爆炸,同时还可能造成人员中毒。

(一)易燃性

成品油属于易燃性物质,在空气中只要较小的点燃能量就会燃烧,因此具有较大的火灾危险性。

(二)易爆性

成品油蒸气的爆炸浓度极限范围较宽,爆炸下限浓度值较低,易发生爆炸。当成品油蒸气与空气混合,达到一定浓度时,遇到点火源即可发生爆炸,爆炸危险性较大。

(三)挥发性

成品油挥发与气温、油品温度、油品表面积、表面空气流速、表面压力和油品密度有关。

输油站场在油品输送过程中,若挥发出的油气逸散到周围空间,易于在作业场所及低洼、通风不良的地方积聚,这种潜在的不安全因素,对输油站场的防火安全影响极大。

(四)静电荷积聚性

成品油输送过程中会产生静电,且不易消除。如果静电放电产生的电火花能量达到或大于油品蒸气的最小点火能且油品蒸气浓度正处在燃烧、爆炸极限范围内时,就会立即引起燃烧、爆炸。

(五)流动性

成品油黏度较小,易流淌扩散。一旦泄漏,挥发的蒸气容易滞留在地表、地沟、下水道及凹坑等低洼处,并且易贴地面向远处扩散,遇火源而引起火灾。

(六)膨胀性

成品油的体积会随温度的增高而膨胀,对容器造成挤压;当储油容器内灌入的热油冷却时,油品体积收缩,使容器承受外部大气气压的压迫。这种热胀冷缩现象往往易损坏储存容器,造成漏油现象。着火现场附近,油品受到火焰辐射的高热时,如不及时冷却,可能因膨胀导致容器爆裂。

(七)漂浮性

成品油的密度小于水的密度,且不与水相溶。因此输油站场内的泄漏失控油品若漂浮于下水道等的水面,就会随水流带动而流动,加大了扩散速度和扩散范围。

(八)渗透性

成品油的渗透性很强,如在输油管道、设备设施腐蚀穿孔或漏油而不能及时发现时,极易渗入地下造成环境污染。

(九)毒性

成品油的毒性主要来自其烃类蒸气。汽油的毒性较大,且挥发性很强,主要是通过呼吸道、消化道及皮肤三个途径进入体内,造成中毒反应或中毒事故。

项目三 天然气知识

一、天然气的组成

天然气是含烃类化合物、非烃类气体和其他复杂成分的混合物。烃类包括烷烃、环烷烃、烯烃、芳香烃,以烷烃为主,其中甲烷(CH_4)占绝大多数,其次为乙烷(C_2H_6)、丙烷(C_3H_8)、丁烷(C_4H_{10})等,在常压、20℃下,甲烷、乙烷、丙烷、丁烷呈气态,戊烷及以上至十七烷烃呈液态。

非烃类气体视气田不同,存在的种类与含量的高低相差悬殊,一般有二氧化碳(CO_2)、一氧化碳(CO)、氮气(N_2)、氢气(H_2)、硫化氢(H_2S)、水蒸气(H_2O)和有机硫等。

天然气气体组成是天然气管道输送中的重要数据,在进行计量交接、管存计算等工作时都要用到。天然气气体组成数据会根据在线的天然气组分分析仪的测量数据进行适时更新。

二、天然气的分类

天然气按油气藏类型分为气田气、凝析气田气、油田伴生气。气田气即纯气田天然气，气藏中的天然气以气相存在，通过气井开采出来，其主要成分是甲烷，还有少量乙烷、丙烷、丁烷及非烃类气体。凝析气田气在气藏中以气体状态存在，是具有高含量可回收烃液的气田气，其凝析液主要为凝析油，其次可能还有部分被凝析的水。油田伴生气是伴随原油共生的，是在油藏中与原油呈相平衡接触的气体，包括游离气(气层气)和溶解在原油中的溶解气。

天然气按烃类组成分类，常用的分类方式有两种。按第一种 C_5 界定法，即天然气中 C_5 以上的烃液含量，将天然气分为干气和湿气。每 $1Nm^3$ 天然气中 C_5 以上重烃液体含量低于 $13.5cm^3$ 的天然气为干气，低于 $13.5cm^3$ 的天然气为湿气。按第二种 C_3 界定法，即天然气中 C_3 以上的烃液含量，将天然气分为贫气和富气。每 $1Nm^3$ 天然气中 C_3 以上烃类液体含量低于 $94cm^3$ 的天然气为贫气，含量超过 $94cm^3$ 的天然气为富气。

天然气按酸性气体含量分类，即 CO_2 和 H_2S 含量，可分为酸性天然气和洁气。我国规定含硫量在 $1g/m^3$ 以上的天然气为酸性天然气，酸性天然气必须经净化处理后才能达到管输标准或商品气气质指标。洁气指 CO_2 和 H_2S 等硫化物含量甚微的天然气，无需进行净化处理即可外输和利用。

天然气按储存形式可分为液化天然气(LNG)和压缩天然气(CNG)。CNG 通常是指经净化后压缩到 $20\sim25MPa$ 的天然气。CNG 在 20MPa 时的体积约为标准状态下同质量天然气的 1/200。天然气在常压下，当冷却至 $-162℃$ 时，由气态变为液态，称为 LNG。LNG 的密度通常在 $430\sim470kg/m^3$ 之间，LNG 的体积约为同量气态天然气体积的 1/620。

三、天然气的物理性质

(一)密度

天然气的密度是指单位体积气体的质量，以 kg/m^3 表示。天然气是多组分的混合物，各组分的密度也不相同。在地面标准状态下，天然气混合物的密度一般为 $0.7\sim0.75kg/m^3$，随重烃含量增多密度增大。某些油田伴生气，其密度可达 $1.5kg/m^3$。密度随压力增高而增大，随温度增高而变小。

(二)黏度

天然气的黏度是衡量气体分子内部质点运移的摩擦阻力，是研究气体的运移、评价开采、集输条件的重要参数。黏度常用动力黏度(绝对黏度)表示，单位采用 $mPa·s$；也可用运动黏度，即动力黏度与密度的比值，单位以 mm^2/s 表示。

(三)压缩性和溶解性

天然气是可压缩的。同体积的天然气，在地面与地下密度不同，重量也不同。天然气具有溶于水和石油这两类不同液体的能力,但易于与石油互溶而与水则不易互溶。例如甲烷,在原油中的溶解系数为0.3,而在水中的溶解系数仅0.033,两者相差达一个数量级。影响天然气溶解性的主要因素是压力,而温度对天然气的溶解力的影响则比较复杂。

(四)爆炸极限

天然气与空气混合后,当浓度达到一定范围时,如遇明火就会发生燃烧和爆炸。此浓度下限称为天然气爆炸下限,此浓度上限称为天然气爆炸上限。爆炸上限和爆炸下限之间称为爆炸极限范围,简称爆炸极限。天然气的爆炸极限为5%~15%。

(五)烃露点

天然气的烃露点指在一定压力下从天然气或油田气中开始凝结出烃类液体的温度,天然气的烃露点与天然气的压力和组成有关。

(六)水露点

天然气的水露点指天然气在一定压力下析出液态水时的最高温度,它反映了天然气中的水蒸气含量,水蒸气含量越高,则在相同压力下其水露点也越高。

四、天然气的危险性

输气管道输送介质主要为天然气。天然气主要成分为甲烷,具有易燃易爆性、易扩散性、高压缩性、热膨胀性、静电荷聚集性、腐蚀性和毒性等特性。

(一)易燃易爆性

天然气火灾危险等级为甲B类,属易燃、易爆物质,爆炸极限较宽,爆炸下限较低,泄漏到空气中能形成爆炸性混合物,遇明火、高热极易燃烧爆炸,燃烧分解产物为CO、CO_2。在储运过程中,若遇高热,容器内压增大,有开裂和爆炸的危险。

(二)易扩散性

天然气的密度比空气小,泄漏后易扩散,遇火源可能发生爆炸,形成爆炸蒸气云。

(三)高压缩性

天然气是一种高可压缩性的介质,高压天然气储存了大量的压缩能。输气管道运行过程中管道系统出现裂纹时,其减压波传递速度较慢,当管材韧性较差时,其裂纹可能存在进一步撕裂,进而导致天然气大量泄漏。

(四)热膨胀性

天然气的体积会随着温度的升高而膨胀,当管道系统遭受暴晒或靠近高温热源时,天然气受热会膨胀造成管道内压增大,超过设计压力时易造成容器损坏导致天然气泄漏。

(五)静电荷聚集性

天然气在较高流速下或高压气体从管口或破损处高速喷出时,由于强烈的摩擦作用,会有静电产生。静电荷聚集到一定电位就会产生静电放电,如果静电放电产生的电火花能量达到或大于其最小点火能,就会立即引发燃烧、爆炸。

(六)腐蚀性

天然气的腐蚀性主要来自其中的硫化氢、二氧化碳等酸性气体,在有水存在的条件下将形成酸性腐蚀环境,对钢管内壁造成腐蚀,尤其在低洼积水、管道弯头等处,腐蚀尤为严重。

(七)毒性

天然气为无色、无臭的烃类混合气体,属无毒物质。但空气中甲烷浓度过高能使人窒息,当空气中甲烷达到25%~30%时,可引起头痛、头晕、乏力、注意力不集中、呼吸和心跳加速、精细动作故障等,甚至产生窒息、昏迷。长期接触天然气可出现神经衰弱综合征。

模块二　金属材料基础知识

项目一　金属材料种类和性能

一、金属材料简介

金属材料是指金属元素或以金属元素为主构成的具有金属特性的材料的统称,包括纯金属、合金、金属间化合物和特种金属材料等。

金属材料通常分为黑色金属、有色金属。黑色金属又称钢铁材料,包括含铁90%以上杂质总含量<0.2%及含碳量不超过0.0218%的工业纯铁,含碳0.0218%~2.11%的钢,含碳大于2.11%的铸铁,以及各种用途的结构钢、不锈钢、耐热钢、高温合金、不锈钢、精密合金等。广义的黑色金属还包括铬、锰及其合金。有色金属是指除铁、铬、锰以外的所有金属及其合金,通常分为轻金属、重金属、贵金属、半金属、稀有金属和稀土金属等。有色合金的强度和硬度一般比纯金属高,并且电阻大、电阻温度系数小。

金属材料是管道运输行业运用的最主要材料。各种管道、阀门、泵、压缩机、维抢修机具设备中,金属制品占90%以上。金属材料之所以获得广泛的应用,主要是由于它具有制造机器所需要的物理、化学和力学性能,并且可用较简单的工艺方法加工成适用的机械零件,亦即具有所需要的工艺性能。在管道安装及管道运输行业中所应用的金属及合金,应具有优良的力学性能和工艺性能,较好的化学稳定性和所需的物理性能。因此,必须熟悉金属及合金的各种性能,方能保证工程施工及运营质量。

二、金属材料的性能

金属材料的性能决定着材料的适用范围及应用的合理性。金属材料的性能主要分为四个方面:物理性能、化学性能、机械性能、工艺性能。

(一)金属材料的物理性能

金属材料的物理性能主要有密度、熔点、热膨胀性等,除此还具有许多独特性质,如金属光泽、导热性、导电性、弹性、延展性和磁性等,使其在工程和科学中得到广泛应用。了解和掌握这些物理性质对于设计和应用金属材料至关重要。

（1）密度：指单位体积金属的质量，其单位为 g/cm^3 或 kg/m^3。

（2）熔点：金属由固态转变成液态时的温度，对金属材料的熔炼、热加工有直接影响，并与材料的高温性能有很大关系。

（3）热膨胀性：随着温度变化，材料的体积也发生变化（膨胀或收缩）的现象称为热膨胀，多用线膨胀系数衡量，即温度变化1℃时，材料长度的增减量与其0℃时的长度之比。

（4）磁性：吸引铁磁性物体的性质即为磁性。

（二）金属材料的化学性能

金属与其他物质引起化学反应的特性称为金属的化学性能。在实际应用中主要考虑金属的抗蚀性、抗氧化性（又称为氧化抗力，这是特别指金属在高温时对氧化作用的抵抗能力，也常称稳定性），以及不同金属之间、金属与非金属之间形成的化合物对机械性能的影响等。在金属的化学性能中，特别是抗蚀性对金属的腐蚀疲劳损伤有着重大的意义。

（三）金属材料的机械性能

金属在一定温度条件下承受外力（载荷）作用时，抵抗变形和断裂的能力称为金属材料的机械性能，也称为力学性能。金属材料承受的载荷有多种形式，它可以是静态载荷，也可以是动态载荷，包括单独或同时承受的拉伸应力、压应力、弯曲应力、剪切应力、扭转应力，以及摩擦、振动、冲击等。

应力的概念：物体内部单位截面积上承受的力称为应力。由外力作用引起的应力称为工作应力，在无外力作用条件下平衡于物体内部的应力称为内应力（例如组织应力、热应力、加工过程结束后留存下来的残余应力等）。

金属材料的机械性能是零件的设计和选材时的主要依据。外加载荷性质不同（如拉伸、压缩、扭转、冲击、循环载荷等），对金属材料要求的机械性能也将不同。金属材料拉伸时，常见的应力变化曲线如图 1-2-1 所示，关于拉伸试验可参考 GB/T 228.1—2021《金属材料 拉伸试验 第1部分：室温试验方法》。

金属材料常用的机械性能：强度、塑性、硬度、冲击韧性、多次冲击抗力和疲劳极限等介绍如下。

1. 强度

金属材料的强度是指在静荷作用下抵抗破坏（过量塑性变形或断裂）的性能。由于载荷的作用方式有拉伸、压缩、弯曲、剪切等形式，所以强度也分为抗拉强度、抗压强度、抗弯强度、抗剪强度等。各种强度间常有一定的联系，使用中一般较多以抗拉强度作为最基本的强度指标。

2. 刚度

金属的刚度是指金属材料抵抗弹性变形的能力。

3. 塑性

金属的塑性是指金属在外力作用下产生塑性变形而不破坏的能力，常用的塑性指标有金属材料的延伸率和断面收缩率。

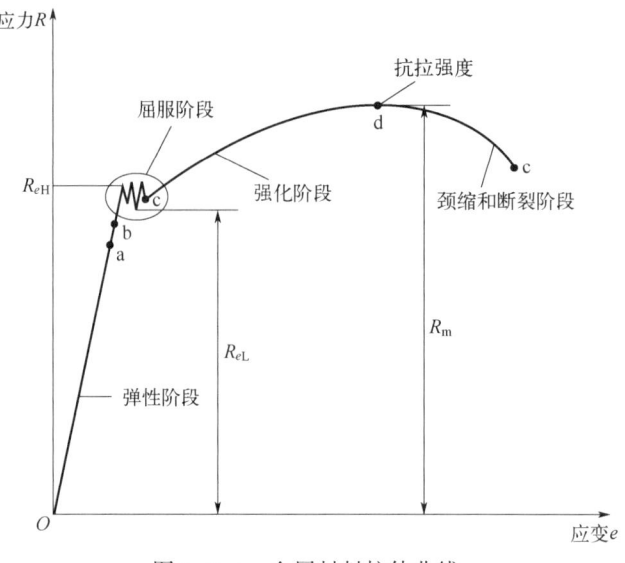

图 1-2-1　金属材料拉伸曲线

R_{eH}—上屈服强度；R_{eL}—下屈服强度；R_m—抗拉强度

4. 硬度

金属的硬度是衡量金属材料软硬程度的指标。生产中测定硬度方法最常用的是压入硬度法，它是用一定几何形状的压头在一定载荷下压入被测试的金属材料表面，根据被压入程度来测定其硬度值。

常用的硬度有布氏硬度（HB）、洛氏硬度（HRA、HRB、HRC）和维氏硬度（HV）等。

5. 冲击韧性

金属的冲击韧性是指金属材料在冲击载荷的作用下抵抗破坏的能力。

6. 疲劳极限

金属材料的疲劳极限是指其经受无数次应力循环而不破坏的最大应力。

(四) 金属材料的工艺性能

金属对各种加工工艺方法所表现出来的适应性称为工艺性能，主要有以下四个方面：

(1) 切削加工性能：反映用切削工具（如车削、铣削、刨削、磨削等）对金属材料进行切削加工的难易程度。

(2) 可锻性：反映金属材料在压力加工过程中成型的难易程度，例如将材料加热到一定温度时其塑性的高低（表现为塑性变形抗力的大小），允许热压力加工的温度范围大小，热胀冷缩特性以及与显微组织、机械性能有关的临界变形的界限，热变形时金属的流动性、导热性能等。

(3) 可铸性：反映金属材料熔化浇铸成为铸件的难易程度，表现为熔化状态时的流动性、吸气性、氧化性、熔点，铸件显微组织的均匀性、致密性，以及冷缩率等。

(4) 可焊性：反映金属材料在局部快速加热，使结合部位迅速熔化或半熔化（需加压），从而使结合部位牢固地结合在一起而成为整体的难易程度，表现为熔点、熔化时的吸气性、氧化性、导热性、热胀冷缩特性、塑性以及与接缝部位和附近用材显微组织的相关性、对机械性能的影响等。

三、常用钢的分类与性能

（一）常用钢的分类

铁和钢是黑色金属的两大类，都是以铁和碳为主要元素的合金，主要区别在于组成中的碳元素含量不同。含碳量在2.11%以下的铁碳合金称为钢。因钢在输送管道中使用最广泛，本书重点介绍钢。

常用钢材分类有：

（1）按化学成分分为碳素钢、低合金钢和合金钢；

（2）按用途分为不锈钢、耐酸钢等；

（3）按品质（钢中的有害杂质磷、硫的含量）分为普通钢、优质钢；

（4）按冶炼炉的方式分为平炉钢、转炉钢及电炉钢；

（5）按冶炼时脱氧程度分为沸腾钢、镇静钢；

（6）根据加工手法的不同，分为冷加工和热加工；

（7）按照样式不同分为钢板、管材、棒钢、型钢（角钢、工字钢、槽钢及圆钢统称为型钢）、钢带；

（8）按照热处理工艺的不同，分为调质结构钢和表面硬化钢。

在为钢材命名时往往将用途、成分、质量这三种分类方法结合起来。

（二）碳素钢的分类及性能

1. 碳素钢的分类

碳素钢（简称碳钢）是含碳量在0.0218%~2.11%的铁碳合金，一般还含有少量的硅、锰、硫、磷等元素。

碳素钢按照化学成分（含碳量多少）可分为低碳钢、中碳钢及高碳钢三类。低碳钢含碳量≤0.25%，中碳钢含碳量为0.25%~0.6%。高碳钢含碳量≥0.6%。

碳素钢按用途可以分为碳素结构钢、碳素工具钢和易切削结构钢三类，碳素结构钢又分为工程构建钢和机器制造结构钢两种。

碳素钢按脱氧方法可分为沸腾钢（F）、镇静钢（Z）、半镇静钢（b）和特殊镇静钢（TZ）。

碳素钢按钢的质量可以分为普通碳素钢（含磷、硫较高）、优质碳素钢（含磷、硫较低）和高级优质钢（含磷、硫更低）和特级优质钢。

2. 碳素钢的性能

碳素钢性能的好坏取决于含碳量的多少。低碳钢含碳量低，所以焊接性能好。中碳钢强度较高，焊接性能较差，具有良好的可切削性。高碳钢由于含碳量很高，焊接性能很差。

优质碳素结构钢中，所含硫、磷等有害杂质少，塑性及韧性较高，有较高的机械性能。

碳素钢中的锰元素能改善钢的淬透性，强化铁素体。

(三) 合金钢的分类及性能

1. 合金钢的分类

合金钢是为改善钢的某些性能,在普通碳素钢基础上添加适量的一种或多种合金元素而构成的铁碳合金。根据添加元素的不同,并采取适当的加工工艺,可获得高强度、高韧性、耐磨、耐腐蚀、耐低温、耐高温、无磁性等特殊性能。

合金钢种类很多,通常按照合金元素含量分为低合金钢(合金元素总含量≤5%)、中合金钢(合金元素总含量在5%~10%)及高合金钢(合金元素总含量≥10%)。

按合金元素的种类不同有铬钢、锰钢、铬锰钢、铬镍钢、铬镍钼钢、硅锰钼钒钢等。

按质量不同有优质合金钢、特质合金钢。

按特性和用途不同又有合金结构钢、不锈钢、耐酸钢、耐磨钢、耐热钢、合金工具钢、滚动轴承钢、合金弹簧钢和特殊性能钢(如软磁钢、永磁钢、无磁钢)等。

根据各种元素在钢中形成碳化物的倾向,合金钢又可分为强碳化物形成元素、碳化物形成元素和不形成碳化物元素三大类。

2. 合金钢的性能

合金钢是在普通碳素钢的基础上添加适量的硅、锰、钨、铬、镍、钼等合金元素而构成的铁碳合金。这些合金元素可以显著改善钢的强度、韧性、淬透性、可焊接性等性能。合金钢还具有高强度、高韧性、耐磨、耐腐蚀、耐低温、耐高温等特殊性能。

合金钢的性能特点:

(1)高强度:屈服点和抗拉强度较高,适用于需要承受高应力的场合。

(2)高韧性:在保持高强度的同时,具有良好的韧性,能够抵抗冲击载荷。

(3)耐磨性:具有优异的耐磨性能,适用于需要频繁摩擦的部件。

(4)耐腐蚀性:能够抵抗大气、化学介质等多种腐蚀环境。

(5)耐低温性:能够在极低温度下保持其性能,适用于寒冷地区的工程应用。

(6)耐高温性:能够在高温环境下保持其力学性能,适用于高温工作环境。

(7)无磁性:具有非磁性或弱磁性,适用于需要无磁环境的场合。

项目二 金属热处理、冷处理

一、铁碳合金相图

热处理在机械制造业中的应用日益广泛。在加工完的钢和铸铁中,总会含有一定数量的碳元素,这些碳元素所占的比重决定了钢/铸铁的特性。通过铁碳合金相图,人们可以直观地看出(钢铁)形成过程中的组分变化与碳元素含量、温度间的相互关系。如图1-2-2所示的铁碳合金相图是确定热处理工艺的重要依据,大多数热处理将钢加热到临界温度以上,使原有组织转变为均匀的奥氏体后,再以不同的冷却方式转变成不同的组织,获得所需要的性能。

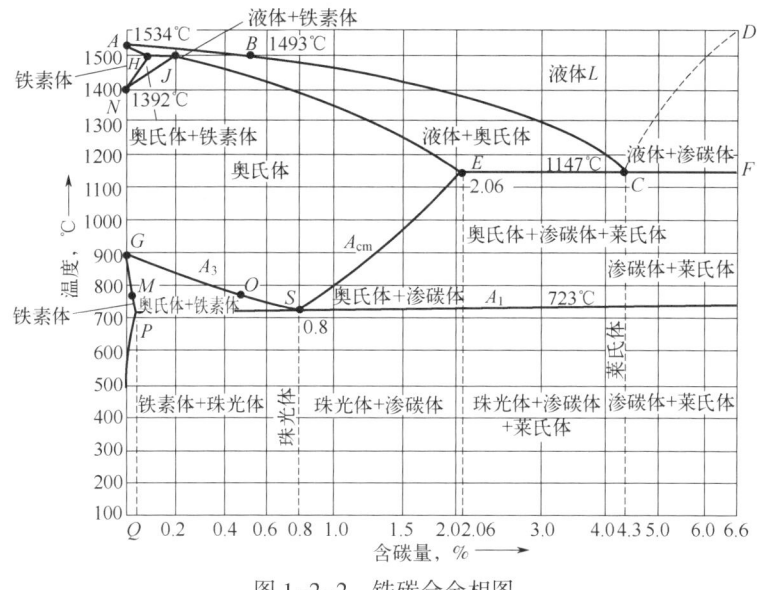

图 1-2-2 铁碳合金相图

二、热处理

热处理是将金属材料加热至一定温度,保持一定时间后再进行冷却的过程。钢的热处理就是将钢在固态时通过加热、保温和冷却,以改变钢的组织,从而获得所需性能的钢。热处理过程,一般都要经过加热、保温、冷却三个阶段且不改变金属材料的形状和大小,主要目的是改变金属材料的组织结构和性能,调整其力学性能和物理性能。常见的热处理方法包括退火、正火、淬火、回火等。

(一)退火

退火是把金属材料或零件加热到一定温度,保温一段时间,然后缓慢冷却,以获得接近平衡状态的组织的热处理方法。

退火的主要目的是:

(1)降低硬度,改善加工性能。

(2)增加塑性和韧性。

(3)消除内应力。

(4)改善内部组织,为最终热处理做好准备。

根据退火的目的和工艺特点,可分为完全退火、不完全退火、等温退火、球化退火、去应力退火、再结晶退火与扩散退火等七类。

(二)正火

正火是把金属材料或零件加热到一定温度,保温后在空气中冷却,以得到较细的珠光体类组织的工艺过程,主要用于低碳钢、中碳钢和低合金钢,而对于高碳钢和高合金钢则不常用正火方式。

正火的目的基本上雷同于退火,具体地讲,正火可以达到以下目的:

(1)提高低碳钢的硬度,改善切削加工性。
(2)细化晶粒,使内部组织均匀,为最后热处理做组织准备。
(3)消除内应力,并防止淬火中的变形裂开。

正火与退火比较,正火后钢的强度和硬度都比较高,正火工艺简单、经济,应用很广,与退火相比成本也较低。

(三)淬火

淬火是把金属材料或零件加热到相变温度以上,保温后,以大于临界冷却速度的方法急剧冷却,以获得马氏体组织的热处理工艺。

淬火是为了得到马氏体组织,再经过回火后,使工件获得良好的使用性能,以充分发挥材料的潜力。其主要目的是:

(1)提高金属材料或零件的机械性能,如提高工具、轴承等的硬度和耐磨性,提高弹簧钢的弹性极限,提高轴类零件的综合机械性能等。
(2)改善某些特殊钢的机械性能或化学性能,如提高不锈钢的耐磨性,增加磁钢的永磁性等。

淬火冷却后,除需合理选用淬火介质外,还要有正确的淬火方法。常用的淬火方法主要有单液淬火、双液淬火、分级淬火、等温淬火、预冷淬火和局部淬火等。

(四)回火

回火是将淬火后的金属材料或零件加热到某一温度,保温一定时间后,以一定方式冷却的热处理工艺。回火是淬火后紧接着进行的一种操作,通常也是工件进行热处理的最后一道工序,因而把淬火和回火的联合工艺称为最终热处理。

淬火件回火的主要目的:

(1)减少内应力和降低脆性。淬火件存在着很大的应力和脆性,如不及时回火往往会产生变形甚至开裂。
(2)调整工件的机械性能。工件淬火后硬度高、脆性大,为了满足各种工件不同的性能要求,可以通过回火来调整硬度、强度、塑性和韧性。
(3)稳定工件尺寸。通过回火可使金相组织趋于稳定,以保证在以后的使用过程中不再发生变形。
(4)改善某些合金钢的性能。

在生产中,常根据对工件性能的要求,按加热温度的不同,把回火分为低温回火、中温回火和高温回火。

淬火和随后高温回火相结合的热处理工艺为调质。调质的目的是获得回火索氏体,使工件具有良好的综合机械性能,即在具有高强度的同时,又有好的塑性和韧性。调质主要用于处理承受较大载荷的机器结构零件,如机床主轴、汽车后桥半轴、强力齿轮等。

(五)表面淬火

表面淬火是将钢件的表面层淬透到一定的深度,而心部仍保持未淬火状态的一种局部淬火方法。表面淬火时通过快速加热,使钢件表层很快达到淬火温度,在热量来不及传到钢件心部就立即冷却,实现局部淬火。淬火能提高材料的强度、硬度以及耐磨性。

表面淬火的目的在于获得高硬度、高耐磨性的表层,而心部仍保持原有的良好韧性,常用于机床主轴、齿轮、发动机的曲轴等的热处理。

表面淬火所采用的快速加热方法有多种,如电感应、火焰、电接触、激光等,目前应用最广的是电感应加热法。

(六)化学热处理

化学热处理是将工件置于化学介质中加热和保温,以改变表层的化学成分和组织,从而改变工件表层性能的热处理工艺。

根据渗入元素的不同,化学热处理可分为渗碳、渗氮(氮化)、碳氮共渗、渗金属等,渗碳是化学热处理中最常用的一种。

(七)固溶、调质

固溶热处理是指将金属材料加热至一定温度,使其内部的固溶体达到均匀状态,然后迅速冷却,以达到改善材料性能的目的。调质热处理则是在固溶热处理的基础上,将材料再次加热至一定温度,然后冷却,以进一步改善材料的性能。

固溶热处理的主要目的是改善材料的塑性和韧性,同时提高其抗腐蚀性能。固溶热处理的温度和时间是影响其效果的关键因素。一般来说,固溶温度越高,时间越长,材料的塑性和韧性就越好。但是,过高的固溶温度和时间也会导致材料的晶粒长大,从而降低其强度和硬度。

调质热处理则是在固溶热处理的基础上,通过再次加热和冷却,使材料的组织达到一定的强度和硬度。调质热处理的温度和时间也是影响其效果的关键因素。一般来说,调质温度越高,时间越长,材料的强度和硬度就越高。但是,过高的调质温度和时间也会导致材料的韧性降低,从而影响其使用寿命。

(八)时效

时效包括自然时效和人工时效。将工件长时期(半年至一年或更长时间)放置在室温或露天条件下,不需任何加热的工艺方法,即为自然时效。将工件加热至低温(钢加热到100~150℃、铸铁加热至500~600℃),经较长时间(一般为8~15h)保温后,缓慢冷却至室温的工艺方法,称为人工时效。

时效主要用于精密工具、量具、模具和滚动轴承,以及其他要求精度高的机械零件。时效的目的是:

(1)消除内应力,以减少工件在加工或使用时的变形。

(2)稳定尺寸,使工件在长期使用过程中保持几何精度。

三、冷处理

冷处理是将淬火后的金属材料或零件置于0℃以下的低温介质(通常在-30~150℃)中继续冷却,使淬火的残余奥氏体转变为马氏体的操作方法。实质上,它可看作是淬火过程的延续。冷处理主要用于高合金钢、高碳钢和渗碳钢制造的精密零件。

冷处理可达到如下目的:

(1)进一步提高淬火件的硬度和耐磨性。

(2)稳定工件尺寸,防止在使用过程中变形。

(3)提高钢的铁磁性。

模块三　管道钢管、管件基础知识

项目一　管道钢管

一、管道钢管种类

由于石油、天然气资源通常位于边远和环境恶劣的地区，输送管道输送压力较大、介质复杂且具有腐蚀性，并且管道的安装焊接一般在野外进行，这不仅要求管道钢具有较高的强度，而且应有好的韧性、抗疲劳性能、抗断裂特性和耐腐蚀性能，同时还要求力学性能的改善不应恶化钢的焊接性能和加工性能。为此，管道钢材质已由最初的普通碳钢发展到满足标准的合金钢。虽然很多国家都制定了管道钢专用标准，如我国的 GB/T 14164—2013《石油天然气输送管用热轧宽钢带》和 GB/T 9711—2023《石油天然气工业　管线输送系统用钢管》等，但目前国际上主要执行美国石油协会的 API Spec 5L（管线管）标准。

管道钢管按有无焊缝分为无缝钢管和焊接钢管两大类。API Spec 5L 规定管道钢管按生产工艺不同分为无缝钢管、电阻焊管、埋弧焊管等 8 种，但主要使用的有无缝钢管（Seamless）、直缝高频电阻焊管（ERW）、直缝埋弧焊管（LSAW）、螺旋缝埋弧焊管（SSAW）等 4 种，其中直缝高频电阻焊管、直缝埋弧焊管、螺旋缝埋弧焊管属于焊接钢管。

直缝埋弧焊管按成型方式分为 UO（UOE）、RB（RBE）、JCO（JCOE）等多种。将钢板在成型模内先压成 U 形，再压成 O 形，然后进行内外埋弧焊，焊后通常在端部或全长范围扩径（Expanding）称为 UOE 焊管，不扩径的称为 UO 焊管。将钢板辊压弯曲成型（Roll Bending），然后进行内外埋弧焊，焊后扩径为 RBE 焊管，不扩径为 RB 焊管。将钢板按 J 型-C 型-O 型的顺序成型，焊后进行扩径为 JCOE 焊管，不扩径为 JCO 焊管。直缝埋弧焊管中，使用普遍的是 UOE。

直缝高频电阻焊管主要是通过高频电流的趋肤效应和邻近效应使管坯边缘熔化，然后在挤压辊的作用下进行压力焊接，其特点是没有外来填充金属，热影响区小，生产效率高。螺旋缝埋弧焊管用于长输管道管已有很长历史，是我国目前主要采用的管道管。

近年来，另外一种特殊的钢管——双金属复合管逐步在油气输送管道中使用。双金属复合管由两层金属构成，内衬采用不锈钢材料，外层（基层）采用一般碳钢（无缝钢管或焊管)。这种钢管综合了不锈钢的耐腐蚀、碳钢的廉价和高承压优点,适合应用于高压、腐蚀性介质的输送,在管道站场、油田集输站、海底管道等场合应用较多。

输送钢管实物见图 1-3-1。

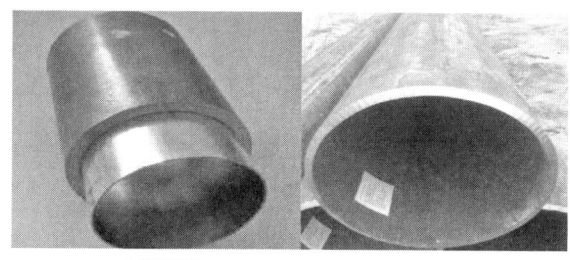

图 1-3-1 输送钢管实物图

二、无缝钢管

无缝钢管是由整支圆钢穿孔而成的、表面没有焊缝的钢管。

(一)无缝钢管生产工艺

无缝钢管的生产工艺可以分为热轧(挤压)与冷拔(轧)两种。

热轧(挤压)无缝钢管的生产包括的基本程序有:圆管坯准备、加热、穿孔、轧管(三辊斜轧、连轧或挤压)、脱管、定(减)径、冷却、矫直、水压试验(或探伤)、标记、包装。

热轧无缝钢管的原料是钢制圆管坯,将其送入熔炉内加热,温度大约1200℃,出炉后经过压力穿孔机进行穿孔。穿孔后,圆管坯先后被三辊斜轧、连轧或挤压。挤压后要脱管定径。定径机通过锥形钻头高速旋转入钢坯打孔,形成钢管(钢管内径由定径机钻头的外径来确定)。钢管定径后,进入冷却塔中,通过喷水冷却,再进行矫直。矫直后的钢管进行金属探伤或水压试验检验合格后,还要通过严格的手工挑选。所有检验合格,在钢管上喷上编号、规格、生产批号等包装入库。

冷拔(轧)无缝钢管的生产包括的基本程序有:圆管坯准备、加热、穿孔、打头、退火、酸洗、涂油(镀铜)、多道次冷拔(轧)、坯管、热处理、矫直、水压试验(或探伤)、标记、包装。矫直后的钢管进行金属探伤或水压试验检验合格后,要通过严格的手工挑选。所有检验合格,在钢管上喷上编号、规格、生产批号等包装入库。

冷拔(轧)无缝钢管的轧制方法较热轧(挤压)无缝钢管复杂。它们的生产工艺流程前三步基本相同。不同之处从第四步开始,圆管坯经过打孔后,要打头、退火,要用专门的酸性液体进行酸洗。酸洗后涂油,然后经过多道冷拔(冷轧)再坯管,专门的热处理后进行矫直。

(二)性能要求和使用情况

为了满足使用需要,一般对无缝钢管的尺寸精度(外径、内径、壁厚)、弯曲度、化学成分、力学性能、表面质量及工艺性能(压扁、扩口)等均有严格的规定。对于专用管材,还要根据其使用条件规定某些特殊要求,如要求具有耐高温和低温、耐磨、耐腐蚀性能,以及高强度、高韧性、高精度、高纯度等要求。对某些管材还要求进行水压试验、无损探伤、冷弯、环拉、卷边等工艺性能检验。对不同用途的无缝钢管,其规格和质量要求具体反映在相应的技术标准中。

无缝钢管的生产理论上可达到直径650mm,但实际使用规格一般在400mm及以下。直径400mm以上的无缝钢管常采用热扩径轧制方式制造。

无缝钢管壁厚偏差大、表面质量差,一般在对尺寸精度要求较高的场合较少采用。

无缝钢管由于生产工艺的特点,容易产生重皮、氧化皮、异金属压入等缺陷,造成钢管不符合标准要求,其中折叠是无缝钢管常见缺陷。因此尽管无缝钢管没有焊缝,可靠性较高,但对无缝钢管的生产也应进行严格质量控制。

在大口径的长输管道中,无缝管较少采用。但在站场、集输站、海底管道等数量较小而要求可靠性较高的场合,无缝钢管用途较广。

三、焊接钢管

焊接钢管是用钢带或钢板弯曲变形为圆形等形状后再焊接而成、表面有接缝的钢管,主要包括直缝电阻焊管、直缝埋弧焊管和螺旋缝埋弧焊管。

(一)焊接钢管生产工艺

1. 直缝电阻焊管生产工艺

直缝电阻焊管(ERW)生产线大致可分为焊管作业线和精整作业线两大部分,焊管作业线主要完成钢板准备、钢管的成型、焊接、定径等过程;精整作业线主要是对钢管半成品进行必要的机加工、修补和检测。

大中直径ERW焊管生产线主要工艺流程为:拆卷、矫直、剪焊、超级活套、板边加工、全板宽超声波探伤、成型、接触焊/感应焊内外毛刺清除、焊缝超声波检测、焊后退火、空冷/水冷、定径、平头、水压试验、焊缝超声波检测、管端超声波检测、外观尺寸检查、称重测长、喷标、收库。

典型的电阻焊管生产工艺流程见图1-3-2。

2. 螺旋缝埋弧焊管生产工艺

螺旋缝埋弧焊管(SSAW)生产线分为焊管作业线和精整作业线两大部分。焊管作业线主要完成钢管的成型和焊接过程;精整作业线主要是对钢管半成品进行必要的机加工、修补和检测。生产线主要工艺流程为:拆卷、矫平、剪切对焊、板边加工、超声波探伤、递送、成型、内外焊、飞剪、清渣、外观检查、补焊、管端扩径、平头倒棱、X射线全焊缝及内焊缝检测、水压、管端拍片、焊缝超声波检测、成品检查、称重测长、喷标、涂层、收库。

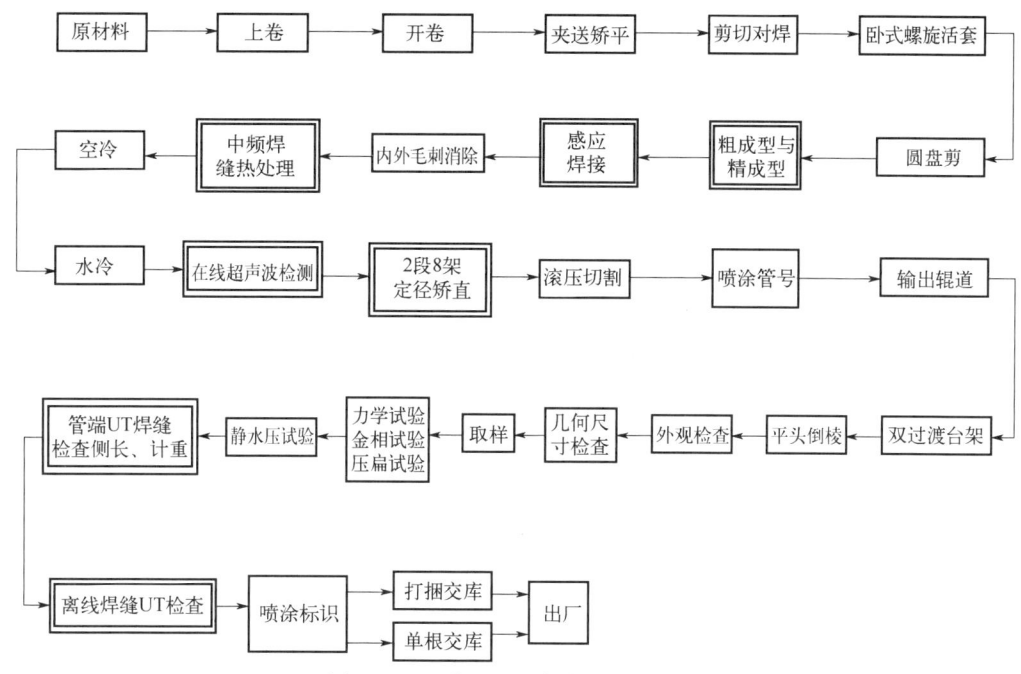

图 1-3-2 直缝电阻焊管生产流程图

一般情况下,依据焊管机组的生产方式不同,螺旋缝埋弧焊管生产分为连续生产与间断生产。连续生产是在焊管作业线上设活套装置,以保证在两卷钢带对接时,成型与焊接不至于中断;间断生产则是在焊管作业线上不设活套装置,在两卷钢带对接时,成型与焊接停顿(焊缝出现间断,对此以后需进行补焊)。有的连续机组不设活套装置,而采用飞焊装置(移动小车式对焊机),同样可以保证连续生产。

典型的螺旋埋弧焊管生产工艺流程见图 1-3-3。

3. 直缝埋弧焊管生产工艺

直缝埋弧焊管(LSAW)生产线分焊管作业线和精整作业线两大部分。焊管作业线主要完成钢板准备、钢板的预处理、管筒的成型(成型方式有 UO 成型、JCO 成型、RB 成型之分还包括管筒的冲洗和干燥部分)、预焊、精焊和扩管等过程;精整作业线主要是对钢管半成品进行必要的机加工、修补和检测,流程工序与螺旋缝埋弧焊管生产线精整作业线几乎相同。UOE 生产线主要工艺流程:超声波探板、板边加工、预弯边、U 成型、O 成型、合缝预焊、内焊、外焊、焊缝超声波检测、焊缝 X 射线检测、扩径、水压试验、平头倒棱、焊缝超声波检测、焊缝 X 射线检测、管端磁粉检测、防锈处理、收库。

JCOE 生产线主要工艺流程:超声波探板、板边加工、预弯边、JCO 成型、预焊、内焊、外焊、焊缝超声波检测、焊缝 X 射线检测、扩径、水压试验、平头倒棱、焊缝超声波检测、焊缝 X 射线检测、管端磁粉检测、防锈处理、收库。

RBE 生产线主要工艺流程:超声波探板、板边加工、RB 成型、后弯边、预焊、内焊、外焊、焊缝超声波检测、焊缝 X 射线检测、扩径、水压试验、平头倒棱、焊缝超声波检测、焊缝 X 射线检测、管端磁粉检测、防锈处理、收库。

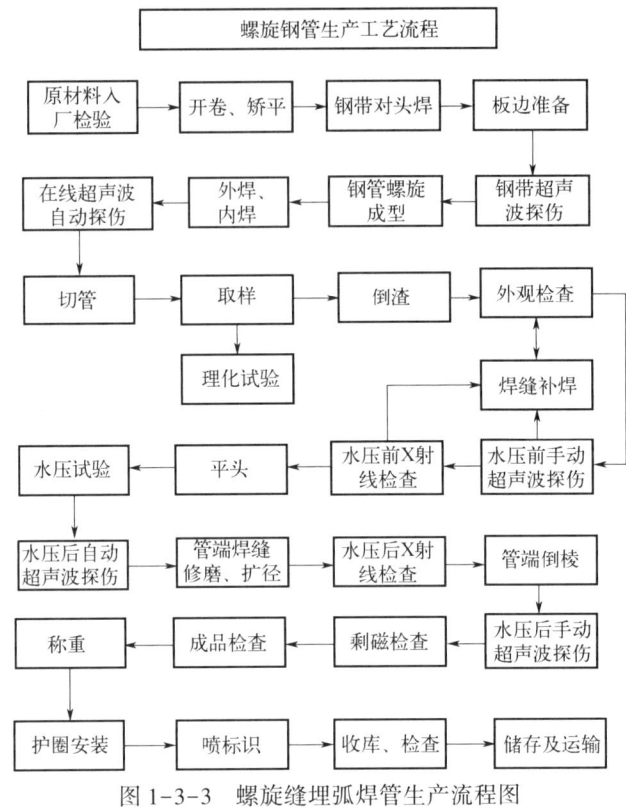

图1-3-3 螺旋缝埋弧焊管生产流程图

(二)性能要求和使用情况

焊接钢管的主要性能要求:(1)高强度。焊接钢管要具有较高的强度,能够承受较大的压力和载荷,确保工程的安全性和稳定性。(2)耐腐蚀性。焊接钢管经过特殊处理,具有良好的耐腐蚀性能,能够在恶劣环境下长期使用。(3)良好的密封性。焊接钢管的连接处经过严格的焊接工艺,具有良好的密封性能,能够有效防止液体和气体泄漏。(4)可塑性。焊接钢管具有良好的可塑性,能够根据需要进行各种形状的加工和制造。

焊接钢管以其稳定性和可靠性成为各种工程中的重要组成部分,在石油和天然气行业,其耐高压、耐腐蚀和耐低温,能够安全、高效地输送石油和天然气,是石油和天然气输送管道的主要材料。

四、输油管道和输气管道用钢管性能区别

(一)油品输送管

1. 原油输送管

原油输送用钢管主要选无缝钢管、螺旋缝双面埋弧焊钢管、高频电焊钢管和直缝双面埋弧焊钢管四类。

管材应具备强度、刚性、韧性、延伸性、焊接性等基本要求,才能保证管道安全运行。其韧性要求取决于输送介质的特性。输送原油的管道断裂后,原油减压波远大于裂纹在钢管

中的传播速度,裂纹不会扩展,因此,原油管道用钢管韧性要求只需考虑不启裂,无须考虑止裂,工程上原油管道用钢管的韧性要求是管材韧脆转变温度必须低于使用温度,GB/T 9711 中对夏比冲击试验温度和夏比冲击值的要求见表1-3-1和表1-3-2。

表1-3-1 避免脆性断裂的夏比冲击(V形缺口)试验温度

规定壁厚 t,mm	试验温度,℃
$t \leq 20$	TD-10
$20 < t \leq 30$	TD-20
$t > 30$	TD-30

注:TD为管道设计温度。

表1-3-2 避免脆性断裂的夏比(V形缺口)冲击功要求

钢级	3个试样平均值,J	单个最小值,J
L245	27	22
L290(X42)	30	24
L360(X52)	36	30
L415(X60)	42	35
L450(X65)	45	38
L485(X70)	50	40
L555(X80)	56	45

我国管道输送的原油由于凝固温度高,输送温度也高,且采用密闭输送,因此对原油管道用钢管的低温韧性要求不高,只要满足不启裂的要求就可以了。原油进管前要进行脱水除气处理,因此对钢管内壁腐蚀性不大。在钢管管型的选择时应本着生产的可能性、管道钢管的可靠性、施工焊接的适应性和最大节省投资的原则。根据管径的大小,选择的一般性原则是:当 $\phi \leq 273$mm 时可选用无缝钢管;当 $\phi \leq 610$mm 时可以选用高频电焊钢管;当 $\phi \geq 273$mm 时可选用螺旋缝双面埋弧焊钢管;穿跨越等特殊地段且壁厚>20mm时,宜选用直缝双面埋弧焊钢管。除无缝钢管外,焊管用管道钢应尽量采用低碳微合金控轧钢,对标准中规定的尺寸偏差应当进行适当的修正,以保证施工焊接的适应性。

2. 成品油输送管

成品油输送管的基本要求与原油输送管类似,但不加热输送。在我国由于资源配置的缘故,成品油管道管径一般比较小,大多在610mm以下。以往成品油管道用钢管钢级比较低,用钢也比较复杂,但目前已按管道管的规范进行要求。由于管径小,可以选用符合API SPEC 5L PSL2 或 GB/T 9711 的无缝钢管、直缝电阻焊管、螺旋埋弧焊管及直缝埋弧焊钢管。根据我国的用管经验,$\phi 508$mm 以下的成品油用管一般采用直缝电阻焊管。

(二)天然气输送管

1. 天然气输送管主要技术要求

天然气输送管道用钢除必须满足强度要求(拉伸性能)和可焊性外,应重点进行断裂控制和腐蚀控制。

1) 断裂控制

输气管道断裂的止裂判据有两种：

（1）速度判据 $v_m \geq v_d$，裂纹扩展；$v_m < v_d$，止裂。其中，v_d 为气体减压波速；v_m 为裂纹扩展速度。

（2）能量判据 $G \geq G_d$，裂纹扩展；$G < G_d$，止裂。G_d 为材料的断裂阻力；G 为裂纹扩展驱动力。

由以上速度判据可以知道，当裂纹扩展速度低于管内介质的减压波速度时，裂纹即会停止扩展；而当裂纹扩展速度高于管内介质的减压波速度时，不会止裂。天然气的减压波速度在 380~440m/s，而脆断裂纹扩展速度在 450~900m/s。可见脆性断裂无法得到止裂，而延性裂纹扩展可以得到止裂。天然气管道与输油管道断裂行为不同的主要原因就是介质减压波速度的差异。

2) 腐蚀控制

管道钢管腐蚀失效是管道钢管失效的主要原因，管道钢管由于内、外腐蚀造成的事故占管道事故总数的 30%~40%。

天然气输送钢管的内腐蚀主要是由于输送介质中存在高的 H_2S 和 CO_2。H_2S 的腐蚀破坏通常可以分为两种类型：一类为电化学反应过程中阳极铁溶解导致的全面腐蚀和（或）局部腐蚀，表现为金属构件（管材）的壁厚减薄和（或）点蚀穿孔等局部腐蚀破坏；另一类为电化学反应过程中阴极析出的氢原子，由于 H_2S 的存在阻止其结合成氢分子逸出而进入钢中，导致开裂。CO_2 腐蚀的基本特征是局部腐蚀，其腐蚀形态往往表现为台地状腐蚀、坑点腐蚀及癣状腐蚀。我国油气资源中很多的油气井同时含有 H_2S 和 CO_2，CO_2 的存在对 H_2S 腐蚀过程起促进作用，CO_2 相对含量的增加将导致腐蚀机制转化为 CO_2 为腐蚀主导因素。无论 CO_2 含量高还是低，H_2S 导致钢铁材料氢损伤是始终存在的，而且 CO_2 分压越高，介质的 pH 值就越低，从而增大氢损伤的敏感性。

为了防止氢损伤的发生，对进入管道内的含硫天然气一般都要经过脱硫和脱水处理。如果净化处理不善，会导致应力腐蚀开裂（SCC）、硫化物应力开裂（SSC）、氢应力开裂（HISC）、氢致开裂（HIC）和可能发展成的阶梯裂纹（SWC）等。SCC 的化学源头是氯离子。氯离子与裂纹尖端的物质发生化学作用，由于裂纹尖端的拉伸应力是最大的，因而使裂纹更容易向四处蔓延。SSC 的化学源头是 H_2S 气体。SSC 的本质是含 H_2S 的酸性环境。当一种易受影响材料的表面与酸性气体接触时，H_2S 分子发生化学反应，形成金属硫化物和氢原子。氢原子在拉伸应力最高的裂纹端扩散到材料。晶格、晶格表面以及晶界上氢气的扩散和堆积降低了材料可塑性形变的能力，引起氢脆，使裂纹更容易扩展。所以 SSC 属于氢脆的特例。HISC 被认为是氢脆与应力共同作用的结果。HIC 也称诱导开裂，是由于钢材在高温高压氢气环境下操作时，氢气扩散侵入钢材中，当冷却过程中，由于氢来不及从钢材中向外释放，钢材内就会吸入了一定的氢，从而引发开裂。

输送介质含有 H_2S 时，对钢管腐蚀的影响应根据管道的输送压力一并考虑。对于输送压力较低，进管的天然气经脱硫、脱水干燥处理的，可视为甜气，但随输送压力的提高，要满足 $p_{H_2S} \leq 300Pa$ 则 H_2S 含量需降得很低。例如，当 $p = 10MPa$，需要将 H_2S 含量降至 0.003% 以下才能进入甜气范围。这对于一般的天然气是难以做到的。因此，国外在高压输气管道采用 X70 以上的高钢级管材时,即使输送的是经过较严格脱硫处理的天然气,也要求钢管必须通过 NACE TM0284 标准 B 溶液的 HIC 检验。

鉴于 H_2S 的电化学腐蚀比较轻,通常在选材时重点考虑 H_2S 引起的氢损伤。对于油气输送管,主要考虑 HIC/SWC。抗 HIC/SWC 的油气输送管已经形成专门的抗 HIC 系列,用于酸性环境的油气输送管执行 GB/T 9711 标准,限制在 SSC3 区使用的为酸性环境用 S 类 L245、L290、L360 钢级;限制在 SSC1 区和 SSC2 区使用的为酸性环境用 S 类 L415、L450 钢级。这两个钢级若用于 SSC3 区,应进行抗 SSC 评定,用户应谨慎采用。不同限制区的适用钢级见表 1-3-3。

表 1-3-3　不同限制区的适用钢级

限制区	适用钢级
SSC1	L415、L450
SSC2	L415、L450
SSC3	L245、L290、L360

2. 天然气输送管的选择

标准中列出的材料、钢管可以满足标准、规范规定下的所有要求,需特别强调的是,标准尤其是通用标准中只列出了符合最常用的设计和运行条件下的要求,对于输送天然气管道用钢管必须考虑系统规模、设计压力、构成形式、设计温度、介质情况和环境条件等的影响来选择材料和钢管。

选用输气管道用管应符合下列一般原则:

(1)一般管道工况(压力较低、气质较好、管径较小)通过设计计算,性能符合 API Spec 5L 或 GB/T 9711 标准中 PSL2 质量水平要求的钢管可以直接选用。

(2)高压力(≥8MPa)、高钢级(X65 以上)输气管道用钢管除应满足上述标准要求外,对韧性要求应进行计算、复核。

在材料选择或制定规格时,断裂控制要求被视为主要的因素之一。泄漏是由机械损坏、腐蚀、材料中的缺陷或者其他原因造成的,通过明确规定使用足够止裂性能的材料可以对断裂形成与扩展进行控制。

设计应力也影响缺口韧性要求和断裂控制要求,在决定韧性要求时必须考虑应力水平,具有较高应力水平的钢管要求材料具有足够高的韧性以控制断裂,相反,具有较低应力水平的钢管对韧性要求可以降低。

防止脆性断裂,考虑三个前提:张应力的存在;缺陷或应力集中;管道运行温度。一般在钢管生产时,要求进行落锤撕裂试验(规定最小剪切面积的要求,如剪切面积百分比 SA ≥ 85%等),以保证管道材料破裂时呈韧性状态。

管道直径达到 800mm 或更大,输送高压力高于 7MPa 时,对韧性要求更为严格,当缺陷大于临界尺寸时,断裂就可能发生。当管道断裂速率相当于或大于气体的减压波速率时,断裂就会扩展。为防止延性断裂长程扩展,应按 GB/T 9711、API Spec 5L 或 ISO 3183 的有关规定确定钢管的韧性指标。

(3)输送的天然气中如含有一定量的 H_2S、CO_2、Cl^- 时,应根据有关标准规定进行计算、复核、确定管道钢的选材和试验验收要求。

当 p_{H_2S}>0.0003MPa,应按 GB/T 9711、ISO 3183 或 API Spec 5L 选择钢级中的抗硫钢管。

当 p_{CO_2}>0.0021MPa,应根据 p_{CO_2} 大小及 Cl^- 含量选择 Cr13 马氏体不锈钢管、Cr22 双相不锈钢管或 Cr25 双相不锈钢管。

油田内部集输管道,同时含有较多的 H_2S、CO_2、Cl^- 时,必须使用 FeNi 基或 Ni 基耐腐蚀合金管,这类合金主要有 028、825、G3、050、276 等牌号。为了降低成本,往往采用以这类合金为内衬的双金属复合管。

(4)当采用严格的尺寸公差时,能减少现场安装和施工困难,提高组装质量;但同时应考虑成本的影响,制定技术标准时同时应考虑制造的可能性、安装的可能性和质量以及对成本的影响。

(5)根据国内外用管的成功经验,原则上所有输气管道用焊管焊缝系数(焊缝强度与母材强度之比值)应等于 1.0,并选用符合 API Spec 5L 或 GB/T 9711 标准要求的焊管。

管径 273mm 以下的可选用无缝钢管或直缝电阻焊管;管径 273~508mm 的可选用高频电阻焊钢管、螺旋缝双面埋弧焊钢管;管径 508mm 以上可选用螺旋缝双面埋弧焊钢管或直缝双面埋弧焊钢管;管径 1422mm 以上的可选用螺旋缝双面埋弧焊钢管。

钢级、管径、输送压力与壁厚是对应的,为减少第三方破坏,保证管道刚度,钢管直径/壁厚比(D/t)一般控制在 80 以内,对一条具体的管道而言,钢级低、壁厚大;钢级高、壁厚薄。高频电阻焊钢管目前制管最佳壁厚在 15mm 左右,螺旋焊管在 20mm 左右,直缝双面埋弧焊管最佳壁厚在 26mm 以内,当然这不是绝对的,根据钢级不同,其壁厚也可以调整。

项目二 管件

一、管件种类

管件是管道系统中起连接、控制、变向、分流、密封、支撑等作用的零部件的统称。管件的种类很多,根据用途不同主要有以下几类:

(1)用于管路互相连接的管件,如法兰、活接头、管箍、夹箍、卡套、喉箍等。
(2)改变管路方向的管件,如弯头、弯管。
(3)改变管路管径的管件,如变径(异径管)、异径弯头、支管台、补强管。
(4)增加管路分支的管件,如三通、四通。
(5)用于管路密封的管件,如垫片、生料带、线麻、法兰盲板、管堵,盲板、封头、焊接堵头。
(6)用于管路固定的管件,如卡环、拖钩、吊环、支架、托架、管卡等。

本项目重点介绍几种管道作业过程中常用的管件。

二、弯头

在管道系统中,弯头是改变管路方向的管件。在管道系统所使用的全部管件中,弯头所占比例最大,约为80%。按角度分,弯头有45°、90°及180°三种最常用的,另外根据工程需要还包括60°等其他非正常角度弯头。弯头的材料有铸铁、不锈钢、合金钢、可锻铸铁、碳钢、有色金属及塑料等。

弯头与管路连接的方式有直接焊接(最常用的方式)、法兰连接、热熔连接、电熔连接、螺纹连接及承插式连接等。按照生产工艺不同,弯头可分为焊接弯头、冲压弯头、推制弯头、铸造弯头、对焊弯头等。

(一)冲压弯头种类

冲压弯头是管道工程中大量使用的管件,有冲压无缝弯头、冲压焊接弯头。

1. 冲压无缝弯头

冲压无缝弯头是用优质碳素钢(10#、20#)或不锈耐酸钢无缝管,在特制模具内压制成型的。它分为90°和45°两种,其中最常用的是90°弯头。公称压力有3.92MPa(公称直径DN25~400mm规格)、6.28MPa(公称直径DN25~400mm规格)、9.8MPa(公称直径DN25~300mm规格)三种。弯曲半径有1DN、1.5DN、2DN三种。其使用温度不高于200℃。

2. 冲压焊接弯头

冲压焊接弯头是用优质碳素钢(10#、20#)的两块瓦冲压成型后焊接而成。它分为90°和45°两种,弯曲半径有1DN、1.5DN、2DN三种。公称直径有DN200~500mm的各种规格。其用于公称压力不大于3.92MPa、温度不高于200℃的管道上。

(二)无缝弯头成型工艺

通常,对不同材料或壁厚的弯头选择不同的成型工艺。制造厂常用的无缝弯头成型工艺有热推、冲压、挤压等。

1. 热推成型

热推弯头成形工艺是采用专用弯头推制机、芯模和加热装置,使套在模具上的坯料在推制机的推动下向前运动,在运动中被加热、扩径并弯曲成型的过程。热推弯头的变形特点是根据金属材料塑性变形前后体积不变的规律确定管坯直径,所采用的管坯直径小于弯头直径,通过芯模控制坯料的变形过程,使内弧处被压缩的金属流动,补偿到因扩径而减薄的其他部位,从而得到壁厚均匀的弯头。

热推弯头成型工艺具有外形美观、壁厚均匀、能连续作业、适于大批量生产的特点,因而成为碳钢、合金钢弯头的主要成型方法,并且应用在某些规格的不锈钢弯头的成型中。

成型过程的加热方式有中频或高频感应加热(加热圈可为多圈或单圈)、火焰加热和反射炉加热,采用何种加热方式视成型产品要求和能源情况决定。

2. 冲压成型

冲压成型是最早应用于批量生产无缝弯头的成型工艺,在常用规格的弯头生产中已被热推法或其他成型工艺所替代,但在某些规格的弯头中因生产数量少、壁厚过厚或过薄产品有特殊要求时仍在使用。弯头的冲压成型采用与弯头外径相等的管坯,使用压力机在模具中直接压制成型。冲压弯头分冷冲压和热冲压两种,通常根据材料性质和设备能力选择冷冲压或热冲压。

在冲压前,管坯摆放在下模上,将内芯及端模装入管坯,上模向下运动开始压制,通过外模的约束和内模的支撑作用使弯头成型。

与热推工艺相比,冲压成型的外观质量不如前者。冲压弯头在成型时外弧处于拉伸状态,没有其他部位多余的金属进行补偿,所以外弧处的壁厚约减薄10%。但由于适用于单件生产和低成本的特点,故冲压弯头工艺多用于小批量、厚壁弯头的制造。

3. 挤压成型

冷挤压弯头的成型过程是使用专用的弯头成型机,将管坯放入外模中,上下模合模后,在推杆的推动下,管坯沿内模和外模预留的间隙运动而完成成型过程。

采用内外模冷挤压工艺制造的弯头外形美观、壁厚均匀、尺寸偏差小,故对于不锈钢弯头特别是薄壁的不锈钢弯头成型多采用这一工艺制造。这种工艺所使用的内外模精度要求高;对管坯的壁厚偏差要求也比较苛刻。

4. 中板焊制

用中板用压力机做成弯头剖面的一半,然后把两个剖面焊接到一起。这样的工艺一般用来作DN700mm以上弯头的。

三、三通

三通又称管件三通或者三通管件、三通接头,用在主管道分支管处,用于三条相同或不同管路汇集处改变流体方向。三通具有三个口,即一个进口、两个出口,或两个进口、一个出口;有T形与Y形;有等径管口,也有异径管口。等径三通的接管端部均为相同的尺寸;异径三通的主管接管尺寸相同,而支管的接管尺寸小于主管的接管尺寸。

三通成型工艺

1. 液压胀型

三通的液压胀型是通过金属材料的轴向补偿胀出支管的一种成型工艺。其过程是采用专用液压机,将与三通直径相等的管坯内注入液体,通过液压机的两个水平侧缸同步对中运动挤压管坯,管坯受挤压后体积变小,管坯内的液体随管坯体积变小而压力升高,当达到三通支管胀出所需要的压力时,金属材料在侧缸和管坯内液体压力的双重作用下沿模具内腔流动而胀出支管。

三通的液压胀型工艺可一次成型,生产效率较高;其工艺使三通的主管及肩部壁厚均有增加。

因无缝三通的液压胀型工艺所需的设备吨位较大,国内主要用于小于DN400mm的标准壁厚三通的制造。其适用的成型材料为冷作硬化倾向相对较低的低碳钢、低合金钢、不锈钢,包括一些有色金属材料,如铜、铝、钛等。

2. 热压成型

三通热压成型是将大于三通直径的管坯,压扁约至三通直径的尺寸,在拉伸支管的部位开一个孔;管坯经加热,放入成型模中,并在管坯内装入拉伸支管的冲模;在压力的作用下管坯被径向压缩,在径向压缩的过程中金属向支管方向流动并在冲模的拉伸下形成支管。整个过程是通过管坯的径向压缩和支管部位的拉伸过程而成型。与液压胀型三通不同的是,热压三通支管的金属是由管坯的径向运动进行补偿的,所以也称为径向补偿工艺。

由于采用加热后压制三通,材料成型所需要的设备吨位降低。热压三通对材料的适应性较宽,适用于低碳钢、合金钢、不锈钢的材料。特别是大直径和管壁偏厚的三通,通常采用这种成型工艺。

四、法兰

法兰又称法兰盘或突缘,其名称是来源于英文 flange,通常是指在一个类似盘状的金属体的周边开上几个固定用的孔用于连接其他东西。

法兰是一种盘状零件,常用于管道工程中并成对使用,主要用于管道连接。在需要连接的两个管道端口,分别在每端安装一个法兰盘(低压管道通常采用螺纹连接法兰,而高压管道多采用焊接法兰),在两片法兰盘之间放置密封垫,通过法兰上的孔眼用螺栓紧固,完成连接。

(一)法兰种类

按照材质划分,常见的有铸铁法兰、碳钢法兰、不锈钢法兰、PVC 或 PPR 法兰等。按照连接方式划分,可粗略分为螺纹连接(丝接)法兰和焊接法兰,其中焊接法兰又可分为平焊法兰、对焊法兰、法兰盲板等品种。按照耐受压力等级划分,常见的法兰有 0.6MPa、1.0MPa、1.6MPa、2.5MPa、4.0MPa、6.4MPa、10.0MPa 等。

(二)常见法兰的特点及适用条件

1. 螺纹法兰

螺纹法兰代号 Th,是利用法兰内孔加工的螺纹与带螺纹的管子旋合连接,不需焊接,因而具有方便安装、方便检修的特点。螺纹法兰主要用于高压管道和镀锌水煤气管道,公称压力有 0.25MPa、0.6MPa、1.0MPa 和 1.6MPa 四种。

2. 平焊法兰

平焊法兰又称插焊法兰,代号 SO,是将管子插入法兰孔中进行焊接,具有容易对中找正、制造简单、价格便宜的特点。但由于在法兰面附近焊接容易损伤法兰面和引起法兰面变形,因此平焊法兰一般用于温度不超过 300℃,公称压力不超过 2.5MPa,通过介质为水、蒸汽、空气、煤气等中低压的管道上。

3. 对焊法兰

对焊法兰又称高径法兰,代号 WN,是将法兰焊径端与管子焊端加工成一定形式的焊接坡口后,直接焊接的。这种法兰施工方便、法兰强度高、使用范围广,对于高温高压及低温的工艺管路均可以使用,是应用最广的法兰。

4. 承插法兰

承插法兰代号 SW,与平焊法兰相似,只是将管子插入法兰承插孔中进行焊接,一般用于小口径管道。

5. 松套法兰

松套法兰也称活动法兰,代号 PL,是将法兰松套套在与管子焊好的翻边短节上,法兰密封面加工在翻边短节上。特点是法兰体不与介质接触,法兰与翻边短节可分别采用不同的材料,这种法兰适用于腐蚀性较强的管路,可以节约耐腐蚀的不锈钢材料,同时松套法兰本身可以旋转、易于安装。

6. 法兰盖

法兰盖也称盲法兰,代号 BL,用作需经常清洗的管道堵头、设备的人孔及手孔。它是与管路(设备)上的法兰相配合使用的,使用时注意法兰盖的密封面和公称压力应与管道(设备)上选用的法兰完全一致。

五、大小头

大小头又称异径管,是用于两种不同管径的管道之间连接管件。

(一) 大小头种类

按照形状的不同,分为同心大小头和偏心大小头;按照材质不同分为不锈钢、合金钢、碳钢大小头,常用大小头的材质有 20 号钢、Q235、Q345、16Mn 等;按照成型工艺不同分为缩径压制成型、扩径压制成型或缩径加扩径压制成型,对某些特定规格的大小头也可采用冲压成型工艺。

(二) 大小头成型工艺

1. 缩径/扩径成型

大小头的缩径成型工艺是将与大小头大端直径相等的管坯放入成型模中,通过沿管坯轴向方向的压制,使金属沿模腔运动并收缩成型。根据大小头变径的大小,有一次压制成型或多次压制成型。扩径成型是采用小于大小头大端直径的管坯,用内冲模沿管坯内径扩径成型。扩径工艺主要解决变径偏大的异径管不易通过缩径成型的情况,有时根据材料和产品成形需要,将扩径与缩径的方法合并使用。

在缩径或扩径变形压制过程中,根据不同材料和变径情况,确定采用冷压或热压。通常情况下,尽量采用冷压,但对多次变径而引起严重的加工硬化的情况、壁厚偏厚的情况或合金钢的材料,宜采用热压。

2. 冲压成型

除使用钢管为原料生产大小头外,对部分规格的大小头还可用钢板采用冲压成型工艺进行生产。拉伸所使用的冲模形状参照大小头内表面尺寸设计,用冲模将下料后的钢板冲压拉伸成型。

六、封头

钢制封头是封头容器的一个部件,根据几何形状的不同可分为球形、椭圆形、碟形、球冠形、锥壳和平盖等几种。其中球形、椭圆形、碟形、球冠形椭圆封头又统称为凸型椭圆封头。椭圆封头是压力容器上的端盖,一个主要承压部件,运用于各种容器设备,如储罐、换热器、塔、反应釜、锅炉和分离设备等,是石油化工、原子能、食品制药诸多行业压力容器设备中不可缺少的重要部件。椭圆封头的品质直接关系到压力容器的平安可靠运行。

七、支管台

支管台又称支管座、鞍座、鞍型管接头，是大口径管上分支小口径管的一种承接分支的加强管件，例如DN200mm管子上要分支DN25mm的小管时，必须在DN200mm管上开口焊上支管台，然后在支管台上焊接DN25mm的支管。支管台作为支管连接的补强型管件，代替使用异径三通、补强板、加强管段等支管连接形式，具有安全可靠、降低造价、施工简单、改善介质流道、系列标准化、设计选用方便等突出优点，尤其在高压、高温、大口径、厚壁管道中使用日益广泛，取代了传统的支管连接方法。

项目三 阀门

阀门是一种通过改变其内部通路面积来控制管路中介质流动的通用机械产品。阀门规格品种繁多，而且随着社会工业的进步，新结构、新材料、新用途阀门也在不断发展。

一、阀门的种类

通常使用的阀门种类可按使用功能分，可按公称压力分，也可按阀体材料分，常见阀门分类和使用范围见表1-3-4。

表1-3-4 阀门的分类和使用范围

分类	阀门名称	作用及使用范围
按使用功能分	截断（或闭路）阀类	接通或截断管路中介质，包括闸阀、截止阀、旋塞阀、隔膜阀、球阀和蝶阀等
	止回或单向逆止阀类	防止管路中介质倒流，包括止回阀和底阀
	调节阀类	调节管路中介质流量、压力等参数，包括节流阀、减压阀及各种调节阀
	分流阀类	分配分离或混合管路中介质，包括旋塞阀、球阀和疏水阀等
	安全阀类	防止介质压力超过规定数值，对管路或设备进行超载保护，包括各种形式的安全阀、保险阀
按公称压力分	真空阀	工作压力用真空表表示
	低压阀	公称压力 PN≤1.6MPa
	中压阀	1.6MPa<PN≤10MPa
	高压阀	10MPa<PN<100MPa
	超高压阀	公称压力 PN>100MPa
按驱动方式分	手动阀	用人力操纵手轮、手柄或链轮驱动阀门
	动力驱动阀	利用动力源驱动阀门，包括电磁阀、气动阀、液动阀、电动阀及各种联动阀
	自动阀	凭借管路中介质本身能量驱动阀门，包括止回阀、安全阀、减压阀、疏水阀及各种自力式调节阀

续表

分类	阀门名称	作用及使用范围
按阀体材料分	铸铁阀	采用灰铸铁、可锻铸铁、球墨铸铁和高硅铸铁等
	铸铜阀	包括青铜、黄铜
	铸钢阀	包括碳素钢、合金钢和不锈钢等
	锻钢阀	包括碳素钢、合金钢和不锈钢等
	钛阀	采用钛及钛合金
按使用部门分	通用阀	广泛用于各种工业部门
	电站阀	应用于火力、水利、核电厂(站)
	船用阀	应用于船舶、舰艇
	冶金用阀	应用于炼铁、炼钢等冶金部门
	管道阀	应用于输油、输气管道
	水暖用阀	应用给排水、采暖设施

二、常用阀门

在工业生产中为实现不同的控制流体输送过程,常用的阀门有闸阀、截止阀、球阀、止回阀、柱塞阀、蝶阀、旋塞阀、节流阀、隔膜阀、安全阀、减压阀、疏水阀以及一些特殊用途的阀门。

(一)闸阀

利用一个与流体方向垂直且上下移动的平板来控制启闭的阀,称为闸阀。这种阀门密封性能较好,流体阻力小,开启和关闭力较小,适用范围比较广泛,也具有一定的调节流量的性能,并可从阀杆的升降高低看出阀的开度大小。闸阀一般适用于大口径的管道上。但闸阀结构比较复杂,外形尺寸较大,密封面易磨损。闸阀结构图如图1-3-4所示。常用的闸阀名称及型号见表1-3-5。

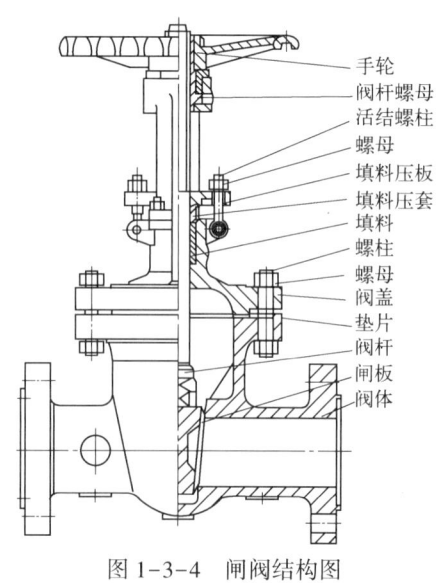

图1-3-4 闸阀结构图

表 1-3-5　常用的闸阀名称及型号

名称	型号	名称	型号
楔式闸阀	Z41W-1.6P	王齿轮传动楔式板闸阀	Z441H-40
暗杆楔式板闸阀	Z45T-2.5P	王齿轮传动暗杆楔式板闸阀	Z445T-10
楔式双闸板闸阀	Z42W-1	伞齿轮传动楔式双闸板闸阀	Z542W-1
电动楔式闸阀	Z941H-64	平行式双闸板闸阀	Z44W-10
电动暗杆楔式板闸阀	Z945T-10	液压传动平行式双闸板闸阀	Z744T-10
电动楔式双闸板闸阀	Z942W-1	承插焊楔式闸阀	Z61H-160
电动平行式双闸板闸阀	Z944W-10		

（二）截止阀

利用装在阀杆下面的阀瓣与阀体的突缘部分相配合来控制启闭的阀，称为截止阀。截止阀的主要启闭零件是阀瓣与阀座，改变阀瓣与阀座间的距离，即可改变通道截面的大小，使流体的流速改变或截断通道。该种阀的结构比闸阀简单，制造、维修方便，可以调节流量，应用广泛。但流体阻力较大，为防止堵塞或磨损，不适用于带颗粒和黏度较大的介质。截止阀结构图如图1-3-5所示。常用截止阀的名称及型号见表1-3-6。

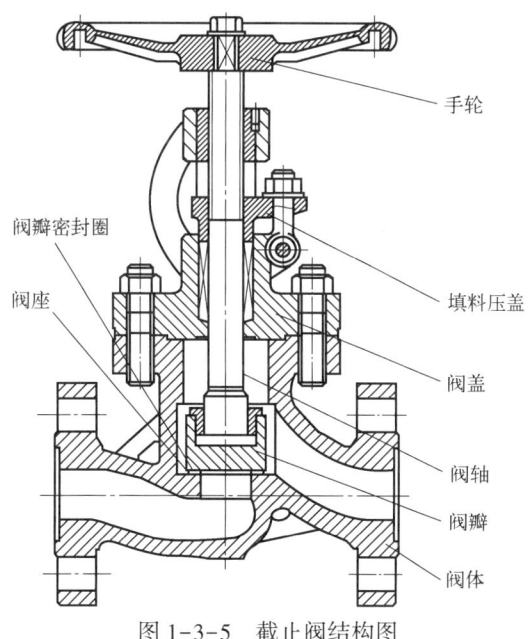

图 1-3-5　截止阀结构图

表 1-3-6　常用的截止阀名称及型号

名称	型号	名称	型号
截止阀	J41T-16	压力计用截止阀	J29H-320
内螺纹截止阀	J11X-16	直流式衬铅截止阀	J45CQ-6

续表

名称	型号	名称	型号
外螺纹截止阀	J21W-40P	直流式衬胶截止阀	K45CJ-6
外螺纹角式截止阀	J24W-40R	波纹管式焊接截止阀	J68W-6P
角式截止阀	J44T-160	波纹管式截止阀	J48W-6P
电动截止阀	J941H-40	承插焊截止阀	J61H-160

(三)球阀

球阀是利用一个中间开孔的球体作阀芯,靠旋转球体来控制阀的开启和关闭。该阀和旋塞一样可做成直通、三通或四通的。球阀结构简单,体积小,零件少,质量轻,开关迅速,操作方便,流体阻力小,制作精度要求高。但由于密封结构及材料的限制,目前生产的球阀不宜用在高温介质中。球阀结构图如图 1-3-6 所示。常用的球阀名称及型号见表 1-3-7。

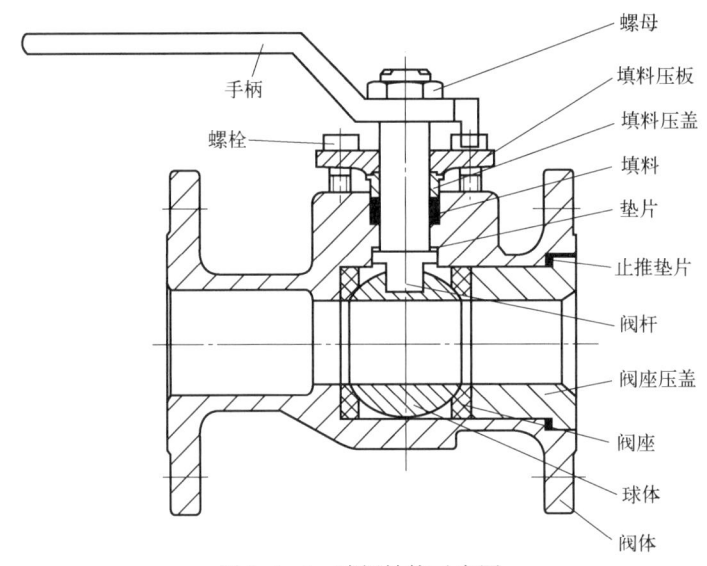

图 1-3-6 球阀结构示意图

表 1-3-7 常用的球阀名称及型号

名称	型号	名称	型号
球阀	Q11F-61	电动球阀	Q947F-64
内螺纹球阀	Q11F-16	气动球阀	Q641F-16C
外螺纹球阀	Q21F-40	蜗轮传动球阀	Q341F-40
焊接式球阀	Q61N-160	三段式球阀	Q41F-64R
对夹式球阀	Q71N-320	塑料球阀	Q61F-10S

(四)止回阀

止回阀是一种自动开闭的阀门,在阀体内有一阀盘或摇板,当介质顺流时,阀盘或摇板即升起打开;当介质倒流时,阀盘或摇板即自动关闭,所以称为止回阀。止回阀一般适用于清净介质,对固体颗粒和黏度较大的介质不适用。止回阀结构图如图1-3-7所示。常用的止回阀名称及型号见表1-3-8。

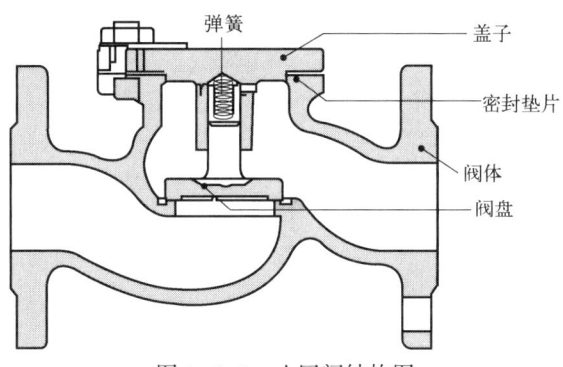

图1-3-7 止回阀结构图

表1-3-8 常用的止回阀名称及型号

名称	型号	名称	型号
升降式底阀	H42X-2.5	承插焊升降式止回阀	H61H-160
内螺纹升降式底阀	H12X-2.5	对夹式止回阀	H72H-40
旋启双瓣式底阀	H46X-2.5	低温蝶式止回阀	DH49Y-25N
升降式止回阀	H41H-16	塑料球心止回阀	H62X-10S
旋启式止回阀	H44T-10		

(五)安全阀

安全阀是安装在受压设备、容器及管路上的压力安全保护装置。在生产使用过程中,当系统内的压力超过允许值之前,安全阀必须密封可靠,无泄漏现象发生。当设备容器或管路内压力升高,超过允许值时,安全阀门应立即自动开启,继而全量排放,使压力下降,以防止设备、容器或管路内压力继续升高;当压力降到规定值时,安全阀门应及时关闭,并保证密封不漏,从而保护生产系统在正常压力下安全运行。根据工作原理不同安全阀主要有以下几种结构形式。

(1)重锤式:用杠杆和重锤来平衡阀瓣压力。其优点是由阀杆来的力是不变的,缺点是比较笨重,回坐压力低。重锤式安全阀一般用于固定设备上。

(2)弹簧式:利用压缩弹簧力来平衡阀瓣的压力。优点是体积小,轻便,灵敏度高,安装位置不受严格限制。缺点是作用在阀杆上的力随弹簧变形而发生变化。弹簧式安全阀结构图如图1-3-8所示。常用的弹簧式安全阀名称及型号见表1-3-9。

(3)先导式:副阀与主阀连在一起,通过副阀的脉冲作用驱动主阀动作。优点是动作灵敏,密封性好,通常用于大口径的安全阀。

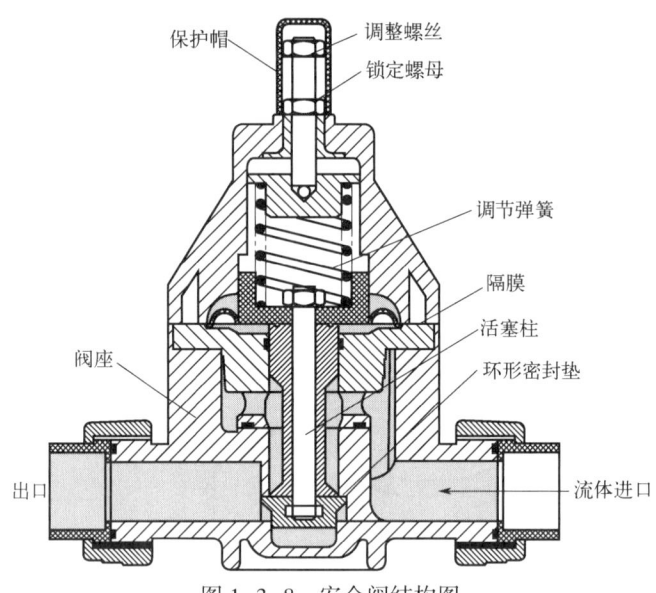

图 1-3-8　安全阀结构图

表 1-3-9　常用的弹簧式安全阀名称及型号

名称	型号	名称	型号
外螺纹弹簧式安全阀	A27W-10T	弹簧封闭带扳手全启式安全阀	A44Y-16C
内螺纹弹簧式安全阀	A21F-16	双联弹簧封闭式安全阀	A37H-16C
弹簧封闭全启式安全阀	A42F-16C		

（六）减压阀

减压阀能够自动将设备和管路内的介质压力降低到所需压力,广泛应用于工业、建筑、航空航天等领域。减压阀只适用于蒸汽、空气等清净介质,不能用来作液体的减压,更不能含有固体颗粒,最好在减压前加过滤器。

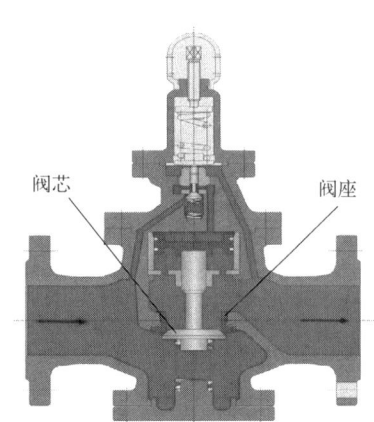

图 1-3-9　减压阀结构图

减压阀结构图如图 1-3-9 所示。

减压阀大致可分为两大类:

(1)直接作用式:能依据介质的能量来控制所需压力的减压阀。

(2)间接作用式:利用外力(电动、液压、气压)来控制所需压力的减压阀。

常用的减压阀名称及型号有:

(1)活塞式减压阀 Y43H-16。

(2)内弹簧薄膜式减压阀 Y42H-16C。

(3)杠杆式减压阀 Y45Y-100。

项目四　密封件

密封件是防止流体或固体微粒从相邻结合面间泄漏以及防止外界杂质如灰尘与水分等侵入机器设备内部的零部件的材料或零件,简称密封。

一、密封的分类

(一)静密封和动密封

密封件可分为相对静止接合面间的静密封和相对运动接合面间的动密封两大类。静密封的密封部位是静止的,如管道法兰、螺纹连接、压力容器与盖间的密封等。动密封的密封部位有相对运动。

1. 静密封

(1)根据工作压力不同,静密封可分为中、低压静密封和高压静密封。中、低压静密封常用材质较软、垫片较宽的垫密封,高压静密封则用材料较硬、接触宽度很窄的金属垫片。

(2)根据工作原理不同,静密封又可分为法兰连接垫片密封、自紧密封、研合面密封、O形环密封、胶圈密封、填料密封、螺纹连接垫片密封、螺纹连接密封、承插连接密封、密封胶密封。

2. 动密封

根据密封面间是滑动还是旋转运动,动密封可以分为往复密封和旋转密封两种基本类型。

根据密封件与其做相对运动的零部件是否接触,动密封可以分为接触式、非接触式、无轴封三大类。

组合式密封则是把接触式密封或非接触式密封几种结合起来,以满足较高的密封要求。

3. 静密封和动密封差异

要合理选择密封类型,需要了解动密封和静密封在多个方面的显著差异:

(1)工作状态。动密封的工作状态下,被密封的组件之间存在相对运动;而静密封的组件间则无相对运动。因此,动密封对于在润滑运动(如往复、旋转)中保持密封的要求极为严格,技术难度更高。

(2)密封形式。动密封是旋转动密封还是往复动密封,具体形式取决于密封件与密封面间的相对运动方式。而静密封则主要有垫密封、胶密封和接触密封等,其密封效果主要依赖密封垫片或填料的性能。

(3)对密封件的要求。动密封由于需要在运动中保持密封,因此密封件需要具备良好的耐磨性和自润滑性。而静密封则更注重密封件的材质和尺寸精度,以确保在静止状态下能够有效阻止介质泄漏。

(4)应用场景。动密封广泛应用于动力泵、压缩机、作动筒等设备的往复、旋转运动中;

而静密封则更多地用于固定设备的密封,如管道接头、法兰等。

(二)机械密封、弹性密封和非接触密封

根据用途、结构和工作原理不同,密封件可以分为三大类:机械密封、弹性密封和非接触密封。

1. 机械密封

机械密封是一种通过两个相对旋转或移动的部件之间的物理接触来实现密封的装置。它通常由两个主要部分组成:旋转部件(如轴)和静止部件(如壳体)。机械密封主要特点有:

(1)高密封性能。机械密封在高压、高温和严苛环境下具有出色的密封性能,能有效防止泄漏。

(2)耐磨损。由于机械密封的物理接触,它们通常具有良好的耐磨损性能,适用于高速旋转设备。

(3)维护较复杂。机械密封的维护需要定期更换密封件,并且需要一定的技术知识和设备。

2. 弹性密封

弹性密封是一种利用弹性材料(通常是橡胶或塑料)来实现密封的装置。这类密封通常不需要物理接触,而是依靠弹性材料的变形来填补间隙,从而实现密封。弹性密封主要特点:

(1)简单的结构。弹性密封通常由单一的弹性材料制成,结构相对简单。

(2)易于维护。更换弹性密封通常较为容易,不需要复杂的维护工作。

(3)适用于低压低温。弹性密封通常用于低压和低温应用,对高压高温的耐受性较差。

3. 非接触密封

非接触密封是一种不涉及物理接触的密封方式,通常利用气体、液体或磁场的力来维持密封状态。这种类型的密封主要有以下特点:

(1)零摩擦。非接触密封不涉及物理接触,因此摩擦损耗几乎为零,有助于提高效率。

(2)寿命长。由于没有物理接触,非接触密封通常具有较长的使用寿命。

(3)应用有限。非接触密封通常用于特殊应用,如高速轴承、高速旋转设备等,对设备的要求较高。

总的来说,密封件在工程领域中具有广泛的应用,不同类型的密封件适用于不同的工作条件和需求。选择适当类型的密封件取决于应用的性质、压力、温度和维护要求等因素。密封件的正确选择和维护对于确保设备正常运行和防止泄漏问题至关重要。

二、常用密封件

(一)密封圈

1. NBR 密封圈

NBR(丁腈橡胶)密封圈应用于石油系液压油、甘醇系液压油、汽油、水、硅润滑脂、硅油等多种介质,是目前用途最为广泛、成本最低的橡胶密封材料,不适用于极性溶剂,如酮类、臭氧、硝基烃、MEK 与氯仿。正常使用温度范围为 $-40 \sim 120$℃。

2. HNBR 密封圈

HNBR(氢化丁腈橡胶)密封圈具有良好的抗腐蚀、抗撕裂和抗压缩变形等特性,耐臭氧、耐阳光、耐油等性能,比 NBR 密封圈有更佳的抗磨性,适用在洗涤机械、汽车发动机系统和新型环制冷系统中,不适合使用于醇类、酯类和芳香族的溶剂中。正常使用温度范围为 $-40 \sim 150$℃。

3. PTFE 密封圈

PTFE(聚四氟乙烯)密封圈在航空、电气、化工、机械、仪器仪表、金属表面处理、医药、食品、冶金冶炼、液压等工业中广泛应用,具有耐高低温、耐腐蚀材料,摩擦系数低等特点,已成了不可取代的产品。

4. 组合式密封圈

组合式密封圈为金属垫加橡胶的组合形式,金属环防锈处理,橡胶圈一般采用耐油丁腈胶或氟橡胶。组合式密封圈供螺纹管接头及螺塞密封用,它一般和卡套式管接头一起使用,用来堵油口,主要用于液压阀管接头螺纹连接处的端面静密封。

(二)油封密封

油封是一种自紧式唇型密封,在自由状态下,油封内径比轴径小,即有一定的过盈量。油封装到轴上后,其刃口的压力和自紧弹簧的收缩力对密封轴产生一定的径向抱紧力,遮断漏间隙,达到密封目的,常用于防止轴承润滑油的泄漏。

(三)法兰连接垫片

法兰连接垫片密封件是指在两连接件(法兰)的密封面之间垫上不同形式的密封垫片,采用非金属、非金属与金属的复合垫或金属垫,然后将螺纹或螺栓拧紧,拧紧力使垫片产生弹性和塑性变形,填塞密封面的不平处,达到密封目的,常用于管道及炉体的密封。

模块四 焊接基础知识

项目一 焊接工艺知识

在金属结构及其机械产品的制造中,常需将两个或两个以上的零件按一定形式和尺寸连接在一起,这种连接通常分为两大类:一类是可拆卸的连接,就是不损坏被连接件本身就可以将它们分开,如螺栓连接、键连接等;另一类是永久性连接,即必须损坏零件后才能拆卸,如铆接、焊接等。

焊接就是通过加热加压,或两者并用,并且使用或不用填充材料,使工件达到原子之间结合的方法。为了获得牢固的结合,在焊接过程中必须使被焊件彼此接近到原子间的力能够相互作用的程度,即冶金结合。为此,在焊接过程中,必须对需要结合的地方通过加热使之熔化,或者通过加压(或者先加热到塑性状态后加压),造成原子间或分子间的结合与扩散,从而达到不可拆卸的连接。

一、焊接种类

按焊接过程中金属所处的状态、加热程度和工艺特点的不同,焊接方法可分为熔焊、压力焊和钎焊三类。熔焊是利用局部加热的方法将连接处的金属加热至熔化状态而完成的焊接方法(管道行业最常用的焊接方法)。压力焊是利用焊接时所施加的一定压力使接触处的金属相结合的方法。钎焊的基本原理就是把比被焊金属熔点低的钎料金属熔化至液态,然后使其渗透到被焊金属的间隙中而达到结合的方法。

(一)常见的熔焊方法

电弧焊:利用电弧热量来熔化构件实现连接,分为熔化极电弧焊和非熔化极电弧焊两种。

气焊:利用燃气燃烧来熔化构件实现连接,根据可燃气体不同,有多种类型。

电渣焊:利用电流通过液体熔渣所产生的电阻热熔化金属进行焊接。

等离子弧焊:利用等离子弧高能量密度束流作为焊接热源的熔焊方法。

电子束焊:利用高速运动的电子束流轰击工件,使动能转化为热能而使工件熔化。

激光焊:利用激光束聚焦获得高功率密度,使材料熔化或汽化。

(二)常见的压力焊方法

电阻焊:通过在电极上施加压力让构件连接处产生电阻热实现连接。

摩擦焊:通过工件间高速旋转产生的摩擦热进行焊接。

冷压焊:在室温下,对工件施加压力,使接触面产生塑性变形。

扩散焊:在高温下,通过接触面原子的相互扩散来实现连接。

爆炸焊:利用炸药爆炸时产生的冲击力进行焊接。

(三)常见的钎焊方法

火焰钎焊:使用火焰作为热源进行钎焊。

感应钎焊:利用电磁感应原理,在工件内产生涡流进行加热。

烙铁钎焊:使用烙铁作为热源进行钎焊,适用于小件或局部区域的焊接。

二、焊接材料

焊接材料是焊接时所消耗材料的通称,包括焊条、焊丝、焊剂、气体、熔剂、钎剂及钎料等。

(一)焊条分类、特点及型号

焊条是指气焊或电焊作业时熔化填充在焊接工件的接合处的金属条,也是焊条电弧焊使用的熔化电极。它由药皮和焊芯两部分组成的,其材料通常跟工件的材料相同或相近。

1. 分类

(1)按照用途不同,焊条分为结构钢焊条、耐热钢焊条、不锈钢焊条及堆焊焊条等十种。不锈钢焊条分为铬不锈钢焊条和奥氏体型不锈钢焊条两类。

(2)按照焊条药皮性质不同,焊条可分为酸性焊条和碱性焊条两大类。酸性焊条药皮的主要成分为酸性氧化物,如二氧化硅、二氧化钛、三氧化二铁等;碱性焊条药皮成分中含有大量碱性氧化物,如萤石、大理石等。

(3)按照焊条药皮的主要化学成分不同,焊条分为氧化钛氢焊条、氧化钛钙氢焊条及钛铁矿型焊条等八种。

2. 特点

焊条电弧焊当今已成为应用最广泛的焊接方法,主要因为其具有灵活性。采用焊条电弧焊容易控制焊接应力和变形。对于不同的焊接位置、接头形式、焊件厚度的焊缝,只要焊条能到达的位置都可以进行焊接,这是焊条电弧焊所具有的灵活性、适应强的特点。

由于焊接过程由焊工手工控制,可通过适时调整电弧位置、运条姿势来修正焊接参数。对于小尺寸、短焊缝或不规则的曲折焊缝,采用焊条电弧焊接方法最为合适。

3. 型号及含义

在焊条型号的编制方法中,碳钢型号的前两位数字表示熔敷金属抗拉强度的最小值。低合金钢焊条型号的编制方法与碳钢焊条型号的编制方法基本相同。根据《热强钢焊条》(GB/T 5118—2012)规定,低合金钢焊条型号是按熔敷金属的力学性能、化学成分、药皮类型、适用焊接位置和焊接电流种类来划分的。

根据《不锈钢焊条》(GB/T 983—2012),不锈钢焊条型号中第一部分用字母"E"表示焊条,第二部分为字母"E"后面的紧邻两位数字,表示熔敷金属的最小抗拉强度代号;第三部分为字母"E"后面的第三和第四两位数字,表示药皮类型、焊接位置和电流类型;第四部分为熔敷金属的化学成分分类代号,可为"无标记"或短划"-"后的字母、数字或字母和数字的组合;第五部分为熔敷金属的化学成分代号之后的焊后状态代号,其中"无标记"表示焊态,"P"表示热处理状态,"AP"表示焊态和焊后热处理两种状态均可。

焊条型号如 E4315,其中"E"表示焊条;前两位数字 43 表示熔敷金属抗拉强度的最小值,即 430MPa;第三位数字表示焊条的焊接位置,"0"及"1"表示焊条适用于全位置焊接(平、立、仰、横),"2"表示焊条适用于平焊及平角焊,"4"适用于向下立焊;第三位和第四位数字组合时表示焊接电流种类及药皮类型,15 的组合就是药皮为碱性,全位置焊接,电流类型为直流反接。

(二)焊条的应用原理、选择及管理原则

1. 应用原理

焊条电弧焊作为应用广泛的焊接技术,应用于各个工业领域。电焊条作为传导焊接电流的电极和焊缝的填充金属,其性能和质量将直接影响焊接质量。在手工电弧焊接中,电焊条将与基本金属间产生持续的、稳定的电弧,电焊条的成分直接影响焊缝金属的化学成分、机械性能和物理性能三项功能。焊条对于焊接过程的稳定性及焊缝外观质量、焊接生产率等也有很大的影响。

电焊条应用时,作为填充金属加到焊缝中去成为焊缝金属的主要成分。焊接时,焊条朝着熔池方向逐渐送进达到所需的电弧长度,同时焊条横向摆动达到焊缝要求的宽度。这样才能焊出宽窄高低均匀的焊缝。

2. 选择原则

焊条种类很多,应用范围不同,能否正确选用焊条,对焊接质量、劳动生产率和产品成本都有影响。选择焊条,应根据焊件材料,应遵循等强度原则、等同性原则、等条件原则。

对于普通结构钢,通常要求焊缝金属与母材等强度,应选用熔敷金属抗拉强度等于或稍高于母材的焊条。

在高温、低温、耐磨或其他特殊条件下工作的焊接件,应选用相应的高温钢、低温钢、堆焊或其他特殊用途焊条。

对于承受静载荷或一般载荷的工件,通常选用抗拉强度与母材相等的焊条。对焊接要求塑性好、冲击韧性高的焊缝,应选用碱性焊条。

受焊接工艺条件的限制,如对焊件接头部位的油污、铁锈等清理不便,应选用抗气孔能力强的酸性焊条。

当母材中碳、硫、磷等元素偏高时,焊缝易产生裂纹,应选用抗裂性能好的低氢型焊条。

3. 管理原则

在焊接生产中,焊条应具有良好的焊接工艺性能,并能进行立焊、仰焊和横焊不同位置的焊接。要求焊条能焊出没有气孔、裂缝、夹渣等焊接缺陷的焊缝金属。若因保管不善,焊条很容易出现焊条芯生锈,药皮受潮、损坏,而焊条的质量直接影响焊缝的性能,所以要严格按照《焊接材料管理质量规程》(JB/T 3223—2017)保管焊条。对电焊条的管理可参照如下原则:

(1)电焊条应该存放在干燥、通风的地方,远离潮湿和腐蚀性气体。在存放的过程中应该注意电焊条的分类和编号,便于查找和使用。

(2)电焊条的检查。在使用电焊条之前,必须对其进行检查,包括外观质量、包装完好度和规格型号等。

(3)电焊条的领用。电焊条的领用必须经过严格的审批程序,由专人负责领用和管理。

(4)电焊条的报废。对于超过有效期限的电焊条以及损坏变形,药皮脱落的电焊条必须进行报废处理,不能继续使用。

(5)电焊条台账。对于每一种电焊条都必须建立专门的台账,记录使用情况和退库情况便于随时查询和管理。

(三)焊丝分类、特点及型号

焊丝是作为填充金属或同时作为导电用的金属丝焊接材料。在气焊和钨极气体保护电弧焊时,焊丝用作填充金属;在埋弧焊、电渣焊和其他熔化极气体保护电弧焊时,焊丝既是填充金属,同时也是导电电极。

1. 分类

(1)按照焊接方法不同,焊丝可分为埋弧焊焊丝、CO_2 焊焊丝、钨极氩弧焊焊丝、熔化极氩弧焊焊丝、自保护焊丝、电渣焊焊丝和气焊焊丝等。

(2)按制造方法与焊丝的形状不同,焊丝分为实芯焊丝和药芯焊丝两大类。实芯焊丝多为冷拔钢丝;而药芯焊丝则是由薄钢带卷制成圆管或异形管(断面是 E 型或 T 型),管中填充一定成分的药粉,再行拉拔而成。药芯焊丝又可分为气体保护焊丝和自保护焊丝两种。

(3)按照适用的金属材料不同,焊丝可分为碳素结构钢焊丝、低合金钢焊丝、不锈钢焊丝、镍基合金焊丝、铸铁焊丝、有色金属焊丝和特殊合金焊丝等。

2. 特点

(1)焊丝工艺性能好,电弧稳定,熔滴过渡均匀,焊缝形状美观。

(2)焊丝熔敷速度快,生产效率高,在相同焊接电流下药芯焊丝的电流密度大,熔化速度快,其熔敷率为 85%~90%,生产率比焊条电弧焊高 3~5 倍。

(3)焊丝可用较大焊接电流进行全位置焊接。

(4)焊剂部分能改善熔填金属的化学成分与机械功能,同时气体可以保护金属电弧焊及埋弧焊。

(5)药芯焊丝可用于碳钢、低合金高张力钢、高强度淬火回火钢、不锈钢以及硬面耐磨钢材等的焊接。

3. 型号及含义

1)实芯焊丝型号

(1)气体保护焊用碳钢、低合金钢焊丝。按化学成分和采用熔化极气体保护焊时熔敷金属的力学性能分类。焊丝型号的表示方法为 ERxxxxx,字母"ER"表示焊丝,ER 后面的两位数字表示熔敷金属的抗拉强度最低值,短划"-"后面的字母或数字表示焊丝化学成分分类代号。如还附加其他化学元素时,直接用元素符号表示,并以短划"-"与前面数字分开。

(2)铸铁气焊焊丝。铸铁气焊焊丝型号中的字母"R"表示焊丝,字母"Z"表示焊丝用于铸铁焊接,在"RZ"字母后用焊丝主要化学元素符号或金属类型代号表示,再细分时用数字表示。

2)药芯焊丝的型号

药芯焊丝根据药芯类型、是否采用保护气体、焊接电流种类以及对单道焊和多道焊的适用性进行分类。根据 GB/T 10045—2018《非合金钢及细晶粒钢药芯焊丝》的规定,药芯焊丝型号由焊丝类型代号和焊缝金属的力学性能两部分组成。

第一部分以英文字母"EF"表示药芯焊丝代号。代号后面的第一位数字表示适用的焊接位置:"0"表示用于平焊和横焊,"1"表示用于全位置焊。代号后面的第二位数字或字母为类型代号。

第二部分在短线"-"后用四位数字表示焊缝的力学性能:前两位数字表示抗拉强度最低值;后两位数字表示冲击吸收功,其中第一位数字表示冲击吸收功不小于27J所对应的试验温度,第二位数字表示冲击吸收功不小于47J所对应的试验温度。

(四)焊丝的应用原理、选择原则及管理原则

1. 应用原理

焊接时作为填充金属或用来导电的金属丝,在电弧热作用下,熔化状态的焊丝金属、母材金属和保护气体相互之间发生冶金作用,形成一层较薄的液态熔渣包覆熔滴并覆盖熔池,对熔化金属形成保护。

2. 选择原则

(1)根据被焊结构的钢种选择焊丝。对于碳钢及低合金高强钢,主要是按"等强匹配"的原则,选择满足力学性能要求的焊丝。对于耐热钢和耐候钢,主要是侧重考虑焊缝金属与母材化学成分的一致或相似,以满足对耐热性和耐腐蚀性等方面的要求。

(2)根据被焊部件的质量要求(特别是冲击韧性)选择焊丝,与焊接条件、坡口形状、保护气体混合比等工艺条件有关,要在确保焊接接头性能的前提下,选择达到最大焊接效率及降低焊接成本的焊接材料。

(3)根据现场焊接位置,对应于被焊工件的板厚选择要使用的焊丝直径,确定所使用的电流值,参考各生产厂的产品介绍资料及使用经验,选择适合于焊接位置及使用电流的焊丝型号。

3. 管理原则

(1)焊丝应放于专用焊接材料库保管,注意通风、干燥,空气相对湿度应控制在60%以下,码放时离地和墙壁保持30cm距离。

(2)分清型号和规格存放,不能混放,也不可码放过高。

(3)搬运过程要避免乱扔乱放,防止包装破损,一旦包装破损,可能会引起焊丝吸潮、生锈。

(4)对于桶装焊丝,搬运时切勿滚动,容器也不能放倒或倾斜,以避免筒内焊丝缠绕,妨碍使用。

(5)一般情况下,药芯焊丝无需烘干,开封后应尽快用完。当焊丝没用完,需放在送丝机内保存时,要用帆布、塑料布或其他物品将送丝机(或焊丝盘)罩住,以减少与空气中的湿气接触。

三、常用焊接设备

焊接设备是焊接时供给焊接能源、实施焊接操作的装置的总称,包括焊接电源、行走机构、送丝机构和装夹移动工件的辅助装置等。不同焊接方法需要不同的与之相适应的焊接设备。焊接设备是否精良,性能是否稳定可靠,不仅影响焊接效率,还直接影响焊接质量。

目前,常用到的焊接设备如下。

(1)焊条电弧焊设备。焊条电弧焊设备按照焊接电源种类主要分为弧焊变压器、弧焊整流器、弧焊逆变电源。

(2)钨极氩弧焊设备。钨极氩弧焊设备按照焊接电源种类主要分为直流钨极氩弧焊设备、交流钨极氩弧焊设备以及脉冲钨极氩弧设备。按照机械化程度主要分为手工钨极氩弧焊设备、半自动钨极氩弧焊设备(自动送丝)、全自动钨极氩弧焊设备。

(3)熔化极气体保护焊设备。熔化极气体保护焊设备按照电源种类可分为直流熔化极气体保护焊、交流熔化极气体保护焊以及脉冲熔化极气体保护焊。按照电源外特性可分为陡降外特性整流电源、平特性整流电源以及多特性整流电源。按照保护气体种类分为惰性气体保护焊、氧化气体保护焊、混合气体保护焊。按照焊丝种类分为实芯焊丝和药芯焊丝。按照机械化程度主要分为半自动焊设备和全自动焊设备。

(4)埋弧自动焊设备。埋弧焊设备种类较多,按送丝方式可分为等速送丝式和电弧电压调节式设备,前者适用于细焊丝或高电流密度,后者适用于粗焊丝或低电流密度。按用途可分为通用和专用设备,前者适用于各种结构的对接、角接、环缝和纵缝的焊接;后者只适用于焊接某些特定的金属结构或焊缝,如埋弧堆焊机、埋弧自动角焊机等。按焊丝(电极)数量分为单丝、双丝和多丝。

(5)管道焊接设备。管道焊接设备按照焊接方向分为管道上向焊设备和管道下向焊设备。按照机械化程度主要分为管道手工焊设备、管道半自动焊设备(自动送丝)、管道全自动焊设备。按照保护方式分为管道气体保护焊接设备(实芯焊丝、药芯焊丝)和管道自保护药芯焊接设备。此外,按行走机构形式还分为小车式、门架式、悬臂式。埋弧焊设备按照电源可分为直流埋弧焊设备、交流埋弧焊设备或交、直流两用埋弧焊设备。

项目二　焊接变形的预防与处理

一、焊接变形的概念与分类

(一)焊接变形的概念

当金属材料在进行焊接加工时,会产生应力与变形。金属的不均匀加热将导致产生暂时应力和暂时变形。将金属的某局部区域加热到使其产生塑性变形,则金属冷却之后形成残余应力和残余变形。也就是说在加热时产生塑性变形,是产生残余应力与残余变形的必要条件。加热温度越高,加热越不均匀,则产生塑性变形的可能性越大,从而形成残余应力与残余变形的可能性也就越大。金属焊接时，工件承受的温度很高，温差也很大，有充分条件形成暂时应力和暂时变形、冷却之后形成残余应力和残余变形。这种焊接热过程引起的变形称为焊接变形。

(二) 焊接变形的分类

焊接变形因焊接接头的形式、钢板的厚薄、焊缝的长短、焊件的形状、焊缝的位置等原因，会出现各种不同形式的变形。基本上可分为如下两种。

1. 局部变形

局部变形是指焊接结构的某部分发生变形。它主要包括角变形和波浪变形两种。这种变形对结构影响较小，一般比较容易矫正。

2. 整体变形

整体变形是指整个结构的形状或尺寸发生变化，它是由于焊缝在各个方向上的收缩所引起的。它包括直线变形、弯曲变形、扭曲变形等。此种变形将影响到整个外形和结构的承载能力。

二、焊接变形对焊接结构的影响

焊接变形的出现，往往严重影响焊接结构的生产。由于一个工件或部件的焊后变形，就会使下一道工序无法正常进行，而矫正变形有时要消耗数倍于焊接的时间和物资。在个别情况下，由于变形量超过了允许的数值而又无法补救，就可能使产品报废。

在实践中经常利用焊接的不均匀加热而造成变形的原理，来防止、减少或矫正焊接变形，如生产中常用于矫正变形的反变形法和火焰矫正法。

焊接应力与变形这两者是在焊接时同时产生的。但如果焊件在焊接时能自由收缩，则焊后变形较大而应力较小；如果由于外力的限制或自身刚性较大，焊件不能自由收缩，则焊后应力就较大而变形较小。因此，人们掌握它们的规律，针对不同的材料结构等情况，采取各种不同的措施，将焊接应力与变形控制在允许的范围内。

三、影响焊接变形的因素

在一般焊接结构的生产中，大量出现焊接变形对焊接结构的影响，影响因素有设计因素、工艺因素、其他因素等。

(一) 焊接结构的设计因素

1. 焊缝尺寸和形状的影响

一个结构，如果焊缝的尺寸和长度过大，那就必然会引起较大的焊接变形。特别在薄板结构中，如果焊缝过长，则就更容易产生波浪变形，而增加了矫正的困难。另外，如果角焊缝的焊角高度超过了按强度计算所必需的尺寸，这对焊接结构也会带来不利影响。

2. 焊缝数量的影响

焊缝的收缩变形是造成焊接变形的根本原因。在一般的机械结构中，为了减轻结构的重量，往往用焊接结构来代替浇铸件，但如果过多设置不必要的焊缝，就必定会增加焊接的变形量。特别是在薄板结构中,如果过多地用焊接结构来代替简单易行的压型结构,则增加了焊缝数量,势必会造成较大的焊接变形。

3. 焊缝位置的影响

焊接结构的整体弯曲变形,绝大多数是由于焊缝在结构上布置不对称造成的。焊缝位置影响焊接结构变形的一般规律是:焊缝距焊接结构截面中性轴越远,则构件就越易弯曲;当焊缝处在构件截面中性轴的一侧时,焊后构件将向焊缝一侧弯曲。对大的焊接结构件来说,往往在整个焊接结构的中性轴两侧都有许多焊缝,由于两侧焊缝的数目、位置各不相同,便导致结构发生整体的弯曲变形。

4. 结构刚性的影响

金属结构在力的作用下,不容易发生变形的,称为刚性大,反之称刚性小。同样,在焊接结构中,刚性大的变形小,刚性小的变形就大。

在焊接结构中,刚性对于影响拉伸、弯曲和扭曲变形又有不同的规律,简述如下:

(1)影响焊接结构拉伸变形的刚性,主要取决于结构截面积的大小。焊接结构的截面积越小,则抵抗拉伸变形的刚性就小,拉伸变形就越大。

(2)影响焊接结构弯曲变形的刚性,主要取决于结构截面积的形状和尺寸大小,如:

① 尺寸截面完全相同的梁,当在结构中的安放位置使截面的垂直尺寸小于水平尺寸时,抗弯刚性就小,易产生弯曲变形。

② 截面完全相同的结构,长度越大,抗弯刚性越小。

③ 板厚相同的 T 字梁(或工字钢、箱形梁),腹板高度越小,抗弯刚性就越小。

(3)影响焊接结构扭曲变形的刚性,除了取决于结构尺寸大小外,最主要的是结构截面的形状。例如结构截面是不封闭的,则抵抗扭曲变形的刚性就小。

综上所述,一般短而粗的焊接结构刚性较大,细而长的结构刚性较小。在实践中焊后产生变形的程度需综合考虑上述几方面的因素。

(二)焊接结构的工艺因素

1. 装配及焊接顺序的影响

一个焊接结构的刚性是在装配、焊接过程中逐渐增大的,整体结构的刚性一般总比它的零件或部件的刚性大。因此,如果没有条件将结构总装成刚性较大的情况下焊接,那么势必会产生较大的变形,如工字梁先焊成 T 形后,再装焊成工形就是这种情况。

另外,如对于截面对称且焊缝布置也对称的焊接结构,即使在总装后再施焊,由于采取不同的焊接顺序,也会影响变形的大小。例如工字梁在总装后不采用对称施焊的方法,仍会产生较大的变形;又如厚板的 X 形坡口的对称接头,不采取对称施焊的顺序,也会产生较大的变形。

2. 焊接方向的影响

一般对接直焊缝,不管焊缝有多长,其横向受力的分布,总是在末端产生较大的拉应力,中段受到大的压应力,而且焊缝越长,采用直通焊(连续向一个方向焊接)的方法,这种应力就越大,由此产生的焊件的变形也就越大。不同的焊接方向会使焊接结构产生不同的变形,这不仅是因为在焊接过程中沿焊缝方向上热量分布不均匀,主要是由于冷却有先后,在膨胀收缩过程中受到的约束程度不同而引起的。

3. 焊接方法的影响

在焊接过程中,由于焊接方法的不同,金属受热的体积越大,变形也就越严重。例如在气焊时,由于焊件的受热面积较大,因此焊件的变形也较大;而在电弧焊时,尽管其热能较大,但热量较集中,焊接速度又远大于气焊,因此相对来说焊件的受热面就比气焊时小,所以变形也就越小。同理,等离子弧焊和电子束焊产生的变形就更小。

(三)其他因素

1. 焊接电流、焊接速度的影响

对大多数的焊接结构来说,变形随着焊接电流的增加而增加,使用的焊条直径大,变形也大。焊接速度对焊接结构的变形影响很小。

2. 焊件自重和装配间隙等的影响

如果焊件的自重较大,在焊接时又无合理支撑,则就容易造成变形。另外,焊缝的装配间隙和坡口角度过大,都会增加焊后的变形量。

总之,各种影响焊接变形的因素并不是孤立地起作用的,这就要求在分析焊接结构变形时,要考虑各种影响的因素,以便能定出较合理的防止变形的措施。

四、防止和减少焊接变形的措施

(一)防止和减少焊接变形的设计措施

(1)选用合理的焊缝尺寸和形状。在保证结构有足够承载能力的前提下,应尽量采用可能的最小的焊缝尺寸和长度。

(2)尽可能减少焊缝的数量。

(3)合理安排焊缝的位置,使焊缝对称于焊接结构截面的中性轴,或使焊缝接近中性轴。

(4)在可能的条件下采用接触点焊代替熔化焊接头。

(二)防止和减少焊接变形的工艺措施

为了减少焊接变形,必须避免单纯为克服一种倾向而忽视了另一种倾向,因此对产品的具体条件要进行分析,综合采取各种措施,使焊接变形能控制在产品的技术要求之内。主要措施如下:

(1)选择合理的装焊顺序。在焊接应力对焊接结构的影响不是主要矛盾和不影响施焊的情况下,可采用先总装成整体,加大结构的刚性,然后再进行焊接的方法,这对减少焊接变形有较好的作用。同时,在焊接时尽量采用对称结构中性轴的对称施焊,这样也能减少焊接变形。如果焊缝不对称,那么应该先焊焊缝少的一侧,以便使焊接焊缝多的一侧以后的收缩,对先前产生的变形起到一种"矫正"的作用,从而减少了总体的变形量。

(2)采用不同的焊接方向和顺序。在实践中,往往将长焊缝的焊接分成许多较短段,采用同方向或方向各异的焊接方法,这也是减少焊接变形的有效方法。

(3)选用合理的焊接方法和规范。选用能量密度高的焊接方法,如用二氧化碳保护焊、等离子弧焊代替气焊和手工电弧焊进行薄板焊接,可减少或严格控制变形量。

(4)反变形法。为了抵消焊接变形,在焊件进行装配时,先将工件向与焊接变形相反的方向进行人为的变形,这种方法已在实践中被广泛应用。

(5)刚性固定法。这是一种利用临时的或专用的胎夹具,对焊接结构采用强制手段来减少焊后变形的方法。这种方法也有利于装配。对于脆性较大的材料应采取减少焊接应力的措施,如焊前预热等,以免产生裂缝。

(6)散热法。散热法又称强迫冷却法,就是把焊接处的热量迅速散走,使焊缝附近的金属受热区域大大减小,达到减小焊接变形的目的。这种方法对具有淬火倾向的钢材不宜采用,否则容易产生裂缝。

五、焊接变形的矫正

由于焊接而造成的残余变形,大部分是可以矫正的。各种矫正变形的方法实质上都是设法造成新的变形来抵消残余变形。实际中常采用机械矫正法和火焰矫正法两种。

(一)机械矫正法

机械矫正法就是利用机械力的作用来矫正变形。

对于低碳钢结构的机械矫正,可在焊后直接进行;但对于一般合金结构钢的焊接结构,焊后必须先经过消除应力处理后才可进行,否则一方面会使矫正困难,另一方面容易产生裂缝或断裂。

对于薄板的波浪变形,可采用锤大焊缝区的拉伸应力段的机械矫正法。因为拉伸应力段如果延伸了,就减小了对薄板边缘的压缩应力,从而矫正了波浪变形。但要注意在锤打时垫上平锤,避免产生明显的锤痕。

(二)火焰矫正法

火焰矫正法是用氧—乙炔火焰或其他气体火焰(一般采用中性焰),以不均匀加热的方式引起结构变形来矫正原有的残余变形。具体方法是将变形构件的局部(较长的金属部分),加热到600~800℃的温度,此时钢板呈褐红色至樱红色之间,然后自然冷却或强制冷却,使这些局部在冷却后产生收缩变形来抵消原有的变形。

火焰矫正法的关键是掌握火焰局部加热引起变形的规律,以便定出正确的加热位置,否则会得到相反的效果。火焰矫正法在使用时,应控制温度和重复加热次数。这种方法不仅适用于低碳钢,而且还适用于部分普低钢结构的矫正,其中小部分还可用水强制冷却。对经热处理的高强度钢,加热温度不应超过回火温度。

在生产中,火焰矫正常有三种不同的加热方式。

1. 点状加热矫正

图1-4-1为点状加热矫正钢板的变形(管子矫正也常用)。加热点直径 d 一般不小于15mm,加热时,点与点的距离 a 应随变形量的大小而改变,残余变形越大,a 值越小,一般在50~100mm之间。为提高矫正速度和避免冷却后在加热处产生小泡突起,往往在加热完每

一个点后,立即用木槌捶打加热点及其周围,然后浇水冷却。这种方法常用于矫正厚度在8mm以下钢板的波浪变形。

图1-4-2为钢管弯曲的点状加热矫正。加热温度为800℃,加热速度要快,加热一点后迅速移到另一点加热。经同样方法加热、冷却一到两次,即能矫直。

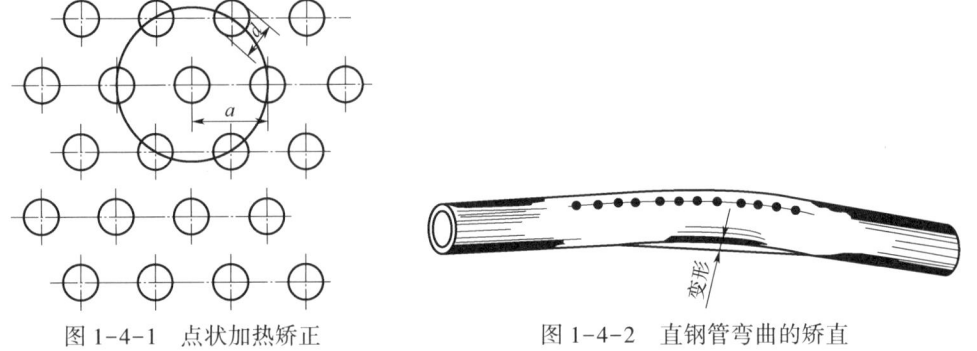

图1-4-1 点状加热矫正　　　　图1-4-2 直钢管弯曲的矫直

2. 线状加热矫正

火焰沿着直线方向移动,或者同时在宽度方向做横向摆动,形成带状加热,均称线状加热,图1-4-3为线状加热的几种形式。

在线状加热矫正时,加热线的横向收缩大于纵向收缩。加热线的宽度越大,横向收缩也越大,所以,尽可能发挥加热线横向收缩的作用。加热线宽度一般取钢板厚度的0.5~2倍。这种矫正方法多用于变形较大或刚性较大的结构,也可矫正钢板。

线状加热矫正,根据钢材性能和结构的可能,可同时用水冷却,称水火矫正。这种方法一般用于厚度小于8mm的钢板。水火距离通常在25~30mm,对于允许水火矫正的普低钢,在矫正时应根据不同钢种把水火距离拉得远些。

3. 三角形加热矫正

三角形加热即加热区域呈三角形状。加热部位是在弯曲构件的凸缘,三角形的底边在被矫正构件的边缘,顶点朝内。由于三角形加热的面积较大,所以收缩量也较大,常用于矫正厚度较大、刚性较强构件的弯曲变形。可用两个或更多个焊炬同时加热,并根据结构具体情况加外力或用水急冷。图1-4-4为T字梁的三角形加热矫正。

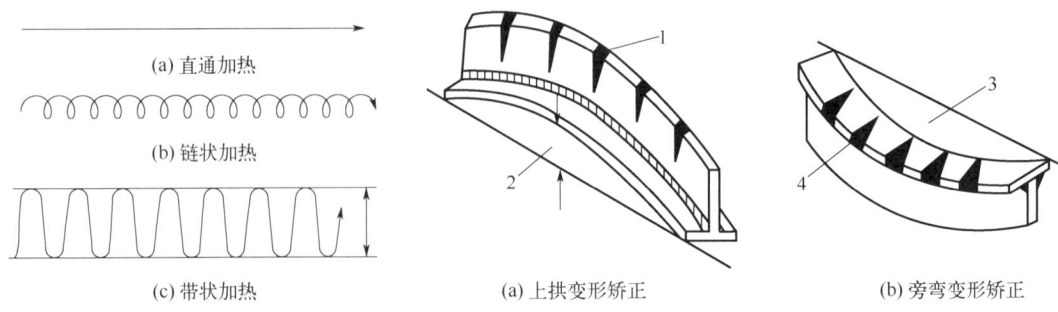

图1-4-3 线状加热的形式　　　　图1-4-4 T字梁的三角形加热矫正
1—加热位置;2—上拱;3—旁弯;4—加热位置

模块五　识图、制图基础知识

项目一　投影和三视图

一、投影知识

管道工程图同机械图、建筑图一样，是用投影方法画出来的。为了绘制和识读管道工程图，必须首先建立投影的概念。

（一）投影法

在日常生活中日光或灯光照射物体，就会在地上或墙上产生影子，这种使物体在平面上形成影子的现象称为投影现象。制图中参照这一自然现象，用一组假想光线将物体的形状投射到一个面上去，并且光线可以穿过物体，在影子范围内由线条来显示物体的完整形象，这种投射线通过物体，向选定的平面进行投射，并在该面上得到图形的方法，就称为投影法。

一个物体进行投影，要有投射的光线和承受影子的平面，投射的光线称为"投影线"，承受影子的平面称为"投影面"，在该面上得到的图形称为"投影"或"投影图"。由于投射线的不同，物体的投影也不同。

（二）投影法的分类

投影法可分两类。

1. 中心投影法

投影线由投影中心一点射出，通过物体与投影面所得的图形称为中心投影，这种投影方法称为中心投影法。中心投影示意图如图1-5-1所示。

2. 平行投影法

假设光源发出的光线是平行的，则投影线就平行地通过物体与投影面相交，所得的图形称为平行投影，这种投影方法称为平行投影法。平行投影示意图如图1-5-2所示。

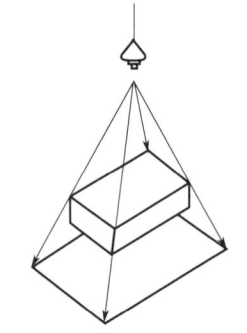
图 1-5-1　中心投影示意图

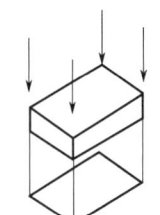
图 1-5-2　平行投影示意图

(三) 正投影

1. 正投影的概念

在平行投影中,如果投影线垂直于投影面时,物体在投影面上所得到的投影,称为正投影。这种投影方法称为正投影法,按正投影方法画出的投影图为正投影图,如图 1-5-3 所示。正投影图直观性不强,但能准确反映物体的真实形状和大小,图形量度性好,便于尺寸标注。

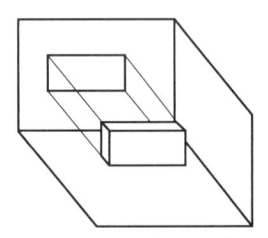
图 1-5-3　正投影示意图

2. 正投影的基本特点

(1) 被投影的物体在观察者与投影面之间,即保持人、物、投影面的相对位置关系。

(2) 投影线相互平行,且垂直于投影面。

(3) 正投影不受人与物体以及物体与投影面之间距离的影响。

二、三视图的形成及特性

(一) 三视图的形成

机械制图中三面投影图和六面投影图都是正投影图,简称三视图和六视图。而三视图是人们应用最广的,所以主要介绍三视图。

三视图是指将物体放在三个相互垂直的投影面组成的三面投影体系中,分别向三个投影面进行正投影,可反映物体的三个向度,并得到反映物体三个方向形状的三个投影。三视图是工程界对物体几何形状约定俗成的一种表达方式。

三个视图的名称为:主视图、俯视图和左视图,如图 1-5-4 所示。

物体的正面投影,即 V 面,称为主视图,是从物体的前方向后投影(即 A 向投影)得到的图形。

物体的水平面投影,即 H 面,称为俯视图,是从

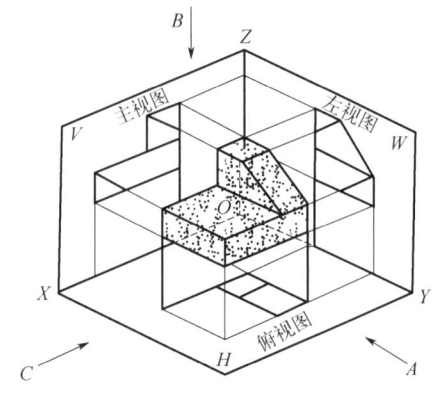
图 1-5-4　三视图

物体的上方向下投影(即 B 向投影)得到的图形。

物体的侧面投影,即 W 面,称为左视图,是从物体的左方向右投影(即 C 向投影)得到的图形。

在三投影面中,V 面和 H 面的交线为 OX 轴;H 面和 W 面的交线为 OY 轴;V 面和 W 面的交线为 OZ 轴。OX,OY,OZ 三轴交点为 O 坐标原点。

为了把三个视图画在同一张图样上,规定 V 面不动,将 H 面和 W 面旋转到与 V 面同一平面内,得到的一组视图为三视图,如图 1-5-5 所示。

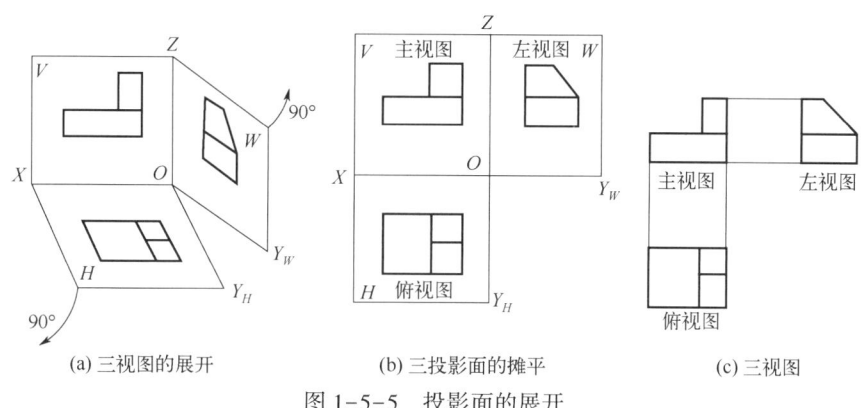

(a)三视图的展开　　(b)三投影面的摊平　　(c)三视图

图 1-5-5　投影面的展开

视图之间的位置关系是不能改变的,俯视图在主视图的下边,左视图在主视图的右边,视图之间要相互对齐、对正。

(二)三视图的特性

在三视图中,主、左视图表示物体的上下,主、俯视图表示物体的左右,左、俯视图表示物体的前后,靠近主视图的一面是物体的后面,远离主视图的一面是物体的前面。

如果把物体左右方向称为长,上下方向称为高,前后方向称为宽,则在三视图上,主、俯视图就反映了物体的长度,主、左视图就反映了物体的高度,俯、左视图就反映了物体的宽度。

三视图在投影时的对应特性:主视图和俯视图,长对正;主视图和左视图,高平齐;俯视图和左视图,宽相等。简称就是:"长对正,高平齐,宽相等",这"三等"关系是识图和绘图必须熟练掌握的最基本的投影规律和法则,必须熟练运用。

三、点、线、面投影的特性

点在进行正投影时,其投影仍然为点。

直线、平面进行正投影时具有三种特性,即积聚性、真实性和类似性,如图 1-5-6 所示。

(1)积聚性:当直线和平面垂直于投影面时,直线积聚成一点,平面图形的投影积聚成一段直线,如图 1-5-6(a)所示。

(2)真实性:当直线段或平面图形平行于投影面时,则投影反映线段的实长和平面图形的真实形状,如图 1-5-6(b)所示。

(3)类似性:当直线段或平面图形倾斜于投影面时,直线段的投影仍然是直线段,但比实际长度短;平面图形的投影仍然是平面图形,但不反映实际形状,而是原平面图形的类似形状,如图1-5-6(c)所示。

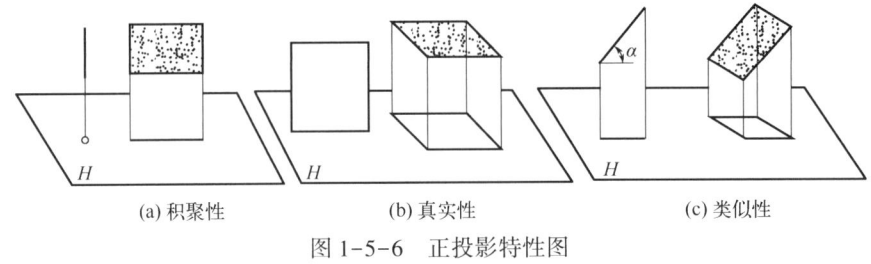

(a) 积聚性　　　　　(b) 真实性　　　　　(c) 类似性

图1-5-6　正投影特性图

项目二　剖面图、轴测图

剖面图和轴测图作为管道工识图及管道安装工作中的重要基础图样,可方便操作人员快速建立起投影和立体的概念,能清晰完整地反映管道系统的空间走向和位置。

一、剖面图

(一)剖面图概念及表示方法

假想用一个剖切平面把物体的某一部分切开,物体被切的部分与剖切平面相接触的部分被称为截面,把它用投影方法重新进行投影,只画出它的平面投影而所得到的图样称为剖面图。

管道的剖面图,如图1-5-7所示,是用一个假想平面沿管道直径切开,再把剖切平面前的部分拿走,对剖切平面的部分进行投影,画出断面的投影图。

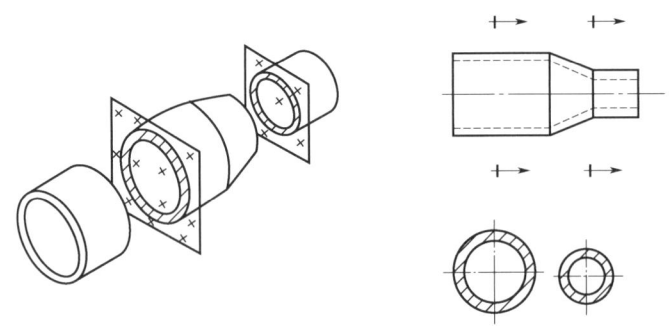

图1-5-7　管道剖面图

画剖面图时,应先在平面图上确定剖切符号并进行编号。剖切符号包括剖切位置、剖视方向和剖切面宽度。剖切位置用剖切线表示,即用两段粗短画线。剖视方向表示投影所指的方向,用垂直于两短画线的细实线表示,用箭头表示投影方向,如图1-5-8(a)所示,有的用细实线长的一端代表箭头,如图1-5-8(b)所示。有的把写编号数的一边代表箭头所指的投影方向。编号表示不同的剖切符号,编号数码采用阿拉伯数字、罗马数字和汉语拼音字母,按顺序连续编排,如 1—1、2—2、Ⅰ—Ⅰ、Ⅱ—Ⅱ、A—A、B—B 剖面等。为了区分不同材料的剖面,可用剖面符号表示。

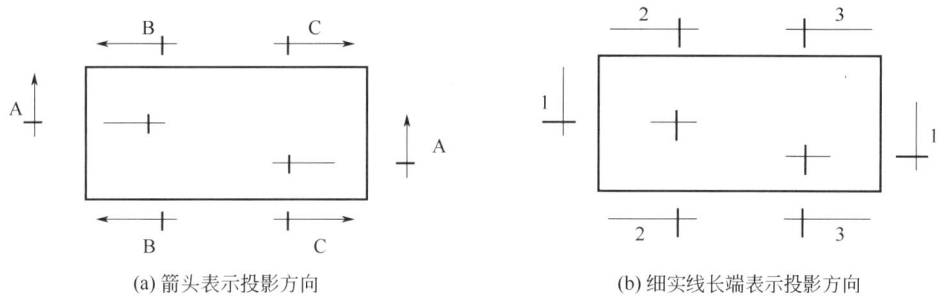

(a) 箭头表示投影方向　　　　　　　　　(b) 细实线长端表示投影方向

图 1-5-8　投影方向图

(二)剖面的种类

按剖面在视图中的不同位置,剖面可分为移出剖面、重合剖面、分层剖面、转折剖面等。

1. 移出剖面

画在视图轮廓之外的剖面称为移出剖面,如图 1-5-9 所示。

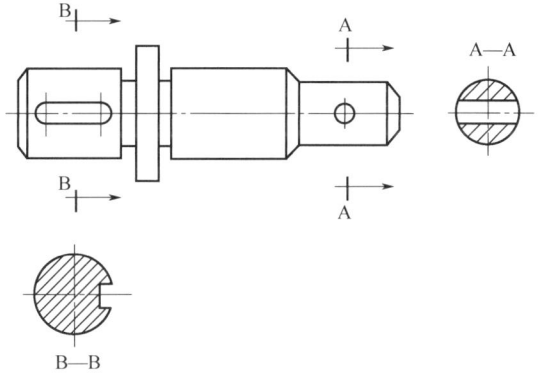

图 1-5-9　移出剖面图

移出剖面的轮廓线用粗实线画出,剖面内应画剖面符号,移出剖面应尽量配置在剖切位置延长线上,必要时可画在其他位置。当图形对称时也可画在视图的中断处,如图 1-5-10 所示。

为了表示端面的真实形状,需用两个或多个剖切平面剖切得到的移出剖面,中间应断开,如图 1-5-11 所示。

移出剖面的标注如下:

(1)一般应该用剖切符号表示剖切位置,用箭头表示投影方向,并注出字母,在剖面图的上方用同样的字母标出相应的名称"×—×"。

(2)配置不在剖切位置延长线上的对称移出剖面以及按投影关系配置的不对称移出剖面均可省略箭头。

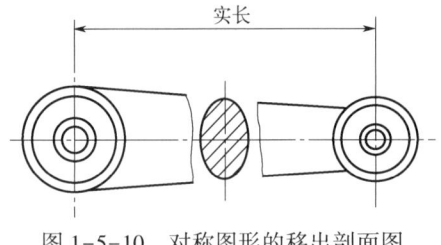
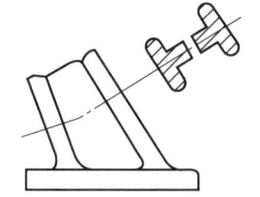

图 1-5-10 对称图形的移出剖面图　　　　图 1-5-11 断开的移出剖面图

（3）配置在剖切位置延长线上的对称移出剖面，不必标注。

2. 重合剖面

画在视图轮廓之内的剖面称为重合剖面，如图 1-5-12 所示。重合剖面使视图和剖面图组合在一起，不但节约了图幅，而且给识图带来了方便。

重合剖面的标注如下：

（1）不对称重合剖面，需标出剖切符号及箭头。

（2）对称的重合剖面，不必标注。

3. 分层剖面

在管道工程中，有些管道要求保温，若保温层数多且各层材料又不相同，为了便于施工人员明确保温的要求，可用分层剖面显示的方法来表示，如图 1-5-13 所示。

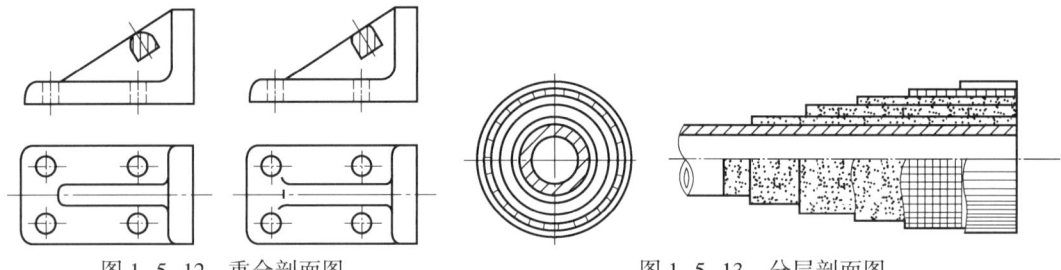

图 1-5-12 重合剖面图　　　　图 1-5-13 分层剖面图

4. 转折剖面

转折剖面图是利用多个（一般为两个）平行剖切面剖切物体，并对剖切面进行投影所得到的图样。它常用于表示几个不同位置的剖面形状。转折剖面图如图 1-5-14 所示。

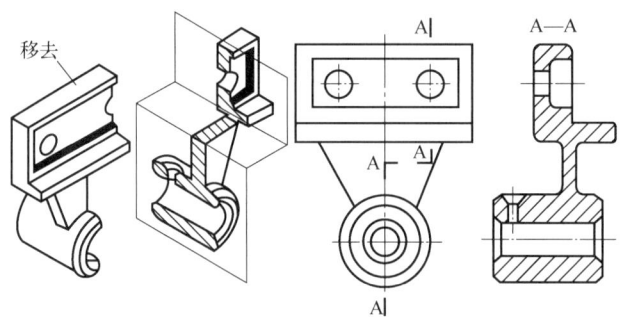

图 1-5-14 转折剖面图

（三）管道剖面图

管道剖面图是根据管道平面图上剖切符号画出来的管道立面图,管道剖面图的画法遵循正投影图的画法要求。它能清楚地反映管道的真实形状以及管件、阀件内部或被遮盖部分的结构形状。

1. 单线管道剖面图

单线管道剖面图是利用剖切符号既能表示剖切位置线又能表示投影方向的特点来表示管道的某个投影面。它不是把管子本身沿着管子的中心线剖切开而得到的图样。具体画法就是画管道系统的剖视图,如图 1-5-15 所示。

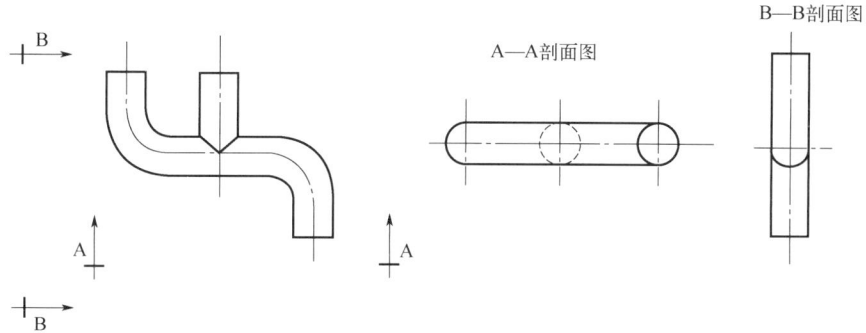

图 1-5-15　单线管道剖面图

图 1-5-15 选择其中 A—A、B—B 剖切面,并按箭头所指方向投影,则得 A—A、B—B 剖面图。

2. 管道间剖面图

在两路或两路以上的管道之间,假想用剖切平面切开,然后把剖切平面前面部分的所有管道移走,对保留下来的管道重新进行投影,这样得到的投影图称为管道间的剖面图,如图 1-5-16 所示。

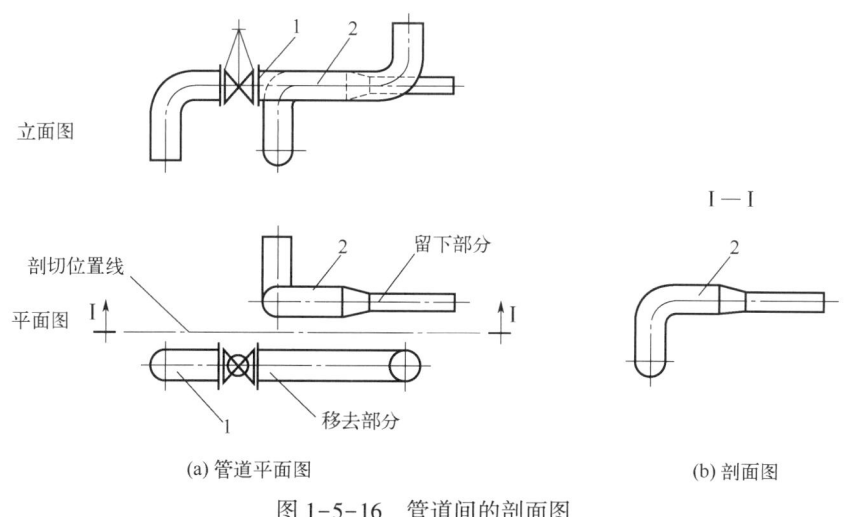

图 1-5-16　管道间的剖面图
1—1 号管道；2—2 号管道

图 1-5-16(a)为两路管道的平面图和立面图。从视图上看,1 号管道由来回弯组成,管道上安有阀门,而 2 号管道由摇头弯(又称"摆头弯")组成,管道右端有大小头,它们在平面图上表示较为清楚,而在立面图上较难表示清楚。为了表明 2 号管道,在 1 号和 2 号管道之间进行剖切。通过剖切把位于剖切平面之前带阀的 1 号管道移走,将剩下的摇头弯 2 号管道进行投影,得Ⅰ—Ⅰ剖面图,如图 1-5-16(b)所示。

3. 管道断面剖面图

假想用垂直于管道轴线的剖切平面将管道切开,移去观察者和剖切平面之间的部分,对剩余部分管道所作的投影图称为管道断面的剖面图,如图 1-5-17 所示。

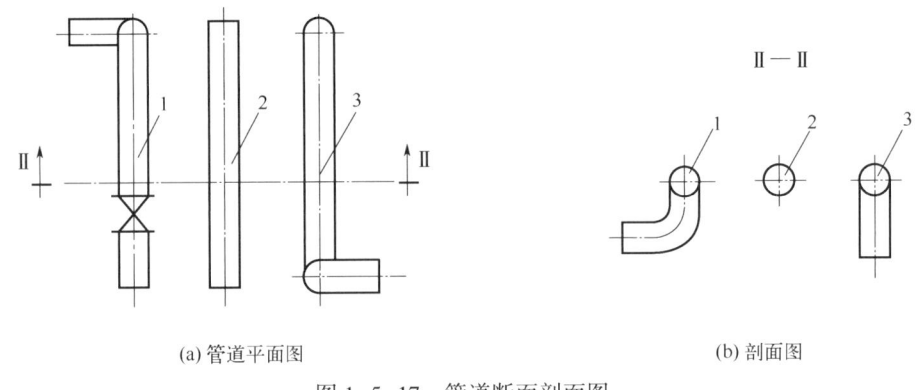

(a) 管道平面图　　　　　　　　(b) 剖面图

图 1-5-17　管道断面剖面图
1—1 号管道;2—2 号管道;3—3 号管道

1 号管道剖切后,带阀门部分管道属移去部分,摇头弯部分是留下部分,反映在剖面图上是小圆下面连着方向朝左的弯管;2 号管道本身是直管,被剖切后留下的是比剖切前短的直管,反映在剖面图上是一个小圆;3 号管道剖切后,摇头弯部分移去,带弯头的那部分管道留下,在剖面图上是小圆连着方向朝下的弯头。

4. 管道间转折剖面图

用两个互相平行的剖切平面,在管道间进行剖切,移去观察者和剖切平面之间的部分,对剩余部分所作的投影图称为转折剖面图或阶梯剖。在一条剖切线上只需要剖切一部分管道,而另一部分管道需要保留时,可用转折剖来解决,一般只转折一次。在剖切转折处,用十字形粗实线表示剖切位置线,其他部分与一般剖面图标注相同,如图 1-5-18 所示。

(四)管道剖面图识图方法

识读管道剖面图时,首先要在平面图上找到剖切符号的具体位置和投射方向,结合平面图看剖视图,同时参照给出的其他视图,如正立面图、侧立面图,以便对管道逐根进行分析,弄清各管道的名称、空间位置、走向、标高、坡度坡向、管径大小、设备的型号、位置标高、进出管位置及其他仪表、阀门、附件,明确管道的组合情况。

综合下面口诀表达平面图、剖视图之间的关系和识图方法:

　　　　　平面剖视正投影,剖切符号定方向;
　　　　　平面剖视对应看,管道设备分清楚。

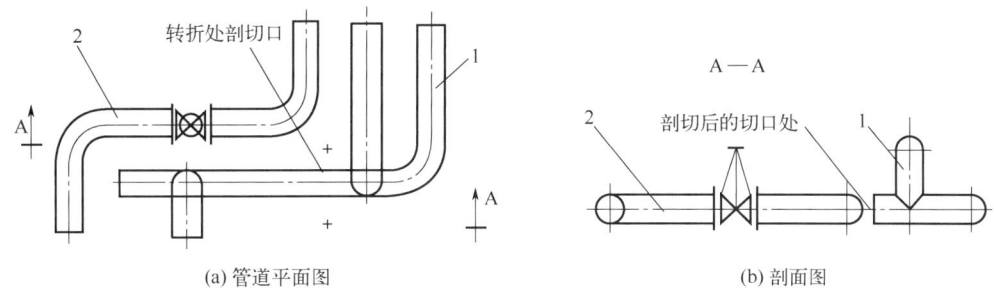

图 1-5-18 管道间转折剖面图
1—1号管道;2—2号管道

"平面剖视正投影"指它们都是按正投影法画出;"剖切符号定方向"指在识读剖视图时应找到对应的位置和投影方向;"平面剖视对应看"指看图时应结合平面图、剖视图一起看;"管道设备分清楚"指看图时既要看出管道的走向、标高、管径大小、阀门、管件规格等,也要弄清各种设备的型号及与管道连接的情况。

(五)管道剖面图绘图方法

绘制管道剖面图前,应先识读已知的管道平面、立面、侧面图,了解其管路系统间的关系,按照正投影的方法来绘制。

绘制剖面图,应先在平面图上确定剖切符号进行编号。剖切符号包括剖切位置、剖视方向和剖切面宽度。若管道平面图上的剖切符号为水平画法时,画出的管道剖面图应为某部分管路正面立面图。剖切位置用剖切线表示,即用两段粗短画线。剖视方向表示投影所指的方向,用垂直于两短画线的细实线表示,用箭头表示投影方向。剖面图上管路间的尺寸和位置关系必须与平、立面图相一致。

绘制管道剖面背立面图时,应将其旋转180°后进行投影画图。

绘制管道剖面图时,应根据管路的标高、位置、走向和组成等参数,采用管道图的表示方法来绘制。

二、轴测图

轴测图是一种单面投影图,在一个投影面上能同时反映出物体三个坐标面的形状,并接近于人们的视觉习惯,形象、逼真,富有立体感。但轴测图一般不能反映出物体各表面的实形,因而度量性差,同时作图较复杂。因此,在工程上常把轴测图作为辅助图样,来说明机器的结构、安装、使用等情况;在设计中,用轴测图帮助构思、想象物体的形状,以弥补正投影图的不足。

(一)轴测图概念与种类

轴测图是根据轴测投影原理绘制而成的,也就是用一组平行的投影线将物体连同三个坐标轴一起投在一个新的投影面上。如图1-5-19所示,坐标轴是在空间交于一点而又相互垂直的三条直线,利用这三条直线来确定物体在空间上下、左右、前后的位置和具体尺寸。所以轴测图能反映物体的长、宽、高三个向度,管道轴测图能清晰完整、一目了然地把整个管道系统的空间走向和位置反映出来。

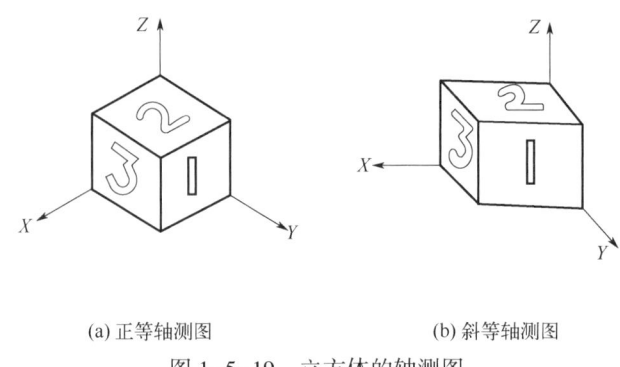

(a) 正等轴测图　　　　　(b) 斜等轴测图

图 1-5-19　立方体的轴测图

轴测图根据投影线与投影面的不同位置可分为正等轴测图和斜等轴测图两类。物体长、宽、高三个方向的坐标轴 X、Y、Z 在轴测图中的投影称为轴测轴(简称轴)。轴测轴的方向简称轴向。轴测轴之间的夹角称为轴间角。

(二) 管道轴测图的概念及特点

管道轴测图就是为能让施工操作人员能够更快地建立起立体概念,根据轴测投影原理绘制的管道立体图。它把平、立面图的管道走向在一个图面里形象、直观地反映出来。若一个系统里有许多纵横交错的管道,轴测图就能更好地体现出它所独有的特点。在国际上已全面推广采用以单线形式表示的管道轴测图。

现场施工时,所接触到的管道图经常使用正等测、正面斜等测和正面斜二等测,绘图时常采用简化的轴向伸缩系数,采用平行投影法,能同时反映物体三个方向的形状。

轴测图中正等轴测图的三个坐标轴的变形系数的平方和为1,物体上的直线在轴测图中仍为直线。需要注意的是,轴测图不能如实地反映物体的全部形状。

(三) 正等轴测图

1. 正等轴测投影的概念及形成

设有一立方体,让投影线方向穿过立方体的对顶角,并垂直于轴测投影面。把立方体 X、Y、Z 轴放在同一投影面的倾角都相等时,所得到的轴测投影图称为正等轴测图,如图 1-5-20 所示。

在直角坐标系中,运用平行投影法来同时反映物体长、宽、高三个方向的形状。将一个空间直角坐标系向一个平面投影,转动空间直角坐标系,沿三个坐标轴的尺寸,投影到正轴测坐标系上时,在相对应的坐标方向上,长度要缩短。因此可以认为轴测图是根据三视图转变而来。三个坐标轴的交点称为坐标原点,在这种图中,不仅三条坐标轴与轴测投影面的倾角相等,三个坐标面与轴测投影面的倾角也相等。沿坐标系各坐标轴的方向测量点的位置,再根据轴测投影的轴向压缩系数(压缩系数为 0.82,实际绘图过程中可取1),在轴测坐标系中确定该点的位置,这也是"轴测投影"名称的由来。

2. 正等轴测图绘制方法

一般绘制方法:

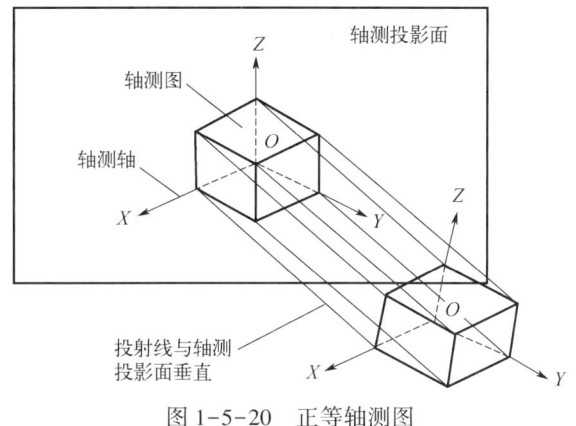

图 1-5-20　正等轴测图

(1)物体上的直线画在正等轴测图上仍为直线。若空间直线平行于某一坐标轴时,在正等轴测图上,仍应平行于相应的轴测轴。

(2)凡不平行于轴测投影面的圆,其轴测投影一般画成椭圆。

(3)空间两条直线互相平行,画在正等轴测图上仍平行。

(4)轴测轴 OZ 应画成垂直位置,OX 轴和 OY 轴可以换位,相互之间的交角均为120°,轴测轴的方向可以取相反的方向,画时轴测轴可向相反方向任意延长。

(5)凡不平行于轴测轴方向的直线可以用添加平行于坐标轴辅助线的方法,找出它与坐标轴的关系,然后再把需要连接的端点连成线段。

画管道正等轴侧图时,除以上规定外,还应注意:

(1)在选定 OZ、OY、OX 这三个轴测轴同上下、左右、前后这六个方位的关系时,一般取 OX 轴方向为管道前后走向,OY 轴方向为管道左右走向;如果取 OY 轴方向为管道前后走向,那么管道左右走向就取 OX 轴方向。垂直立管也就是高度走向的管道,不管用前面哪种选轴法,都取 OZ 轴方向。

(2)按所取比例沿轴向按实长量取各轴向上的管道尺寸,管道轴测图多用单线条表示。

例如,在图 1-5-21 中,通过对平、立面图的分析可知,这个来回弯是由两个方向相反的90°弯头所组成,从管道的方向来看主要是左右走向;立管部分是上下走向,定 OX 轴为前后向,OY 轴为左右向,OZ 轴为垂直向,就可以沿轴向的平行线量取线段,把所量线段依次连接起来,即得来回弯的轴测图。

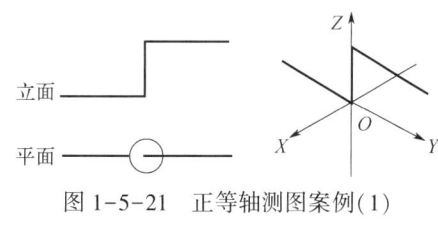

图 1-5-21　正等轴测图案例(1)

又如图 1-5-22 所示,通过对平、立面图的分析可知,这是个水平放置的来回弯,没有立管部分,仅有左右和前后走向的管道。所以,沿轴向量取尺寸时,Z 轴上没有可量取的线段,只要把线段的尺寸量在 X 和 Y 轴及其平行线上即可。

又如图 1-5-23 的某管道,根据立面图和平面图画出其正等测图。在立面图中的立管

1、4为垂直走向,在正等测图中与 OZ 轴方向一致,平面图中管段 2、5 为前后走向与 OX 轴方向一致,那么左右走向的管道 3、6 与 OY 轴方向一致。

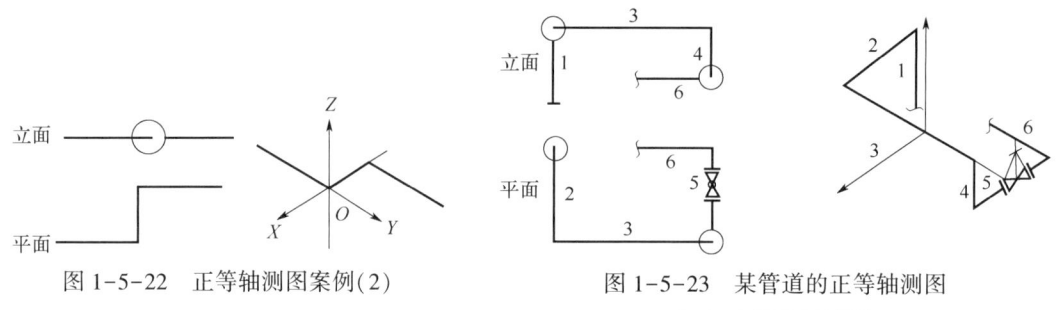

图 1-5-22　正等轴测图案例(2)　　　　图 1-5-23　某管道的正等轴测图

1~6—1 至 6 号管段

(四)斜等轴测图

1. 斜等轴测投影的概念及形成

把正立方体的正立面及其两个坐标轴放在平行于投影面的位置进行斜投影所得到的轴测图称为斜轴测图。为画图方便,在斜轴的轴向缩短率都是 1∶1,并且物体上平行于坐标面 XOZ 的图形,在斜轴测图中均反映实形,把这样的斜轴测图称为斜等轴测图,如图 1-5-24 所示。

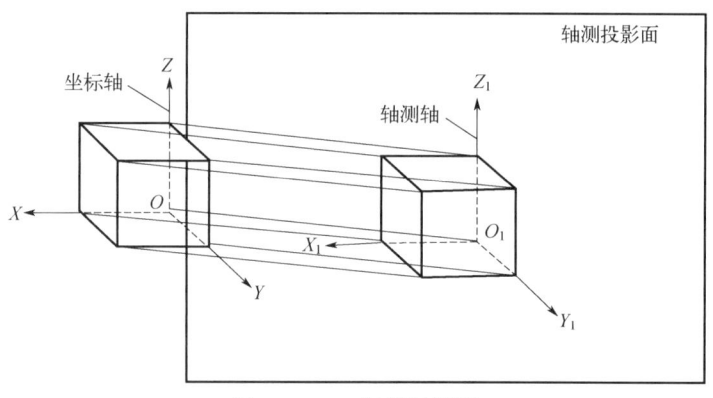

图 1-5-24　斜等轴测图

2. 斜等轴测图绘制方法

一般绘制方法:

(1)坐标原点为 O,OZ 轴一般画成垂直位置,OX 轴一般画成水平位置,OY 轴放在与 OZ 轴成 135°的另一侧位置上。

(2)轴测轴的方向可以取相反方向,画图时轴测轴可以向相反方向任意延长。

(3)物体上的直线画在轴测图上仍为直线,空间直线平行于某一坐标轴时,画它的轴测投影时仍应平行于相应的轴测轴。

(4)空间两直线互相平行,画在斜等轴测图上仍然平行。

(5)画平行于坐标面 XOZ 的圆的斜等轴测图时,作出圆心的轴测图后,按实形画圆就可以。如果画平行于坐标面 XOY、YOZ 的圆的斜等轴测图时,其轴测投影为椭圆。

画管道斜等轴测图时,基本也根据以上几条原则。但因管道投影的复杂性和表现形式的特殊性,常把 OX 轴选定为左右走向的轴,OY 轴选定为前后走向的轴,OZ 轴选定为上下走向的轴。当斜投影的方向与轴测投影面的倾角为 135°时,则 Y 轴的变形系数为 0.5,在立方体斜等轴测投影中,正面保持不变,侧面和顶面的正方形变成平行四边形,圆变成椭圆,当物体上有较多的圆或圆弧平行于 XOZ 坐标面时,采用斜等轴测图表示最为方便。

项目三　管道布置图

一、概念和表示方法

(一)概念

表达工业生产过程与联系的图样一般包括工艺流程图、设备布置图和管道布置图。在长输管道生产运营过程中,各种介质的输送都在管道中进行,图纸会审首先要了解工程概况、工作量及工作特点等。

表达管道走向和管道组成件等安装位置的图样称为管道布置图,又称配管图。管道布置图在原则上是按照一定比例绘制出来,主要用来表达管道和管件、阀门等的空间位置、走向以及与有关设备的连接关系。

(二)表示方法

在管道布置图中,设备、管道等均是以本区域内的建筑物的纵向、横向轴线为基准来定位的。建筑物的纵向轴线用阿拉伯数字从左向右顺序编号;横向轴线用大写英文字母从下向上顺序编列。

对于多根管道交叉或重叠时,应用数字编号来表示;尽可能不采用拉出引线编顺序号的方法。

若配管尺寸完全相同的多组管道,可以选择其中一组标注其尺寸。

设备机泵的中心线用细点画线来表示,大型、复杂的特殊阀门宜采用大致外形轮廓来表示。

在某些管道布置图中,有方向性的管道组成件(如止回阀、截止阀、调节阀等)附近,应以标明介质流向的方式来表示。管道拐弯时,尺寸界线应定在管道轴线的交点上。

(三)设备图线符号

在布置图上的管件和阀件多采用规定的图例来表示。这些简单的图样并不完全反映实物的形象,仅示意性地表示具体的设备或管(阀门)件。常见的图线符号见表 1-5-1。

表 1-5-1　管道布置图中图线符号及应用范围

名称	图例	备注	名称	图例	备注
平板封头（盲板）			三通（马鞍）	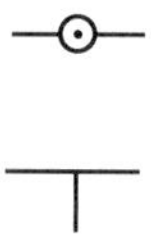	（上）立面图显示主管为左右方向，三通管为前后方向；（下）平面图为主管左右方向，三通管为前后方向
8字形盲板	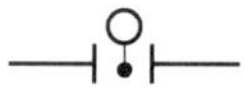		90°管（向上弯）		平面图中，立管为圆，向右横管画至圆心
来回弯（45°）	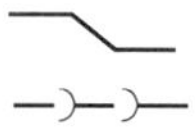	俯视图中两次45°拐弯画成半圆表示	90°管（向下弯）	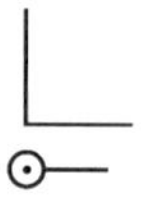	平面图中，立管为圆，向右横管画至圆边
管顶标高			管底标高		
管中标高	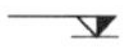		管端或设备中心标高	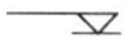	

二、识读与绘制步骤

（一）识读步骤

管道布置图经常具有多个标高层次，因此在识读过程中应注意要按照不同的标高平切分层识读。

识读整体图样的顺序是：图纸目录—施工说明—设备—材料表—平立（剖）面图—详图—轴测图。

识读单体图样的顺序是：图纸目录—文字—说明—图样—数据。

图纸识读后，要与工艺流程图进行结合复审，以便查找出管道布置图是否存在偏差。

（二）绘制步骤

1. 准备阶段

（1）深入了解项目需求，包括管道系统的功能、布局、工艺流程等。熟悉相关设备、仪表、阀门等的位置和规格。

（2）根据项目需求，确定管道布置图的方案，包括视图的数量、各视图的比例等。

2. 绘制视图

（1）按流程次序和布置原则布置管道，逐条画出管道在平面、立体剖视图上的布置位置。

（2）注意管道的走向、弯曲、交叉等细节，确保管道的布置合理且符合规范要求。

（3）添加管件阀门等符号。在设计所要的部位画出管道上的管件、阀门、控制点、管架等符号，确保这些符号准确和清晰。

3. 标注与说明

（1）尺寸标注。

标注管道的定位尺寸、标高、管段标号等，确保管道位置和尺寸准确无误。标注地基、定位轴线等,以便后续施工和安装。

(2)编写代号与编号。

为管道、管件、阀门等编写代号和编号,以便于管理和维护。标注介质代号、管道等级、隔热方式等,确保管道系统安全和可靠。

(3)绘制方位标与附表。

绘制方位标,明确管道系统的空间位置和方向。编制附表,列出管道系统的详细信息,如管材、规格、数量等。

(4)注写说明。

对管道系统的特殊要求进行注写说明,如安装要求、操作要求等。

4. 校核与审定

(1)校核图纸。

对绘制的管道布置图进行仔细校核,检查图形的准确性、尺寸的合理性、标注的完善性等,如发现问题及时修改,确保图纸的质量。

(2)审定图纸。

经过校核无误后,将图纸提交给相关部门或专家进行审定,根据审定意见进行修改和完善,最终形成符合要求的管道布置图。

三、管道单、双线图的识读与绘制

(一)管段

图1-5-25是用三视图来表示管段。管段是空心圆柱体,按照正投影法绘图时如其所示。在主视图中用实线表示管段的外部轮廓线,用虚线表示管段的内壁,在俯视图的两个同心圆中,小圆表示管段内壁,大圆表示管段外壁。立面图中的虚线表示看不到的管子内壁,平面图中外圆表示管子外壁,内圆表示管子内壁。

图1-5-26是用双线图来表示管段。所谓双线图,就是用双线表示管段、管件轮廓,画图时必须将中心线表示出来,而不再用虚线表示其内壁。其平面图是一个带有十字中心线的实线小圆圈。在管道双线投影图中,正立投影面上得到的视图是主视图。

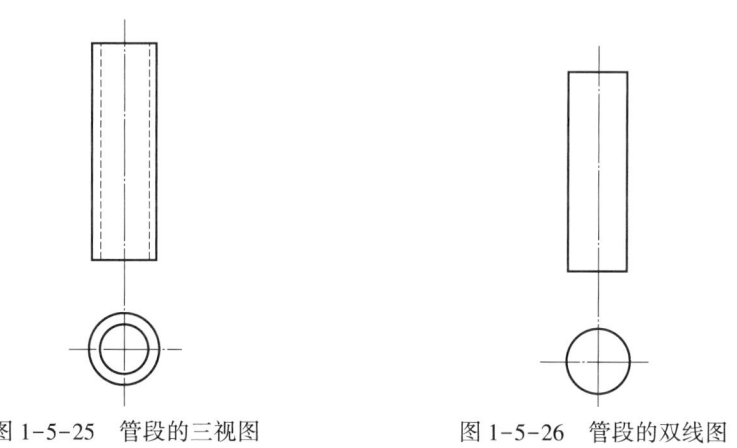

图1-5-25 管段的三视图　　图1-5-26 管段的双线图

如果只用一根直线表示管道在立面上的投影,而在平面图中只用一个小圆点外加画一个小圆,即为管道的单线图,如图 1-5-27 所示。

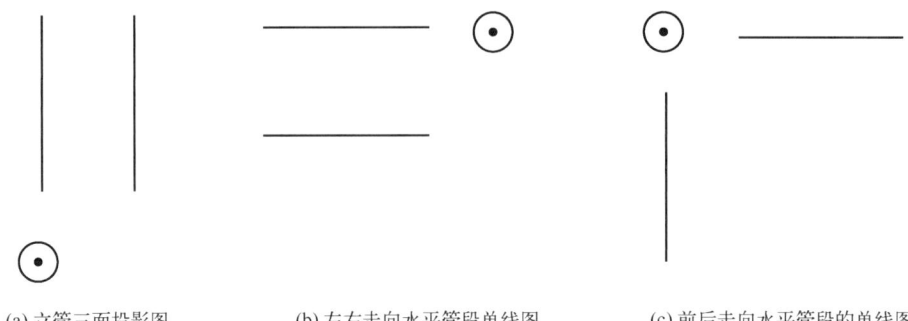

(a) 立管三面投影图　　(b) 左右走向水平管段单线图　　(c) 前后走向水平管段的单线图

图 1-5-27　管段在不同位置的单线图

图 1-5-27 中(a)是立管的三面投影图,管段在正立面图和侧立面图上均为铅垂线,在平面图上看到管口用小圆圈加点表示;图 1-5-27(b)是左右走向水平管段的单线图,在平、立面图上均为水平线,在左侧立面图上看到管口用小圆圈加点表示;图 1-5-27(c)是前后走向水平管段的单线图,在立面图上看到管口用小圆圈加点表示,在平面图上画成铅垂线,左侧立面图上画成反映实长的水平线。

在管道图中,一般以单线图表示法为主。若立面图反映出来的是一个空心圆,那么用单线图表示该管段的平面图是前后方向的直线。

(二) 弯头

图 1-5-28(a)为一弯头的双线图,图中省略了视图中的内壁虚线和实线。弯头用双线图表示时,只用两根线条画出弯管的外部形状,投影时看到管口用带十字中心线的圆圈表示。看到弯管背时,将其画成带有十字中心线的半个实线小圆或画成虚线和实线各半组成的小圆。管道壁后的虚线可以不画。

图 1-5-28(b)为弯头的单线图,在平面图上先看到立管的断口,后看到横管。画图时,对立管断口投影画成一有圆心点的小圆,横管画到小圆边上。在侧面图(左视图)上,先看到立管,横管的断面的背面看不到,这时横管应画成小圆,立管画到小圆的圆心处。

图 1-5-29 为 45°弯头的单、双线图。45°弯头的画法同 90°弯头的画法相似,90°弯头画出完整的小圆,而 45°弯头只需画出半圆。

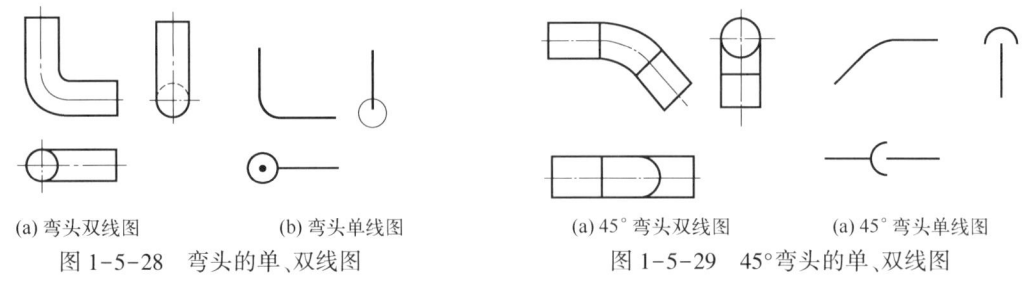

(a) 弯头双线图　　(b) 弯头单线图　　　　(a) 45°弯头双线图　　(a) 45°弯头单线图

图 1-5-28　弯头的单、双线图　　　　图 1-5-29　45°弯头的单、双线图

弯头以双线图表示时,以平面图 1-5-30 为例,若先看到一个实线小圆,则表示该弯头的管口向上。以立面图 1-5-31 为例,若先看到一个实线小圆,则表示该弯头的管口向前。

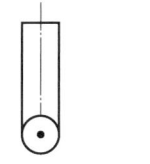
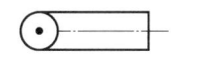

图 1-5-30　管口向上弯头平面图　　　　图 1-5-31　管口向前弯头立面图

弯头单线图中,立面图反映实形,用两条相交的 90°的线条画成直角形,在平面图上 90°弯管投影时看到弯管背用水平管画到小圆圈中心表示,侧面图里水平管投影时看到管口,画成小圆圈加点,立管画到小圆圈边上。

弯头用单线图表示时,以直线到小圆中心或到小圆边来判断弯头管口朝向。以立面图为例,若看到直线延伸到小圆中心,如图 1-5-32 所示,则表示该弯头的管口向后。若看到直线延伸到小圆边缘,如图 1-5-33 所示,表示该弯头的管口向前。

图 1-5-32　管口向后弯头立面图　　　　图 1-5-33　管口向前弯头立面图

(三) 三通

图 1-5-34 为同径正三通和异径正三通的双线图,双线图中省略了内壁虚线和实线,仅画出外形图样。在画三通展开图时,若两管的交线呈 V 字形直线,则说明该三通为尖角三通。在画三通展开图时,若两管的交线为弧线,则说明该三通为马鞍三通。

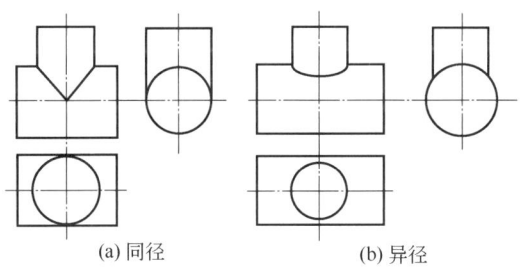

(a) 同径　　　(b) 异径

图 1-5-34　同径正三通和异径正三通的双线图

图 1-5-35 为三通的单线图。在图 1-5-35(a)右立面图(右视图)上,先看到立管,横管的断口在背面看不到,这时横管画成小圆,立管通过圆心。在图 1-5-35(c)左立面(左视图)上先看到横管的断口,因此把横管画成一个圆心有点的小圆,立管画在小圆两边。在图 1-5-35(d)平面图上先看到立管的断口,所以把立管画成一个圆心有点的小圆,横管画到小圆边上。

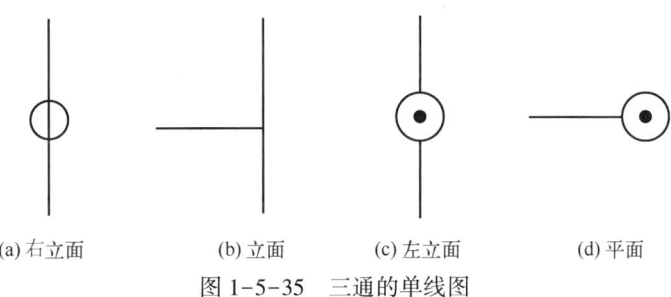

(a) 右立面　　(b) 立面　　(c) 左立面　　(d) 平面

图 1-5-35　三通的单线图

管道图中,不管是等径还是异径三通,都用单线图来表示。三通支管与主管为上下关系,支管在主管上面,如图 1-5-36 所示。等径正三通用三视图表示时仅画出其外形图样即可。

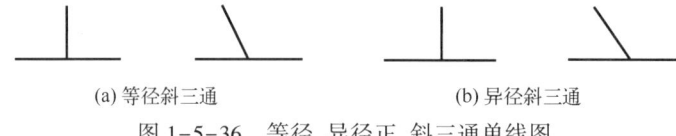

(a) 等径斜三通　　　　　　(b) 异径斜三通

图 1-5-36　等径、异径正、斜三通单线图

等径正三通用三视图表示时,仅画出其外形图样即可。管道图中,若出现立面为图 1-5-37 所示的三通时,表明该三通支管与主管为前后关系,支管在主管后面。管道图中,若出现平面图为 1-5-38 所示的三通时,表明该三通支管与主管为上下关系,支管在主管上面。

图 1-5-37　三通支管在主管后面示意图　　　图 1-5-38　三通支管在主管上面示意图

(四) 四通

图 1-5-39 为同径四通的单、双线图。同径四通和异径四通单线图在图样的表示形式上相同。画双线图时,要注意同径四通和异径四通相贯线投影的画法不同。

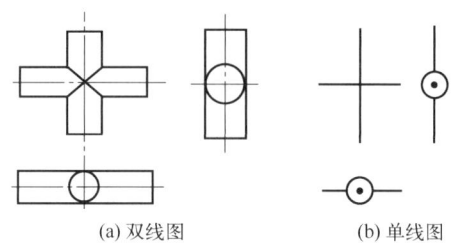

(a) 双线图　　　　(b) 单线图

图 1-5-39　同径四通的单、双线图

(五) 大小头

大小头又称异径管或异径接头。异径管在管道图中较为普遍,常用于管道变径处。异径管的双线图和单线图都作为一种符号表示管径的变化。异径管在平、立面图中的画法是一样的,它有同心和偏心之分。

同心异径管在单线图里有的画成等腰梯形,有的画成等腰三角形,两种表示形式意义相同。异径管用双线图表示时,偏心异径管画成等腰直角梯形。

图 1-5-40 为同心大小头的单、双线图,图 1-5-41 为偏心大小头的单、双线图,如用同心大小头的图样表示偏心大小头时,需用文字注明"偏心"二字,以免混淆。

图 1-5-40　同心大小头的单、双线图　　　图 1-5-41　偏心大小头的单、双线图

项目四　管道施工图

一、概念及特点

(一)概念

管道施工图是一种用图线、图例、符号和代号,按正投影或轴侧投影原理和国家有关规定绘制的能清楚地反映出管道的流程、布置及加工、制作、安装要求的图样。

(二)特点

管道施工图是管道工程施工的重要依据,具有以下特点:

(1)管道施工图通常遵循一定的标准和规范进行绘制。
(2)以不同线型表示不同介质、不同材质的管道。
(3)管件、设备等用图例符号来表示。
(4)只表示设备、管件的安装位置,不反映实际现场安装的尺寸和要求,即示意性和附属性。

二、图线、代号和图例

(一)常用线型

在日常设计中,施工图上的管道及附属部件多采用统一的线型来表示,图线的宽度应分为粗、中粗和细三种,三种线的宽度比例宜为 2.8∶2∶1。各种不同的线型所表示的含义和作用是不同的,如表 1-5-2 所示。

表 1-5-2　管道工程图中常用线型

序号	名称	线型	宽度	适用范围及说明
1	粗实线	——————	b	(1)主要管道; (2)图框线
2	中实线	——————	$b/2$	(1)辅助管道; (2)分支管道
3	细实线	——————	$b/3$	(1)管道阀件的图线; (2)建筑物及设备轮廓线; (3)尺寸线、尺寸界线及引出线等
4	粗点画线	—·—·—	b	主要管道(在同一张图样中,区别于粗实线所代表的管道)
5	点画线	—·—·—	$b/3$	(1)定位轴线; (2)中心线
6	粗虚线	————	b	(1)地下管道; (2)被设备所遮盖的管道

续表

序号	名称	线型	宽度	适用范围及说明
7	虚线	------	$b/2$	(1)设备内辅助管道; (2)自控仪表连接线; (3)不可见轮廓线
8	波浪线	～～～	$b/3$	(1)管道阀件断裂处的边界线; (2)表示构造层次的局部界线

(二)管道代号

管道施工图中输送液体和气体的管道,一般用实线表示,为了加以区别,在线的中间须注上汉语拼音字母的规定符号。具体规定符号的标注示例如表1-5-3所示。

表1-5-3 石油与天然气行业常用的液体与气体管道的代号

序号	管道名称	规定符号	序号	管道名称	规定符号	序号	管道名称	规定符号
1	燃气管道(通用)	G	11	液化石油气混空气管道	LPG-AIR	21	润滑油管道	LO
2	高压燃气管道	HG	12	人工煤气管道	M	22	仪表空气管道	IA
3	中压燃气管道	MG	13	供油管道	O	23	蒸汽伴热管道	TS
4	低压燃气管道	LG	14	压缩空气管道	A	24	冷却水管道	CW
5	天然气管道	NG	15	氮气管道	N	25	凝结水管道	C
6	压缩天然气管道	CNG	16	给水管道	W	26	放空管道	V
7	液化天然气气相管道	LNGV	17	排水管道	D	27	旁通管道	BP
8	液化天然气液相管道	LNGL	18	雨水管道	R	28	回流管道	RE
9	液化石油气气相管道	LPGV	19	热水管道	H	29	排污管道	B
10	液化石油气液相管道	LPGL	20	蒸汽管道	S	30	循环管道	CI

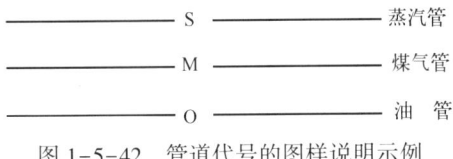

图1-5-42 管道代号的图样说明示例

在施工图中,如果只有一种管道或在同一图上大多数是相同的管道,其符号可省略不标,但在图样说明中必须说明,如图1-5-42所示。

另外,管道图中还有一些字母符号,都各有一定意义,如$R(r)$表示管道半径。

(三)常见图例

施工图上的管道和阀门多数采用规定的图例表示,见表1-5-4。各种专业施工图都有各自不同的图例符号。

表1-5-4 管道施工图常见图例

序号	名称	图例	说明
1	管道	————	用于一张图内只有一种管道
		——J—— ——P——	用汉语拼音字头表示管道类别,J表示给水管道,P表示压力管道
		-·-·-·-·-	用图例表示管道类别

续表

序号	名称	图例	说明
2	地沟管		
3	保温管		
4	防护套管		
5	拆除管		
6	坡向		
7	流向		
8	波形补偿器		
9	弹性补偿器		
10	套管补偿器		
11	方形补偿器		
12	球形补偿器		
13	软管		
14	滑动支架		
15	固定支架		
16	阀门		用于一张图内只有一种阀门
17	角阀		
18	闸阀		
19	截止阀		
20	三通阀		
21	四通阀		
22	止回阀		
23	球阀		
24	旋塞阀		
25	电磁阀		
26	电动阀		
27	液动阀		
28	气动阀		
29	减压阀		
30	弹簧安全阀		
31	平衡锤安全阀		

续表

序号	名称	图例	说明
32	蝶阀		
33	隔膜阀		
34	压力表		
35	温度计		
36	流量孔板		

三、识读方法

作为指导管道施工的重要依据,掌握管道施工图的识读,对于确保施工质量和安全至关重要。管道施工图由基本图和详图两部分组成。本书仅对主要基本图作介绍。

(一)相关基本图

1. 工艺流程图

工艺流程图主要是利用图形和符号,清晰明了地表达工艺流程中各部分元件的结构以及工艺的运行过程,可以了解和掌握以下内容:

(1)掌握设备种类、名称、位号(编号)及型号。

(2)了解物料介质的流向、工艺流程的全过程。

(3)掌握管子、管件、阀门的规格、型号及编号。

(4)对于配有自动控制仪表装置的管路系统还要掌握控制点的分布状况。

2. 管路平面图

管路平面图是管道安装施工图中应用最多、最关键的一种图样,通过管路平面图的识读,可以了解和掌握以下内容:

(1)整个工艺的平面布置及定位尺寸。

(2)整个厂房或装置的机器设备平面布置、定位尺寸及设备编号和名称。

(3)管道的平面布置、定位尺寸、编号、规格和介质流向箭头及每根管子的坡度坡向,有时还注出横管的标高等数据。

(4)管配件、阀件及仪表控制点等的平面布置及定位尺寸。

(5)管架或管墩的平面布置及定位尺寸。

3. 管路立面图

立面图是按照投影原理,根据工程设计表达需要画出的立面视图,管路布置在平面图上不能清楚明了表达的部位,可采用剖(立)面图来补充表示。大多针对需要表达的部位,采用剖切方式,力求表达既简单又清楚,故从某种意义上来说,管道图中的立面图和剖面图概念上是很接近的。

4. 管段图

管段图是表达两个设备(管段)间的一段管道及其所附管件、阀件、仪表控制点等具体配置情况的立体图样。

图面上往往只画整个管道系统中的一路管道上的某一段,并用轴测图的形式来表示,使施工人员在密集的管道中能清晰看到每一路管道的具体走向和安装尺寸,便于材料分析和制作安装施工。

工艺管道的管段图大多采用正等轴测投影的方法画,图样中的管件、阀件等大致按比例来画,而管道长度则不一定按比例画出,可根据具体情况而定。因此,识读管段图时,一般不能用比例尺来计算管道的实际长度。

(二)管道施工图识读顺序

各种管道施工图的识图方法一般都遵循从整体到局部、从大到小、从粗到细的原则,同时要将图样与文字对照来看,以便逐步深入和逐步细化。识图过程是一个从平面到空间的过程,必须利用投影还原的方法,再现图纸上各种线条、符号所代表的管道、附件、器具、设备的空间位置及管道走向。

识图顺序是首先看图纸目录,了解管道工程性质、设计单位、管道种类,明确图纸一共有多少张、有哪几类图纸及图纸编号;其次是看施工说明书、材料表、设备表等一系列文字说明,然后按照工艺流程图(原理图)、管道平面图、管道(立)剖面图、管段图的顺序,逐一详细阅读。由于图纸的复杂性和表示方法的不同,各种图纸之间应该相互补充,相互说明,所以识图过程应将内容相同的图样对照起来看。

对于每一张图纸,看图时首先看标题栏,了解图纸名称、比例、图号、图别及设计人员,其次是看图纸上所画的图样、文字说明和各种数据,明确管道编号、管道走向、介质流向、坡度坡向、管径大小、连接方法、尺寸标高、施工要求;对于管道中的管道、管件、附件、支架、器具(设备)等应明确材质、名称、种类、规格、型号、数量、参数等。同时还要明确管道与设备之间的相互依存关系和定位尺寸。

(三)识读工艺流程图

工艺流程图是一种示意性的展开图,即按工艺流程顺序,把设备和流程线自左到右都展开在同一平面上。其图面主要包括工艺设备和工艺流程线。在工艺流程图中,用点画线来表示物料介质的去向。

识读工艺流程图的步骤:

(1)了解标题栏和图例说明,了解工程名称,图纸张数,管道标注及管材、物料、仪表、设备等代号。

(2)了解设备的数量名称和编号。

(3)着重明确每根管道的编号、规格及管道上的管件,阀门控制点的部位和名称。

(四)识读管道平面图、立面图

识读管道平面图、立面图时:

(1)以平面图为主,配合剖视图和带控制点的流程图。

(2)了解构造及尺寸,然后明确设备的编号,名称、定位尺寸,按管方位及标高。

(3)明确管道的走向、编号、规格、平面定位尺寸、标高以及阀门管件等的位置。

在复杂的管道施工图中，往往有多根管道、管件、阀门、设备纵横交错，布置密集，影响识读，为了完整、清楚地反映各管道的真实结构和具体尺寸，一般采用管道剖视图来解决，用来表明设备及管道在垂直方向上安装位置的相互关系。识读剖面图时，应掌握以下几点：

(1)充分理解管道正投影图的画法，特别是管道单线、双线图的表示方法。对于管道在空中的布置和走向，必须能通过识图表达出来，要掌握立管、左右走向水平横管、前后走向水平横管的表示方法。图中的剖视方向表示投影所指方向，是用垂直于两短画线的细实线来表示的。

(2)识读管道剖视图时，应以地面为基准，阅读管道的安装标高，并且要和平面图对照看，同时参照给出的其他视图，以便对管道进行逐项分析，解决管道的空间位置和走向，将几根管道连接起来，明确管道的组合情况。

(3)识读设备配管的剖视图时，首先明确设备的布置情况、管道接口位置及设备之间的相互位置关系，然后逐个对设备及其管道进行细致查看，同时与平面图及其他视图比对来看，掌握管道的空间布置。

(4)识图时要注意同一根管道在不同的图面上画法是不一样的，识图时必须有管道立体走向意识。

四、典型管道施工图画法

(一)管道投影的积聚性画法

1. 直管的积聚

根据投影积聚原理可知，一根直管积聚后的投影用双线图形式表示就是一个小圆，用单线图形式表示则为一个小点，为便于识别，规定把它画成一个圆心带点的小圆。

2. 弯管的积聚

直管弯曲后就成了弯管。弯管由直管和弯头两部分组成，直管积聚后投影是个小圆，与直管相连接的弯头，在拐弯前的投影也积聚成小圆，并且同直管积聚成小圆的投影重合。

如果先看到横管弯头的背部，那么在平面图上显示的仅仅是弯头背部的投影，与它相连接的直管部分虽积聚成小圆，但被弯头的投影所遮盖，并呈虚线。

在用单线图表示时，前者先看到立管断口，后看到横管的弯头，要把立管画成一个圆心带点的小圆，代表横管的直线画到小圆边，如图1-5-43(a)所示。后者则要把立管画成小圆，代表横管的直线则画至圆心，如图1-5-43(b)所示。

3. 直管与阀门的积聚

直管与阀门连接的投影从平面图上看，好像仅有阀门并没有直管，但实际上是直管积聚成的小圆与阀门内径的投影重合，如图1-5-44所示。在单线图里，如果仅仅是一个阀门的平面图，小圆圆心处应该没有圆点。如果表示阀门的小圆当中有一点，即表示阀门同直管相连接，而且直管在阀门之上先看到。如果直管在阀门的下面，那么在平面图上将只看到阀门的投影，直管的投影积聚后，完全同阀门内径的投影重合。

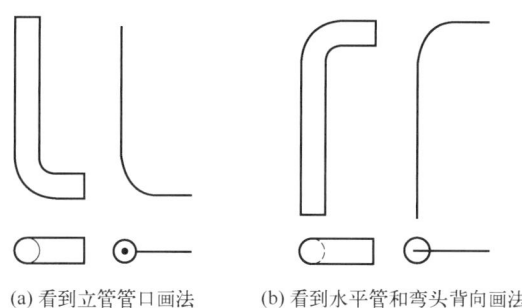

(a) 看到立管管口画法　　(b) 看到水平管和弯头背向画法

图 1-5-43　弯管的积聚

阀门与弯管相连，先看到弯头背部，再看到阀门。立管部分在平面图上不反映，它所积聚成的小圆，被弯头的投影所遮盖，如图 1-5-45 所示。由于先看到阀门，后看到弯管，根据投影的积聚规律，可以想象出立面图。如果弯管在阀门的下面，在立面图中无论阀门和弯管都显示完整无缺。而平面图上由于积聚的原因，将只能看到横管的一部分，横管的另一部分被阀门所遮盖。

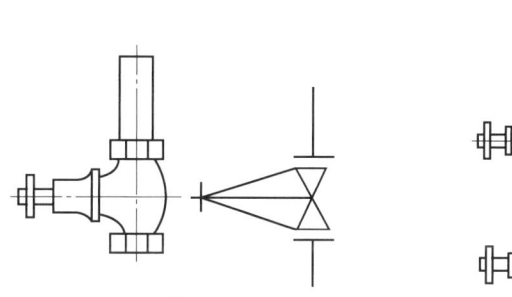

图 1-5-44　直管与阀门的积聚

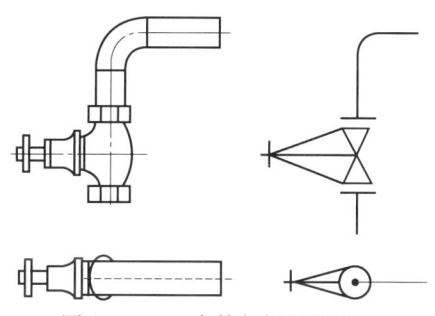

图 1-5-45　弯管与阀门的积聚

(二) 管道的重叠画法

长短相等、直径相同(或接近)的两根管道，如果重叠在一起，它们的投影就完全重合，反映在投影面上好像是一根管道的投影，这种现象称为管道的重叠。图 1-5-46 是一组门形管的单、双线图，在平面图上由于两根横管重叠，看上去好像是一根弯管的投影。多根管道的投影重合后也是如此。图 1-5-47 是一路由四根成排支管组成的单、双线图，在平面图上看到的却是一根弯管的投影。

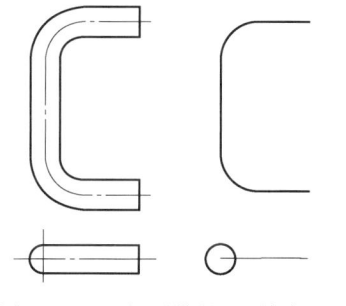

图 1-5-46　门形管的双、单线图

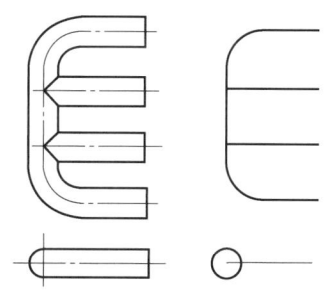

图 1-5-47　成排直观的双、单线图

1. 两根管道的重叠画法

1) 成排支管表示方法

为识读方便,对重叠管道的表示方法作了规定。当投影中出现两根管子重叠时假想前(上)面一根管子已经截取一段(用折断符号表示),这样便显露出后(下)面一根管子。工程图中这种表示管道的方法,称折断显露法。

2) 两根直管重叠

图1-5-48是两根重叠管道的平面图,表示断开的管道高于中间显露的管道;如果此图是立面图,那么断开的管道表示在前,中间显露的管道表示在后。

3) 弯管和直管的重叠

弯管和直管两根重叠管道,当弯管高于直管时,它的平面图如图1-5-49(a)所示,画时一般是让弯管和直管稍微断开3~4mm(断开处可加折断符号,也可不加折断符号),以示区别弯管和直管不在同一个标高上。如果是立面图,则表示弯头在前面,直管在后面。当直管高于弯管时,一般是用折断符号将直管折断,并显露出弯管,如图1-5-49(b)所示。如果此图是立面图,那么表示直管在前面,弯管在后面。

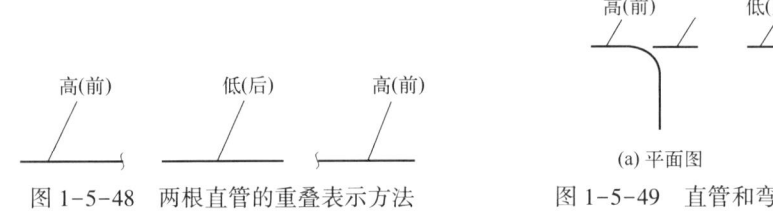

图1-5-48 两根直管的重叠表示方法　　图1-5-49 直管和弯管的重叠表示方法

2. 多根管道的重叠画法

通过对图1-5-50中平、立面图的分析可知,这是四根管径相同、长短相等、由高向低、平行排列的管道。如果仅看平面图,不看管道编号的标注,很容易误认为是一根管道,但对照立面图就能知道是四根管道了。编号自上而下分别为1、2、3、4,如果用折断显露法来表示四根重叠管道,就可以清楚地看到,1号为最高管,2号为次高管,3号为次低管,4号为最低管,如图1-5-51所示。

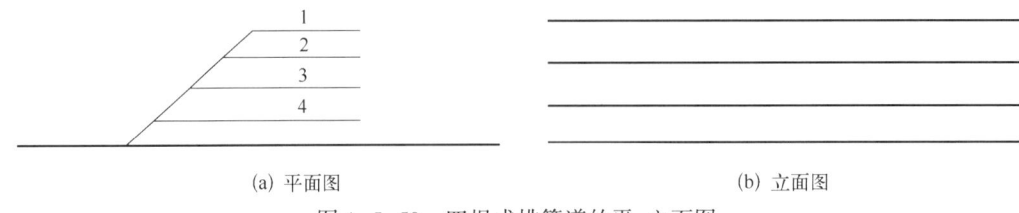

(a) 平面图　　　　　　　　　　　　(b) 立面图

图1-5-50 四根成排管道的平、立面图

运用折断显露法画管道时,折断符号的画法也有明确的规定,只有折断符号为对应表示时,才能理解为原来的管道是相连通的。例如,一般折断符号如用呈S形状的一曲表示,那

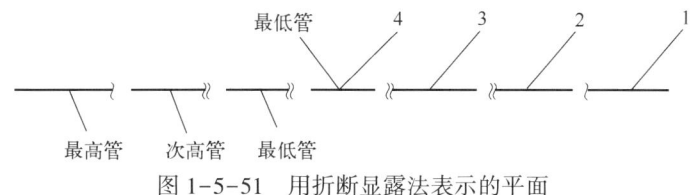

图 1-5-51 用折断显露法表示的平面

么管道的另一端相对应的也必定是一曲;如用二曲表示时,相对应的也是二曲;以此类推,不能混淆。

(三)管道的交叉画法

1. 两根管道的交叉画法

在图纸中经常出现交叉管道,这是管道投影相交所致。如果两路管道投影交叉,高的管道无论是用双线,还是用单线表示,它都显示完整;低的管道在单线图中要断开表示,在双线图中则用虚线表示,如图 1-5-52(a)、(b)所示。

在单、双线图同时存在的平面图中,如果大管(双线)高于小管(单线),那么小管的投影在与大管投影相交的部分用虚线表示,如图 1-5-52(c)所示;如果小管高于大管时,则不存在虚线,如图 1-5-52(d)所示。

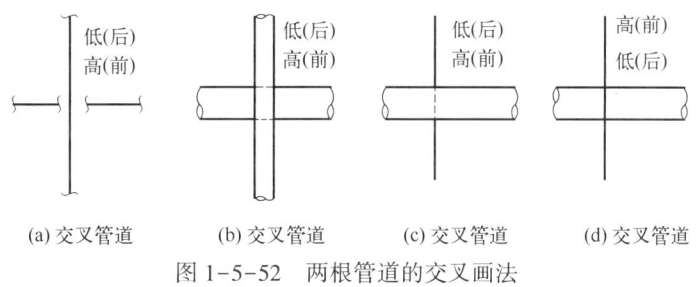

图 1-5-52 两根管道的交叉画法

2. 多根管道的交叉画法

图 1-5-53 是由 a、b、c、d 四根管道投影相交所组成的平面图,当图中小口径管道(单线表示)与大口径管道(双线表示)的投影相交时,如小口径管道高于大口径管道,则小口径管道显示完整并画成粗实线,可见 a 管高于 d 管;如果大口径管道高于小口径管道,那么小口径管道被大口径管道遮挡的部分应用虚线表示。也就是 d 管高于 b 管和 c 管,根据这个道理,可知 c 管既低于 a 管,又低于 d 管,但高于 b 管。也就是说 a 管为最高管,d 管为次高管,c 管为次低管,b 管为最低管。

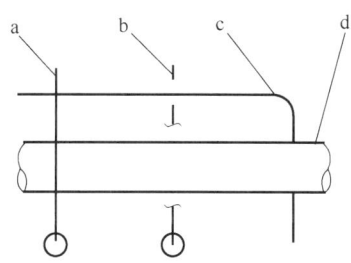

图 1-5-53 多根管道的交叉画法

如果图 1-5-53 是立面图,那么 a 管是最前面的管道,d 管为次前管,c 管为次后管,b 管为最后面的管道。

项目五　装配图

一、装配图的概念和内容

(一) 装配图的概念和作用

装配图是表达机器或部件的图样,通常用来表达机器或部件的工作原理及零件、部件间的装配关系,是机械设计和生产中的重要技术文件之一。在产品设计中一般先根据产品的工作原理图画出装配草图,由装配草图整理成装配图,然后再根据装配图进行零件设计,并画出零件图。在产品制造中装配图是制订装配工艺规程、进行装配和检验的技术依据。在机器使用和维修时,也需要通过装配图来了解机器的工作原理和构造。

(二) 装配图的内容

1. 一组视图

画装配图时,要用一组视图、剖视图等表达出机器(或部件)的工作原理、各零件的相对位置及装配关系、连接方式和重要零件的形状结构。如图 1-5-54 所示滑动轴承的装配图,主视图和左视图采用了半剖视图,用来表达轴承座、轴承盖、上下轴瓦等的装配关系和部件的外形,俯视图主要表达轴承盖和轴承座的形状。

2. 必要的尺寸

在装配图上不需要像零件图那样标注出零件的所有尺寸,制造零件时是根据零件图制造的,装配图上只需要标注机器或部件的性能(规格)尺寸、配合尺寸、安装尺寸、外形尺寸、检验尺寸等。

性能(规格)尺寸在设计时已确定,它是设计机器和选用机器的重要依据,图 1-5-54 所示滑动轴承的装配图中,孔径 $\phi 36H8$ 即为规格尺寸。

配合尺寸是指两零件间有配合要求的尺寸,一般要标注出尺寸和配合代号,如滑动轴承中 7H8/S7. 60H9/f9. $\phi 60H8/k7$ 等。

安装尺寸是指将机器或部件安装在地基上或其他机器或部件上所需要的尺寸,如滑动轴承中底板的尺寸。

外形尺寸是指机器或部件的外形轮廓尺寸,如总高、总宽、总长等尺寸。

3. 技术要求

在装配图上,只有配合尺寸要标注配合代号,其他尺寸一般不标注尺寸偏差,装配图上一般也不需要标注表面粗糙度代号和形位公差代号。在明细栏的上方或图形下方的空白处用文字形式说明技术要求的内容,技术要求的内容主要为机器或部件的性能、装配、调整、试验等所必须满足的技术条件。

4. 零件的序号、明细栏和标题栏

装配图中的零件编号和明细栏用于说明每个零件的名称、代号、数量和材料等。标题栏

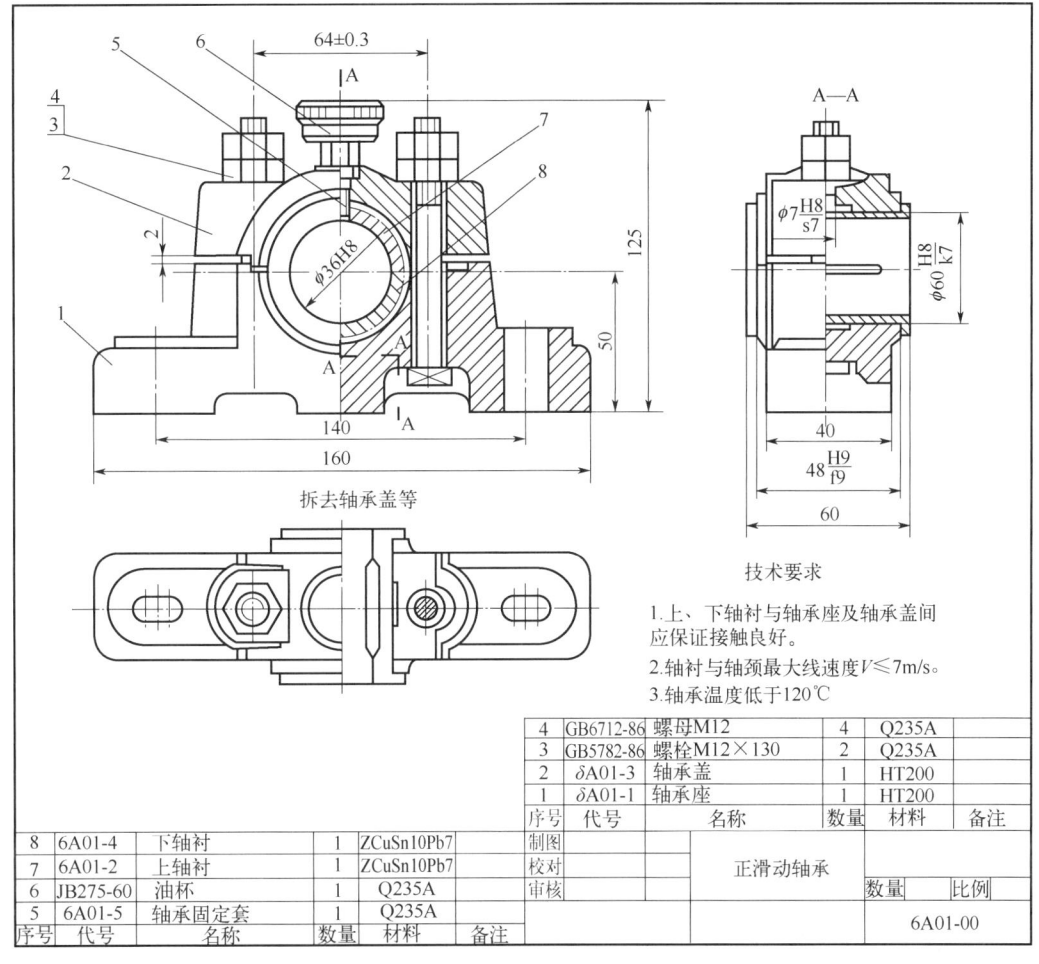

图 1-5-54 滑动轴承的装配图

包括部件名称、比例、绘图和设计人员的签名等。

二、装配图的表达方法

前面介绍的视图、剖视、剖面、局部放大以及规定画法等各种表达方法,在装配图中都完全适用,这即是基本的一般表达方法。但因装配图与零件图的表达内容与重点不同,所以,装配图还有一些规定画法及特殊的表达方法。

(一)装配图的规定画法

装配图需将机器或部件的所有零件画到一起,来表达其工作原理、结构特征、装配连接关系以及主要零件的结构形状等。因此,国标规定了装配图的规定画法:

(1)两零件的接触面配合面只画一条粗实线,公称尺寸不同的非接触面需画两条线。

(2)相邻两零件的剖面线应方向相反,或方向一致、间隔不等;同一零件在各视图中的剖面线方向和间隔必须一致。

（3）对于标准件和实心件，若剖切平面通过它们的基本轴线时，则这些零件均按不剖绘制，必要时可采用局部剖视。

（二）特殊的表达方法

1. 拆卸画法

在装配图中当零件遮住了视图中需要表达的结构时，可假想拆去这些零件后画出投影，必要时需加注"拆去××件"。

2. 沿结合面剖切

为了表达部件的内部结构和装配关系，可假想沿某些零件的结合面剖切，以表达相应的结构，此时，结合面上不画剖面线。

3. 假想画法

在装配图中，对机器或部件中运动零件的运动范围或极限位置，或表示两部件之间的相互位置及连接关系的轮廓线，常用双点划线画出其假想投影轮廓。

4. 夸大画法

在装配图中，对一些薄的垫片、小的零件及细小间隙等，为表达得更清楚可以不按图中的比例绘制，而采用夸大的画法画出。

5. 单独表达

对装配图中的重要零件的某些结构，若还没有表达清楚时，可将该零件从部件中拆出，单独画出该零件的某一视图，且一般需标注。

6. 简化画法

（1）在装配图中的零件工艺结构，如圆角、倒角、退刀槽等可以不画出。但由装配图拆画零件图时，必须将这些结构正确地画出来。

（2）装配图中的若干相同的零件组，如螺栓连接等，可以详细地画出一组或几组，其余的只需用点划线表示其装配位置即可。

（3）在装配图中，对某些标准产品的组合件，可只在确切的位置画出其外形。例如，通常使用的标准油杯、电动机、离合器等。

三、装配图的尺寸与编号

（一）装配图的尺寸

装配图一般只需标注以下几种尺寸。

1. 规格尺寸

表示机器或部件的规格或性能的尺寸。这些尺寸在设计时就已经确定，因此，它是设计和使用机器或部件的依据。

2. 装配尺寸

表示两个零件之间的配合性质和连接方式的尺寸，及轴线之间的距离和零件间较重要的相对位置尺寸等。

3. 安装尺寸

将部件安装到机器上,或将机器固定在基础上所需要的尺寸,以及与安装有关的尺寸。

4. 外形尺寸

表示机器或部件的总体尺寸,它为包装、运输及安装等所占空间提供了数据。

5. 其他重要尺寸

设计时经计算确定或选定的尺寸,如主要零件的重要结构尺寸,运动件极限尺寸等。

(二)装配图中的序号与明细表

为了便于图样的管理和读图,在装配图上必须对每一种零、部件进行编号,并将有关的内容填写在明细表和标题栏内。

1. 零件的序号

(1)在装配图上形状、尺寸、材料等相同的零部件只编写一个序号,且一般只标一次。
(2)序号应注写在指引线一端的横线上或圆内,同一装配图中编注序号的形式应一致。
(3)指引线采用细实线,且引线不能相交,也不能与剖面线平行,必要时可曲折一次。
(4)对一组螺纹紧固件或装配关系清楚的零件组,可采用公共的指引线。
(5)序号应按顺时或逆时针方向,顺序垂直或水平整齐排列在视图之外。

2. 填写明细表

明细表是装配图中全部零、部件的详细内容清单,填写时应遵守下列事项:

(1)明细表应画在标题栏的上方,零部件的序号应自下而上填写,便于修改和补充。
(2)对于标准件应在名称栏内填写规格代号或重要参数。标准代号填写在备注栏内。
(3)材料栏内填写制造该零件所用材料的名称或牌号。热处理等也常填写备注栏内。

四、装配图识读

在进行新产品的设计、机器的装配、设备的维修、技术的交流的过程中,经常要识读装配图,以了解机器的用途、工作原理和结构关系等。因此,必须掌握识读装配图的方法。

(一)识图方法步骤

1. 概括了解

主要了解部件的名称、性能、作用、大小,以及装配体中零件的一般情况等。
首先从标题栏入手,了解部件的名称。再结合生产实际经验了解一下它的性能和作用。
从编号中可以了解到该阀共有十五种零件。明细表中列出了所有零件的名称、数量、材料、规格和标准代号等。还可以了解哪些是标准件,哪些是一般零件。

2. 分析视图及表达方法

首先分析装配图中用了几个视图来表达,确定出主视图及各视图之间的投影关系。即确定每个视图的投影方向、剖切位置、表达方法,分析各视图所表达的主要内容。

3. 工作原理及装配关系

即了解机器或部件是怎样工作的,运动和动力是如何传递的。弄清楚各有关零件间的连接方式和装配关系,搞清部件的传动、支承、调整、润滑和密封等情况。

4. 分析零件的结构形状

分析零件的目的是弄清每个零件的主要结构形状和作用,以及进一步了解各零件间的连接形式和装配关系。

首先从主要零件开始,区分不同零件的投影范围。根据各视图的对应关系,及同一零件在各个视图上的剖面线方向和间隔都相同的规则,区分出该零件在各个视图上的投影范围,按照相邻零件的作用和装配关系构思其结构。依次逐个进行分析确定。

对于部件装配图中的标准件,可由明细表中确定其规格、数量和标准代号。例如螺柱、螺母、滚动轴承等的有关资料可从手册中查到。

5. 分析尺寸和技术要求

分析装配图中所标注的尺寸,对弄清部件的规格、零件间的配合性质、安装连接关系和外形大小有着重要的作用。分析技术要求,了解装配、调试、安装等注意事项。

(二) 由装配图拆画零件图

在设计过程中,常要根据装配图画出零件图。这项工作应在彻底看懂装配图后进行。拆画零件图的方法步骤如下。

1. 确定视图表达方案

由于装配图着重于表达机器工作原理和装配关系,对各零件的结构并不能都完整地表达清楚。因此,在确定零件的视图表达方案之前,应对所画零件的结构作仔细分析,根据该零件的作用和它与周围零件的关系,补全在装配图中没有表达清楚的形状结构。

零件的视图表达方案,应根据零件的结构形状重新考虑,方案与装配图并不一定相同。

此外,装配图上由于采用简化画法,如零件上的圆角、倒角、退刀槽等工艺结构,在画零件图时应作补充详细画出。

2. 确定零件的尺寸

分析零件间的装配关系和零件上各种结构的作用,合理地确定重要尺寸并选好尺寸基准。凡是装配图上注出的尺寸,一般零件图要与其保持一致,不能任意修改和变动。

对于装配图中与标准件有关的结构,如螺栓通孔的直径、螺纹直径、退刀槽等应查阅有关标准,采用标准件中规定的尺寸。

3. 确定技术要求

零件图中标注的尺寸公差应与装配图一致,可将装配图中有关的公差代号移注到零件图上,或查出上下偏差数值后注出。对于零件的表面粗糙度、形位公差、热处理等技术要求,可以根据零件的作用,参照类似的图样或资料,用类比法加以确定。

模块六　油气管道安装基础知识

项目一　管道测量和计算

测量与下料是管工最基本的技能,它直接反映每一个管工的技能水平。管件的测量方法很多,形式各异,但应以准确为原则,应以提高测量的相对精度为目的。这样就会减少甚至杜绝修补以及返工现象。管件的下料方法也很多,其中的计算下料、放样下料、展开下料方法虽然准确,但施工较麻烦;简易下料虽然快捷,但误差较大。施工中管工应根据工艺要求采用适合的下料方法下料,并不断地在实践中总结经验,提高技能水平。

一、管道的连接方式

管道连接由于生产工艺的要求、管道材质、施工情况等多种因素而有不同的连接方式。目前国内采用的连接方式有螺纹连接、法兰连接、焊接连接、承插连接、黏合连接、胀接连接、卡套式连接等。

(一) 螺纹连接

螺纹连接也称丝扣连接,是通过内螺纹和外螺纹之间的相互啮合来实现管道连接的。为了保证管接口的严密性,在内外螺纹间加上适当的填料。管螺纹分为圆锥形螺纹和圆柱形螺纹,连接形式有圆柱形内螺纹套入圆柱形外螺纹、圆柱形内螺纹套入圆锥形外螺纹及圆锥形外螺纹套入圆锥形外螺纹等三种。螺纹连接结构常用于工作压力小于 2.5MPa 的无毒非可燃流体输送管道系统中。

(二) 法兰连接

法兰连接是通过连接件法兰及紧固螺栓、螺母,压紧法兰中间的垫片而使管道连接起来的一种方法。它的优点较多,在设计要求上可满足高温、高压、高强度的需要,并且法兰的制造生产已达到标准化,在生产、检修中可以方便拆卸。

当管道与管道法兰需要平焊连接时,应选择的法兰称为平焊法兰;若管道与管道法兰需要螺纹连接时,应选择的法兰称为螺纹法兰。

切记:法兰连接一般不装入地下,也不装在套管内,否则须在法兰接头处设置检查井。

(三)焊接连接

管道工程中,焊接是管道与管件最常用的连接方式。施工中,焊接技术对管道安装非常重要,管工不但要配合焊工完成管道与管件的焊接,还经常需要管工独立完成一些焊接工作,如点焊固定管道与管件,法兰焊接前的拼装与定位等。埋地管道通常都采用焊接连接。

(四)承插连接

承插连接就是将管子或管件一端的抽口插入欲接件的承口内,并在环隙内用填充材料密封的连接方式。在管道工程中承插连接主要用于带承插接头的铸铁管、混凝土管、陶瓷管、塑料管等的连接。承插连接接口主要有青铅接口、石棉水泥接口、膨胀性填料接口、胶圈接口等。承插管分为接刚性承插连接和柔性承插连接两种。

二、测量的基本方法

进行管道测量时,常用的工具一般有水平尺、粉线、弯尺(直角尺)、钢卷尺、线坠、角度尺、划规等。

管道测量的方法很多,而且也非常灵活,但不管怎样测量,都是根据三角形的边角关系及立体几何的空间知识,即空间三轴坐标的原理,把所需尺寸量对、量全、量准。

在测量时首先要选择基准,根据基准进行测量。基准选择的正确与否,决定了管道的测量是否正确。管道工程要求横平竖直、眼正(法兰螺栓孔)、口正(法兰面)。因此,基准的选择离不开水平线、水平面、垂直线、垂直面。需要根据施工图样和施工现场的具体情况进行选择。

管道测量就是量出要安装的管道每一段中心线起点和终点的标高和在水平面内两互相垂直轴上的投影长,即管道在空间直角三坐标轴上的投影,从而计算出每段管道的实长以及它与相邻管道的交角。对复杂管道可以分成若干段来测量。测量后画出草图,并标出各管段尺寸及方向。

三、常见管件的测量和计算

(一)法兰测量

管道中法兰的安装位置,若按其螺栓孔分布位置来看,一般情况下是平眼(双眼),个别情况也有立眼(单眼),如图1-6-1所示。施工中往往出现眼不正的现象,如图1-6-2所示。此图时,测量方法是以法兰眼水平线为准,按顺时针方向量出螺栓孔的偏差用+a标注,按逆时针量出螺栓孔偏差用-a标注,又称为平眼过或平眼不够(立眼过或立眼不够)。

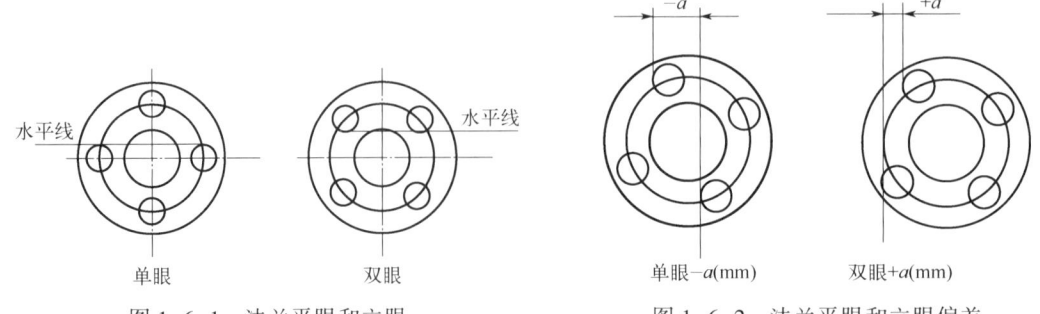

图1-6-1 法兰平眼和立眼　　图1-6-2 法兰平眼和立眼偏差

法兰密封面应与管子的轴线互相垂直,称为正口。当法兰口不正时,称为偏口(或张口),如图 1-6-3 所示。

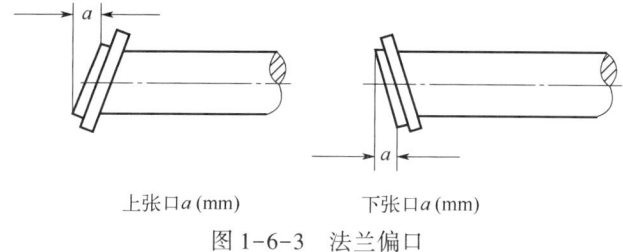

上张口 a(mm)　　下张口 a(mm)

图 1-6-3　法兰偏口

(二) 短管测量

短管测量方法,如图 1-6-4 所示。
(1) 用吊线或水平尺测量两端法兰螺栓孔。
(2) 用两个直角尺测量两端法兰口(垂直方向口亦可用水平尺测量)。
(3) 用卷尺测量短管长度 a。

(三) 弯头测量

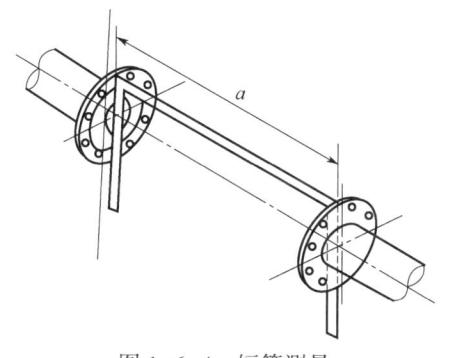

图 1-6-4　短管测量

图 1-6-5　90°弯头

(1) 用丁字尺和水平尺配合将弯头找至水平。
(2) 将水平尺放在找好水平的弯头其中一端口,调整弯头的轴向转角,同时观察水平尺刻度,确定弯头此端口垂直。
(3) 将水平尺放在弯头的另一端口,观察水平尺刻度,如有偏差,将水平尺放置垂直,用直尺量取管端口到水平尺的距离,若<1mm 时用砂轮机进行修磨,若>1mm 时先用气割切割,再用砂轮机进行修整。
(4) 用直尺和直角尺分别靠在弯头两端管口水平中心线位置,并向弯头内弧方向延伸,观察角尺另一条边与直尺是否平行,确认弯头角度是否为 90°,<1°时用砂轮机进行修磨,>1°时线用气割切割,再用手砂轮机修磨至合格。
(5) 用直尺量取弯头外径(D)。
(6) 将水平尺竖直靠在弯头外侧,直角尺直角朝下,短边贴靠在水平尺上,长边放在弯头顶部,使水平尺与直角尺成 90°角,观察水平尺刻度,居中后,在与弯头顶部接触的直角尺

$D/2$ 刻度处做好标记。平均量取 3~5 点。

(7) 钢直尺沿标定的点自然弯曲,连接各点,用石笔画出弯头的中弧长。

(8) 量取弯头的周长,平分四等份。以中弧线为基准,分别向两侧返点,沿弯头弯曲方向用直尺连接各返点,得到弯头的内弧线和外弧线。翻转弯头,同样的方法确定弯头另一条中弧线,弯头测量完毕。

(9) 弯曲半径的选择和弧长计算。

弯曲半径的尺寸,从减少弯管有害变形方面看,选得越大越好;从弯管的制作安装方面看,希望选得越小越好。合理的弯曲半径可明显地减少弯管的有害变形,提高弯管的质量。合理的弯曲半径应该是:弯曲变形在能满足技术要求前提下,弯曲半径应选得尽量小些。一般原则是:管径较大或管壁较薄的管子,应采用较大的弯曲半径。一般常用的弯曲半径见表 1-6-1。

表 1-6-1 常见弯头的弯曲半径

管径 DN,mm	弯曲半径 R,mm	
	冷煨	热煨
25 以下	3DN	3DN
32~50	3DN	3DN
65~80	4DN	3.5DN
100~200	4~4.5DN	4DN
200~300	5~6DN	5DN

弧长计算是指按照弯曲半径(一般由设计给出或管道走向决定)运用公式计算管道的长度。弯头弧长 L 的计算公式可按如下公式计算:

$$L = \alpha \pi R / 180°$$

式中　α——弯曲角度,(°);

　　　π——圆周率;

　　　R——弯曲半径,mm。

【例 1-6-1】 DN125mm 钢管,煨制 90°和 45°弯头,弯头的弧长应各是多少?

解:DN125mm 钢管的常用弯曲半径 $R=4DN=4\times125=500$(mm),又已知弯曲角 α 分别为 90°和 45°,代入上述公式得:

$$L_1 = \alpha \pi R / 180° = 90 \times 3.14 \times 500 \div 180 = 785 \text{(mm)}$$
$$L_2 = \alpha \pi R / 180° = 45 \times 3.14 \times 500 \div 180 = 392.5 \text{(mm)}$$

答:弯头弧长各为 785mm 和 392.5mm。

除了知道弯头的弧长以外,弯头前还需要一段直管,主要用于固定管子,便于煨制时操作。对 DN 小于 150mm 的管子,此段一般不应小于 400mm,对 DN 不小于 150mm 的管子,一般不应小于 600mm。为了使弯管尺寸完全符合要求,还要进行起弯点、终弯点等方面的计算。

(四)等径三通测量

等径三通测量方法如图1-6-6所示。

(1)等径三通横置于平台上,水平尺放置在三通上,与管口垂直,横向和纵向测量,分别观察水平尺的刻度,将三通找至水平。

(2)用直尺量取等径三通的外径(D)。

(3)将水平尺竖直靠在三通外侧,直角尺直角朝下,短边贴靠在水平尺上,长边放在三通顶部,使水平尺与直角尺成90°角,观察水平尺刻度,居中后,在与三通顶部接触的直角尺 $D/2$ 刻度处做好标记。任意量取2点并用直尺连接,分别得到三通横向、纵向两条中心线,两条中心线相互垂直。

(4)用直尺或盒尺测量两条中心线交点到三个管端口的长度,分别得到三通长(L_1+L_2)与三通高(H)两个数值。

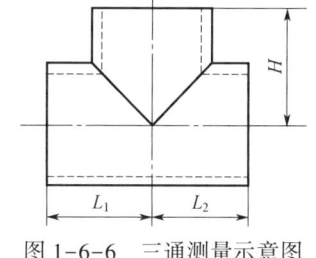

图1-6-6 三通测量示意图

项目二 长输油气管道安装工序

一、施工准备

(一)技术准备

(1)进行图纸会审、设计交底及技术交底工作。

(2)进行施工组织设计、施工方案及资质、健康、安全、环境措施的编审工作。

(二)人力资源准备

(1)建立项目组织机构。

(2)配置满足工程需要的施工人员。

(3)组织主要工种的人员培训、考试取证。

(三)机具设备准备

(1)完成施工机具设备配置。

(2)完成施工机具设备的检修维护。

(3)完成具体工程的专用施工机具制作。

(四)物资准备

(1)施工主要材料的储存应能满足连续作业要求。

(2)做好物资采购、验证、运输、保存等工作。

(五)施工现场准备

(1)办理施工相关手续。

(2)施工用地应满足作业要求。

(3)完成施工现场水、路、电、通信、场地平整及施工临设工作。

（六）开工前准备

应以文件的形式明确交工技术文件和记录,技术文件的编制宜符合现行行业标准的有关规定。

二、材料及设备检验

工程所用材料及设备的材质、规格和型号应符合设计要求,其质量应符合国家现行有关标准的规定,且应具有出厂合格证、质量证明书以及材质证明书。

三、交接桩及测量放线

设计单位与施工单位在现场进行控制(转角)桩、沿线路设置的临时性、永久性水准点的交接后,施工单位应进行测队放线,将桩移到施工作业带的边缘。

（一）交桩、移桩

(1)设计代表在现场向施工单位交接设计控制(转角)桩时,应核对桩号、里程、高程、转角角度。交桩后,施工单位应采取措施,保护控制(转角)桩,对已经丢失的桩应复测补桩。

(2)平原地区宜采用与管道轴线等距平行移动的方法移桩,移桩位置应在管道组装焊接一侧,宜在施工带边界线内 1m 的位置,转角桩应按转角的角平分线方向移动,平移后的桩可称为原桩的副桩。山区移桩困难时可采用引导法定位,即在控制(转角)桩四周植上 4 个引导桩,4 个引导桩构成的四边形对角线的交点为原控制(转角)桩的位置。

（二）测量放线

(1)测量放线应根据设计控制(转角)桩或其副桩进行。需要更改线路位置时,应经设计代表的书面同意后,方可更改。

(2)管道测量放线应放出线路轴线(或管沟开挖边线)和施工作业带边界线。在线路轴线(或管沟开挖边线)和施工作业带边界线上应加设百米桩,桩间应做标记,且施工期间标记应保持完好状态。

(3)管道水平转角较大时,应增设加密桩。弹性敷设管段或冷弯管管段,其水平转角应根据切线长度、外矢矩等参数在地面上放出曲线。采用预制弯管的管段,应根据曲率半径和角度放出曲线。弹性敷设可通过"工兵法""坐标法"或"总偏角法"等方法进行测批放样,做法应符合规定。

(4)地形起伏较大地段的纵向转角变坡点应根据施工图或管道施工测量成果表所标明的变坡点位置、角度、曲率半径等参数放线。

(5)弹性敷设曲率半径不得小于钢管外直径的 1000 倍。垂直面弹性敷设管道的曲率半径应大于管子在自重作用下产生的挠度曲线的曲率半径。

(6)在河流、沟渠、公路、铁路穿跨越段的两端,地下管道、电缆、光缆穿越段的两端,线路阀室两端及管道直径、壁厚、材质、防腐层变化分界处应设置临时标志桩,其设置位置应在管道组装焊接一侧,施工作业带边界线以内 1m 处。

四、施工作业带清理及施工便道修筑

（一）施工作业带清理

（1）施工作业带清理前应对施工作业带横断面布置进行设计。

（2）施工作业带占地宽度应和管道的直径、开挖土方的类型和体积、所使用的机械以及管道安装方法相适应。穿越、跨越河流、沟渠、公路、铁路、拖管车调头处、地下水丰富及管沟挖深超过5m的地段，应根据实际需要，增加占地宽度。林区、山区非机械化施工及人工凿岩地段根据地形、地貌条件，可减少占地宽度。

（3）在施工作业带范围内，对于影响施工机具通行或施工作业的石块、树木等地上障碍物应清理干净，沟、坎应予平整，有积水的低洼地段应排水。施工作业带清理时，应减少或防止水土流失。

（4）清理和平整施工作业带时，应保护标志桩，损坏时应及时恢复。

（二）施工便道修筑

（1）施工便道应平坦，应具有足够的承载能力，应能保证施工车辆和设备的行驶安全。施工便道路面宽度宜大于4m，并与公路平缓接通，每2km宜设置1个会车处，弯道和会车处的路面宽度宜大于10m，弯道的转弯半径宜大于18m。

（2）施工便道经过河流、沟渠时，可采取修筑临时性桥涵或加固原桥涵等措施，桥涵承载能力应满足运管及设备搬迁的要求。

（3）在沼泽、水田、沙漠等地区修筑施工便道时，应采取加强路基的措施。

（4）施工便道经过地下管道、线缆、沟渠等地下构筑物或设施时，应采取保护措施。

（5）陡坡地带施工便道修筑宜采取降坡或修绕行路等措施。

五、材料、防腐管的装卸、运输及保管

（一）装卸

（1）防腐管装卸不得损伤防腐层，应使用不损伤管口的专用吊具，弯管应采取吊管带装卸。

（2）所有施工机具和设备在行车、吊装、装卸过程中，其任何部位与架空电力线路的安全距离应符合规定。

（二）运输

（1）防腐管的运输应符合交通运输部门的有关规定，拖车与驾驶室之间应设置止推挡，立柱应牢固。

（2）装车前，应核对防腐管的防腐等级、材质、壁厚，不宜将不同防腐等级、材质、壁厚的防腐管混装。

（3）运输防腐管时，捆扎牢固，对防腐层采取保护措施。防腐管与车架或立柱之间、防腐管之间、防腐管与捆扎绳之间应设置橡皮板或其他软质材料衬垫，捆扎绳应套橡胶管或其他软质管套。弯管运输应采取保护措施，保温管的运输应使用配备装有柔性垫板的运管车。

（4）阀门宜原包装运输，应固定牢固。

(5)运至现场的防腐管,应逐根检查验收,办理交接手续。

(三)保管

(1)材料应按产品说明书的要求妥善保管。存储过程中应进行巡查。

(2)材料存放场地应平整、无石块,地面不应积水。存放场地应保持1%~2%的坡度,并应设有排水沟。应在存放场地内修筑汽车与吊车进出场的道路,场地上方应无架空电力线。

(3)成品管的存放和堆附高度应保证管子不会发生损伤和永久变形,采取防止滚落的措施。不同规格、材质的防腐钢管应分开堆放。每层防腐管之间应垫放软垫,最下层的管子下宜铺垫两排枕木或沙袋,管子距地面的距离宜大于200mm。

(4)阀门宜原包装存放,存放时应采取防水措施。

(5)焊材、防腐补口材料等应存放在库房中,其中防腐补口材料应存放在通风干燥的库房焊条长期存放时的相对湿度不宜超过60%。

(6)易燃、易爆物品的库房应按相关标准配备消防灭火器材。

(7)防腐管运抵施工现场后,露天存放时间超过3个月时应采取防护措施。

六、管沟开挖

(一)管沟的几何尺寸

(1)管沟的开挖深度应符合设计要求。侧向斜坡地段的管沟深度,应按管沟横断面的低侧深度计算。

(2)管沟边坡坡度应根据土壤类别、力学性能和管沟开挖深度确定,深度在5m以内管沟的最陡边坡坡度应按要求确定。

(3)深度超过5m的管沟边坡开挖时,应根据实际情况,采取放缓边坡、支撑或阶梯式开挖措施。

(4)管沟沟底宽度应根据管道外径、开挖方式、组装焊接工艺及工程地质等因素确定。

(二)管沟开挖

(1)开挖管沟前,应向施工人员说明地下设施的分布情况。在地下设施两侧5m范围内,应采用人工开挖,并应对挖出的地下设施采取保护措施。对于重要地下设施,开挖前应征得其管理部门同意,必要时应在其监督下开挖。

(2)一般地段管沟开挖时,宜将挖出的土石方堆放到焊接施工对面一侧,堆土距沟边不应小于1m。

(3)在耕作区开挖管沟时,应将表层耕作土与下层土分别堆放,下层土应放置在靠近管沟一侧。

(4)爆破开挖管沟宜在布管前完成。爆破作业应由有爆破资质的单位承担。爆破作业应制定安全措施,规定爆破安全距离,不应威胁到附近居民、行人,以及地上、地下设施的安全。对于可能受到影响的重要设施,应事前通知有关部门和人员,采取安全保护措施后方可爆破。

(5)开挖管沟时,应保护地下文物,当发现文物时应保护现场,并向当地主管部门报告。

(6)在穿越道路、河流、居民密集区等地段进行管沟开挖时,应采取适当的安全措施,设置警告牌、信号灯、警示物等。

(三) 管沟验收

(1) 直线段管沟应顺直，曲线段管沟应圆滑过渡，曲率半径应满足设计要求。

(2) 管沟中心线、沟底标高、沟底宽度、变坡点位移的允许偏差应符合规定。

(3) 石方段管沟沟壁不得有欲坠的石头，沟底不应有石块。

(4) 开挖后应及时检查验收，不符合要求时应及时修整。

七、布管及现场坡口加工

(一) 布管

(1) 应按设计图纸规定的钢管材质、规格和防腐层等级布管。布管前宜测量管口周长、直径，进行匹配组对。

(2) 堆管场地应平坦，无石块、积水和坚硬根茎等损伤防腐层的物体。防腐管下宜设觉两条土埂或土袋。

(3) 堆管的位置应靠近管道，且应远离架空电力线。管堆之间的距离不宜超过500m。

(4) 沟上布管前每根管子应设置管墩，平原地区管墩的高度宜为0.4~0.5m，山区应根据地形变化设置，管墩宜用袋装软质材料。

(5) 沟上布管时，管与管首尾相接处宜错开一个管径。吊管机布管吊运时，宜单根管吊运。进行双根或多根管吊运时，应采取有效的防护措施。

(6) 沟上布管及组装焊接时，应符合要求。

(7) 沟下布管时，防腐管首尾应错开摆放，错开距离宜为100mm。

(8) 坡地布管时，应采取防止滚管、滑管的措施。

(9) 吊装和布管作业时，采用的吊装设备能力应满足作业要求，且吊具应为起重专用吊具。

(二) 现场坡口加工

(1) 管端坡口应根据焊接工艺规程加工、检查。

(2) 复合型坡口宜在施工现场进行加工。坡口加工应采用坡口机，刀具应采用一次成型的复合刀具。

(3) 管端坡口如有机械加工形成的内卷边，应用锉刀或电动砂轮机消除整平。

八、管口组对、焊接

(一) 一般规定

(1) 管道焊接设备的性能应满足焊接工艺要求，并应具有良好的工作状态和安全性能。

(2) 焊接施工前，应制定焊接工艺预规程，进行焊接工艺评定。焊接工艺评定应符合现行标准 GB/T 31032—2023《钢质管道焊接及验收》的有关规定，并应根据合格的焊接工艺评定报告编制焊接工艺规程。

(3) 焊工应具有国家有关部门颁发的相应资格证书。

（4）在下列任何一种环境中，如未采取有效防护措施不得进行焊接：

① 雨、雪、天、气。

② 大气相对湿度大于90%。

③ 低氢型焊条电弧焊，风速大于5m/s。

④ 自保护药芯焊丝半自动焊，风速大于8m/s。

⑤ 气体保护焊，风速大于2m/s。

⑥ 环境温度低于焊接工艺规程中规定的温度。

（二）管口组对与焊接

（1）管口组对的坡口形式应符合焊接工艺规程的规定。

（2）不等壁厚对焊管端宜采用加过渡管或坡口内削边处理措施。

（3）使用对口器应符合下列要求：

① 应优先选用内对口器，不具备使用内对口器条件时可选用外对口器。

② 使用内对口器时，应在根焊完成后拆卸和移动对口器，移动对口器时，管子应保持平衡。

③ 使用外对口器时，应在根焊完成不少于管周长50%后方可拆卸，所完成的根焊应分为多段，且应均匀分布。

④ 管道组对应符合相应规定。

（4）焊接材料应符合下列要求：

① 焊条应无破损、发货、油污、锈蚀，焊丝应无锈蚀和折弯，焊剂应无变质现象，保护气体的纯度和干燥度应满足焊接工艺规程的要求。

② 低氢型焊条焊前应按产品说明书要求进行烘干、保存及使用。当天用完的焊条应回收存放，重新烘干后首先使用重新烘干的次数不得超过2次。

③ 自保护药芯焊丝不应烘干，纤维素焊条不宜烘干。

④ 焊丝应在焊接前打开包装。当日未用完的焊丝应妥善保管，防止污染。

⑤ 应采用有效手段确保焊接气体的纯度、配比和含水拭等指标符合要求。

⑥ 在焊接过程中，如出现焊条药皮发红、燃烧或严重偏弧时，应立即更换焊条。

九、管道防腐及保温工程

（1）管道无损检测合格后，应及时进行防腐补口。

（2）钢管、弯管、弯头的防腐和保温，现场防腐补口、补伤施工应符合设计要求和现行有关标准的规定。管道常用的内外壁防腐层应符合规定。

十、管道下沟及回填

（一）管道下沟

（1）管道的焊接、无损检测、补口完成后，应及时下沟。不能及时下沟时，应采取措施防止滚管。一个作业（机组）施工段，沟上放置管道的连续长度不宜超过1km。

（2）下沟前，应复查管沟深度，清除沟内塌方、石块、积水、冰雪等异物。石方或戈壁段管沟，应预先在沟底垫300mm厚细土，细土的最大粒径不得大于20mm。

（3）管道应使用吊管机等起重设备进行下沟，不得使用推土机或撬杠等非起重机具。吊具应使用尼龙吊带或橡胶辅轮吊篮，不得直接使用钢丝绳。当采用吊篮下沟时应使用吊管机下沟，起吊高度以1m为宜，吊管机使用数量不宜少于3台。管道下沟吊点间距应符合规定。

（4）管道下沟时，应由专人统一指挥作业，应采取切实有效的措施防止管道滚沟。

（5）管道下沟过程中，应使用电火花检漏仪检查管道防腐层，检测电压应符合设计及现行有关标准的规定，如有破损或针孔应及时修补。

（6）管道下沟时，应注意避免与沟壁挂碰，以防止擦伤防腐层。管道应放置到管沟中心位置，距沟中心线的偏差应小于150mm。管道壁和管沟壁之间的间隙不应小于150mm。管道应与沟底充分结合，局部悬空应用细土填塞密实。

（7）管道下沟后应对管顶标高进行测量，直线段应每100m测一点，曲线段可对曲线的始点、中点和终点进行测量。

（二）管沟回填

（1）一般地段管道下沟后应及时回填，回填前应排除沟内积水，山区易冲刷地段、高水位地段、人口稠密区及雨季施工等应立即回填。

（2）耕作土地段的管沟应分层回填，应将表面耕作土置于最上层。

（3）管沟回填前宜完成阴极保护测试引线焊接，并引出地面。

（4）管道下沟后，回填应符合下列要求：

① 回填土应平整密实。

② 石方、戈壁或冻土段管沟应先回填细土至管顶上方300mm，后回填原土石方。细土的最大粒径不应大于20mm，原土石方最大粒径不得大于250mm。

③ 黄土源地段管沟回填应按设计要求做好垫层及夯实。

④ 陡坡地段管沟回填宜采取袋装土分段回填。

（5）下沟管道的端部，应预留出50倍管径且不小于30m管段暂不回填。

（6）管沟回填土宜高出地面0.3m以上，覆土应与管沟中心线一致，其宽度为管沟上开口宽度，并应做成有规则的外形。管道最小覆土层厚度应符合设计要求。

（7）沿线施工时破坏的挡水墙、田埂、排水沟、便道等地面设施应及时恢复。

（8）设计上有特殊要求的地貌应根据设计要求恢复。

（9）浅挖深埋土堤敷设时应根据设计要求施工。

（10）对于回填后可能遭受洪水冲刷或浸泡的管沟，应采取压实管沟、引流或压沙袋等防冲刷、防管道漂浮的措施。

（11）管沟回填土自然沉降密实后，应对管道防腐层进行地面检漏，且应符合设计规定。一般地段自然沉降宜为30天，沼泽地段及地下水位高的地段自然沉降宜为7天。

（12）管道稳管设施的安装应符合设计要求。

项目三　站内工艺管道安装工序

本项目所讲施工工序适用于设计温度不超过材料使用温度的工业低、中、高压金属管道的工艺安装。其安装施工工序如图 1-6-7 所示。

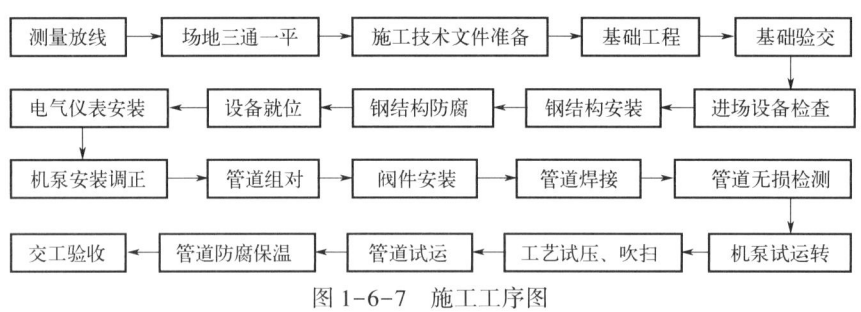

图 1-6-7　施工工序图

一、施工前的准备

工艺管道施工准备一般包括技术准备、物资准备和施工队伍准备。
(1)熟悉、审查图纸及设计文件,并适时参加设计交底。
(2)摸清工程内容、工程量和工作量。
(3)编制管道工程施工技术方案,并组织技术交底。
(4)组织焊接工艺试验与评定。
(5)准备施工机具及工装设施。
(6)组织施工队伍,对于新材料施工,做好施工人员的培训工作。
(7)水、电、气(汽)、铺设道路应满足施工需要。

二、管道安装工序的组合

管材、管件、法兰安装组合了管材、管件的清理检查,管材调直,管材切割,坡口加工,焊接等工序。

(一)管材、管件的清理检查

管材在安装前应进行清理和检查,清除污垢和杂质,并应按国家现行规范规定进行外观检验,不合格者不得使用,管材的检验主要有以下几点:
(1)按设计要求核对管子的规格、数量和标记。
(2)管子的质量证明书,对质量书有异议的,在异议未解决前,该批管子不得使用。
(3)检查管子是否有裂纹、缩孔、夹渣、折叠、重皮等缺陷。
(4)螺纹、密封面、坡口的加工精度及粗糙度应达到设计要求或制造标准。

(二)管材调直

管材出厂后,一般都要经过多次的长途和短途运输,最后到达使用地点。在运输装卸过程中,对管材的碰撞和摔压很难避免,因此可能造成管材变形。为使管道施工达到验收标准,基本上做到横平竖直,就必须对管材进行调直。常用的调直方法有人工调直和半机械化调直。直径较小的管材,一般用人工调直;直径大于50mm的管材,采用丝杠调直器冷调,特殊情况有时需要加热后调直;当管材直径大于200mm时,一般不易弯曲变形,因此很少需要调直。

(三)管材切割

管材切割,也称为切管或切口。管材切管的目的,是在较长的管材上,切取一段有尺寸要求的管段。根据规范的要求,不同材质的管道,应采用不同的切割方法。

(1)碳素钢管、合金钢管宜采用机械方法切割。当采用氧乙炔火焰切割时,必须保证尺寸正确和表面平整。

(2)不锈钢管、有色金属管应采用机械方法或等离子方法切割。不锈钢管及钛管用砂轮切割或修磨时,应使用专用砂轮片。

(3)镀锌钢管宜用钢锯或机械方法切割。

管材的切割是比较重要的一道工序,管材切口的质量,对下一道工序坡口加工和管口组对都有直接影响。

(四)坡口加工

坡口加工,是为保证管口焊接质量而采取的有效措施。坡口的形式有多种,选择主要考虑以下几个方面:(1)能保证焊接质量。(2)焊接时操作方便。(3)能够节省焊条。(4)防止焊接后管口变形。

管道焊接常采用的坡口形式有以下几种。

1. I型坡口

I型坡口,适用于管壁厚度在3.5mm以下的管口焊接。根据壁厚情况,调整对口的间隙,以保证焊缝焊透。这种焊缝,管壁不需要倒角,实质上是不需要加工坡口,只要管材切口的垂直度能够保证对口的间隙要求,就可以直接对口焊接。

2. V型坡口

V型坡口,适用于中低压钢管焊接,坡口的角度为60°~70°,坡口根部有钝边,其厚度为1~2mm。

3. U型坡口

U型坡口,适用于高压钢管焊接,管壁厚度在20~60mm之间。坡口根部有钝边,其厚度为2mm左右。

管子的坡口加工形式和尺寸应符合设计文件规定。管道坡口加工宜采用机械方法,也可采用等离子弧、氧乙炔焰等热加工方法。采用热加工方法加工坡口后,应除去坡口表面的氧化皮、熔渣及影响接头质量的表面层,并应将凹凸不平处打磨平整。

(五)焊接

焊接是管道连接的主要形式,焊接方法有很多种,常用的有气焊、电弧焊、氩弧焊、氩电联焊和二氧化碳气体保护焊。

管道在焊接以前,要检查管材切口和坡口是否符合质量要求,然后进行管口组对,组对时应做到内壁齐平,内壁错边量应符合规定。一般要求管道不宜超过壁厚的10%,且不大于2mm;SHA级管道不宜超过壁厚的10%,且不大于0.5mm;SHB级管道不宜超过壁厚的10%,且不大于1mm。组对好的管口先进行点焊,根据管直径大小,点焊3~4处,点固后的管口再进行焊接。

三、管道压力试验

压力管道由于其数量大,距离远,敷设方式特殊(有的在高空,有的在地下),大多数均有保温层或防腐层,并且所用材料种类繁多,就给压力管道的监控、检验和管理等带来复杂的特殊性。为了确保压力管道的安全性与完整性,按设计规定,对管道进行系统强度试验和气密性试验,其目的是检查管道承受压力情况和各个连接部位的严密性。

(一)一般要求

所有管道投运前都应进行清洗。以水为介质进行压力试验时,试验结束后应干燥;对重要的输送管道特别是以压力容积测量法进行压力试验时,应采用校准清管器;以工作介质进行压力试验时,应注意防止介质与空气混合到爆炸极限。

(二)试验介质

根据试验方法不同所用试验介质也不同,一般来说试验采用的介质为水、空气或工作气体(水可以用其他的液体代替、空气可以用其他的惰性气体代替、工作气体可以用惰性气体和工作气体的混合气体代替)。选用试验介质时应防止试验介质对管道材料的腐蚀和污染。

以水为介质进行压力试验,试验精度高,因为水的压缩性很小,试验时如果有泄漏的话就有很大的压力降。试验时,试验水温和环境温度应在4℃以上,当温度低时应采取特殊的措施。另外在往管道充水时应尽量避免混入空气。以水为介质进行压力试验主要适用于工作压力大于1.6MPa的压力管道,因为在高压下以气体为介质进行压力试验,比水为介质具有更大的危险性。

以空气为介质进行压力试验,比水为介质更经济,因为试验时省去了压力试验前的充水和试验后的放水及管道投用前的干燥工作。但以空气或工作介质为试验介质,当试验压力高于0.6MPa时,应对被试管道采取特殊的措施(如对所有的焊缝进行无损检测等)。以工作气体为介质进行压力试验主要适用于比较短的管路或设备与管道的连接处的试验。

一般输送液体的管道都采用水压试验,输送气体的管道多采用气体进行试验。

(三)试验方法

根据试验方法和试验采用的介质不同将压力试验方法综合成以下四种。

(1)宏观检测法。用肉眼检验裸露管道的密封性,以气体为介质,压力试验用泡沫方法进行检查。该方法不同于其他方法根据压力曲线来判断管道的密封性。

(2)压力测量法。此法是直接测量压力,根据压力的变化来判断管道的密封性和强度。

(3)压差测量法。此法是通过测量衡压器与被检管道的压力差,衡压器可采用两种方式(气瓶或压力秤),根据此压力差来判断管道的密封性或强度。

(4)压力容积测量法。此法是测量升压过程中压力与进水量(根据进水量换算成容积变形量)之间的关系。

(四)试验条件

进行压力试验前,须满足如下条件:

(1)试压范围内的管道安装工程除涂漆、隔热外,已按设计图纸全部完成,安装质量符合有关规定。

(2)管道上的膨胀节已设置了临时约束装置。

(3)试验用压力表已经校验,并在周检期内,其精度不得低于1.5级,表的满刻度值应为测最大压力的1.5~2倍,压力表不得少于两块。

(4)符合压力试验要求的液态介质或气体已经备齐。

(5)按试验的要求,管道已经加固。

(6)对于输送剧毒流体的管道及设计压力大于等于10MPa的管道,在压力试验前,规范规定要求的资料已经复查。

(7)待试管道与无关系统已用盲板或采取其他措施隔开。

(8)待试管道上的安全阀、爆破板及仪表元件等已经拆下或隔离。

(9)试验方案已经批准,并已进行了技术交底。

关于管道试压的实施,详见本书第二部分模块二。

四、管道的吹扫和清洗

管道系统压力试验合格后,应进行吹洗。吹洗的方法应根据对管道的使用要求、工作介质及管道内表面的脏污程度确定。公称直径大于或等于600mm的液体或气体管道,可采用专用清管器进行清理;公称直径小于600mm的液体管道,宜采用水清洗;公称直径小于600mm的气体管道,宜采用空气吹扫;蒸汽管道应以蒸汽吹扫;非热力管道不得用蒸汽吹扫。

(一)水冲洗

工艺管道中凡是输送液体介质的管道,一般设计要求都要进行水冲洗。冲洗所用的水,常选用饮用水、工业用水或蒸汽冷凝水。冲洗时宜采用大流量,水在管内的流速不应小于1.5m/s,排放管的截面积不应小于被冲洗管截面积的60%,并要保证排放管道的畅通和安全。水冲洗要连续进行,冲洗质量应符合设计规定,如设计无明确规定时,则以出口的水色和透明度与入口的水目测一致为合格。

(二)空气吹扫

工艺管道中凡是输送气体介质的管道,一般都采用空气吹扫。输油管道吹扫时要用不含油的气体,并且在压缩机的出口设置专门的油过滤器。空气吹扫应利用生产装置的大型压缩机,吹扫压力不得超过容器和管道的设计压力,流速不宜小于20m/s,且不高于设计流速。

空气吹扫的检查方法,是在吹扫管道的排气口设置用白布或涂有白漆的靶板来检查,如果在 5min 内靶板上无铁锈、尘土、水分及其他杂质,应为合格。

(三) 蒸汽吹扫

蒸汽吹扫适用于输送动力蒸汽的管道,因为蒸汽吹扫温度较高,管道受热后要膨胀和位移,在设计时就考虑了这些因素,在管道上装有补偿器,管道支架吊架也都考虑到受热后位移的需要。输送其他介质的管道,设计时一般不考虑这些因素,所以不适用蒸汽吹扫,如果必须使用蒸汽吹扫时,一定要采取必要的措施,并应检查管道热位移。

蒸汽吹扫,开始时先输入管内少量蒸汽,缓慢升温暖管,及时排水,经恒温 1h 以后再进行吹扫,然后停汽使管道降到环境温度,再暖管升温、恒温,进行第二次吹扫,如此反复不少于三次。吹扫时宜采用每次吹扫一根的方法。如果是室内吹扫,蒸汽的排气管道一定要引到室外,并且要架设牢固。排气管的直径应不小于被吹扫管的管径。蒸汽吹扫的检查方法,中压、高压蒸汽管道和蒸汽透平入口的管道,要用平面光洁的铝板靶,低压蒸汽用刨平的木板靶来检查。靶板放置在排气管出口,按规定检查靶板,无脏物为合格。

(四) 管道脱脂

某些管道因输送介质的要求,不允许有任何油迹,要进行脱脂处理。脱脂前应根据管道规格、工作介质、脏污程度及现场条件等,制定脱脂方案。对于有明显油迹或严重锈蚀的管子、管件等,应先经蒸汽吹洗、喷砂或其他方法清除油迹、铁锈,然后再进行脱脂。脱脂剂应按设计要求选用,并具有合格证明书。管道脱脂的现场选择,可以是室内,也可以是室外,但不应被雨、雪、尘土污染。

(五) 酸洗和钝化

内表面有特殊清洁要求的管道,一般在投产前进行酸洗、钝化,根据需要一般先酸洗,后进行钝化工序处理。管道内有明显的油斑时,酸洗前应进行必要的预除油处理,酸洗液应按规定的配方和顺序配制,并应搅拌均匀。酸洗时应防止发生漏酸事故,操作人员应有必要的防护。酸洗后的废水、废液须经处理,符合环保要求后,方可排放。对于酸洗和钝化的管道,检验合格应及时将管道封闭,采取保护措施,防止再次被污染。

(六) 无害化处理

管道的无害化处理,第一加强落地污物的回收和管理。第二污物及时用防爆泵转移至槽车或专用收集器内,转移至安全区,集中处理。第三是运用科学技术,利用专用工具使污物尽可能不落在地面,减少或避免造成环境和农作物等的污染。

模块七 液压基础知识

项目一 液压原理

一、液压油分类及用途

(一) HH(基础油)类型

HH 液压油是一种不含任何添加剂的矿物油。这种油虽列入液压油分类之中,但在液压系统中已不使用。因为这种油安定性差、易起泡,在液压设备中使用寿命短。

(二) HL(抗氧防锈液压油)类型

HL 液压油是由精制深度较高的中性基础油,加抗氧和防锈添加剂制成的。HL 液压油按 40℃ 运动黏度可分为 15、22、32、46、68、100 六个牌号。

HL 液压油主要用于对润滑油无特殊要求,环境温度在 0℃ 以上的各类机床的轴承箱、低压循环系统或类似机械设备循环系统的润滑。它的使用时间比机械油可延长一倍以上。该产品具有较好的橡胶密封适应性,其最高使用温度为 80℃。

(三) HM(抗磨液压油)类型

HM 液压油是从防锈、抗氧液压油基础上发展而来的,它有碱性高锌、碱性低锌、中性高锌型及无灰型等系列产品,它们均按 40℃ 运动黏度分为 22、32、46、68 四个牌号。

HM 液压油用途有:

(1) HM 液压油主要用于重负荷、中压、高压的叶片泵、柱塞泵和齿轮泵的液压系统,如 YB-D25 叶片泵、PF15 柱塞泵、CBN-E306 齿轮泵、YB-E80/40 双联泵等液压系统。

(2) 用于中压、高压工程机械、引进设备和车辆的液压系统,如电脑数控机床、隧道掘进机、履带式起重机、液压反铲挖掘机和采煤机等的液压系统。

(3) 除适用于各种液压泵的中高压液压系统外,也可用于中等负荷工业齿轮(蜗轮、双曲线齿轮除外)的润滑。

HM 液压油应用的环境温度为 -10~40℃。该产品与丁腈橡胶具有良好的适应性。

(四)HR(中低压液压油)、HG(液压导轨油)类型

HR 液压油是在环境温度变化大的中低压液压系统中使用的液压油。该油具有良好的防锈、抗氧性能,并在此基础上加入了黏度指数改进剂,使油品具有较好的黏温特性。该类油由于用量小至今尚未大力开发,在此不作详细介绍。

HG 液压油原为普通液压油中的 32G 和 68G,曾用名为液压导轨油,该产品是在 HM 液压油基础上添加油性剂或减磨剂构成的一类液压油。该油不仅具有优良的防锈、抗氧、抗磨性能,而且具有优良的抗黏滑性,主要适用于各种机床液压和导轨合用的润滑系统或机床导轨润滑系统及机床液压系统。液压导轨油属这一类产品。

(五)HV(低温液压油)、HS(超低温液压油)类型

HV、HS 液压油是两种不同档次的液压油,在 GB/T 7631.2—2003《润滑剂、工业用油和相关产品(L类)的分类 第 2 部分:H 组(液压系统)》中均属宽温度变化范围下使用的液压油。此二类油都有低的倾点,优良的抗磨性、低温流动性和低温泵送性。HV、HS 液压油按基础油分为矿油型与合成油型两种;按 40℃ 运动黏度,HV 油分为 15、22、32、46、68、100 六个牌号,HS 油分为 15、32、32、46 四个牌号。

用途如下:

(1)HV 低温液压油主要用于寒区或温度变化范围较大和工作条件苛刻的工程机械、引进设备和车辆的中压或高压液压系统,如数控机床、电缆井泵,以及船舶起重机、挖掘机、大型吊车等液压系统,使用温度在-30℃ 以上。

(2)HS 低温液压油主要用于严寒地区上述各种设备,使用温度为-30℃ 以下。

二、液压传动工作原理

液压传动的工作原理,可以用一个液压千斤顶的工作原理来说明。

图 1-7-1 是液压千斤顶的工作原理图。大油缸 11 和大活塞组成举升液压缸。杠杆手

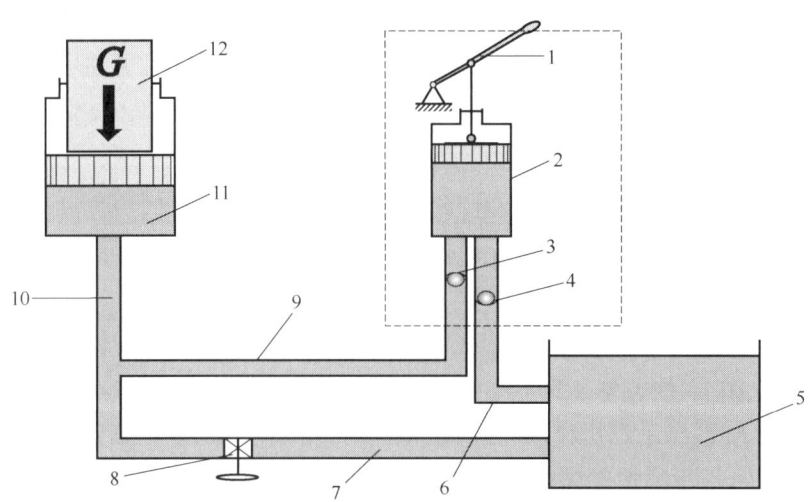

图 1-7-1 液压千斤顶工作原理图

1—杠杆手柄;2—小油缸;3—排油单向阀;4—吸油单向阀;5—油箱;6,7,9,10—管道;
8—放油阀;11—大油缸;12—重物

柄1、小油缸及小活塞2、单向阀3和4组成手动液压泵。如提起手柄使小活塞向上移动，小活塞下端油腔容积增大，形成局部真空，这时单向阀4打开，通过吸油管6从油箱5中吸油；用力压下手柄，小活塞下移，小活塞下腔压力升高，单向阀4关闭，单向阀3打开，下腔的油液经管道9、10输入举升油缸11的下腔，迫使大活塞向上移动，顶起重物。再次提起手柄吸油时，单向阀3自动关闭，使油液不能倒流，从而保证了重物不会自行下落。不断地往复扳动手柄，就能不断地把油液压入举升缸下腔，使重物逐渐地升起。如果打开截止阀8，举升缸下腔的油液通过管道10、7、截止阀8流回油箱，重物就向下移动。这就是液压千斤顶的工作原理。

通过对液压千斤顶工作过程的分析，可以初步了解到液压传动的基本工作原理。液压传动是利用有压力的油液作为传递动力的工作介质。压下杠杆时，小油缸2输出压力油，是将机械能转换成油液的压力能，压力油经过管道9、10及单向阀3，推动大活塞举起重物，是将油液的压力能又转换成机械能。大活塞举升的速度取决于单位时间内流入大油缸11中油容积的多少。由此可见，液压传动是一个不同能量的转换过程。

三、液压传动的特点

(一) 液压传动的优点

(1) 体积小、重量轻，因此惯性力较小，当突然过载或停车时，不会发生大的冲击。
(2) 能在给定范围内平稳地自动调节牵引速度，并可实现无级调速。
(3) 换向容易，在不改变电机旋转方向的情况下，可以较方便地实现工作机构旋转和直线往复运动的转换。
(4) 液压泵和液压马达之间用油管连接，在空间布置上彼此不受严格限制。
(5) 由于采用油液为工作介质，元件相对运动表面间能自行润滑，磨损小，使用寿命长。
(6) 操纵控制简便，自动化程度高。
(7) 容易实现过载保护。

(二) 液压传动的缺点

(1) 使用液压传动对维护的要求高，工作油要始终保持清洁。
(2) 对液压元件制造精度要求高，工艺复杂，成本较高。
(3) 液压元件维修较复杂，且需有较高的技术水平。
(4) 用油作工作介质，在工作面存在火灾隐患。
(5) 传动效率低。

四、液压系统组成

一般来说，液压系统由液压泵、液压缸、液压管路、油箱、过滤器、控制阀等组成，整个系统是为液压缸提供压力和流量控制。具体为如下几类。

(一) 能源装置

把机械能转换成液压油压力能的装置，主要形式是液压泵。

(二) 执行装置

把液压油的压力能装化为机械能的装置,主要有液压缸和液压马达(用压力来驱动的马达)。

(三) 控制调节装置

控制液压系统中油液压力、流量和方向的装置,主要有各种压力控制阀、流量阀和换向阀。

(四) 辅助装置

除了上述三项以外的其他装置,比如油箱、蓄能器、密封圈、过滤器、管路、管接头、加热器、冷却器、空气滤清器、液位计等。

(五) 工作介质

传递能量的液体,如液压油等。

项目二 主要液压部件

一、液压泵

液压泵和液压马达都是液压传动系统的重要部件,从原理上讲是可逆的,有的液压泵和液压马达在结构上完全一样,它们可以互逆使用,即当它由电动机带动时为液压泵,当它通入压力油驱动时便为液压马达。有些液压泵和液压马达虽然不能互逆使用,但是其结构也基本类同。

液压泵的主要作用是把电动机或其他动力装置输入的机械能转换为油液的压力能。它是液压系统的心脏。液压泵的基本工作原理是使液压油充满在密闭的工作容积内,在工作中依靠密闭容积的变化来输送液压油。当容积由小变大时吸油,由大变小时排油。

液压泵的种类很多,按照结构形式常见的有齿轮泵、叶片泵和柱塞泵,柱塞泵又可以分为轴向柱塞泵和径向柱塞泵;按照输出流量是否可调可以分为定量泵和变量泵,其中齿轮泵一般为定量泵,叶片泵和柱塞泵可以为变量泵,也可以为定量泵;按照它们允许使用的压力范围,可以分为低压泵、中压泵和高压泵;按照输出油液方向是否可以改变,又可分为单向泵和双向泵。

常用的液压泵符号如图1-7-2所示。

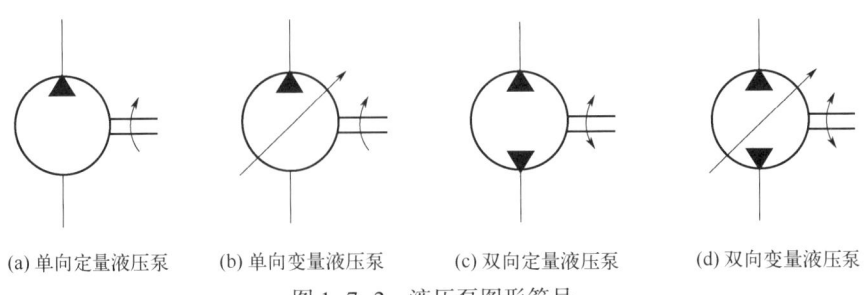

(a) 单向定量液压泵　　(b) 单向变量液压泵　　(c) 双向定量液压泵　　(d) 双向变量液压泵

图1-7-2　液压泵图形符号

（一）齿轮式液压泵

在各种液压泵中，齿轮泵由于结构简单、易于制造和维护而广泛应用于压力不高的液压系统中。比较有代表性的是外啮合渐开线直齿圆柱齿轮泵。其原理图如图 1-7-3 所示。

装在壳体内的一对齿轮的齿顶圆柱及侧面均与壳体内壁接触，因此各个齿间槽间均形成密闭的工作空间。齿轮泵的内腔被互相啮合的齿轮分为左、右两个互不相通的内腔，分别与进油口和排油口相通。当齿轮按照图示方向旋转时，左侧吸油腔齿轮逐渐分离，工作空间的容积逐渐变大，形成部分真空，因此油箱中的油液在大气压的作用下，经吸油管进入吸油孔 m。吸入的油液在密封的工作空间随齿轮旋转带到右侧的排油腔 e。因为右侧的齿轮逐渐啮合，工作空间容积逐渐减小，所以齿间的油也被挤出，从排油孔 n 排出进入系统。当齿轮不断旋转时，左右两腔不断完成吸油、排油过程，将压力油送到液压系统中。

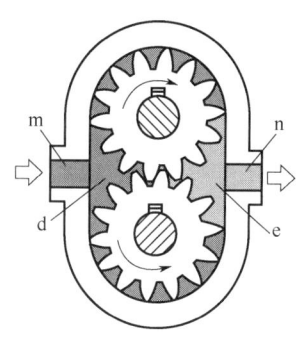

图 1-7-3 外啮合渐开线直齿圆柱齿轮泵原理图
m—进油口；d—进油腔；
e—出油腔；n—出油口

（二）叶片式液压泵

叶片泵按每转吸排油的次数，可分为单作用式叶片泵和双作用式叶片泵两种。双作用叶片泵为定量泵，单作用叶片泵大多做成变量泵。叶片泵输出流量均匀，脉动小，噪声小，但结构复杂。

1. YB1 型双作用定量叶片泵

YB1 型双作用定量叶片泵如图 1-7-4 所示。转子 2 与定子 3 的中心重合，叶片 1 装在转子槽中，并可在槽内移动。当转子回转时，由于离心力的作用（有时还在叶片槽底部通进压力油），使叶片紧贴靠在定子内壁，这样就形成了若干个密封容积。定子的内表面近似椭圆形，由两段长半径 R 的圆弧段 CD、GH，两段短半径 r 的圆弧段 AB、EF，以及四段过渡曲线 BC、DE、FG、HA 所组成。叶片在 AB、EF 区域时，密封容积最小。当转子按照图示方向旋

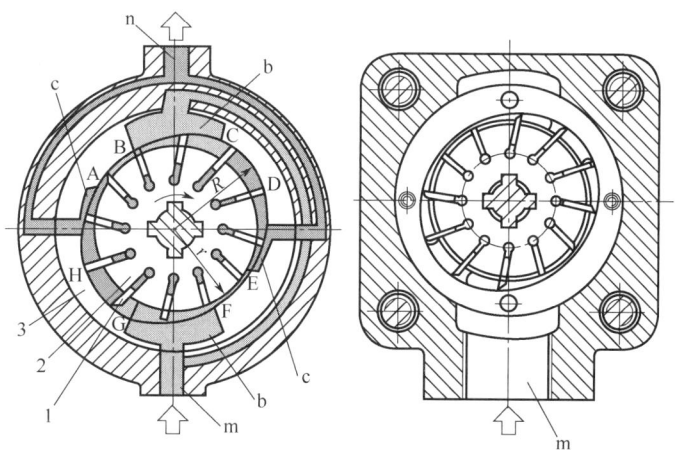

图 1-7-4 YB1 型双作用定量叶片泵
1—叶片；2—转子；3—定子；b—吸油口；c—压油窗口；n—出油端；m—吸油端 ABCDEFG 曲线区域

转,叶片在 BC、FG 区域中,密封容积逐渐增大,从两个吸油口 b(与吸油口 m 相通)中吸油,称为吸油腔。叶片在 CD、GH 区域内时,密封容积最大。叶片在 DE、HA 区域内密封容积逐渐减小,称为压油腔,油液从压油窗口 c(与压油口 n 相通)中排出。在吸油腔与压油腔之间有一段封油区,即 AB、CD、EF、GH 区域,把两腔隔开。这种叶片泵的转子每转一圈,每个密封容积完成两次吸油和压油,故称为双作用叶片泵。

2. 单作用变量叶片泵

单作用变量叶片泵如图 1-7-5 所示。定子具有圆柱形内表面,与转子间有偏心距 e。当转子按照图示方向回转时,下半部叶片逐渐伸出,密封容积逐渐变大,从与吸油口 m 相通的吸油窗口 a 吸油,称为吸油腔。上半部叶片被定子内壁逐渐压进槽内,密封容积逐渐变小,称为压油腔,油液通过压油窗口 b 从压油口 n 中压出。这种叶片泵的转子每旋转一次,每个密封容积完成一次吸油和压油,所以称为单作用液压泵。

若将转子和定子的偏心距 e 做成可调节的,则变成变量叶片泵。

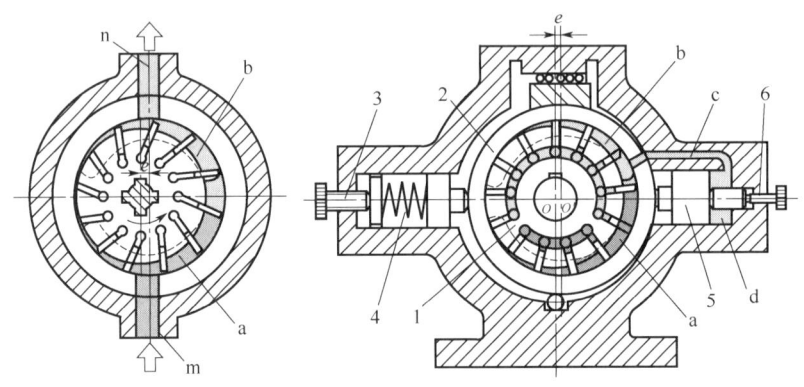

图 1-7-5 单作用变量叶片泵
1—转子;2—定子;3—调整螺钉;4—调压弹簧;5—调整活塞;6—活塞调整螺钉;
a—吸油腔;b—压油窗口;c—通道;d—配流盘;e—偏心距;m—吸油口;n—压油口

(三)柱塞式液压泵

柱塞泵是靠柱塞在缸体内部往复运动造成密封容积变化来实现吸油与压油的液压泵。由于柱塞与缸体内孔均为圆柱面,因此加工方便,配合精度高,密封性能好,结构紧凑,可以在高压下工作。同时柱塞式液压泵只要改变柱塞的工作行程就能够改变流量,故很容易实现流量调节及液流方向的改变。柱塞泵按柱塞的排列和运动方向的不同,可以分为轴向柱塞泵和径向柱塞泵两大类。

1. 轴向柱塞泵

轴向柱塞泵是指柱塞轴线平行于缸体轴线的液压泵,它又分为斜盘式和斜轴式两种。

1)斜盘式轴向柱塞泵

斜盘式轴向柱塞泵如图 1-7-6 所示。柱塞 2 装在缸体 3 中,沿轴向圆周均匀分布。缸体中心具有花键轴孔,由内传动轴带动旋转。油液经过装在缸体右侧的配油盘 4(图 1-7-6 中假想配油盘 4 向右移开,以表达缸体右端面形状)上的吸油窗口 a 进入缸内,使柱塞一端紧抵在一个与缸体及传动轴轴线成γ倾角的斜盘1上,配油盘和斜盘都固定不动。当缸体回转时,在低压油和斜盘作用下,柱塞就在缸中做往复直线运动。当缸体按图示方向转动时,在前半部分,柱塞从缸中伸出,这时低压油经配油盘窗口a吸入缸体孔内;在后半部分,柱塞被斜盘压进缸内,油液便经过压油窗口b压出。缸体每旋转一次,每一个柱塞完成一次吸油和压油,缸体连续旋转,就可以不断输出压力油。该泵的斜盘带有手动调节装置,通过该装置调节斜盘的倾角γ,就可以改变其流量。γ角越大,流量越大。因此该泵是一种变量泵。

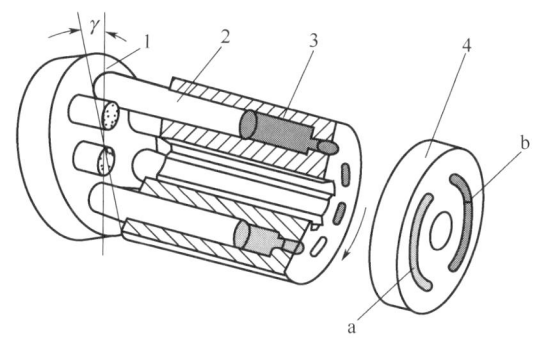

图 1-7-6 斜盘式轴向柱塞泵

1—斜盘;2—柱塞;3—缸体;4—配油盘;a—配油盘窗口;b—压油窗口;γ—斜盘的倾角

2)斜轴式轴向柱塞泵

斜轴式轴向柱塞泵的基本工作原理与斜盘式轴向柱塞泵相同,但它是使缸体相对于传动轴倾斜一定角度γ,如图1-7-7所示。当传动轴2带动起右端的圆盘旋转时,通过连杆机构2带动缸体4绕其倾斜的轴线旋转,使柱塞3在缸体内做往复运动,通过配油盘5上的配油窗口完成吸油和排油的过程。改变缸体的倾角γ就可改变其流量。如果γ做成可调的,即成为一种变量泵。

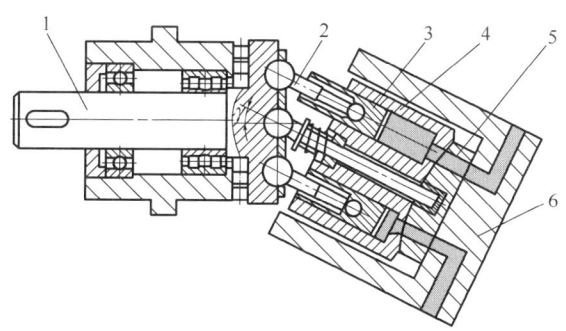

图 1-7-7 斜轴式轴向柱塞泵

1—主轴;2—连杆机构;3—柱塞;4—缸体;5—配油盘;6—端盖

2. 径向柱塞泵

径向柱塞泵是指柱塞轴线垂直或者大致垂直于泵体轴线的液压泵。其原理图如图1-7-8所示。柱塞2在弹簧3的作用下压在偏心轴1的外表面上,偏心轴1旋转时,柱塞便在缸体

4内做往复运动。若偏心轴按顺时针方向旋转,当其与柱塞接触点的半径逐渐减小,如图1-7-8(a)所示,则柱塞向左运动,柱塞与缸体间的密封容积b逐渐增大而产生局部真空,油液在大气压力下打开低压单向阀芯6,从吸油口a进入缸体内,这时高压单向阀芯5在上面的弹簧作用下处于关闭位置。偏心轴继续旋转,当其与柱塞接触面间的半径逐渐变大时,如图1-7-8(b)所示,柱塞向右运动,密封工作容积b逐渐减小,油液被压,这时低压单向阀芯6关闭,油液不能从油口a倒流回油箱,便顶开上面的单向阀芯5,从油口c压出。偏心轴旋转一周,每个柱塞完成一次吸油和压油的过程。偏心轴连续旋转,泵就不断地输出压力油。

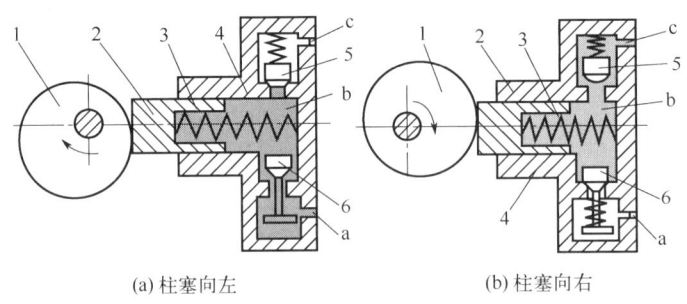

(a) 柱塞向左　　　　　　(b) 柱塞向右

图 1-7-8　径向柱塞泵原理图

1—偏心轴;2—柱塞;3—弹簧;4—缸体;5—高压单向阀芯;6—低压单向阀芯;
a—进油口;b—油腔;c—出油口

二、液压缸

液压缸是液压传动系统的执行元件之一,它和液压马达一样是将液压能转换为机械能的能量转换装置。液压缸的结构形式有柱塞缸、活塞缸、摆动缸三大类。柱塞缸及活塞缸实现直线往复运动;摆动缸实现摆动往复运动。这里主要介绍柱塞缸及活塞缸。

(一)液压缸的组成

1. 缸体

缸体是液压缸的主体结构,用于容纳活塞,其中包括进、出口和用于连接液压管路的接口。

2. 柱塞/活塞

柱塞/活塞是液压缸中的关键部件,它与缸体配合,通过压力推动物体或执行工作。

3. 导向装置

导向装置包括支承、导向和密封等,用于保证柱塞/活塞的运动轨迹和密封性能。

4. 推杆

推杆连接柱塞/活塞和执行部件,通过柱塞/活塞的运动推动执行部件完成工作。

5. 壳体和附件

壳体和附件包括管件、安装座、附件等,用于连接液压管路、安装液压缸及支持液压缸运动。

(二)柱塞式液压缸

图 1-7-9 为柱塞式液压缸结构图以及符号。压力油通过左端的油口 a 进入缸体 1,作用在柱塞 2 的左端面上,推动它向右移动。柱塞式液压缸只能在压力油作用下产生单向运动,它的回程需要借助外力(如自重、弹簧力),因此是一种单作用液压缸。为获得双向往复运动,柱塞式液压缸常成对使用。内套 3 和柱塞 2 之间应该有良好配合,起到密封和导向作用。由于缸体内壁和柱塞不接触,因此可以进行粗加工或不加工,制造简单,使用方便。

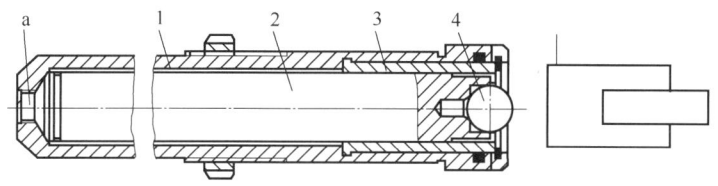

图 1-7-9 柱塞式液压缸结构图及符号
1—缸体;2—柱塞;3—内套;4—工作面;a—进回油口

(三)活塞式液压缸

活塞式液压缸有双杆式、单杆式两种。

双杆活塞缸是在活塞的两端均有活塞杆伸出缸体两端,如图 1-7-10 所示。

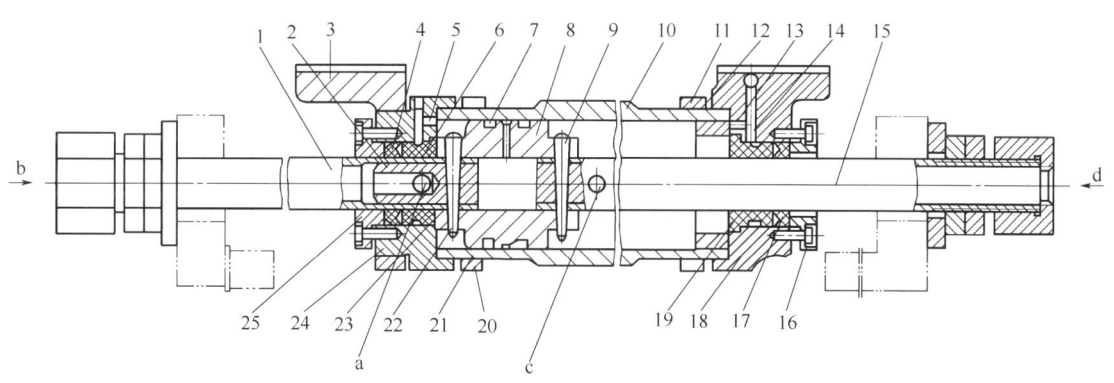

图 1-7-10 双杆活塞缸
1—活塞杆;2—堵头;3—托架;4,17—V 形密封圈;5,14—排气孔;6,19—导向套;7—O 形密封圈;8—活塞;
9,22—锥销;10—缸体;11,20—压板;12,21—钢丝环;13,23—纸垫;15—活塞杆;16,25—压盖;
18,24—缸盖;a,c—液压油进、出油口;b,d—活塞运动方向

单杆活塞缸仅在缸的一端有活塞杆,有缸体固定和活塞杆固定两种形式,如图 1-7-11 所示。

两种活塞式液压缸的符号如图 1-7-12 所示。

三、换向阀

(一)相关概念

换向阀是利用阀芯和阀体间相对位置的不同来变换不同管路间的通断关系,实现接通、

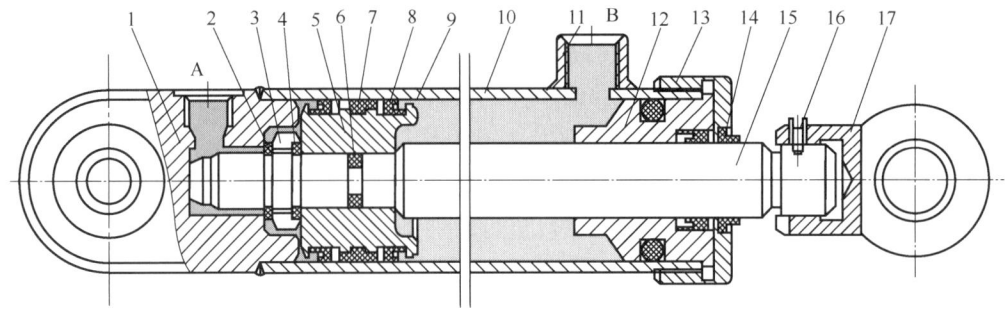

图 1-7-11 单杆活塞缸

1—缸底；2—弹簧挡圈；3—套环；4—卡环；5—活塞；6—O 形密封圈；7—支承环；8—挡圈；9—Y 形密封圈；10—缸筒；11—管接头；12—导向套；13—缸盖；14—防尘圈；15—活塞杆；16—定位螺钉；17—耳环

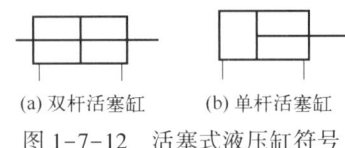

(a) 双杆活塞缸　　(b) 单杆活塞缸

图 1-7-12 活塞式液压缸符号

切断，或改变液流方向的阀类。常见的换向阀有二位二通、二位三通、二位四通、三位四通等，如表 1-7-1 所示。

表 1-7-1　常见换向阀主体部分的结构形式和图形符号

名称	结构形式	图形符号
二位二通阀		
二位三通阀		
二位四通阀		
三位四通阀		

"位"是指阀芯工作时在阀体内所处的不同的位置数。换向阀可以有两个或者多个工作位置，因此一般为"二位"或者"三位"。一个位图形符号用一个方框表示。

"通"是指一个方向阀所控制的通道数目，控制几个通道即为几通，且"通"的数目必须在每一个表示"位"的方框中都表现出来。

(二)分类

(1)按阀的结构形式有:滑阀式、转阀式、球阀式、锥阀式。

(2)按阀的操纵方式有:手动式、机动式、电磁式、液动式、电液动式、气动式。

(3)按阀的工作位置数和控制的通道数有:二位二通阀、二位三通阀、二位四通阀、三位四通阀、三位五通阀等。

四、压力控制阀

压力控制阀的主要作用是用来控制油液压力的高低,主要有溢流阀、减压阀、流量控制阀等。它们是利用油液压力与弹簧力相平衡的原理进行工作的。

(一)溢流阀

溢流阀主要分为两大类:直动式溢流阀和先导式溢流阀。

1. 直动式溢流阀

直动式溢流阀的原理如图 1-7-13 所示,P 为进油腔,压力油自 P 腔进入,经过阀芯中的孔和阻尼孔流入阀芯后盖内的空腔,使阀芯受到液压作用力,当液压作用力小于弹簧的预紧力时($pA \leq F_k$),阀芯处在下端,此时进油腔 P 和回油腔 T 之间处于密封状态,溢流阀关闭。当 P 腔油液压力升高,液压作用力克服弹簧的作用力($pA > F_k$),阀芯被推向上移,油腔 P 与 T 相通,部分油液通过 T 腔溢流回油箱,溢流阀打开。

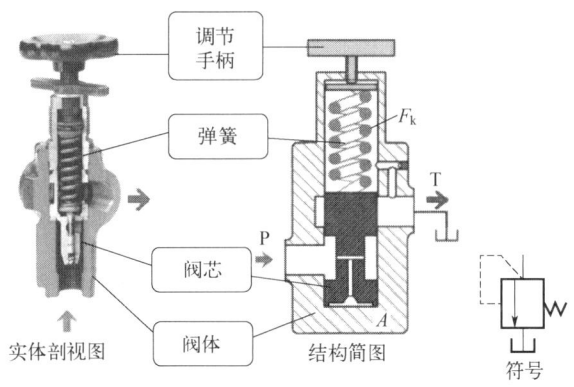

图 1-7-13 直动式溢流阀原理图及符号

2. 先导式溢流阀

上述直动式溢流阀压力油直接作用在阀芯上与弹簧力相平衡,以控制阀芯启闭动作,所以弹簧较硬。当通过流量大或者压力高的液流时,阀芯的直径和阀芯左边的液压力都变大,需要的弹簧也很大,从而使阀体积变大,调节困难。因此在高压大流量情况下采用先导式溢流阀。图 1-7-14 是先导式溢流阀的原理图及符号。这种溢流阀可分为两部分,左边为先导调压阀,右边为主阀部分。其特点是利用主阀芯上下两端油的压力差来使主阀芯移动。图中 P 为进油腔,压力油从 P 腔进入,作用于主阀芯下端,同时又经过阻尼孔作用于先导阀芯上。当进油腔的压力较低,还不能打开先导调压阀时,先导阀芯关闭,所以主阀芯上下两端的油液压力相等,在主阀弹簧的作用下主阀芯处于关闭位置($p_1 A < F_{k2}$,$p_1 = p$)。当进油腔

压力逐渐升高到能够打开先导调压阀,先导阀芯就压缩弹簧 F_{k2} 将锥阀打开,压力油经过阻尼小孔通向回油腔。油液通过阻尼孔时产生压力降,使主阀芯上端的油压 p_1 小于下端的油压 $p(p_1A>F_{k2},p_1<p)$,当这个压力差对于主阀芯产生的作用力大于弹簧 F_{k1} 的作用力时,即 $(p-p_1)A>F_{k1}$,主阀芯上移,P 腔与回油口接通,实现溢流。

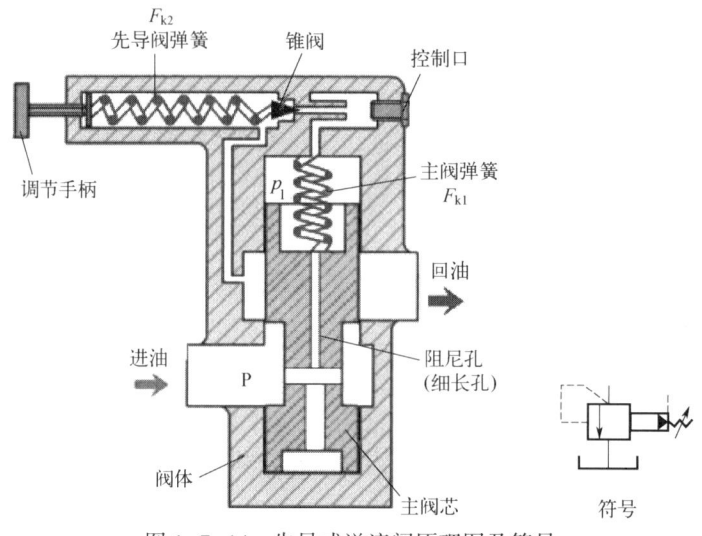

图 1-7-14 先导式溢流阀原理图及符号

(二)减压阀

减压阀的主要用途是使液压系统中某一部分获得比液压泵供油压力低些的稳定压力。图 1-7-15 是先导式减压阀的原理图及符号,图 1-7-16 是其工作状态图。如图 1-7-15 所示,高压油(也称一次压力油)从进油腔 P_1 进入,经过节流口 d 产生压力降,低压油从出油腔 P_2 流出。低压油还通过孔 a 和 b 流入阀芯 2 左端的空腔 c 同时又经过阻尼小孔 e 流入阀芯右端的空腔 f,经过阀盖上的孔 g、空腔 h、阀座 5 内的小孔 i 作用在先导阀芯 6 上。当出

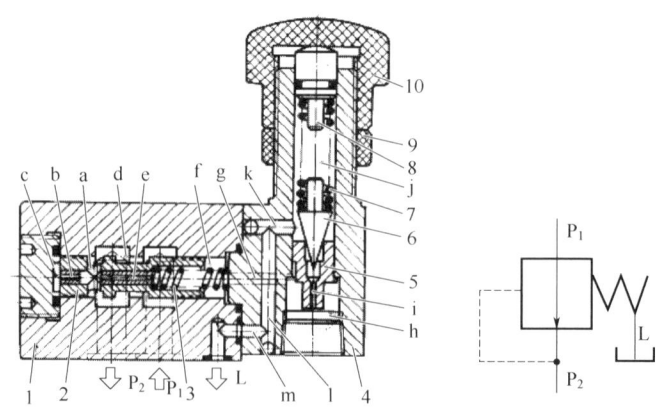

图 1-7-15 先导式减压阀原理图及符号

1—阀体;2—主阀芯;3—弹簧;4—压盖;5—阀座;6—先导阀芯;7—弹簧;8—阀芯连杆;9—锁紧螺母;
10—调节手柄;a—通油孔;b—通油孔;c—空腔;d—节流口;e—阻尼小孔;f—空腔;g—压盖小孔;h—空腔;
i—阀座小孔;j—空腔;k、l、m、L—排油孔;P_1—进油腔;P_2—出油腔

油腔 P_2 的压力小于调整压力时，阀芯 6 关闭，阻尼小孔 e 中没有油液流动，主阀芯 2 两端油压相等。在弹簧 3 作用下阀芯处于最左端位置，节流口 d 全部打开，即图 1-7-16(a) 所示状态。当出油腔 P_2 压力超过调整压力时，低压油经过阻尼小孔 e 及孔 g、i、克服弹簧 7 的作用力，打开阀芯 6，再经过空腔 j 流入孔 k、l、m，从泄油腔 L 排出。由于阻尼孔 e 中有油液流过，使主阀芯右端的油压小于左端的油压，当这个压力差对阀芯产生的作用力超过弹簧 3 的作用力时，主阀芯右移，使节流口 d 的缝隙减小，从而降低了出油腔的油压，并使作用在阀芯上的油压和弹簧力等在新的位置上达到平衡，即图 1-7-16(b) 所示状态。

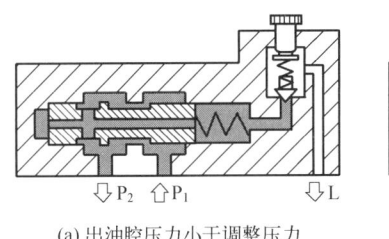

(a) 出油腔压力小于调整压力　　(b) 出油腔压力大于调整压力

图 1-7-16　先导式减压阀工作状态图

(三) 流量控制阀

流量控制阀是用来控制通过该阀的流量以实现调节执行机构的运动速度的调节阀。常用的流量控制阀为节流阀。节流阀可分为普通节流阀和单向节流阀。

1. 普通节流阀

普通节流阀是通过改变节流面积或者节流长度以控制流量的一种流量阀。下面以 L-25B 型节流阀为例讲解节流阀的工作原理。图 1-7-17 为 L-25B 型节流阀原理图及符号，图 1-7-18 为其工作状态图。如图 1-7-17 所示，压力油经过进油腔 P_1 进入阀内，经孔 b 流进环形槽 d，再经过节流口 c 流入口 a，从出油腔 P_2 流出。出油腔 P_2 的压力油还经过阀芯 2、内腔 e 及孔 f 流入阀芯右端空腔 g，由于压力油同时作用在阀芯两端面上，且压力相等，因此油压作用力相等，故阀芯 2 在复位弹簧 3 作用下紧靠在推杆 5 上。旋转手柄 7，通过紧固螺钉 8 使推杆 5 和手柄 7 一起旋转，在利用套 6 和推杆 5 上螺纹的作用使推杆 5 沿轴向移动。推杆左移时，阀芯也向左移，弹簧 3 被压缩，节流口关小，推杆右移时，在弹簧 3 作用下阀芯也右移，节流口开大，这就调节了流量。

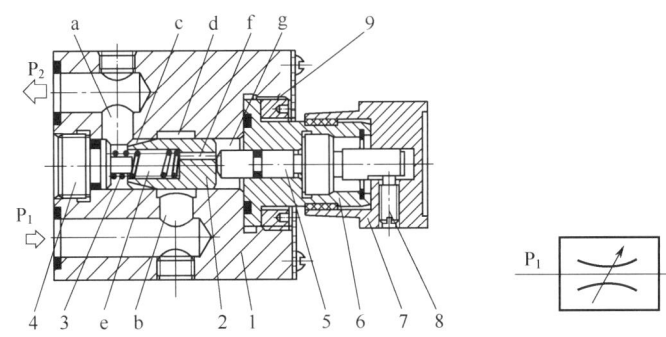

图 1-7-17　L-25B 型节流阀原理图及符号

1—阀体；2—阀芯；3—复位弹簧；4—底座；5—推杆；6—推进套；7—手柄；8—紧固螺钉；9—压盖；
a—进油口；b—进油孔；c—节流口；d—环形槽；e—内腔；f—孔；g—阀芯右端空腔；P_1—进油腔；P_2—出油腔

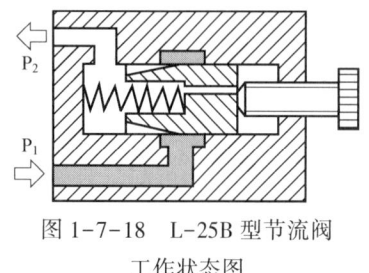

图 1-7-18 L-25B 型节流阀工作状态图

2. 单向节流阀

单向节流阀由节流阀和单向阀并联而成,用于需要单方向流量控制的系统中,从而实现执行元件正向时以可调的速度工作,反向时可以快速退回。图 1-7-19 为单向节流阀原理图和符号,图 1-7-20 为其工作状态图。如图 1-7-19 所示,当压力油从进油腔 P_1 流入后,经过 b 孔、d 腔、节流口 c、a 孔从出油腔 P_2 流出。这时节流阀起作用。进油腔的压力油同时经过孔 h 流入套 10 内腔 i,和弹簧 11 一起将单向阀芯紧贴在阀体 1 的阀口上,单向阀不起作用,即图 1-7-20(a)所示状态。转动手柄 7 调节流量。当压力油从 P_2 腔反向进入时,压力油克服弹簧 11 的作用直接将单向阀打开,压力油经孔 h、b 从 P_1 口流出,节流阀不起作用,即图 1-7-20(b)所示状态。

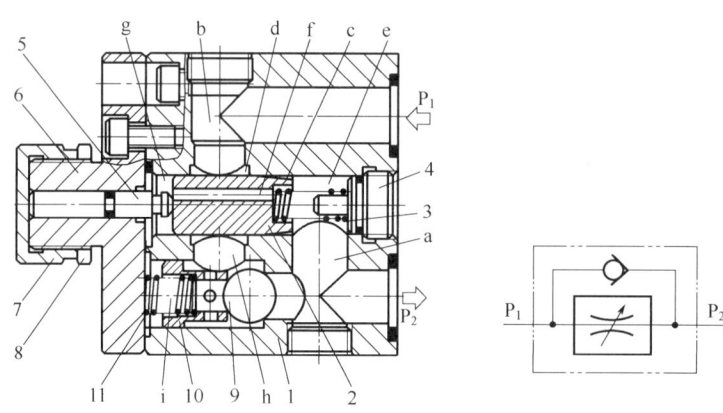

图 1-7-19 单向节流阀原理图和符号

1—阀体;2—阀芯;3—弹簧;4—阀座;5—阀芯连杆;6—调节套;7—调节手柄;8—锁紧螺母;9—节流口;
10—内套;11—弹簧;a—孔;b—进油孔;c—节流口;d—来油腔;e,f,g,h—孔;
i—内腔;P_1—进油腔;P_2—出油腔

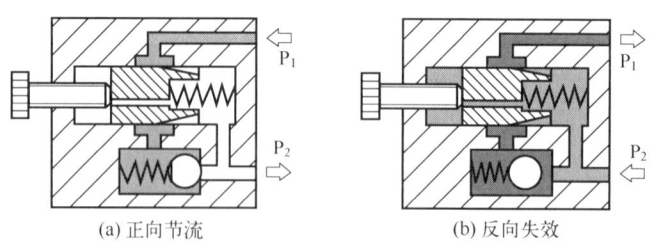

(a) 正向节流　　(b) 反向失效

图 1-7-20 单向节流阀工作状态图

模块八　起重基础知识

项目一　起重吊装作业安全技术要求

一、术语定义

（1）吊装作业：利用各种吊装机具将设备、工件、器具、材料等吊起，使其发生位置变化的作业过程。

（2）吊装作业分级（按照吊装重物质量 m）：

① 一级吊装作业：$m>100t$。

② 二级吊装作业：$40t \leqslant m \leqslant 100t$。

③ 三级吊装作业：$m<40t$。

（3）安全距离：起重机工作时，臂架、吊具、辅具、钢丝绳、缆风绳及重物等，与输电线的最小距离。

二、吊装作业基本要求

（1）吊装物体特殊、作业条件特殊或进行三级以上的吊装作业时，应编制吊装作业方案，并经审批合格后方可进行作业。

（2）吊装现场应设置安全警戒标志，并设专人监护，非作业人员禁止入内。

（3）作业前，应检查作业设备、工器具、安全设施使其符合要求。

（4）作业时，应选择相匹配的吊索具按规定负荷进行吊装。

（5）合理选择吊装锚点；未经专业部门审查核算，不应将建（构）筑物作为锚点。

（6）起吊前应进行试吊，确认正常后方可正式吊装。

（7）用定型起重机械（如履带吊车、轮胎吊车、桥式吊车等）进行吊装作业时，除遵守本标准外，还应遵守该定型起重机械的操作规程。

（8）作业完毕按照相关规定清理现场，锚定设备。

三、吊装作业人员要求

（1）吊装作业时，必须设有专人进行司索指挥，指挥人员应佩戴标志，合理站位。

(2) 作业人员应按指挥人员发出的指挥信号进行操作;任何人发出的紧急停车信号起重机操作人员均应立即执行。

(3) 利用两台或多台起重机械吊运同一重物时应保持同步,各台起重机械所承受的载荷不应超过各自额定起重能力的 80%。

(4) 不应在起重机械工作时对其进行检修,不应有载荷的情况下调整起升变幅机构的制动器。

(5) 停工和休息时,不应将吊物、吊笼、吊具和吊索悬在空中。

(6) 司索人员按规定拴挂吊索具,多人吊挂同一吊物时,应有专人负责指挥,确认吊挂符合要求,所有人员到达安全位置以后,才可发出起钩信号。

(7) 起吊重物就位前,不应解开吊装索具。

(8) 以下情况不应起吊:

① 无法看清场地、吊物,指挥信号不明。

② 起重臂吊钩或吊物下面有人、吊物上有人或浮置物。

③ 重物捆绑、紧固、吊挂不牢,吊挂不平衡,绳打结,绳不齐,斜拉重物,棱角吊物与钢丝绳之间没有衬垫。

④ 重物质量不明、与其他重物相连、埋在地下、与其他物体冻结在一起。

四、特殊环境起重作业要求

(1) 不应靠近输电线路进行吊装作业。确需在输电线路附近作业时,起重机械的安全距离应大于起重机械的倒塌半径并符合《起重机械安全规程 第 1 部分:总则》(GB/T 6067.1—2010)中安全距离的要求(表 1-8-1);不能满足时,应停电后再进行作业。

表 1-8-1 吊装作业时与输电线路的安全距离

输电线路电压 V,kV	<1	1~20	35~110	154	220	330
最小距离,m	1.5	2	4	5	6	7

(2) 吊装场所如有含危险物料的设备、管道等时,应制定详细吊装方案,并对设备、管道采取有效防护措施,必要时停车,放空物料,置换后进行吊装作业。

(3) 大雪、暴雨、大雾及六级以上风时,不应露天进行吊装作业。

项目二 构件承载能力及杆件变形形式

一、构件的承载能力

在设计和安装管道以及进行起重作业时,构件的承载能力是非常重要安全技术指标,要考虑到所使用材料和构件的承载能力,以确保它们能够承受预期的压力和负荷。掌握构件的承载能力,管道工能够更有效地选择材料和施工方案,从而提高施工效率、提升安全性和构件承载能力的形式、大小主要由以下三方面来衡量：

(1) 足够的刚度。在生产实际中有时构件受到载荷后虽不致断裂，但如果构件的变形超过一定限度，也会影响机构或结构的正常使用，有时甚至直接造成零、部件的损坏。如图1-8-1所示减速箱中的轴，如果出现较大的弯曲变形，不仅会使轴承、齿轮的磨损加剧，降低零件的使用寿命，而且会影响齿轮的正确啮合，使机器不能正常运转。因此，构件产生过大的变形也就失去了承载能力。刚度就是指构件抵抗弹性变形的能力。如果构件的变形被限制在允许的范围之内，就认为其满足了材料的刚度要求。

(2) 足够的强度。所谓强度是指金属材料在静载荷作用下，抵抗永久变形和断裂的能力。如构件能够承受载荷而不破坏，就认为满足了强度要求。例如起重用的吊钩，在起吊额定起重量时不能断裂。如图1-8-2所示车床主轴受齿轮啮合力 F_n 和切削力 F 作用，在正常工作时不能折断。

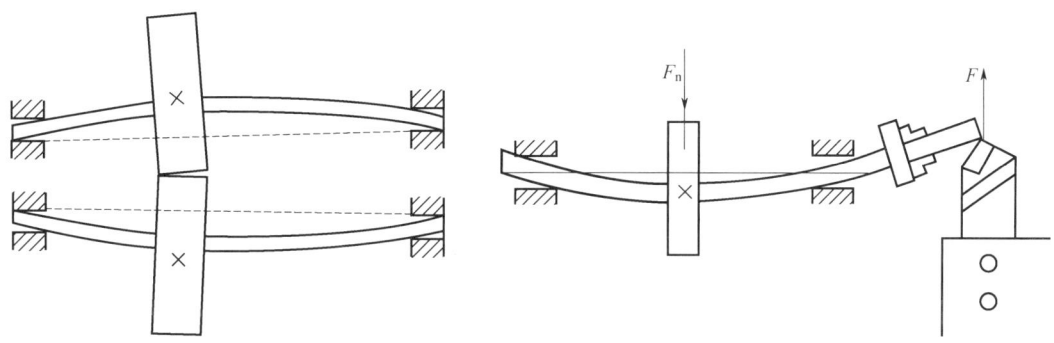

图1-8-1　减速箱中的轴变形示意图　　图1-8-2　车床主轴受齿轮啮合力 F_n 和切削力 F 作用变形示意图

(3) 足够的稳定性。所谓稳定性是指构件保持其原有平衡形式的能力。有些受压的细长直杆，如螺旋千斤顶中的螺杆，当压力较小时，杆件的轴线能保持直线的平衡形式；当压力增大到一定程度时，杆件就会突然变弯，失去原有的直线平衡形式。压杆的这种突然改变原有平衡形式的现象称为丧失稳定性，简称失稳。某些受压的薄壁构件也有因外力超载而突然改变原有的平衡形式而失稳。因此，对一些构件应要求其具有维持其原有平衡形式的能力，即具有足够的稳定性，以保证在规定的使用条件下不致失稳而破坏。

综上所述，为了保证构件安全可靠地工作，构件必须具有足够的承载能力，即具有足够的刚度、强度和稳定性，这是保证构件安全工作的三个基本要求。

二、杆件变形的基本形式

所谓杆件是指纵向的尺寸远远大于横向尺寸的构件。如果杆件的轴线是直线，且各横截面都相等，这种杆件称为等截面直杆，简称为等直杆，是材料力学研究的基本对象。

在实践中杆件会受到各种形式的拉力或压缩力、剪切、扭矩、弯矩的作用，从而杆件的变形形式也是各式各样的。杆件的基本变形形式主要有以下四种（表1-8-2）。

表 1-8-2　杆件变形的基本形式

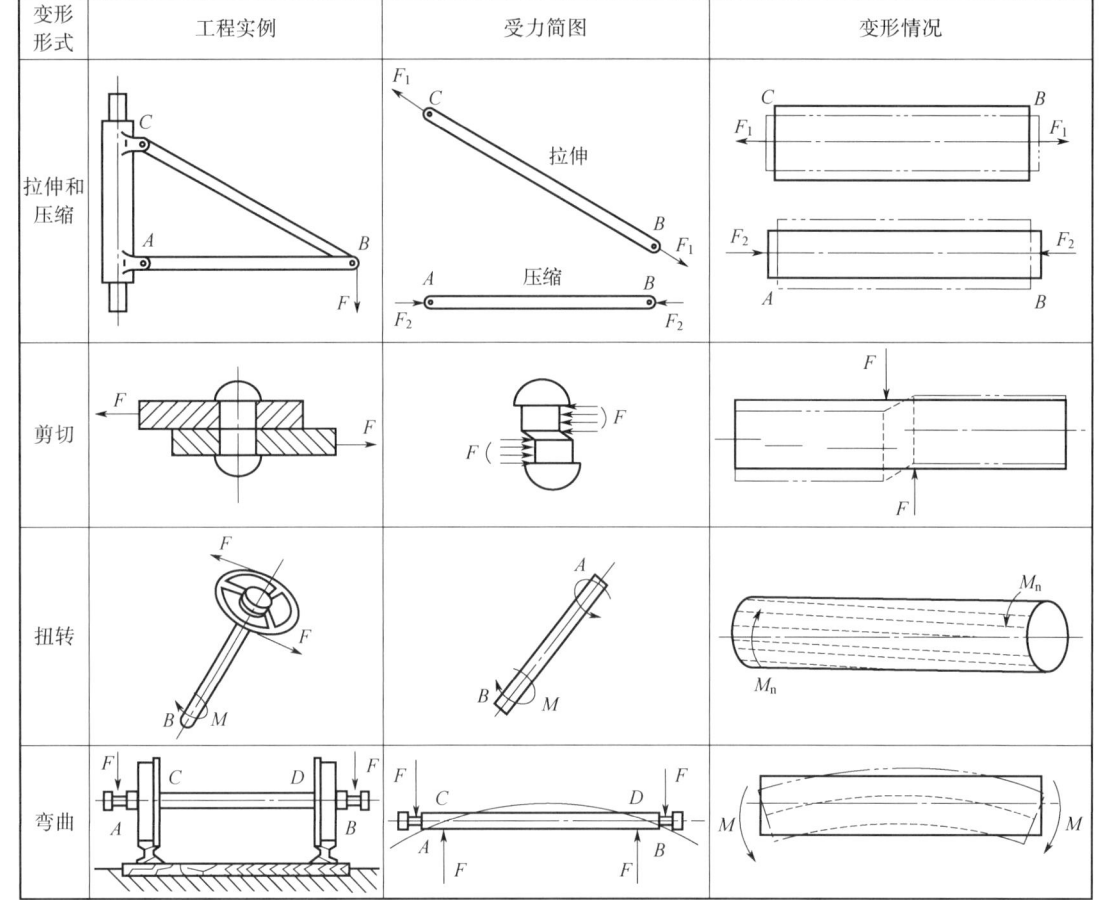

(1) 拉伸和压缩是指杆件受沿轴线的拉力或压力作用，杆件沿轴线产生伸长或缩短的变形。

(2) 剪切是指杆件受大小相等、指向相反且相距很近的两个垂直于杆件轴线方向的外力作用，杆件在二力间的各横截面产生相对错动的变形。

(3) 扭转是指杆件受到一对大小相等、转向相反、作用面与杆件轴线垂直的力偶作用，两力偶作用面之间各横截面将绕轴线产生相对转动的变形。

(4) 弯曲杆件受垂直于轴线的横向力作用，杆件轴线由直线弯曲成曲线的变形。

工程实际中杆件的受力和变形往往是复杂的、相互并存的，比较复杂的构件变形形式一般是上述四种基本变形的组合。

项目三　重心计算和地锚受力分析

一、一般物件重心的计算与估算方法

任何物体都要受到地球的引力作用，物体内部的各点都受到重力的作用，各点重力合成物体的重量,合力的作用点就是物体的重心。在起重吊装作业中,经常要考虑到物体的重心,比如设备的起吊、翻转、吊点位置和吊装索具的受力分配,都要根据物体的重心来布置。如果没有考虑物体的重心位置,吊点位置就不易安排正确,在起吊过程中容易发生物体倾斜、吊索滑脱、钢丝绳断裂或重物坠落的危险。形状规则的重物,其重心是显而易见的,通常重心位置就是形心位置。对于形状比较规则的重物,其重心位置可以通过组合形状的每一部分重心位置,采用计算的方法得到。而对于非常不规则形状的重物,则采用估测、估算和称重的方法处理。常见的机械设备须按其特点进行重心估测。

(一)形状比较规则的物件重心计算

对于形状比较规则的物件重心,常采用将组合物件的各部分重心找出,利用力矩平衡的原理,计算出整个物件的重心位置。

【例1-8-1】 如图1-8-3所示一根变径长轴,试计算出整个变径长轴的重心位置。其中:$G_1=5000\text{N}$,$G_2=15000\text{N}$,$G_3=3000\text{N}$,$G_4=4000\text{N}$;C为总重心距A点的距离,单位为mm。

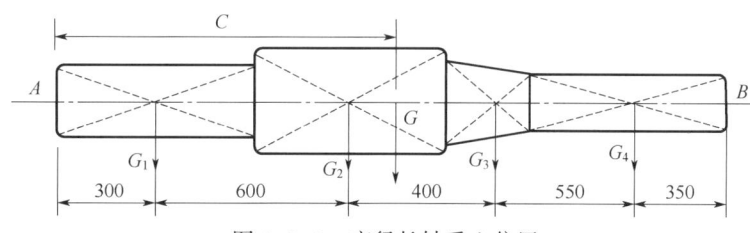

图1-8-3 变径长轴重心位置

解:总重量 $G = G_1+G_2+G_3+G_4$
$= 5000\text{N}+15000\text{N}+3000\text{N}+4000\text{N}=27000\text{N}$

对A点取矩,根据力矩平衡原理得:

$300G_1+(300+600)G_2+(300+600+400)G_3+(300+600+400+550)-GC=0$

简化得:$C = (300G_1+900G_2+1300G_3+1850G_4)/G$
$= (1500000+13500000+3900000+7400000)\text{mm}/27000$
$= 26300000\text{mm}/2700 = 974\text{mm}$

所以,总重心G距A点距离$C=974\text{mm}$。

(二)不规则形状的物体重心称重法

如图1-8-4所示,首先用磅秤称出吊件的总重量Q;然后将吊件的一端支于支点A,另一端放于磅秤上,磅秤上便有读数P,测量出AB间的水平距离l,物件处于平衡状态,则有:

$$\sum M_A = 0$$
$$-x_C Q + lP = 0$$
$$x_C = lP/Q$$

再通过A点作吊件水平轴线的垂线,并和水平轴线相交于O点,使$OC=x_C$,则可找出重心C点位置。

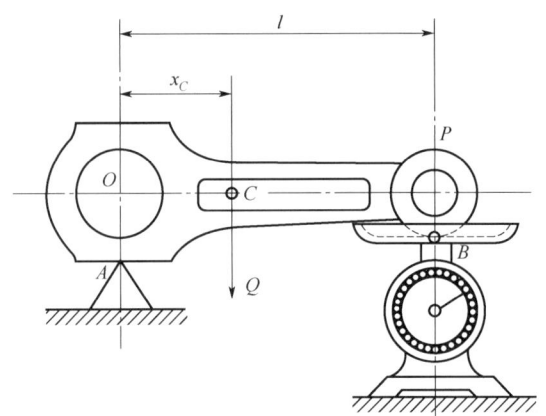

图 1-8-4　称重法确定物体的重心

二、地锚的受力分析

地锚一般用钢丝绳、钢管、钢筋混凝土预制件、圆木等作为埋件埋入地下做成。起重作业中常用地锚来固定拖拉绳、缆风绳、卷扬机、导向滑轮等。地锚引出牵引绳的倾斜度一般在 30°~45°之间，引出牵引绳可与受力构件进行连接。为了使地锚在土壤中保持稳定状态，必须对地锚的抗拔力和抗拉力进行计算。地锚的抗拔力是指地锚在受到外力垂直向上的分力作用下，锚桩抵抗向上滑移的能力。地锚的抗拉力是指地锚受外力水平向前分力的作用下，锚桩抵抗向前移动的能力。一般地锚计算如图 1-8-5 所示，计算方法如下。

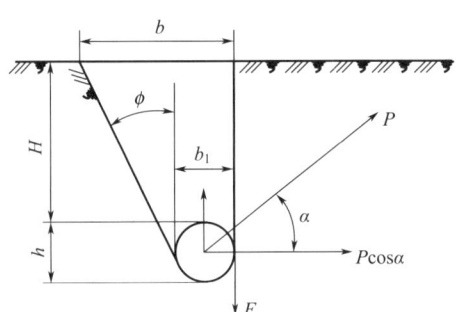

图 1-8-5　一般地锚计算示意图

（一）一般地锚抗拔力计算

一般地锚抗拔力计算方法：

$$Q = 10G + F = 5(b+b_1)HL\gamma + \mu P\cos\alpha$$

式中　Q——地锚的抗拔力，N；

G——地锚上部埋土质量，kg；

F——地锚与土壤之间的摩擦力，N；

b——锚坑地面宽度，m；

b_1——地锚宽度，m；

H——地锚埋设深度，m；

L——地锚长度，m；
γ——土壤容重，kg/m³；
μ——锚桩土壤间的滑动摩擦系数；
P——地锚受到的外力，N；
α——地锚受力方向与水平方向的夹角。

为了保证锚桩在锚坑中有足够的稳定性，其抗拔力必须大于外力向上的垂直分力：

$$Q > KP\sin\alpha$$

式中　K——安全抗拔系数，一般取 1.8~2.1。

（二）一般地锚抗拉力的计算

一般地锚抗拉力计算方法：

$$Q = hL\sigma\eta$$

式中　Q——地锚的抗拉力，N；
h——地锚的高度，m；
L——地锚长度，m；
σ——锚桩在 H 深度时土壤允许的耐压力（可查表获得），Pa；
η——由于锚桩变形引起土壤耐压力的折减系数（可查表获得）。

抗拉力一定要大于外力的水平向前分力，这样才能保证锚桩在受力后不向前移动：

$$Q > P\cos\alpha$$

项目四　起重吊装作业指挥信号

指挥信号是起重作业的特殊安全语言，认识与使用起重指挥信号是起重吊装安全作业的重要内容。指挥信号是起重作业中起重指挥与起重机驾驶员、起重司索工联系的一种通用语言，它是起重运输工作中的指挥命令。起重指挥人员在指挥吊装运输时，应该站在适当的位置，既要看清起吊物体的运动情况，又要使起重机驾驶员看清自己的清晰指挥信号，同时要留有充分的余地，以防物体移动时碰、撞致伤。起重指挥人员常用指挥信号有三种：手势信号、旗语信号及音响信号。

一、手势信号

（一）通用手势信号

通用手势信号共有 14 种，它是各种类型的起重机在起重吊运中普遍适用的指挥手势。

（1）预备：手臂伸直，置于头上方，五指自然伸开，手心朝前保持不动，见图 1-8-6。这个信号有两个含义：

一是"预备"。指挥人员发出开始工作的指令时，要做出这种手势以提示司机准备吊运。这主要用于工作的开始或停止较长一段时间后重新开始吊运，通常伴以音响信号提醒司机注意，司机也应发出音响信号表示明白。通过这一信号使司机置于指挥人员的指挥之下。

二是"注意"。当起重机负荷高速运行或不稳时，为了帮助起重机司机对可能发生的事故有所准备或在操作过程中准备更换动作以分开两个信号间的动作，都可使用这个"注意"信号。

对于在操作过程中发出的"注意"信号，起重机司机不必发出回答的音响信号，应控制起重机的运行速度，并开始减慢速度。

（2）吊钩上升：小臂向侧上方伸直，五指自然伸开，高于肩部，以腕部为轴转动，见图1-8-7。这是用于正常速度起吊负载或空钩上升的手势。

（3）吊钩下降：手臂伸向侧前下方，与身体夹角约为30°，五指自然伸开，以腕部为轴转动，见图1-8-8。

（4）吊钩水平移动：小臂向侧上方伸直，五指并拢手心朝外，在负载运行的方向向下挥动到与肩相平的位置，见图1-8-9。这种手势主要用于对桥式起重机小车的指挥。指挥人员根据所处的指挥位置，可向左、向右做手势，也可向前、向后做手势。

图1-8-6 预备　　　　　图1-8-7 吊钩上升　　　　图1-8-8 吊钩下降

（5）吊钩微微上升：小臂伸向侧前上方，手心朝上高于肩部，以腕部为轴，重复向上摆动手掌，见图1-8-10。

（6）吊钩微微下降：手臂伸向侧前下方，与身体夹角约为30°，手心朝下，以腕部为轴向下摆动手掌，见图1-8-11。

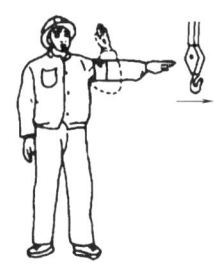      

图1-8-9 吊钩水平移动　　图1-8-10 吊钩微微上升　　图1-8-11 吊钩微微下降

（7）吊钩水平微微移动：小臂向侧上方伸直，五指并拢手心朝外，在负载应运行的方向做缓慢的水平运动，见图1-8-12。

通用手势信号中有三个微微移动，即"吊钩微微上升""吊钩微微下降""吊钩水平微微移动",这是用于三个正常速度相关的微动手势。这三个微动手势用于吊运的开始、结束或其他要求小距离移动的情况。指挥人员做手势时,可有节奏地连续指挥,即从微动的开始一直指挥到微动的结束。指挥人员在指挥中,应尽量使3/4人体面向起重机司机,使司机看到手势的侧面,这样也便于指挥人员连续监视负载的运行。

(8)停止:小臂水平置于胸前,五指伸开,手心朝下,水平挥向一侧,见图1-8-13。这是用于负载运行的正常停止手势,亦即逐渐停止。起重机司机在操纵设备时,应逐渐地停止,不要突然地停止。

(9)紧急停止:两小臂水平置于胸前,五指伸开,手心朝下,同时水平挥向两侧,见图1-8-14。这是用于负载运行的紧急停止手势。紧急停止手势主要用于:

① 瞬间停机,也就是在接到信号后极短的时间内停止运行。

② 有意外或有直接危险的情况。例如,负载对人的安全有威胁或即将碰上障碍物,在这种情况下指挥人员要发出紧急停止手势。起重机司机应使负载在不失去平衡的前提下尽快地停机。

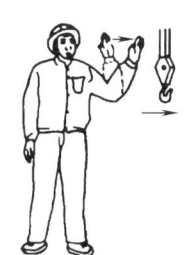      

图1-8-12 吊钩水平微微移动　　图1-8-13 停止　　图1-8-14 紧急停止

(10)微动范围:双手小臂曲起,伸向一侧,五指伸直,手心相对,在表示移动这样一个相应距离后保持不动,见图1-8-15。这是用于负载快要接近要求的位置时,提示起重机司机注意,在操纵负载时,要移动这样一个相应的距离。这种手势可配合音响直接指挥,也可先做微动范围手势提示起重机司机注意,然后再使用所需要的微微移动手势指挥。

(11)要主钩:单手自然握紧置于头上,轻触头顶,见图1-8-16。

(12)要副钩:一只手小臂向上曲伸不动,另一只手伸出,手心轻触前一只手的肘关节,见图1-8-17。这两种手势是对具有主、副钩(大、小钩)的起重机械、为了区别使用哪种吊钩的一种手势,指挥人员可根据负载情况决定使用哪种手势。

图1-8-15 微动范围　　图1-8-16 要主钩　　图1-8-17 要副钩

(13)指示降落位:五指伸直,指出负载应降落的位置,见图 1-8-18。这是用于降下负载时,指出所降落的物体应放置在某一具体位置的手势。

(14)工作结束:双手五指伸开在脸前交叉,向两侧展开,见图 1-8-19。这个手势说明工作结束,指挥人员不再向起重机发出任何指挥信号。起重机司机接到此信号后,发出回答音响(一短声)信号,便可结束工作。

图 1-8-18 指示降落位　　　　　　　图 1-8-19 工作结束

(二)专用手势信号

(1)升臂:手臂向一侧水平伸直,拇指朝上,余指握拢,小臂向上摆动,见图 1-8-20。这是用于指挥臂架式起重机杆的上升手势。这种升臂手势可以指挥负载在水平方向的前后移动。

(2)降臂:手臂向一侧水平伸直,拇指朝下,余指握拢,小臂向下摆动,见图 1-8-21。

(3)转臂:手臂水平伸直,指向应转臂的方向,拇指伸出,余指握拢,以腕部为轴转动,见图 1-8-22。

图 1-8-20 升臂　　　　　图 1-8-21 降臂　　　　　图 1-8-22 转臂

(4)微微升臂:一只小臂置于胸前一侧,五指伸直,手心朝下,保持不动,另一只手的拇指对着前手手心,余指握拢,做上下移动,见图 1-8-23。

(5)微微降臂:一只小臂置于胸前一侧,五指伸直,手心朝上,保持不动,另一只手的拇指对着前手手心,余指握拢,做上下移动,见图 1-8-24。

(6)微微转臂:一只手小臂向前伸直,手心自然指向一侧,另一只手的拇指指向前只手的手心,余指握拢做转动,见图 1-8-25。

"微微升臂""微微降臂""微微转臂"手势主要用于小距离的前、后、左、右移动。这些手势可连接指挥,即从微动开始一直指挥到运动的结束。根据臂杆所在位置情况,指挥要有一定的节奏。

图 1-8-23　微微升臂　　　图 1-8-24　微微降臂　　　图 1-8-25　微微转臂

（7）伸臂：两手分别握拳，拳心朝上，拇指分别指向两侧，做相斥运动，见图 1-8-26。这是用于汽车起重机或轮胎起重机的液压臂杆的伸长的指挥手势。

（8）缩臂：两手分别握拳，拳心朝下，拇指对指，做相对运动，见图 1-8-27。这是用于液压臂杆缩短的指挥手势。

图 1-8-26　伸臂　　　　　　　图 1-8-27　缩臂

（9）抓取：两小臂分别置于侧前方，手心相对，由两侧向中间摆动，见图 1-8-28。这是用于抓斗起重机和电磁吸盘起重机的指挥手势。此手势主要用于装卸物料时对抓斗和电磁吸盘的抓取或吸取的指挥。

（10）释放：两小臂分别置于侧前方，手心朝外，两臂分别向两侧摆动，见图 1-8-29。这个手势和抓取手势相对应。

（11）翻转：一小臂向前曲起，手心朝上。另一只小臂向前伸出，手心朝下，双手同时进行翻转，见图 1-8-30。这是用于起重机对物体进行翻转的指挥手势。

图 1-8-28　抓取（吸取）　　图 1-8-29　释放　　　图 1-8-30　翻转

(12) 履带起重机回转：一只小臂水平前伸，五指自然伸出不动，另一只小臂在胸前做水平重复摆动，见图 1-8-31。这是用于履带起重机回转的手势。指挥人员一只小臂水平前伸，五指自然伸出不动，表示这条履带原地不移动。另一只小臂在胸前做水平摆动，表示这条履带可向小臂摆动方向转动，履带转动方向的大小，可根据手势摆动幅度的大小而定。

(13) 起重机前进：双手臂先向前伸，小臂曲起，五指并拢，手心对着自己，做前后运动，见图 1-8-32。这是用于起重机门架活动支座向前移动的指挥手势，使用此手势的起重机有门式起重机、塔式起重机、门座起重机和桥式起重机。这些起重机可以通过活动支座的移动来实现负载在水平方向的移动。此手势和通用手势信号中的"吊钩水平移动"手势的指挥目的相同，但指挥对象不同，前者指挥门架或活动支架，后者指挥小车。

(14) 起重机后退：双小臂向上曲起，五指并拢，手心朝向起重机，做前后运动，见图 1-8-33。这是用于起重机门架或活动支座向后移动的指挥手势。指挥人员在指挥起重机前进或后退时，应尽量 3/4 面向起重机门架或活动支座的方向，以便于起重机司机看清手势的相对位置。

  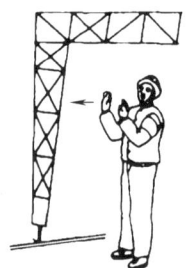

图 1-8-31　履带起重机回转　　图 1-8-32　起重机前进　　图 1-8-33　起重机后退

二、音响信号

(1)"预备"信号："预备"信号用口哨一长声"——"。

(2)"停止"信号："停止"信号用口哨一长声"——"。

(3)"上升"信号："上升"信号用口哨二短声"●●"。

(4)"下降"信号："下降"信号用口哨三短声"●●●"。

(5)"微动"信号："微动"信号用口哨断续短声"●●●●"。

(6)"紧急停止"信号："紧急停止"信号用口哨急促的长声"——"。

司机使用的音响信号有三种，即"明白""重复"和"注意"。

"明白"：服从指挥，用一短"●"。

"重复"：请求重新发出信号，用二短声"●●"。

"注意"：提醒对方，用一长声"——"。

三、旗语信号

一般在高层建筑、大型吊装和距离较远的起重作业情况下，为了增加起重机司机对指挥信号的视觉范围,可采用旗帜指挥。旗语信号是吊运指挥信号的另一种表达形式。同一信号用旗语指挥和用手指挥其含义是完全相同的。

(一) 准备动作

(1) 预备:单手持红绿旗上举,如图 1-8-34 所示。

(2) 要主钩:单手持红绿旗上举,旗头轻触头顶,如图 1-8-35 所示。

(3) 要副钩:一只手握拳小臂向上不动,另一只手拢红绿旗,旗头轻触前只手的肘关节,如图 1-8-36 所示。

图 1-8-34　预备　　　　图 1-8-35　要主钩　　　　图 1-8-36　要副钩

(二) 吊钩动作

(1) 吊钩上升:绿旗上举,红旗自然放下,如图 1-8-37 所示。

(2) 吊钩下降:绿旗拢起下指,红旗自然放下降,如图 1-8-38 所示。

(3) 吊钩微微上升:绿旗上升,红旗拢起横在绿旗上,互相垂直,如图 1-8-39 所示。

图 1-8-37　吊钩上升　　　图 1-8-38　吊钩下降　　　图 1-8-39　吊钩微微上升

(4) 吊钩微微下降:绿旗拢起下指,红旗横在绿旗下,互相垂直,如图 1-8-40 所示。

(三) 吊臂动作

(1) 升臂:红旗上举,绿旗自然放下,如图 1-8-41 所示。

(2) 降臂:红旗拢起下指,绿旗自然放下,如图 1-8-42 所示。

(3) 转臂:红旗拢起,水平指向应转臂的方向,如图 1-8-43 所示。

(4) 微微升臂:红旗上举,绿旗拢起横在红旗上,互相垂直,如图 1-8-44 所示。

(5)微微降臂:红旗拢起下指,绿旗横在红旗下,互相垂直,如图1-8-45所示。

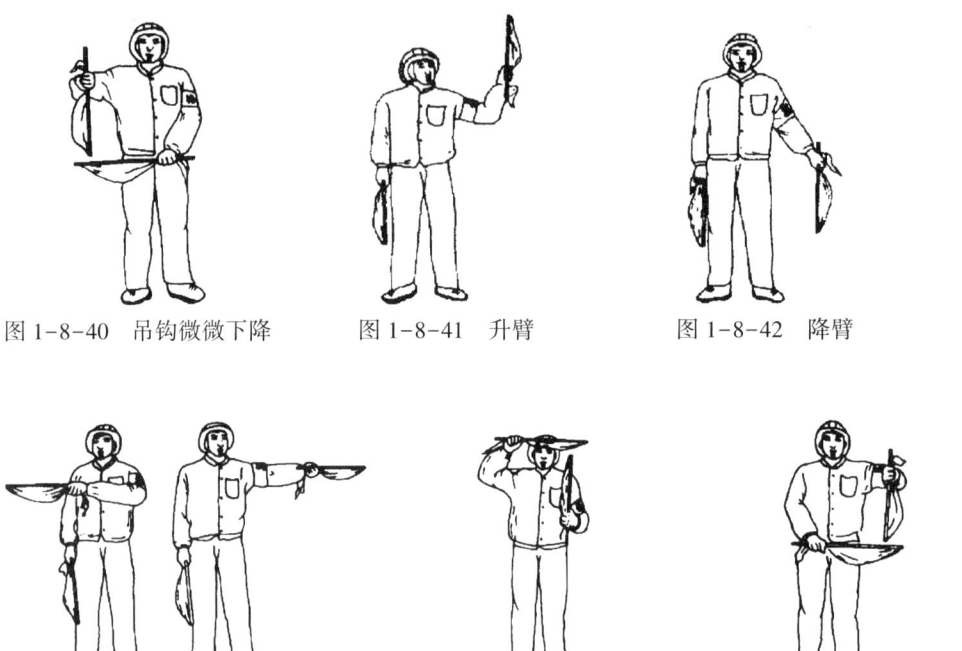

图1-8-40 吊钩微微下降　　图1-8-41 升臂　　图1-8-42 降臂

图1-8-43 转臂　　图1-8-44 微微升臂　　图1-8-45 微微降臂

(6)微微转臂:红旗拢起,横在腹前,指向转臂的方向,绿旗拢起,横在红旗前,互相垂直,如图1-8-46所示。

(7)伸臂:两臂分别拢起,横在两侧,旗头外指,如图1-8-47所示。

(8)缩臂:两臂分别拢起,横在胸前,旗头对指,如图1-8-48所示。

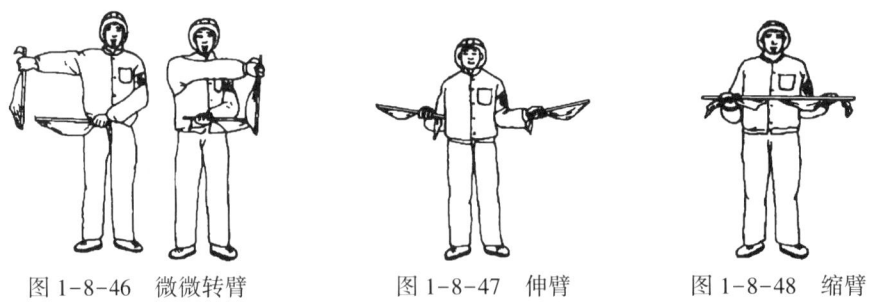

图1-8-46 微微转臂　　图1-8-47 伸臂　　图1-8-48 缩臂

(9)微动范围:两手分别拢旗,伸向一侧,其间距与载荷所要移动的距离接近,如图1-8-49所示。

(10)指示降落方位:单手拢旗,指向载荷应降落的位置,旗头进行转动,如图1-8-50所示。

(四)履带式起重机指挥

(1)履带式起重机回转:一只手拢旗,水平指向侧前方,另一只手持旗,水平重复挥动,如图 1-8-51 所示。

图 1-8-49　微动范围　　　图 1-8-50　指示降落方位

（2）起重机前进：两旗分别拢起，向前上方伸出，旗头由前上方向后摆动，如图 1-8-52 所示。

（3）起重机后退：两旗分别拢起，向前伸出，旗头由前方向下摆动，如图 1-8-53 所示。

图 1-8-51　履带式起重机回转　　　图 1-8-52　起重机前进　　　图 1-8-53　起重机后退

（五）结束动作

（1）停止：单旗左右摆动，另外一面旗放下，如图 1-8-54 所示。

（2）紧急停止：双手分别持旗，同时左右摆动，如图 1-8-55 所示。

（3）工作结束：两旗拢起，在额前交叉，如图 1-8-56 所示。

 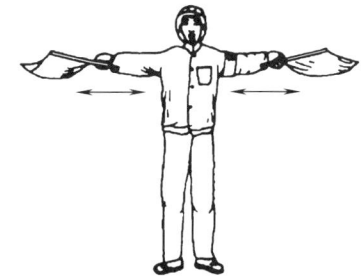 

图 1-8-54　停止　　　图 1-8-55　紧急停止　　　图 1-8-56　工作结束

四、信号的配合使用

指挥人员进行指挥时，使用音响信号和手势或旗语信号要互相配合。指挥人员与起重

管道工

司机之间的配合如下：

（1）指挥人员发出"预备"信号时,要目视司机,司机接到信号在开始工作前应回答"明白"信号；当指挥人员听到回答信号后,方可进行指挥。

（2）指挥人员在发出"要主钩""要副钩""微动范围"手势或旗语时,要目视司机,同时可发出"预备"音响信号,司机接到信号后,要准确操作。

（3）指挥人员在发出"工作结束"的手势或旗语时,要目视司机,同时可发出"停止"音响信号,司机接到信号后,应回答"明白"信号方可离开岗位。

（4）指挥人员对起重机械要求微微移动时,可根据需要,重复给出信号。司机应按信号要求,缓慢平稳操纵设备。除此以外,如无特殊要求（如船用起重机专用手势信号）,其他指挥信号,指挥人员都应一次性给出。司机在接到下一个信号前,必须按原指挥信号要求操纵设备。

模块九 常用工机具

管道工作业时,需根据设计图样的要求,使用工具、量具和机具对管线进行测量、定位、安装,对管件进行预制加工等。工具除专用工具外,部分工具与钳工工具通用。

项目一 常用工具

一、螺纹铰板

螺纹铰板是把圆柱形工件铰出外螺纹的加工工具,有圆板牙和方板牙两种(图1-9-1和图1-9-2)。圆板牙有固定式和可调式两种。圆板牙需装在板牙架内,才能使用,圆板牙用钝后不能再磨锋利而应报废。方板牙由两片组合而成,方板牙用钝后可重新磨锋利后再使用。配合使用的圆扳手及方扳手分别如图1-9-1和图1-9-2所示。

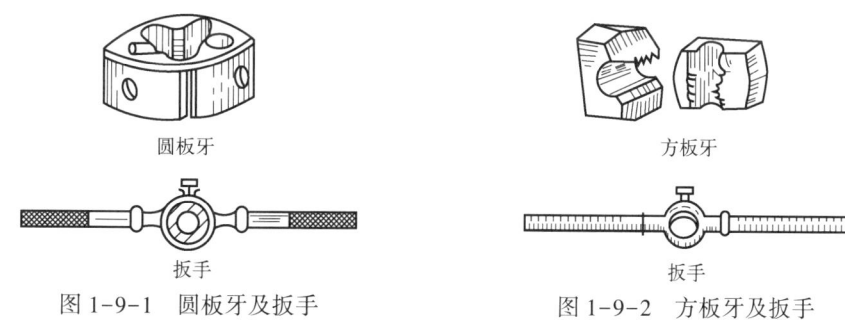

图1-9-1 圆板牙及扳手　　图1-9-2 方板牙及扳手

螺纹铰板使用及维护注意事项如下:
(1)套螺纹的圆杆端部要锉掉棱角,这样既起刀具的导向作用,又能保护刀刃。
(2)螺纹铰板与工件要垂直,两手用力要均匀。
(3)转动铰板时,每转动一周应当后转一些,以便将铁屑挤断。套螺纹时应适时注入切削液。

(4)使用后的螺纹铰板,应清除铁屑、油污和灰尘,并在其表面涂上机油,妥善保管。

二、丝锥

丝锥又称螺丝攻,是加工内螺纹的工具。丝锥由工作部分和柄部组成,如图1-9-3所示。丝锥分手用丝锥和机用丝锥,常用的为手用丝锥。手用丝锥由二或三只组成一套,称为头锥、二锥和三锥。夹持丝锥柄部方头的常铰手,最常用的为活动铰杠。

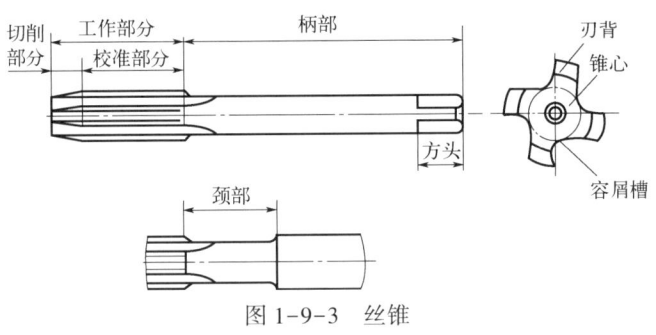

图1-9-3 丝锥

丝锥使用及维护注意事项如下:
(1)丝锥与工件表面要垂直,在旋转过程中要经常反方向旋转,将铁屑挤断。
(2)攻螺纹时要适时加切削液。
(3)在较硬材料上攻螺纹时,要头锥、二锥交替使用,以防丝锥扭断。
(4)用后的丝锥,应及时清除铁屑、油污和灰尘,并在其表面涂上机油,妥善保管。

三、管子铰板

管子铰板又称带丝,简称铰板,是手工套制管螺纹的专用工具。铰板有普通式铰板、轻便铰板和电动铰板等。管道施工中,普通式铰板较为常用。普通式铰板由铰板本体、固定盘、活动标盘、板牙及手柄等组成,如图1-9-4所示。

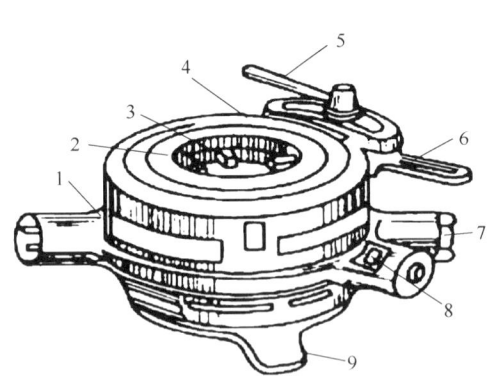

图1-9-4 普通式铰板
1—铰板本体;2—固定盘;3—板牙;4—活动标盘;
5—标盘固定把手;6—板牙松紧把手;
7—手柄;8—棘轮;9—后卡爪手柄

管子铰板使用及维护注意事项如下:
(1)套螺纹前,应首先选择与管径相对应的板牙,并按顺序装入板牙室。
(2)使用时不得用锤击的方法旋紧和放松背面挡脚和进刀手把以及活动标盘。
(3)套螺纹时应用力均匀,不能用加套管接长手柄的方法进行套螺纹操作。
(4)管子板牙要经常拆下清洗,保持清洁。套螺纹一般分几次套制,并在套螺纹过程中要加注润滑油。
(5)使用完毕后应清除铁屑油污。

四、管钳

管钳有管子钳、外卡管子钳、杆式管子钳和链式管子钳。管道工最常用的是管子钳。管子钳又俗称管钳或管子扳手,用来夹持和旋转钢管类的工件,广泛用于油气管道和民用管道安装。常用管子钳如图1-9-5所示。

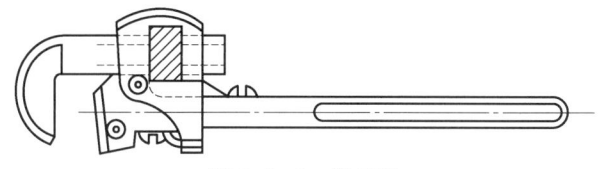

图1-9-5　管子钳

管子钳钳口通过螺母和外套相连,根据管径大小转动螺母至适当位置,即可用钳口上的轮齿钳住管子,将钳力转换进入扭力,驱使管子转动,用在扭动方向的力更大也就钳得更紧。管子钳用钳口的锥度增加扭矩,通常锥度在3°~8°,咬紧管状物;其能自动适应不同的管径,自动适应钳口对管施加应力而引起的塑性变形,在出现这种降低管径的效应下,保证扭矩,不打滑。

管子钳按其承载能力分为重级、普通级;按重量分为加重型、重型、轻型;按款式分为英式、美式、德式、西班牙式、偏斜式、链条、鹰嘴双柄管子钳等;按柄部材质分为铝合金管子钳、铸钢管子钳、玛钢管子钳、球铁管子钳等。规格以其长度来划分,适用于相应的管子外径,规格见表1-9-1。

表1-9-1　常用管钳规格

管钳规格长度,mm	150	200	250	300	350	450	600	900	1200
最大夹持管径,mm	20	25	30	40	50	60	75	85	110

管钳使用及维护注意事项如下:

(1)使用前选择合适的规格。
(2)使用时钳头开口要等于工件的直径。
(3)使用时钳头要卡紧工件后再用力扳,防止打滑伤人。
(4)用加力杆时,长度要适当。搬动手柄时,注意承载扭矩,不能用力过猛,防止过载损坏。
(5)用管钳旋紧钢管丝头时,应夹在靠近管端螺纹的位置转动。
(6)管钳应保持清洁,除扳口部分外都应经常擦油以防生锈,扳口有油脂时应及时清理然后使用。
(7)管钳只能扳钢管,不能代替扳手扳螺栓或螺母。
(8)一般管子钳不能作为锤头使用。
(9)不能夹持温度超过300℃的工件。
(10)管钳使用时应注意方向,不可反用,以免损坏管钳。
(11)管钳用后应摆放或挂在工具箱内指定位置。

五、扳手

扳手种类规格很多,管道工常用的有活动扳手、固定扳手(呆扳手)、梅花扳手、套筒扳手等。扳手用于安装和拆卸各种设备、法兰、部件上的螺栓。

活动扳手开口宽度可调节,如图1-9-6(a)所示,使用灵活轻巧,但效率不高,活动钳口易松动或歪斜。

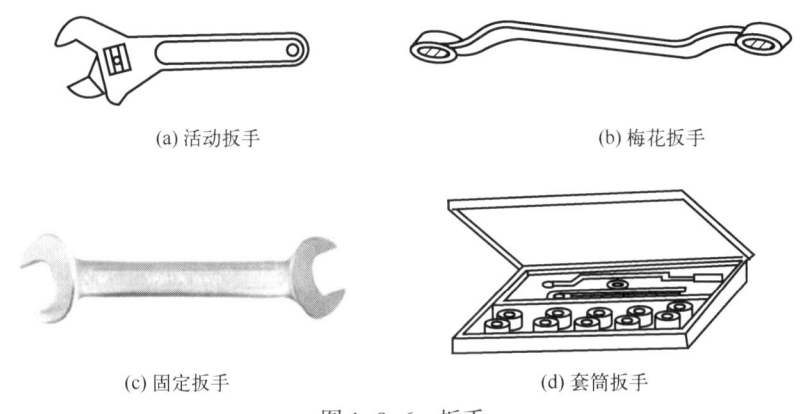

(a) 活动扳手　　(b) 梅花扳手
(c) 固定扳手　　(d) 套筒扳手

图1-9-6　扳手

梅花扳手如图1-9-6(b)所示,适用于操作空间狭窄或不能容纳普通扳手的地方。

固定扳手开口不能调节,因此扳手是成套的。使用固定扳手时,应根据螺母的大小选用与其相适应的开口。单个固定扳手如图1-9-6(c)所示。

套筒扳手如图1-9-6(d)所示,其作用与梅花扳手相同,但比梅花扳手更为灵活。

扳手使用与维护注意事项如下:

(1)活动扳手开度要同螺母大小相吻合,两者接触要严密,既不要过松也不要过紧,以防产生"滑脱"或"卡位"现象。活动扳手使用时应让固定钳口受主要作用力,否则会损坏扳手。

(2)遇锈蚀严重的螺栓不易扳动时,不要用锤子击打手柄,也不要用管子加长手柄来转动,不得用扳手代替锤子敲打管件。

(3)活动扳手应定期加入机油,以保持活动钳口灵活,并避免锈蚀。

(4)使用扳手时,不得在扳头开口中加垫片。

(5)使用固定扳手、套筒扳手、梅花扳手时,套上螺母或螺钉后,不得晃动,并应卡到底,避免扳手及螺母的划伤。

六、管子割刀

管子割刀也称割管器,是切断各种金属管子的一种手用工具,常用于切断管径在100mm以内的钢管。管子割刀由切割滚轮、压紧滚轮、滑动支座、螺母、螺杆、手把等组成,如图1-9-7所示。

管子割刀使用及维护注意事项如下:

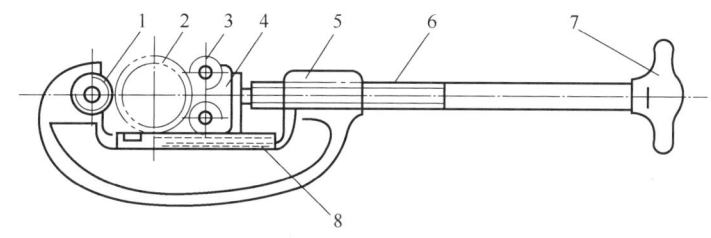

图 1-9-7 管子割刀

1—切割滚轮；2—被割管子；3—压紧滚轮；4—滑动支座；5—螺母；6—螺杆；7—手把；8—滑道

（1）割刀有 1、2、3、4 号四种规格。当切割管子的直径分别为 15~25mm、25~50mm、50~80mm 及 80~100mm 时，应分别配用的相应滚轮直径为 30mm、35mm、40mm 及 50mm。

（2）割刀切割转动时，每转动 1~2 次需进刀一次，进刀量不宜过大。

（3）当管子快割断时需松开刀片，取下割刀，用手折断管子，并用刮刀、锉刀修整管口。

七、管子台虎钳

管子台虎钳又称龙门夹头和管压钳，用于夹持管子，以便进行管子锯割、套螺纹、安装和拆卸管件等。管子台虎钳如图 1-9-8 所示。

管子台虎钳使用及维护注意事项如下：

（1）管子台虎钳安装应牢固，上钳口应能在滑道内自由滑动。

（2）夹持管子时，管子台虎钳型号应与管子规格相适应。

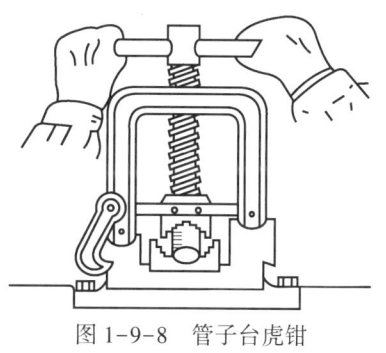

图 1-9-8 管子台虎钳

（3）操作时，将管子放入台虎钳钳口中，旋转把手卡紧管子。

（4）夹持较长的管子时，必须将管子另一端伸出部分支撑好。

（5）旋紧或松开手柄时不得用套管接长或用锤子敲击。

（6）压紧螺杆应经常加油。使用完毕应清除油污，合拢钳口，长期停用时应涂油存放。

（7）管子台虎钳在使用和搬运时应防摔碰。

八、台虎钳

台虎钳俗称老虎钳，分固定式和回转式两种，是用以夹持工件的工具。台虎钳示意图如图 1-9-9 所示。

台虎钳使用及维护注意事项如下：

（1）台虎钳应安装牢固，钳口应对准钳台边缘。

（2）夹持工作物时，应根据台虎钳大小适当用力，不准用锤子击打、脚蹬或在手柄上加套管，以免损坏台虎钳。在操作过程中，应经常检查紧固工件，以免脱落。

（3）不准在滑动钳身的光滑平面上进行敲打操作，以保护它与钳身的良好配合性能。

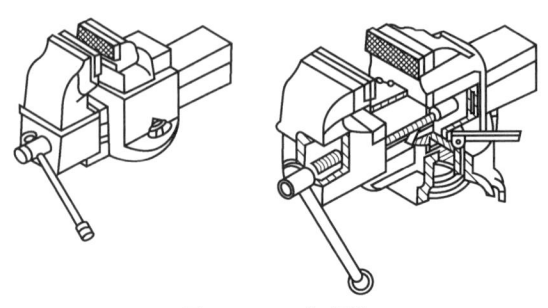

图 1-9-9 台虎钳

(4)夹持脆或软材料时,不得用力过大,夹持精度较高或表面光滑的工作物时,工件与钳口之间应垫以软金属垫片。

(5)当夹持的工件较长时,应用支架支撑。

(6)台虎钳应保持清洁,并不得在台虎钳上对夹持物件进行加热,以防止钳口退火。

(7)使用中,要注意经常向螺杆、螺母等活动部位注入机油,以保持良好的润滑。

项目二　常用量具

一、钢尺

钢尺是度量零件长、宽、高、深及厚等的量具。其测量精度为 0.3~0.5mm。钢尺一般有钢板尺、钢卷尺两种。其刻度一般有英制和公制两种。钢尺的规格按长度不同有 150mm、300mm、500mm、1000mm、1500mm 或更长等多种。钢卷尺常用的有 1000mm、5000mm 或更长等多种,尺上的最小刻度为 0.5mm 或 1mm。对 0.5mm 以下的尺寸要用游标卡尺、千分尺等量具测量。

用钢尺测量工件时要注意尺的零线是否与工件边缘相重合。为了使尺放得稳妥,应用拇指贴靠在工件上。在读数时,视线必须与钢尺的尺面相垂直,否则,将因视线歪斜而引起读数的误差。钢板尺和钢卷尺示意图如图 1-9-10 和图 1-9-11 所示。

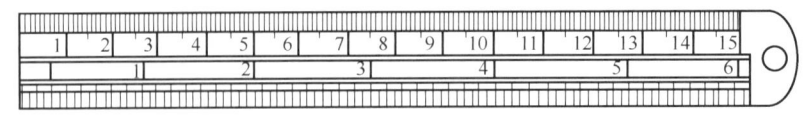

图 1-9-10 钢板尺

钢板尺使用及维护注意事项如下:

(1)测量工件或划线下料时,要将钢板尺放平且紧贴工件,不得将尺悬空或远离工件读数。

(2)使用时要注意保护刻度,防止磨损。

(3)不得用钢板尺来铲铁锈、除污泥或拧螺钉等。

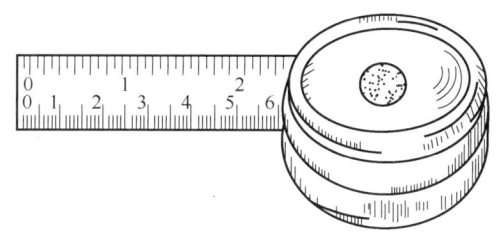

图 1-9-11　钢卷尺

(4)使用完毕要及时将尺面擦拭干净。长期不用时,应涂油脂防锈。

钢卷尺使用及维护注意事项如下:

(1)按测量距离拉出需要的长度。测完一段后,需将尺带抬离地面,不得将钢卷尺拖地而行。

(2)测量较长的距离时,要防止尺子扭曲变形。

(3)使用钢卷尺应注意不得与带电物体接触,防止尺子被电弧烧坏。

(4)钢卷尺用完后,应擦拭干净。长期不用时,应涂油防锈。

二、宽座直角尺（弯尺）

宽座直角尺一般分整体和组合的两种。整体直角尺是用整块金属制成的。组合直角尺是由尺座和尺苗两部分组成的。宽座直角尺的两边长短不同,长而薄的一边称尺苗,短而厚的一边称尺座。有的宽座直角尺在尺苗上带有尺寸刻度。宽座直角尺如图 1-9-12 所示。

宽座直角尺的使用方法:将尺座一面靠紧工件基准面,尺苗向工件的另一面靠拢,观察尺苗与工件贴合处,用透过光线是否均匀来判断工件两邻面是否垂直。

在管道工程中钢角尺用来检验弯管的直角、法兰安装的垂直度、划垂直线及型钢划线等。管道工程中所用的宽座角尺由长臂和短臂即宽座两部分组成,长臂上有长度的刻度,常用于各类型钢的划线,以及检验法兰安装的垂直度。管道工程中所用的扁钢角尺的长臂和短臂是用同样规格、相等厚度的扁钢制成的,常用于测量管道虾壳弯及煨制 90° 弯管。

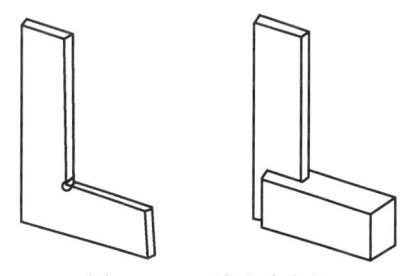

图 1-9-12　宽座直角尺

宽座直角尺的使用及维护注意事项如下:

(1)使用时应轻拿轻放,保护刻度。

(2)不得用角尺敲击被测物。

(3)使用完毕应及时擦拭干净,并涂油保存。

三、法兰直角尺

法兰直角尺又称法兰弯尺,这种弯尺小巧轻便,易于携带,组对法兰和管子时,在水平和垂直方向检查法兰密封面与管子中心线垂直情况,为便于使用,还可将法兰直角尺改成需要的结构。法兰直角尺多在现场自制、要求尺壁平直、角度准确,使用前应用直角尺校对,较大的法兰直角尺应放样校对。法兰直角尺如图 1-9-13 所示。

法兰直角尺使用及维护注意事项如下：

（1）用直角尺长边靠在管壁上，使其与管子轴线平行。

（2）将其短边靠在法兰面上，观察与法兰面的间隙。

（3）用手锤轻敲法兰背面，使法兰面与弯尺短边间隙均匀。

（4）使用时应轻拿轻放，保护刻度。

（5）不得用法兰直角尺敲击被测物。

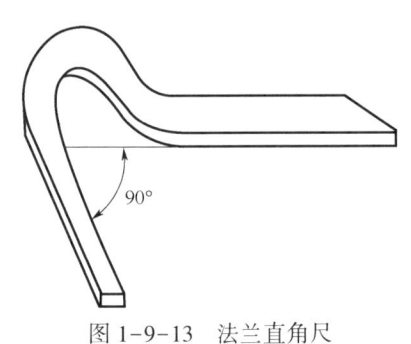

图 1-9-13 法兰直角尺

四、活弯尺

活弯尺又称角度尺或度尺，在预制和安装管道中用于划线和检验各种角度。活弯尺多在现场自制，要求尺壁平直，刻度精确，指针中心线应和中心轴成直线，中心轴的铆钉和螺栓应松紧合适，以便转动灵活。活弯尺如图 1-9-14 所示。

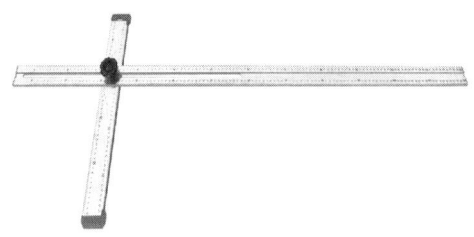

图 1-9-14 活弯尺

活弯尺使用及维护注意事项如下：

（1）先在平台上画出一条直线，用活弯尺的底边靠在直线上。

（2）拨动弯尺的活动标尺至所需要的角度，压住标尺画出直线。

（3）使用时应轻拿轻放，保护刻度。

（4）不得用活弯尺敲击被测物。

五、游标卡尺

游标卡尺是一种比较精密的量具。它可以直接量出工件的内外径、宽度、长度、深度和孔距等。

游标卡尺由主尺和副尺（游标）组成。主尺和固定卡脚制成一体，副尺和活动卡脚制成一体，并依靠弹簧压力沿主尺滑动。

测量时，将工件放在两卡脚中间，通过副尺刻度与主尺刻度相对位置，便可读出工件尺寸。当需要使副尺做微动调节时，先拧紧螺钉，然后旋转微调螺母，就可推动副尺微动。有的游标卡尺带测量深度尺的装置。

游标卡尺按测量范围可分为 0～125mm、0～150mm、0～200mm、0～300mm、0～500mm 等

几种,按其测量精度可分为 0.1mm、0.05mm、0.02mm 三种,精度数值指卡尺所能量得的最小尺寸。游标卡尺如图 1-9-15 所示。

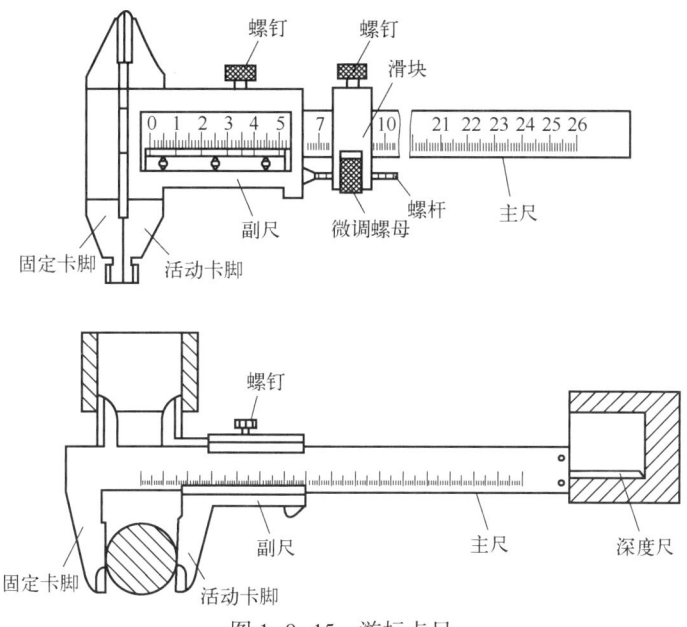

图 1-9-15　游标卡尺

游标卡尺使用及维护注意事项如下:

(1)游标卡尺在使用前,首先检查主尺与副尺的零线是否对齐,并用透光法检查内外脚量面是否贴合,如有透光不均,说明卡脚量面已有磨损。这样的卡尺不能测量出精确的尺寸。

(2)当测量内径时,应使卡脚开度小于内径,卡脚插入内径后,再轻轻拉开活动卡脚,使两脚贴住工件,就可读出尺寸。

六、水平仪

水平仪又称水平尺,有条形和框式两种,用于测量管道及设备的水平度,较长的水平仪还可测量垂直度。水平仪如图 1-9-16 所示。

管道工常用的是条形的水平仪。水平仪在平面中央装有一个横向水泡玻璃管,用于检查平面水平度;另一个垂直水泡玻璃管,则用于检查垂直度。通过观察玻璃短管内气泡是否处在中间位置,来判定被测管道或设备是否水平或垂直。

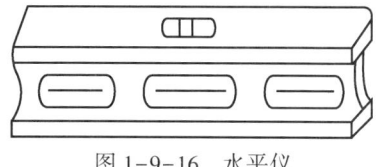

图 1-9-16　水平仪

水平仪使用及维护注意事项如下:

(1)测量前,要将测量表面与水平仪工作表面擦干净,以防测量不准确或损伤工作表面。

(2)用水平仪读数时,视线要垂直对准气泡玻璃管,否则读数不准。

(3)水平仪要轻拿轻放,放正放稳,不准在测量设备表面上将水平仪拖动。

(4)检查管道或设备垂直度时,应用力均匀地将水平仪靠紧在管道或设备立面上。

七、焊接检验尺

焊接检验尺是用来测量焊接件坡口角度、焊缝宽度、高度、焊接间隙等的一种专用量具。其主要由主尺、滑尺（包括高度尺、咬边深度尺）、斜形尺（多用尺）几个零件组成，如图1-9-17所示，适用于焊接质量要求较高的产品和部件，如锅炉、压力容器等焊口、焊道测量。焊接检验尺多采用不锈钢材料制造，使用便利、适用性广，是焊工必备的测量工具。

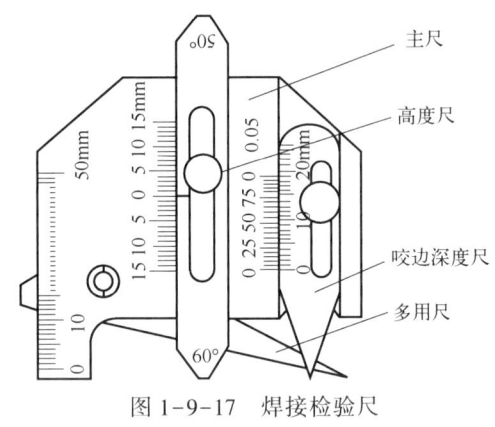

图1-9-17　焊接检验尺

焊接检验尺使用及维护注意事项如下：

（1）被测工件表面必须清洁、光滑，否则将影响测量精度。

（2）测量时焊接检验尺底面应与被测工件轴线平行并充分接触。

（3）使用时应轻拿轻放，保护刻度。

（4）不得用焊接检验尺敲击被测物。

八、卡钳

卡钳分为内卡钳和外卡钳两种。内卡钳用于测量工件内径、凹槽等，外卡钳用于测量外径和平行面等。卡钳如图1-9-18所示。

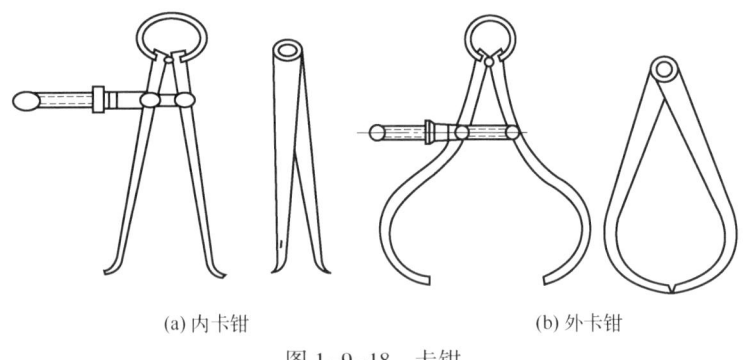

(a) 内卡钳　　　　　　(b) 外卡钳

图1-9-18　卡钳

用卡钳测量，是靠手指的灵敏感觉来取得准确的尺寸。测量时，先将卡钳掰到与工件尺寸近似，然后轻敲卡钳的内外侧，来调整卡脚的开度。调整时，不可在工件表面上敲击，也不可敲击卡钳的卡脚，避免损伤工件的表面和卡脚。

测量外部尺寸时，将调好尺寸的卡钳通过工件表面，手指有摩擦的感觉。测量内部尺寸时，将内卡钳插入孔内，将一卡脚和工件表面贴住，另一卡脚做前后左右摆动，经反复调整，达到卡脚贴合松紧合适，手指有轻微摩擦的感觉。

卡钳使用及维护注意事项如下：

(1) 用卡钳测量工件不能直接读数,必须借助其他量具。

(2) 使用时应使一卡脚靠紧基准面,另一卡脚稍微移动,调到使卡脚轻轻接触表面或与刻度线重合为止。

九、测厚仪

测厚仪是采用最新的高性能、低功耗微处理器技术,基于超声波测量原理,可以测量金属及其他多种材料的厚度,并可以对材料的声速进行测量。它可以对生产设备中各种管道和压力容器进行厚度测量,监测它们在使用过程中受腐蚀后的减薄程度,也可以对各种板材和各种加工零件做精确测量。测厚仪采用脉冲反射超声波测量原理,适用于超声波能以一恒定速度在其内部传播,并能从其背面得到反射的各种材料厚度的测量。

测厚仪主要有主机和探头两部分组成。主机电路包括发射电路、接收电路、计数显示电路三部分,由发射电路产生的高压冲击波激励探头,产生超声发射脉冲波,脉冲波经介质界面反射后被接收电路接收,通过单片机计数处理后,经液晶显示器显示厚度数值,它主要根据声波在试样中的传播速度乘以通过试样的时间的一半而得到试样的厚度。测厚仪如图 1-9-19 所示。

图 1-9-19 测厚仪

测厚仪使用及维护注意事项如下:

(1) 在一点处用探头进行两次测厚,在两次测量中探头的分割面要互为 90°,取较小值为被测工件厚度值。

(2) 30mm 多点测量法:当测量值不稳定时,以一个测定点为中心,在直径约为 30mm 的圆内进行多次测量,取最小值为被测工件厚度值。

(3) 电源电压低时,在液晶屏幕左侧显示低电压符号,此时为了保证仪器的正常测量使用,须及时更换电池。

(4) 在不需要背光的时候,尽量不要长时间开启背光,以免过快消耗电池的电量。

(5) 传感器表面为丙烯树脂,对粗糙表面的重划很敏感,因此在使用中尽量轻按。

(6) 在测量以后尽量及时将传感器表面的耦合剂和标准试块、被测物体表面的耦合剂清理干净。

(7) 被测物体表面温度不超过 60℃,以免导致传感器不能正常测量。

(8) 仪器长时间不使用时应将电池取出,以免电池漏液导致仪器损坏。

(9) 尽量避免油污、潮湿、碰撞。

(10) 插拔传感器时,应捏住活动外套沿轴线用力,不可旋转传感器头部,以免损坏传感器电缆线芯。

十、万能角度尺

万能角度尺是用来测量工件内、外角度的量具。它由尺身、90°角尺、游标、制动器、基尺、直尺、卡块等组成,其结构如图 1-9-20 所示。万能角度尺有 Ⅰ 型 Ⅱ 型两种,其测量范围分别为 0°~320°和 0°~360°。

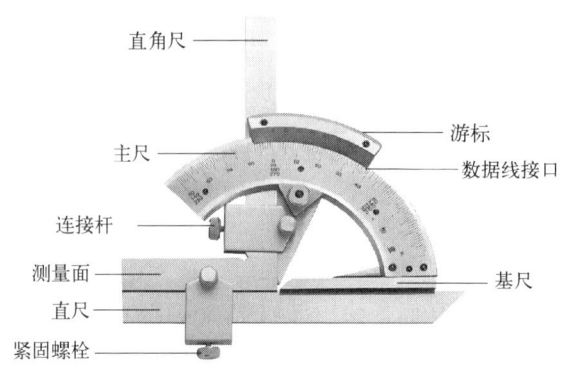

图 1-9-20　万能角度尺结构图

万能角度尺使用及维护注意事项如下：

(1) 测量时应先校准零位,万能角度尺的零位,是当角尺与直尺均装上,而角尺的底边及基尺与直尺无间隙接触,此时主尺与游标的"0"线对准。调整好零位后,通过改变基尺、角尺、直尺的相互位置可测试 0°~320° 和 0°~360° 范围内的任意角。

(2) 先读出游标零线前的角度是几度,再从游标上读出角度"分"的数值,两者相加就是被测零件的角度数值。在万能角度上,基尺是固定在尺座上的,角尺是用卡块固定在扇形板上,可移动尺是用卡块固定在角尺上。若把角尺拆下,也可把直尺固定在扇形板上。

(3) 用万能角度尺测量零件角度时,应使基尺与零件角度的母线方向一致,且零件应与量角尺的两个测量面的全长上接触良好,以免产生测量误差。

(4) 测量结束后,用软手刷拂去角度尺上的灰尘、油污。

(5) 万能角度尺使用过后应放入尺盒内,并保存在干燥通的房间内。

十一、水准仪

水准仪由望远镜、自动安平补偿器、坚轴器、制微动机构及基座等部分组成。仪器采用标准圆柱轴,转动灵活,基座起支撑和安平作用。脚螺旋中丝母和安平丝杆的间隙,可以利用调节螺钉来调节,以保证脚螺旋舒适无晃动。基座上还设有水平金属度盘,望远镜竖轴旋转时指标随之旋转,转过的角度可以在度盘上读出。利用度盘,可以测量两个目标间的水平角。水准仪如图 1-9-21 所示。

图 1-9-21　水准仪

水准仪使用及维护注意事项如下：

(1) 安装三角脚架。将三脚架置于测点上方,三个脚尖大致等距,同时要注意三脚架的张角和高度要适宜,且应保持界面尽量水平,顺时针转动脚架下端的翼形手把,可将伸缩腿固定在适当的位置。脚尖要牢固地插入地面,要保持三脚架在测量过程中稳定可靠。

(2) 仪器小心地放在三脚架上,并用中心螺旋手把将仪器可靠紧固。

(3)仪器整平。旋转三个脚螺旋使圆水准器气泡居中。可按下述过程式操作:转动望远镜,使准轴平行(或垂直)于任意两个脚螺旋的连线,然后以相反方向同时旋转该两个脚螺旋,使气泡移至两螺旋的中心线上,最后,转动第三个脚螺旋使圆水准器气泡居中。

(4)瞄准标尺。

① 调节视度:使望远镜对着亮处,逆时针旋转望远目镜,这时分划板变得模糊,然后慢慢顺时针转动望远镜,使分划板变得清晰可见时停止转动。

② 用光学粗瞄准器粗略地瞄准目标:粗瞄时用双眼同时观测,一只眼睛注视瞄准口内的十字丝,一只眼睛注视目标,转动望远镜,使十字丝和目标重合。

③ 调焦后,用望远镜精确瞄准目标:拧紧制动手轮,转动望远镜调焦手轮,使目标清晰地成像在分划板上,这时眼睛作上、下、左、右的移动,目标像与分划板刻度线应无任何相对位移,即无视差存在。然后转动微动手轮,使望远镜精确瞄准目标。

此时,警告指示窗应全部呈绿色,方可进行标尺读数。

(5)仪器安置在三脚架上时,必须用中心螺旋手把将仪器固紧,三脚架应安放稳固。

(6)仪器在工作时,应尽量避免阳光直接照射。

(7)若仪器长期未经使用,在测量前应检查一下补偿器是否失灵,可转动脚螺旋,如警告指示窗两端能分别出现红色,反转脚螺旋时窗口内红色能够清除并出现绿色,说明补偿器摆动灵活,阻尼器无卡死,可进行测量。

(8)观测过程应随时注意望远镜视场中的警告颜色,小窗口呈绿色时表明自动补偿器处于补偿工作范围内,可以进行测量。任意一端出现红色时都应重新安平仪器后再进行观测。

(9)测量结束后,用软刷拂去仪器上的灰尘,望远镜的光学零件表面不得用手或硬物直接触碰,以防油污或擦伤。

(10)仪器使用过后应放入仪器箱内,并保存在干燥通的房间内。

(11)仪器在长途运输过程中,应使用外包装箱,并应采取防震防潮措施。

十二、压力表

(一)结构

输油气管道常用的现场压力表是利用敏感元件(波登管、膜盒、波纹管)的弹性形变,再由表内机芯的转换机构将形变传导至指针,引起指针转动来显示现场压力的仪表。其结构通常如图 1-9-22 所示。

(二)压力的表示方法

压力有两种表示方法:一种是以绝对真空作为基准所表示的压力,称为绝对压力;另一种是以大气压力作为基准所表示的压力,称为相对压力。由于大多数测压仪表所测得的压力都是相对压力,故相对压力也称表压力。当绝对压力小于大气压力时,可用容器内的绝对压力不足一个大气压的数值来表示,称为真空度。它们的关系如下:

$$绝对压力=大气压力+相对压力$$
$$真空度=大气压力-绝对压力$$

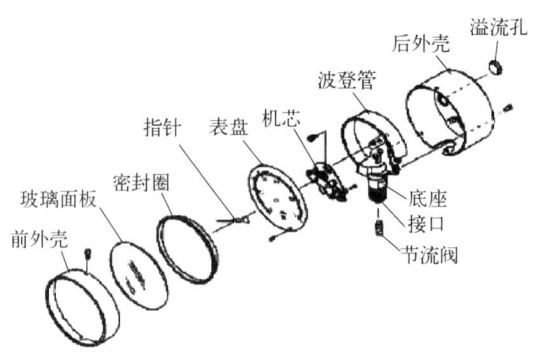

图1-9-22 压力表结构

压力的SI单位为$Pa(N/m^2)$,称为帕斯卡,简称帕。由于此单位太小,常采用MPa(兆帕)。

(三)压力表分类

1. 按测量精确度分类

压力表按测量精确度不同可分为精密压力表、一般压力表。精密压力表的测量精确度等级分别为0.1级、0.16级、0.25级、0.4级、0.05级;一般压力表的测量精确度等级分别为1.0级、1.6级、2.5级、4.0级。

2. 按测量基准分类

压力表按其指示压力的基准不同,分为一般压力表、绝对压力表、差压表。一般压力表以大气压力为基准;绝对压力表以绝对压力零位为基准;差压表测量两个被测压力之差。

3. 按测量范围分类

压力表按测量范围不同分为真空表、压力真空表、微压表、低压表、中压表及高压表。真空表用于测量小于大气压力的压力值;压力真空表用于测量小于和大于大气压力的压力值;微压表用于测量小于60000Pa的压力值;低压表用于测量0~6MPa压力值;中压表用于测量10~60MPa压力值;高压表用于测量100MPa以上压力值。

4. 按显示方式分类

压力表按显示方式不同分为指针压力表、数字压力表。

5. 按使用功能分类

压力表按使用功能不同分为就地指示型压力表和带电信号控制型压力表。

6. 按测量介质特性分类

(1)一般型压力表:用于测量无爆炸、不结晶、不凝固对铜和铜合金无腐蚀作用的液体、气体或蒸汽的压力。

(2)耐腐蚀型压力表:用于测量腐蚀性介质的压力,常用的有不锈钢型压力表、隔膜型压力表等。

(3)防爆型压力表:用在环境有爆炸性混合物的危险场所,如防爆电接点压力表、防爆变送器等。

(4)专用型压力表。

7. 按用途分类

压力表按用途不同分为普通压力表、氨压力表、氧气压力表、电接点压力表、远传压力表、耐振压力表、带检验指针压力表、双针双管或双针单管压力表、数显压力表、数字精密压力表等。

(四)选用压力表原则

压力表的选用应根据使用工艺生产要求,针对具体情况做具体分析。在满足工艺要求的前提下,应本着节约的原则全面综合地考虑,一般应考虑以下几个方面的问题。

1. 类型的选用

仪表类型的选用必须满足工艺生产的要求。例如是否需要远传、自动记录或报警;被测介质的性质(如被测介质的温度高低、黏度大小、腐蚀性、脏污程度、是否易燃易爆等)是否对仪表提出特殊要求,现场环境条件(如湿度、温度、磁场强度、振动等)对仪表类型的要求等。因此根据工艺要求正确地选用仪表类型是保证仪表正常工作及安全生产的重要前提。

例如普通压力表的弹簧管多采用铜合金(高压的采用合金钢),而氨用压力表弹簧管的材料却都采用碳钢(或者不锈钢),不允许采用铜合金。因为氨与铜产生化学反应,会爆炸,所以普通压力表不能用于氨压力测量。

氧气压力表与普通压力表在结构和材质方面可以完全一样,只是氧用压力表必须禁油,因为油进入氧气系统易引起爆炸。氧气压力表在校验时,不能像普通压力表那样采用油作为工作介质,并且氧气压力表在存放中要严格避免接触油污。如果必须采用现有的带油污的压力表测量氧气压力时,使用前必须用四氯化碳反复清洗,认真检查直到无油污时为止。

2. 测量范围的确定

为了保证弹性元件能在弹性变形的安全范围内可靠地工作,在选择压力表量程时,必须根据被测压力的大小和压力变化的快慢,留有足够的余地,因此,压力表的上限值应该高于工艺生产中可能的最大压力值。根据 HG/T 20636~20637—2017《化工装置自控专业设计管理规范》,在测量稳定压力时,最大工作压力不应超过测量上限值的 2/3;测量脉动压力时,最大工作压力不应超过测量上限值的 1/2;测量高压时,最大工作压力不应超过测量上限值的 3/5。一般被测压力的最小值应不低于仪表测量上限值的 1/3,从而保证仪表的输出量与输入量之间的线性关系,提高仪表测量结果的精确度和灵敏度。

3. 精度等级的选取

根据工艺生产允许的最大绝对误差和选定的仪表最程、计算出仪表允许的最大引用误差,在国家规定的精度等级中确定仪表的精度。一般来说,所选用的仪表越精密,则测量结果越精确、可靠。但不能认为选用的仪表精度越高越好,因为越精密的仪表一般价格越贵,操作和维护成本越高。因此,在满足工艺要求的前提下,应尽可能选用精度较低、价廉耐用的仪表。

(五)安装及使用注意事项

1. 安装要求

(1)压力表的安装位置应符合安装状态的要求,表盘一般不应水平放置,安装位置的高低应便于工作人员观测。

（2）压力表安装处与测压点的距离应尽量短,要保证完好的密封性,不能出现泄漏现象。

（3）在安装的压力表前端应有缓冲器;为便于检验,在仪表下方应装有切断阀;当介质较脏或有脉冲压力时,可采用过滤器、缓冲器和稳压器等。

2. 注意事项

（1）仪表必须垂直;安装时应使用扳手旋紧,不应强扭表壳;运输时应避免碰撞。

（2）使用中因环境温度过高,仪表指示值不回零位或出现示值超差,可将表壳上部密封橡胶塞剪开,使仪表内腔与大气相通即可。

（3）仪表使用范围应在上限的 1/3~2/3 之间。

（4）在测量腐蚀性介质、可能结晶的介质、黏度较大的介质应加隔离装置。

（5）仪表应定期经常进行检定,如发现故障应及时修理。

（6）需用测量腐蚀性介质的仪表,在订货时应注明要求条件。

（六）维护注意事项

（1）经过一段时间的使用与受压,压力表机芯难免会出现一些变形和磨损,压力表就会产生各种误差和故障。为了保证原有的准确度而不使量值传递失真,应及时更换,以确保指示正确、安全可靠。

（2）压力表要定期进行清洗。因为压力表内部不清洁,就会增加各机件磨损,从而影响其正常工作,严重的会使压力表失灵、报废。

（3）在测压部位安装的压力表,按照检定周期的规定进行检定。

（4）测压部位介质波动大,使用频繁,准确度要求较高,以及对安全因素要求较严的,可按具体情况将检定周期适当缩短。

项目三　常用机具

一、弯管机

弯管机又称煨弯机,用于冷弯较小直径的管子。弯管机示意图如图 1-9-23 所示。弯管机的种类较多,根据驱动方式的不同分为手动和机动两种。弯管时,将管子插入定胎轮和动胎轮之间,为防止弯管时管子移动,管子一端由夹持器固定,用人推动煨杠绕定胎轮转动,至需要弯曲的角度为止。手动弯管机只适用弯小口径的管子。弯管机每一对胎轮只能弯曲一种规格的管子,管子外径改变,胎轮也要改变。

机动弯管机用电力拖动,随机附带多种规格的胎轮和导槽,可弯曲多种口径的管子,其优点是速度快、效率高、质量好。此外,还有液压传动的弯管机,按控制方式有自动、半自动和数控三种。施工现场多采用机械传动的弯管机。

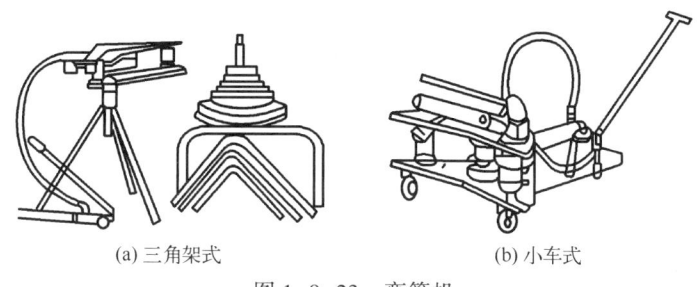

(a) 三角架式　　　　　　　　(b) 小车式

图 1-9-23　弯管机

手动液压弯管机使用及维护注意事项如下：

(1) 手动液压弯管机使用前首先检查油箱内的油是否充足,如不足应加满。

(2) 工作前开关一定要关死,否则压力打不上,并把加油螺塞松,以便油箱通气。

(3) 弯管材的外径一定要与弯模凹槽贴合,否则工件会产生凹瘪现象或将模子胀裂。

(4) 弯曲过程中两支承轮要同时转动且工件在支承轮的凹槽内滑动,如单面不动应停止操。

(5) 平时做好设备的清洁保养工作,加油要清洁,一定要过滤,油滤装置要定期清洗。

电动液压弯管机使用及维护注意事项如下：

(1) 电动液压弯管机电气部分应定期进行检验试验,合格的应在其外壳标贴检验试验合格证,使用前要检查合格证在有效期限内。

(2) 金属外壳应可靠接,并接有漏电保护器。

(3) 应设专人保管和保养,经常检查液压系统渗漏油情况,发现有漏油时应及时处理或更换密封垫。

(4) 应保存在清洁干燥的场所,液压管路的对接口应保持清洁,防止沾染其他油脂和杂物。

(5) 检查电动液压弯管机受力夹板应无裂纹及变形,活动夹板销子完好不变形。

(6) 必须按加工管径选用模具,并按序号放到位。

(7) 应先空载运转,进行充压和泄压,观察液压顶杆应伸缩自如,无卡滞现象。确认正常后,再套模进行操作。

(8) 不得在被压管与模具之间加油。

(9) 夹紧机件,导板支承机构应按被弯管的方向及时进行换向。

(10) 在操作加压过程中严禁人员停留在顶模前方。

二、套丝切管机

套丝切管机适用于 1/2~2in 的各种水、电、气管道的切断、套丝及内孔倒角,除了具有结构紧凑、造型美观、操作简单、移动方便、工作效率高等特点外,还具有可靠的夹紧装置以及先进的冷却润滑系统等独特优点。套丝切管机如图 1-9-24 所示。

套丝切管机使用及维护注意事项如下：

(1) 套丝切管机应安放在稳固的基础上。

(2) 作业前应先空载运转,进行检查、调整,确认运转正常,方可作业。

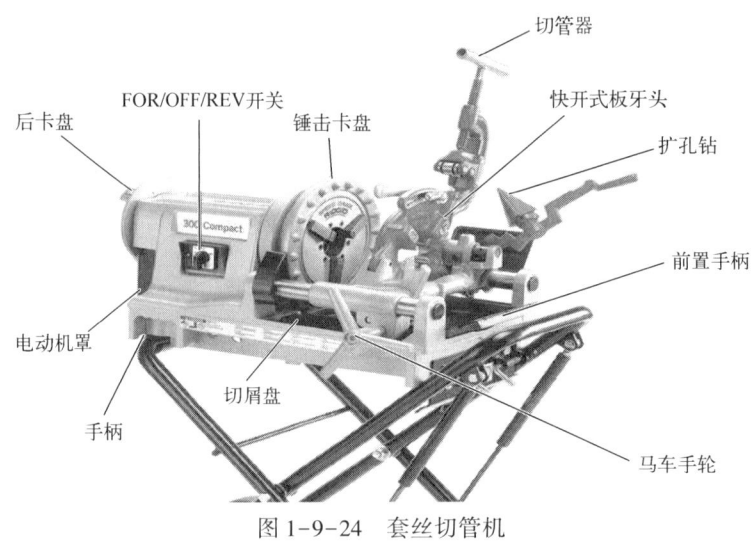

图 1-9-24 套丝切管机

（3）应按加工管径选用板牙头和板牙，板牙应按顺序放入，作业时润滑板牙，应先用润滑油润滑板牙。

（4）套丝时必须确保管件夹持牢固。

（5）当工件伸出卡盘端面的长度过长时，后部都应加装辅助托架，并调整好高度。

（6）切断作业时，不得在旋转手柄上加长力臂，切平管端时，不得进刀过快。

（7）当加工件的管径或椭圆度较大时，应两次进刀。

（8）作业中应采用刷子清除切屑，不得敲打震落。

三、手拉葫芦

手拉葫芦，又称链式起重机，俗称倒链，是一种使用简便、携带方便的手动起重机械。手拉葫芦示意图如图 1-9-25 所示。它适用于小型设备和重物的短距吊装、临时挂置、吊装大型组件时的调整等。起重量一般在 0.5~20t 范围内。其具有结构紧凑、手拉力小、使用稳当、较其他起重机械容易掌握的特点。管道安装工程中常用型号的手拉葫芦见表 1-9-2。

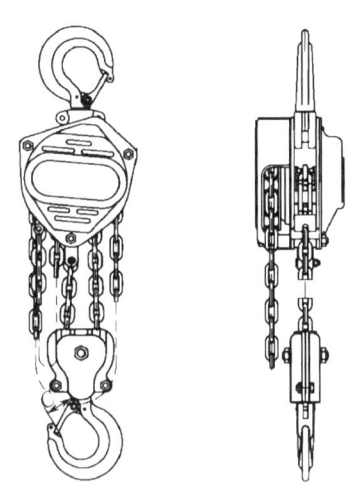

图 1-9-25 手拉葫芦

表 1-9-2 常用手拉葫芦型号及参数

型号	起重量,t	起重高度,m	试验载荷,t	两钩头间最小距离,mm	满载时手链拉力,N	起重链行数	起重链条圆钢直径,mm	净重,kg
HS½	0.5	2.5	0.625	280	157	1	6	9.5
		3.0						10.5
HS1	1.0	2.5	1.25	300	314	1	6	10
		3.0						11

续表

型号	起重量,t	起重高度,m	试验载荷,t	两钩头间最小距离,mm	满载时手链拉力,N	起重链行数	起重链条圆钢直径,mm	净重,kg
HS1½	1.5	2.5	1.88	360	353	1	8	15
		3.0						16
HS2	2.0	2.5	2.5	380	314	2	6	14
		3.0						15.5
HS2½	2.5	2.5	3.13	420	382	1	10	28
		3.0						30
HS3	3.0	3.0	3.75	470	353	2	8	24
		5.0						31.5
HS5	5	3	6.25	600	382	2	10	36
		5						47
HS10	10	3	12.5	730	392	4	10	68
		5						88
HS20	20	3	25	1000	392	8	10	150
		5						189

手拉葫芦使用及维护注意事项：

（1）手拉葫芦起重链条要求垂直悬挂重物，链条各个链环间不得错钮。

（2）手拉葫芦拉动手拉链时，必须使拉链方向与手拉链轮处同一平面。

（3）手拉葫芦严禁斜拉，以防卡链。

（4）手拉葫芦拉动时必须用力平稳，以免跳链或卡链。当发现拉动困难时，要及时检查原因，不得硬拉，更不许增人加力，以免拉断链条或销子。

（5）手拉葫芦使用三脚架时，三脚必须保持相对间距，两脚间应用绳索联系，当联系绳索置于地面时，要注意防止将作业人员绊倒。

（6）手拉葫芦起重高度不得超过标准值，以防链条拉断销子，造成事故。

（7）使用时不得超载，以免发生事故。

四、千斤顶

在管道工程中，千斤顶（图1-9-26）用于顶高和顶偏。常用的有液压式千斤顶和机械式千斤顶。机械式千斤顶中，常用螺旋式千斤顶，利用螺纹传动，用扳手转动回转丝杠顶起重物。螺旋式千斤顶有固定式螺旋千斤顶和移动式螺旋千斤顶。固定式千斤顶顶升重物后，在未卸载以前不能做平面移动，移动式千斤顶在顶重过程中可以做水平移动。管道施工中常用固定式螺旋千斤顶，其结构简单，操作灵活，起升平稳准确，但效率较低。固定式千斤顶可置于任一位置上进行工作。

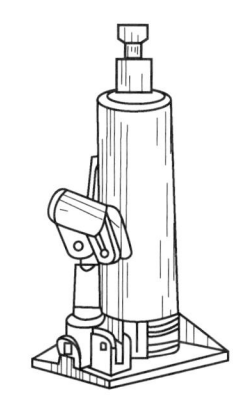

图1-9-26 千斤顶

液压式千斤顶是根据水压机的工作原理设计的,工作时,利用千斤顶手柄驱动液压泵,将工作液体压入液压缸内,推动活塞上升,顶起重物。工地常用 YQ 型液压千斤顶,它是一种手动液压千斤顶,重量轻、使用灵活、效率较高,顶起重物为 5～300t,起重高度 160～200mm。

千斤顶使用及维护注意事项如下:

(1) 根据需要顶升的重量,选择合适的千斤顶。

(2) 当垂直顶升时,在千斤顶的底部、顶部安放钢板或垫木;当倾斜或水平顶升时需将斤顶顶部、底部钢板、垫木与需要顶升的物件连接牢固。

(3) 开始使用时,拨动开启/关闭按钮,用摇杆均匀地摆动,对物件进行顶升。

(4) 当千斤顶行程不能满足顶升要求时,一次顶升后在物件下放置垫木,拨动开启/关闭按钮使千斤顶螺杆降到最低点,重新顶升,直至达到要求高度。

(5) 进行必要的加固,然后进行各种所需的操作。

(6) 结束使用时,拨动开启/关闭按钮,卸下千斤顶。

(7) 千斤顶用后应及时把螺杆降到最低点。

(8) 千斤顶用后应及时入库,不要与大锤等工具混放在工具箱内,尤其是液压千斤顶不倒放或倾斜。

(9) 螺旋式千斤顶底部摇柄齿轮及螺杆应经常加油。

(10) 螺旋式千斤顶应经常检查各部位螺钉是否松动;液压千斤顶应经常检查各密封面是否有渗漏现象。

(11) 选用千斤顶时,千斤顶的起重能力不得小于设备的重量。

(12) 如需要几台千斤顶同时抬举时,每台的起重能力不得小于其计算载荷的 1.2 倍,以防止因不同步造成个别千斤顶因超负荷而损坏。

(13) 对于起落高度较大的工作,应尽量选用起升高度较大的千斤顶。起落过程中以枕木墩支持设备时,起升高度应至少等于枕木厚度加枕木墩的弹性变形。

(14) 在顶升过程中,千斤顶的顶头或钩脚与设备的金属面或混凝土光滑面接触时,应垫加硬木块,防止滑动。

(15) 载荷应与千斤顶轴线一致,顶升过程中应严防由于地面偏沉或载荷水平位移而发生千斤顶偏斜的危险。

(16) 千斤顶的施力点应选择在有足够强度的部位,防止顶起后造成施力点变形或破坏。

(17) 当几台千斤顶凌空抬起一件大型设备时,无论起、落均不得使各千斤顶同时操作。一端起落时,另一端必须填实垫稳。千斤顶的顶升高度不得超过有效顶程。

五、磨光机

磨光机有角磨机和直磨机两种。

(1) 角磨机。

角磨机又称手砂轮机,用来清理金属焊缝、工件或材料上的毛刺与飞边,也可用于除锈和开坡口、修整坡口等。

角磨机主要由砂轮片、电动机和机体组成,如图1-9-27所示。砂轮片质脆、转速高,使用时一定要注意安全。

装砂轮片前应做检查,发现砂轮片有破碎或裂纹不得使用。装好后,要先试转几分钟,检查正确无误后方可使用。角磨机必须装有钢板防护罩,其中心上部至少有110°以上被罩住。使用砂轮或试运转砂轮时,严禁站在砂轮直径方向,应站在侧面或斜侧面位置。工件应缓慢地接近砂轮,不得猛烈碰撞。

(2)直磨机。

直磨机可以配各种带柄尼龙轮、叶片轮、砂轮、抛光轮等,利用高速旋转,用于加工腔模具、夹具,或不易在磨床或专用设备上加工的复杂零件。直磨机安装了金刚砂砂轮后适用于研磨金属及去除毛边。配备了电子调速装置的机型,在低转速作业状态下,也可以在机器上安装刷子、扇状砂轮及磨削砂带。直磨机如图1-9-28所示。

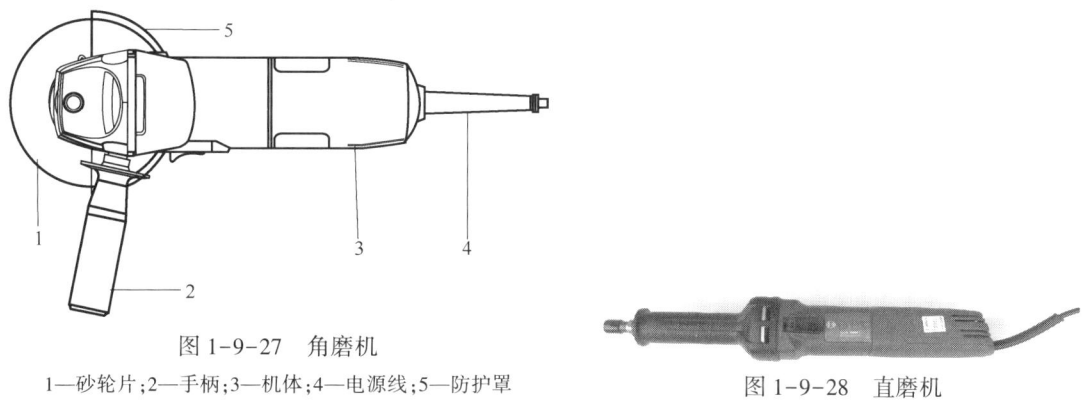

图1-9-27 角磨机
1—砂轮片;2—手柄;3—机体;4—电源线;5—防护罩

图1-9-28 直磨机

磨光机使用及维护注意事项:

(1)如果电源电线在工作中受损或断裂,勿触摸电线,马上拔出插头。机器的电线如已受损则勿使用。

(2)工作时需戴防护镜、耳塞及防尘面罩。

(3)工作时需戴工作手套及穿工作鞋。工作时需用双手握紧机器,并要确保立足稳固。

(4)使用机器之前务必先安装好辅助把手。

(5)磨片或切割片作业时务必安装防护罩。如果使用盘形钢丝刷/扇形钢丝刷/扇形磨片,须安装护手片。

(6)工作之前必须先检查磨具是否安装正确,磨具转动时是否会产生摩擦,且需在无负载的情况下进行至少30s的试转,勿使用受损、变形或转动时会振动的磨具。

(7)应确认磨片的规格,角磨机与磨片线速度相互匹配;磨片上的孔必须与机器相吻合,不能使用异径管或转接头。

(8)保护磨具免受撞击,并预防油渍浸湿。

(9)加工石材时必须使用合格的石尘吸尘器,并戴上防尘面罩,切割石材时请装上护盖。

(10)勿加工含石棉的材料。

(11)工作时电线放置于机器的后端。

(12)确定机器在关闭状态才可将插头插入插座中。

(13)勿损坏隐藏的电线、瓦斯管及水管。如使用金属探测器,工作前先检查工作区。

(14)在支撑面墙上开缝时必须特别小心。

(15)切割或者打磨时会产生火花或飞溅,需预防火花及磨片伤人。在火花的喷溅范围内不可堆放易燃物以免造成火灾。

(16)工作中如果切割片受阻,机器会强烈反弹,此时必须立刻关闭机器。

(17)关闭机器之后磨具还会继续转动,此时务必注意。

(18)关闭机器并待机器静止后才可将其放下。

(19)突然停电或无意拔出插头时必须马上关闭电源并将启停开关转换成"停止"位置。如此可预防电源接通后发生机器失控的现象。

(20)砂轮打磨材料时,材料不要放在砂轮两侧打磨,材料和砂轮表面成45°角。

(21)维护保养需定期进行。

六、型材切割机

型材切割机又称无齿锯,是以电动机带动安装有尼龙砂轮片的轮子高速(线速度达40m/s以上)旋转来切断金属管材和型材,砂轮片的上部有一个能遮盖轮缘以上的防护罩,以保证安全。它是直接操纵手柄使摇臂左侧下降,产生进给运动。放松手柄,锯片在电动机自重作用下复位。型材切割机示意图如图1-9-29所示。

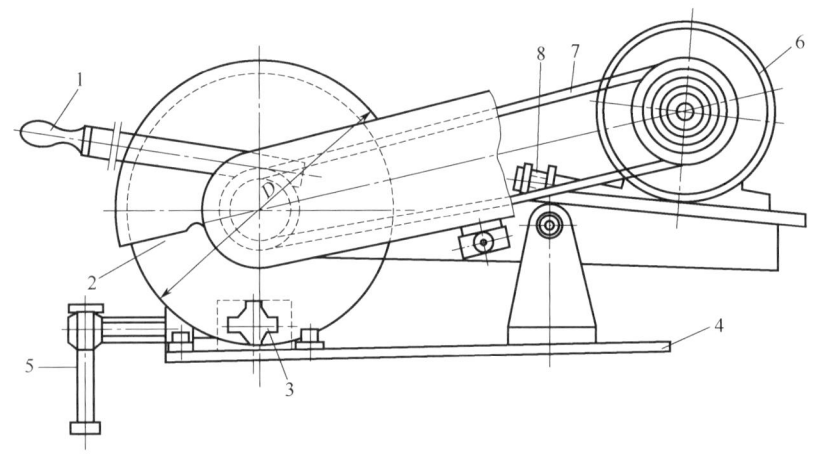

图1-9-29 型材切割机

1—手柄;2—锯片;3—夹管器;4—底座;5—摇臂;6—电动机;7—V带;8—张紧装置

型材切割机使用及维护注意事项如下:

(1)使用前先试运转1min,观察各部分运转是否正常。

(2)所要切割的管子一定要用夹具夹紧,以免切割时晃动而损坏锯片。

(3)操作人员不可正对锯片,以免碎片飞出时造成危险,没有防护罩的砂轮机禁止使用。

(4)切割过程中不能关闭电源,以免事故发生。

(5)使用时进给速度要适中,下压力不宜过大。

(6)当管子较长时,应注意使管子平直放置。切割完毕,管口内切割屑等一定要清理干净,以保证管子内径。

七、磁力钻

磁力钻用于各种复杂的钻孔作业,具有体积小、功率大、操作简单、定位准确、容易携带的特点,如图1-9-30所示。

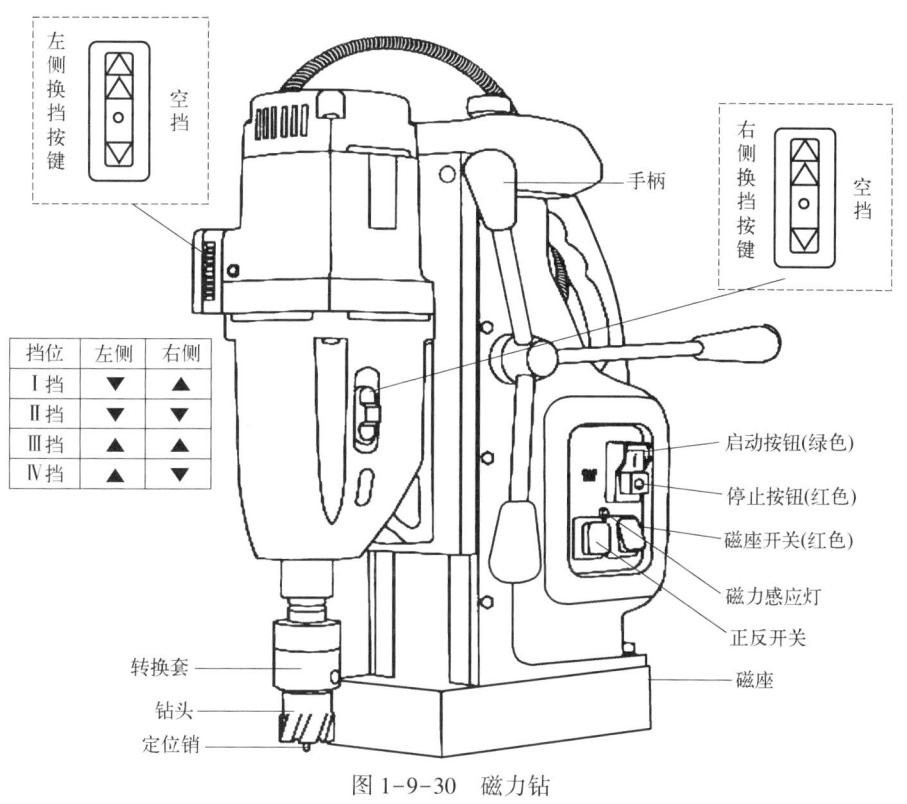

图1-9-30 磁力钻

磁力钻使用及维护注意事项如下:

(1)取芯钻头的安装方法。将定位销(正确尺寸)放入取芯钻头;将钻头放入夹头,并固定;确定钻头已装好;在刀柄位置的孔内加入切削液。

(2)检查电源、电压是否稳定。

(3)确认转速挡位。

(4)当吸附面不在水平上操作时,必须使用磁力钻的安全链。

(5)磁力钻必须吸附平滑、光洁的铁质表面工作,而且钢板的厚度必须大于6mm。

(6)电机工作前,首先要校对好钻孔位置,然后再按下红色磁座开关,让磁座开始工作,再按下绿色启动按钮,电动机开始工作。

(7)在使用取芯钻或麻花钻时,不能施加太大的压力来加快钻孔速度,这样会缩短钻头的寿命。钻孔时请使用内注切削液,才能保证取芯钻头的使用寿命。

(8)关闭电动机时按下红色停止按钮。

(9)关闭磁座时按下红色磁座开关。

(10)磁力钻每次使用完毕后,清洁磁座底部,并放入铁箱内。

(11)磁力钻正常使用3个月,找技术人员适当补充黄油,以免磁力钻失油损坏机件。

(12)检查磁力钻上的螺栓是否松脱,适当调紧燕尾槽的间隙。

八、法兰分开器

法兰分开器是分离大工业机器的设备,管道工程中用于分离管道更换法兰的维修,移动直角接头、快速接头、更换垫圈和金属密封以及阀和控制部件的维护和调换。法兰分开器分为一体式液压法兰分开器和分体式法兰分开器。

法兰分开器结构如图1-9-31所示。一般两个楔子以串连方式使用,默认两个头、手动泵串联配置为一套。在使用时,两个头成180°放置在法兰相对的两点,保证法兰开口的平衡。在楔子的台阶面积全部放入间隙且需要被扩张的目标与下一个台阶的根部相接触时,才能使用。使用时确保楔子完全定位在被选择用来扩张的台阶,且最小的保持量为15mm。达到需要张开量后,将安全块放入接合处,同时压力释放到安全块上。如果需要将接合面打开得更大,需要一个更贴近的新台阶。

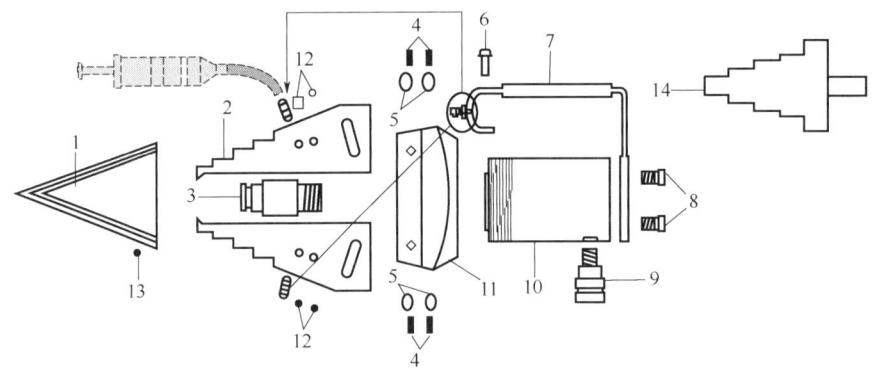

图1-9-31 法兰分开器
1—楔子;2—颚口;3—连接件;4—安装螺钉;5—销子;6—手柄螺钉;7—手柄;8—基座螺钉;
9—母接头;10—油缸;11—本体;12—分离销;13—安装螺钉;14—安全垫块

法兰分离器使用及维护注意事项如下:

(1)操作时须严格按要求着装和佩戴必要的劳保用品,携带必要的测量工具。

(2)使用前连接并检查手动泵、分流器、液压油管及分离器之间的接头是否连接紧固无泄漏,严禁在各系统未完全连接紧固情况下操作。

(3)严禁未泄压或未完全泄压的情况下拆卸油路接头。

(4)作业部位法兰的连接螺栓应全部拆卸,如果必须留有连接螺栓,必须保证保留螺栓的螺母已卸松到不会影响张开作业,且螺杆能自由活动。

(5)法兰扩张过程中必须保证两分离器稳固可靠,不会出现较大偏离,更不能因此损坏设备及伤到检修操作人员。

(6)手动泵必须平置摆放,且只限1人操作,严禁2人以上或加长泵的手柄操作。操作者必须站在泵的一侧,远离手柄回弹力范围。

(7)法兰分离作业尽量选择成对使用,安放位置选择180°左右对称布置,并将分离块的台阶全部插入间隙时(缝隙小的初始扩张插入深度不得小于15mm),才可按压手动泵进行张开作业。张开器未持力或即将卸载前,操作人员应进行扶持,避免偏离安放位置或坠落。

(8)作业过程要随时注意测量和观察滑动销的位置,当滑动销接近分离块时立即停止试压,避免扩张器达到极限后继续试压损坏设备(滑动销)。

(9)法兰扩张到所需的间隙后,立即按180°对称位置将两个安全垫块的对应台阶完全插入法兰间隙,之后缓慢泄去油泵油压,并确认安全垫块固定牢靠后拆去法兰分离器,再执行密封面的检查清理和密封垫的更换等工作。

(10)严禁在顶升或挤压状态下将分离器当作垫块使用。

九、气液联动扳手

气液联动扳手(图1-9-32)由气压泵和液动扳手等系统组成,是一种以最小的消耗提供高扭矩输出的工具。通过调整压力来控制扭矩大小,为满足输出特定的扭矩需求。气液联动扳手可同时搭配扭矩传感器,使输出的扭矩更精确。因气液联动扳手可以精确设定扭矩,可用于完成螺母和螺栓的锁紧或拆卸工作,控制部分通过调压器和功率管理系统实现,单位重量输出功率大,可以实现大扭矩输出、反作用力小。在获得所需的扭矩后可使用合适的回路系统以手动或自动来关闭。

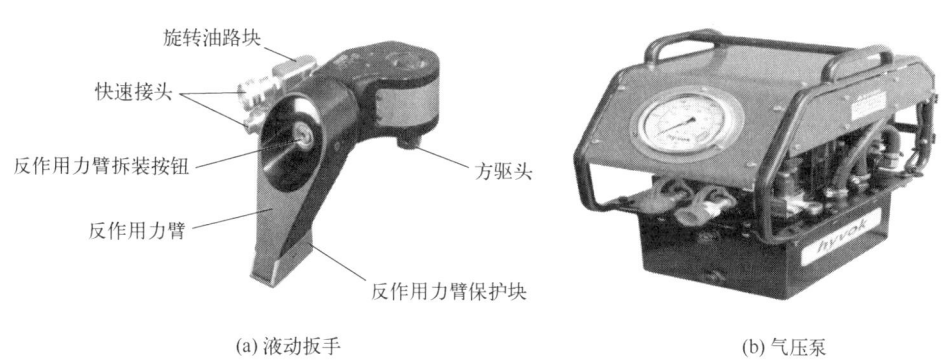

(a)液动扳手　　　　　(b)气压泵

图1-9-32　气液联动扳手

气液联动扳手使用及维护注意事项如下:

(1)接通电源,运行气泵使其压力达到1.0MPa。

(2)将液压扳手套在已经人工紧固的螺栓之上。

(3)打开泵开关,调整驱动液压马达,显示压力表指针800bar,转速1200r/min。

(4)操作液压马达手柄,液压扳手间歇转动,紧固螺栓。

(5)操作结束后,液压操作手柄归位,关闭电动泵。

(6)拆卸液压扳手、液压管及附件装箱。

(7)泵泄压至表归零位,关闭泄压阀,收取电动泵。

(8)定期进行相关部位的润滑。

(9)定期启动电动泵并对压力表、安全阀进行校验。

(10)保持附件的完整,液压系统各处清洁、密封。

十、管口椭圆校正器

管口椭圆找正器又称管口校正器,是一种应用于管道钢管管口椭圆校正的设备,如图 1-9-33 所示。它以电动机和液压电磁阀为驱动系统,油缸带动两端工装为最终执行部件,设备运行安全稳定,定位精度高,校正效果好。

校正器的各种参数可以设定和控制,油缸的压力也可以显示。用按钮控制液压电磁阀控制校正油缸的升降和膨缩,以压力传感器和位移传感器为反馈系统,系统具有更高的精度和稳定性。

图 1-9-33　管口椭圆校正器

管口椭圆校正器使用及维护注意事项如下:

(1)使用时,首先测量待校正钢管的椭圆管口的长短轴尺寸,输入控制屏待用,选择相应的参数。利用吊装或小车脚轮,将带有相应规格工装的整形油缸放入待整形管口,操作摆动缸和升降油缸,将工装对正椭圆管口的短轴,且整形油缸底部的工装靠近钢管内壁。操作整形油缸,在设定的程序控制下,进行整形操作。操作的整形缸油压和伸出行程即时显示,根据程序设定参数自动完成整形伸出、保压、缩回的整个过程,校正完成。

(2)当设备出现故障或者紧急情况时,可以按下控制面板上的"急停"按钮,设备断电,设备停止运行,然后检查故障和排除紧急情况。设备故障和紧急情况排除后,旋转钮控制面板的"急停"按钮进行释放,设备重新上电,设备进入可以运行状态。

(3)严禁在带电的情况下检查设备故障和排除紧急情况。

(4)严禁非技术人员和没有经过培训的人员操作该设备、检查设备故障和排除紧急情况。

(5)液压站在电动机启动前油箱需注满液压油,否则吸空后高压泵不出油。

第二部分

操作技能及相关知识

模块一　常用设备使用和维护

项目一　电磁感应式防腐层剥离机

一、设备简介

目前防腐层剥离的方法有机械打磨和加热防腐层两种方法。机械打磨污染环境且效率低,现场施工基本不采用这种方法处理防腐层。加热防腐层主要有石油液化气烤把加热和中频加热。中频加热器对防腐层加热,防腐层变软后进行防腐层剥离。中频加热器是根据电磁感应加热原理,采用变频技术和电磁加热技术将大功率能量集中释放,加热装置在贴近管道表面后产生无数涡流进行加热,迅速使管道外壁温度上升、由内向外快速透热,在数十秒内即可使管道 3PE 防腐层表面温度达到 80~100℃后表面软化,然后采用自动或手动方式快速地剥离管道 3PE 防腐层的设备。

本项目以 ZKLH-3B-40KW 中频加热器为例介绍,其面板如图 2-1-1 所示。

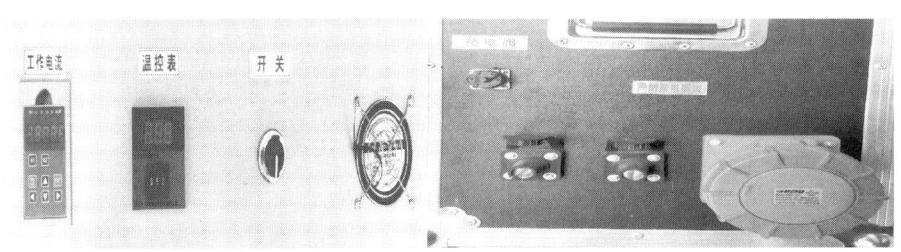

图 2-1-1　防腐层剥离机

防腐层剥离机通过高频控制器将 380V/50Hz 交流电变成 15~25kHz 的高频交流电流,通过电磁感应毯转换为高频交变磁场,该高频交变磁场的磁力线作用到管道上,使金属管道升温,从而加热防腐层。主机面板依次为电流表、温控器、启动开关。启动开关顺时针旋转为开机。主机侧面有 380V 四线插座。感应毯插座不分正负。左上方为热电偶插座。

每台主机配1条感应毯,感应毯用非金属锁紧带捆扎,热电偶有金属触点的一侧正对管道。

二、使用方法

(1)确定主机电源插头断开,右侧旋钮处于竖向(停机)状态。

(2)安装主机侧面插头,感应毯插头安装到位并转动锁紧,热电偶插头按卡槽大小插入,使用锁紧带将感应毯安装在管道上并调节松紧度,将热电偶(有金属触点的一侧正对管道)插到管道和感应毯中间并确认和管道接触良好。

(3)接通380V电源插头,此时电流表、温控仪指示灯亮,顺时针转动启动开关,此时电流表显示工作电流在40~60A,若电流过小,适当调整锁紧带。

(4)温控仪显示防腐层温度,温度可调整。当达到设定温度(90~110℃)时主机停止工作,电流表归零,此时移动感应毯使其沿管道转动加热下一段,用壁纸刀划出防腐层达到温度部分外框,用铲刀清除已达到温度的防腐层,剥离完成后,下一段管道已经达到所需温度,如此循环。防腐层清除完毕后旋启动开关先停机,再拔电源插头。

三、维护保养

(1)用后放专用集装箱存放,防止磕碰变形。
(2)定期开机运行,确保防腐层剥离机保持良好的工作状态。
(3)检查确认控制面板显示正常。
(4)检查确认防腐层剥离机电缆线完好。

四、故障分析与处置

防腐层剥离机在使用中常见故障、产生原因及处置方法见表2-1-1。

表2-1-1 防腐层剥离机常见故障及处置方法

故障现象	产生原因	处置方法
感应毯表面破损	感应毯套管内有连线,属高频工作部分,发生磕碰、拖拉、踩踏	及时修复破损感应毯套

五、注意事项

(1)电压高于420V或低于330V时,本设备自动停机保护,待电压正常后手动恢复工作。

(2)感应毯连线属高频工作部分,严禁磕碰、拖拉、踩踏,表面破损要及时修复。

(3)感应毯离开管道时请勿开机工作。

(4)主机电源断开前,严禁插拔感应毯插头。

(5)主机和感应毯连线若有剩余,要拉直或U形使用,不要盘成圆圈。

(6)当有可燃气体泄漏时应停止工作。

项目二 三通及短节

一、设备简介

本部分介绍的三通及短节是用于管道开孔、封堵作业,法兰部位带有塞堵和卡环机构密封方式的特制三通或短节,包含封堵三通、旁通三通和囊孔短节,以及丝堵配合密封圈密封方式的短节,包括排油短节和平衡孔短节等。其主用途如下:

(1)当运行管道进行封堵作业时,用于连接管道与夹板阀。
(2)待封堵施工完毕,用于管道所开孔的堵孔。
(3)用于检测管内介质、蜡层等情况的观测孔。
(4)用于排除清管器等管内清理、检修、检测设备的故障。
(5)用于下放和收取隔离囊或者注排油。

(一)对开三通

本部分所介绍的三通为对开全包围三通,由盲板盖、塞堵、三通壳体、上、下护板等组成,见图2-1-2。

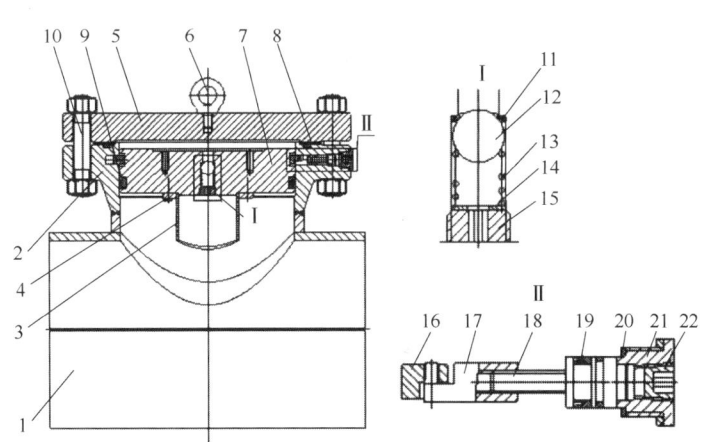

图2-1-2 对开三通结构图

1—下护板;2—三通壳体;3—鞍形架板;4—螺栓;5—盲板盖;6—吊环;7—塞堵;8—密封垫;
9—密封圈;10—螺栓;11—密封座;12—钢球;13—弹簧;14—弹簧垫圈;15—弹簧丝堵;16—锁环;
17—钩螺母;18—调整螺杆;19—YX密封圈;20—螺杆挡圈;21—丝套;22—丝堵

(二)法兰短节

法兰短节三通,由短节壳体、盲板盖、塞堵、鞍形板架、护板等组成,见图2-1-3。

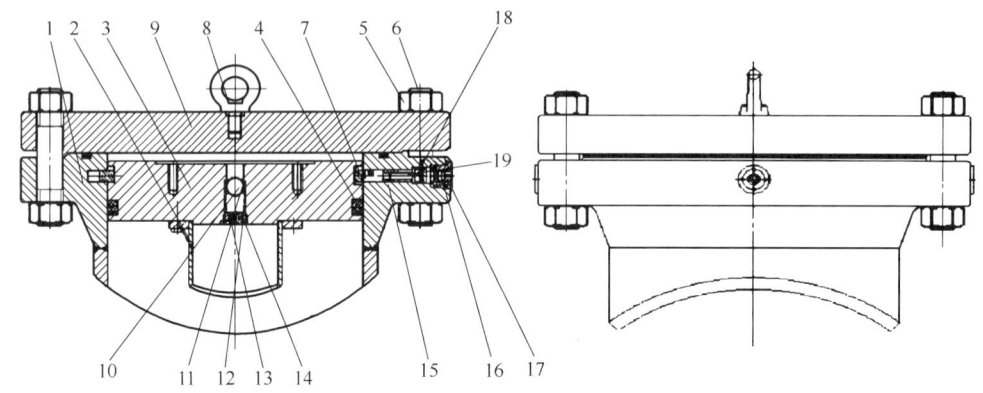

图 2-1-3　法兰短节结构示意图

1—壳体；2—鞍形板架；3—塞堵；4—O形密封圈；5—螺母；6—双头螺栓；7—卡环；8—吊环；
9—法兰盖；10—钢珠；11—密封座；12—弹簧；13—弹簧垫圈；14—塞堵丝堵；15—卡环钩螺母；
16—丝堵；17—丝套；18—YX密封圈；19—卡环调整螺杆

二、使用方法

(一)对开三通安装

(1)用专用扳手卸下螺栓,取下盲板。

(2)用内六角扳手检查锁环螺栓是否灵活有效,顺时针摇动锁紧螺母退出卡环,取出塞堵。

(3)将三通吊装到管道上,置于选定位置,开孔位置不宜选择焊道上并避开焊道热影响区,开孔中心点下方管道应选择避开螺旋焊缝,上、下护板均用石笔划出螺旋焊缝线,护板边缘线,三通内孔线,再次找正时可按线初步找正。

(4)用角向磨光机按线打磨上、下护板,使三通与管道紧密贴合。

(5)用水平仪按法兰面调整使法兰面与管道轴向平行,同时观察内孔间隙是否均匀,保证开孔及封堵质量。

(6)下堵作业完成后,安装三通盲板。

(二)法兰短节安装

(1)取下盲板,将法兰短节总成解体检查。

(2)用内六角扳手检查锁环螺栓是否灵活有效;顺时针摇动锁紧螺母退出卡环,取出塞堵。

(3)法兰短节在管道上安装的位置宜避焊缝,其颈部外壁与管道焊缝距离不宜小于150mm。封堵囊位置宜避开环形焊缝。

(4)安装在管道上的法兰短节,其管件的轴线应与管道的轴线垂直,即法兰短节端面与管顶的平行度偏差不超过1.5mm。

(5)完成短节焊接后,安装补强板,并进行焊接。

(6)下堵作业完成后,安装三通盲板。

三、维护保养

三通日常保养检查内容：
(1) 法兰端面和各密封有无损伤、锈蚀等缺陷。
(2) 锁环是否完好，操作是否灵活。
(3) 塞堵上"单向阀"是否动作灵活。
(4) 密封橡胶圈是否完好，并不得长期闲置存放在封堵三通内。
(5) 长期存放时，检查频次不低于 1 年 1 次，并进行必要的防锈蚀及润滑等维护保养。

四、故障分析与处置

三通在使用中常见故障、产生原因及处置方法见表 2-1-2。

表 2-1-2 三通常见故障及处置方法

序号	故障现象	产生原因	处置方法
1	塞堵下不到位	(1) 应检查下塞堵尺寸计算是否正确。 (2) 密封圈在堵孔过程中与短节壁摩擦导致损坏或移至锁环槽中。 (3) 三通和夹板阀之间或者开孔连接器和夹板阀之间的金属缠绕垫/石棉垫安装偏斜，导致塞堵边缘卡在金属缠绕垫处	(1) 重新核对测量及计算尺寸，确保测量及计算准确。 (2) 将堵孔器提起，重新调整或更换密封圈。 (3) 重新更换新的金属缠绕垫/石棉垫，确保垫片对中
2	三通锁环失效	(1) 密封圈安装位置错误。密封安装到了锁环位置，便不能顺利锁住锁环。 (2) 锁环存在毛刺或者进入杂质不能完全收回	(1) 将堵孔器提起，重新安装密封圈。 (2) 拆卸锁环并处理毛刺或杂质后重新安装
3	塞堵泄漏	(1) 塞堵中心平衡球失效。 (2) 塞堵密封圈损坏	(1) 将塞堵取下，清理平衡球表面使其密封；调整堵孔器顶杆长度，使其匹配。 (2) 更换新塞堵密封圈

五、注意事项

(1) 装配过程中，须清理干净锁环孔及三通壳体内孔环槽毛刺、尘砂免划伤密封圈。
(2) 安装塞堵时，要在塞堵密封圈侧面涂润滑脂，减少送入塞堵时阻力过大或损伤密封圈。
(3) 若出现漏油现象，需检查密封垫、密封圈、密封座是否损坏，若损坏则立即更换。
(4) 管道允许带压施焊的压力计算：

$$p=\frac{2\sigma_{s}(t-C)}{D}F$$

式中　p——管道允许带压施焊的压力，MPa；
　　　σ_{s}——管材的最小屈服极限，MPa；
　　　t——焊接处管道实际壁厚，mm；

C——因焊接引起的壁厚修正量,通常取 3.5mm;
D——管道外径,mm;
F——安全系数,原油、成品油管道取 0.6,天然气、煤气管道取 0.5。

项目三 夹板阀

一、设备简介

夹板阀是开孔、封堵作业的专用阀门,安装在三通上,用来承接三通与开孔、封堵设备,进行带压开孔,封堵压力管道,起到通断管道与开孔、封堵设备间介质的作用,从而完成管道的抢修、施工等。

根据设备规格的大小不同夹板阀分为手动及液压两种。设备规格小于DN500mm宜选用手动方式,手动夹板阀的开启闭合方向及圈数见设备标牌;设备规格大于等于DN500mm宜选用液压方式,液压夹板阀的开启闭合由手动换向阀控制,尺寸需操作者测量并记录。夹板阀依据不同形式有三明治和焊接形式。

(一)三明治夹板阀

三明治夹板阀,主体为上、中、下夹板体,闸板通过相邻两面的O形密封圈进行密封。上夹板体侧面设有排出口,通过对丝连接内螺纹球阀,开关阀门进行腔体介质排放。下夹板体侧面设有连通阀,用于夹板阀上下板体腔压力平衡作用。

1. 手动三明治夹板阀

手动三明治夹板阀(图2-1-4)中间的闸板通过手柄旋转带动阀杆移动,起到开、关作用,阀杆旋出为开阀方向。夹板阀允许介质双向流动,只要阀孔与管件孔对正,可以从任何方向安装。为了适应管道上所开的接口,此阀能够与管道任意角度轴向平行安装。

图2-1-4 手动三明治夹板阀

2. 液压三明治夹板阀

液压三明治夹板阀(图2-1-5)中间的闸板由液压站驱动带动阀杆移动,起开、关作用。

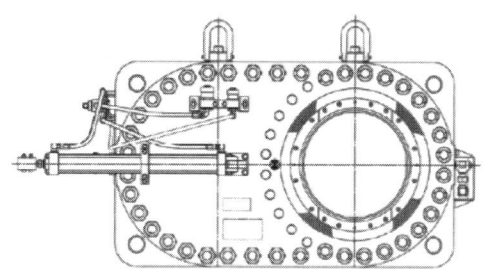

图 2-1-5　液压三明治夹板阀

(二)焊接夹板阀

焊接夹板阀由夹板阀本体、阀芯、阀芯密封装置、密封底座、轴承压盖、压力平衡装置等组成,闸板采用焊接工艺,减少了一道上下板与中板之间的密封圈,并将传统阀芯上的密封圈槽改到上下阀板的阀芯密封装置上,避免阀芯开启或关闭过程中长时间摩擦而导致 O 形圈损坏,燕尾形密封槽可以防止阀门开启或关闭过程中 O 形圈脱落,使密封更有效,从而减少了泄漏的风险。

1. 手动焊接夹板阀

手动焊接夹板阀(图 2-1-6)采用手动操作,浮动阀座,进、出口双向密封,在水平和垂直管线均可使用,适用于气体和液体管道的开孔、封堵作业。

图 2-1-6　手动焊接夹板阀

2. 液压焊接夹板阀

液压焊接夹板阀(图 2-1-7)采用液压驱动,带动扇形开、合闸板。该夹板阀可带压操作,适用于油、气和其他液体管道的开孔、封堵作业。

图 2-1-7　液压焊接夹板阀

二、使用方法

(一)手动三明治夹板阀操作

1. 开启阀门

(1)检查各处接头已连接及阀门处于关闭状态。

(2)用六角扳手逆时针旋转连通阀,缓慢打开连通阀,平衡夹板阀闸板两侧压力。

(3)旋转手柄,通过阀杆的旋转移动使闸板打开。操作过程中一定要结合阀门铭牌及现场试验的开阀圈数,确保阀门完全打开。

2. 关闭阀门

(1)旋转手柄,通过阀杆旋转关闭闸板。须核实阀门关闭旋转圈数,保证阀门完全关闭。

(2)顺时针旋转连通阀,关闭连通阀。

(二)液压三明治夹板阀

1. 开启阀门

(1)检查各处接头已连接及阀门处于关闭状态。

(2)用内六角扳手逆时针旋转缓慢打开连通阀,平衡闸板两侧压力。

(3)扳动手动换向阀手柄打开夹板阀,确保阀门全开并记录阀杆行程。注意在夹板阀打开后,要保护外露的液压杆表面,避免损坏。

2. 关闭阀门

(1)按照全开夹板阀阀杆行程数据,扳动手动换向阀手柄关闭并确保夹板阀全关。

(2)顺时针旋转连通阀,关闭连通阀。

(三)手动焊接夹板阀

1. 开启阀门

(1)检查各处接头已连接及阀门处于关闭状态。

(2)用六角扳手逆时针旋转连通阀,缓慢打开连通阀,平衡夹板阀闸板两侧压力。

(3)旋转手柄,通过阀杆的旋转移动使闸板打开。操作过程中一定要结合阀门铭牌及现场试验的开阀圈数,确保阀门完全打开。

2. 关闭阀门

(1)旋转手柄,通过阀杆旋转关闭闸板。须核实阀门关闭旋转圈数,保证阀门完全关闭。

(2)顺时针旋转关闭连通阀。

(四)液压焊接夹板阀

1. 开启阀门

(1)检查各处接头已连接及阀门处于关闭状态。

(2)用内六角扳手逆时针旋转连通阀,缓慢打开连通阀,平衡闸板两侧压力。

(3)扳动液压站上的换向手柄,通过活塞杆的拉出打开闸板。要观察指示器的行程,确保阀门完全打开。

2. 关闭阀门

(1)扳动液压站上的换向手柄,通过活塞杆收缩关闭闸板。要观察指示器的行程,与开阀的行程一致。确保阀门完全关闭。

(2)顺时针旋转连通阀,关闭连通阀。

三、维护保养

(一)三明治夹板阀维护保养

夹板阀应垂直存放。

三明治夹板阀日常保养内容包括:

(1)检查零部件、紧固件是否松动和损坏。
(2)检查夹板阀各密封面有无伤痕和污垢等。
(3)检查所有螺纹有无损坏和过度磨损,并能手动上紧螺栓。
(4)紧固和清洗液压部件,确保液压系统无渗漏。
(5)检查闸板是否开关自如,O形密封圈是否完好。
(6)检查泄放孔是否通畅。
(7)检查阀杆、连通阀转动是否灵活,检查各密封处、附属阀门是否渗漏以及压力表是否准确。

(二)焊接夹板阀维护保养

(1)焊接夹板阀每次使用后都要清理,闸板结合面及O形密封圈要清理干净,涂上防锈剂。如果O形密封圈膨胀,或过软、过硬,都要更换,新的密封圈要检查是否有裂口等缺陷。
(2)检查螺栓、螺帽有无损伤,如有轻微损伤的可通过修磨恢复使用,损伤严重的需要更换。
(3)涡轮头要保持清洁,定期加润滑脂进行润滑。
(4)如果连通阀漏油,需检查O形密封圈和连通阀锥体密封面有无损坏,如有损坏要及时更换。
(5)焊接夹板阀存放和运输时,底部要垫平稳,避免将涡轮头碰坏。端面安装防护盖,保护闸板密封面和结合面。

四、故障分析与处置

夹板阀在使用中常见故障、产生原因及处置方法见表2-1-3。

表2-1-3 三通常见故障及处置方法

序号	故障现象	产生原因	处置方法
1	夹板阀无法打开	夹板阀上下两侧压力不平衡造成	一般情况下在打开平衡管路阀门后,使夹板阀上下压力平衡后即可打开夹板阀
2	手动夹板阀无法打开	夹板阀丝杠部分损坏	拆卸夹板阀,维修或更换损坏零件
3	液压夹板阀无法打开	夹板阀自身液压系统问题	检查夹板阀液压系统,更换损坏零部件
4	夹板阀无法关闭	筒刀、中心钻、封堵器没有收到位	检查回收尺寸,将结合器内部件全部收到结合器内
5	夹板阀泄漏	(1)夹板阀密封被铁屑刮伤; (2)内旁通密封不严	紧急情况下更换新夹板阀

五、注意事项

(1)必须将与夹板阀连接的设备同夹板阀安装稳固。

(2)开阀前必须将连通阀缓慢打开,使闸板两侧压力平衡后闸板才可以打开,如果压力不均等时打开闸板,会损坏O形密封圈或挤出原来的位置。

(3)开孔筒刀及中心钻或砥柱、贮囊筒、囊、溢流法兰(塞堵)必须全部收回到机体内,然后关闭闸板,最后关闭连通阀。

(4)为了确定闸板是否完全打开或关闭,在开闭闸板时要计算阀杆的行程,以保证闸板处于合适位置。

(5)排出口在开孔或封堵作业时必须关闭。

(6)封堵工作完成后,通过排出口的内螺纹球阀,完全泄放联箱上部腔体的介质后,方可拆卸夹板阀上的连接设备。

(7)严禁拆卸夹板阀时螺母放在夹板阀的闸板上,预防闸板表面磕伤,对阀座O形圈起不到密封作用。

项目四 开孔机

一、设备简介

开孔机是封堵器设备中的开孔设备。开孔机主要由主轴、丝杆、筒刀、中心钻、联箱等零部件构成,主要用于管线不停输开孔,适用于在易燃、易爆的液态介质和气态介质的管线上进行开孔作业。

(一)手动开孔机

手动开孔机(图2-1-8)主要是指驱动方式以人力为主的开孔装置,主要用于小口径的孔洞开孔作业,如小口径管道开封堵孔、大口径管道开平衡孔、放空孔、排油孔等。手动开孔孔径范围一般不超过$\phi 114mm$。

(二)电动开孔机

电动开孔机(图2-1-9)主要是指驱动方式是以电能转换为机械能的开孔装置。开孔的尺寸范围一般为$\phi 135 \sim 324mm$,可与夹板阀及法兰短节相配合后组装相应的刀具,完成带压开孔。

(三)液压开孔机

液压开孔机(以FK1800为例,图2-1-10)主要是指驱动方式是以液体传递动力转换为机械能的开孔装置,主要用于塞式封堵中封堵孔开孔,要求管内介质压力不大于10MPa,温度不超过80℃。由于采用密闭式机械切削开孔,因而适用于在易燃、易爆的液态介质和气态介质的管道上进行开孔作业。

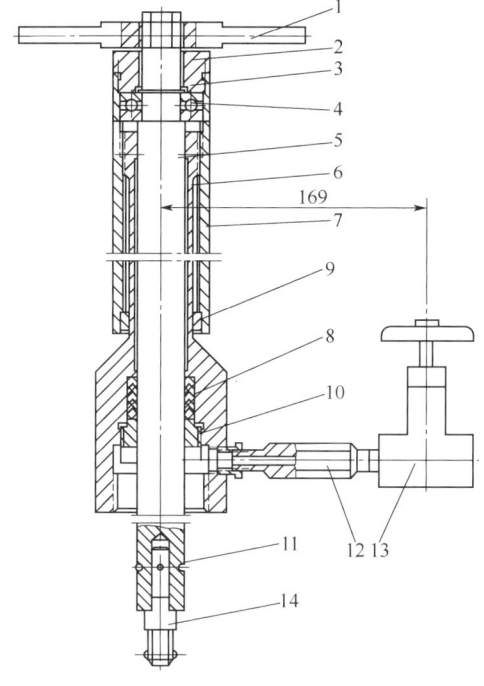

图 2-1-8　手动开孔机结构图

1—切削扳手；2—固定螺钉；3—轴承固定螺母；4—轴承；5—轴；6—机身套筒；7—送进套筒；8—密封圈；9—轴瓦；
10—密封挡圈；11—固定销；12—接管；13—截止阀；14—塞堵杆总成

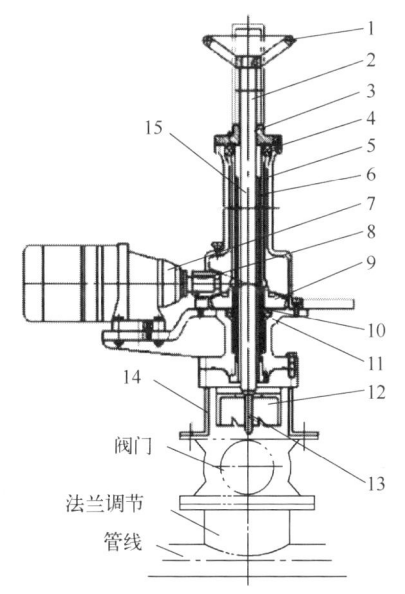

图 2-1-9　电动开孔机结构图

1—手轮；2—进给丝杠；3—螺母压盖；4—轴承；5—套筒；
6—花键套；7—减速机；8—小齿轮；9—大齿轮；
10—密封垫；11—轴承箱；12—筒刀；
13—中心钻；14—结合器；15—主轴

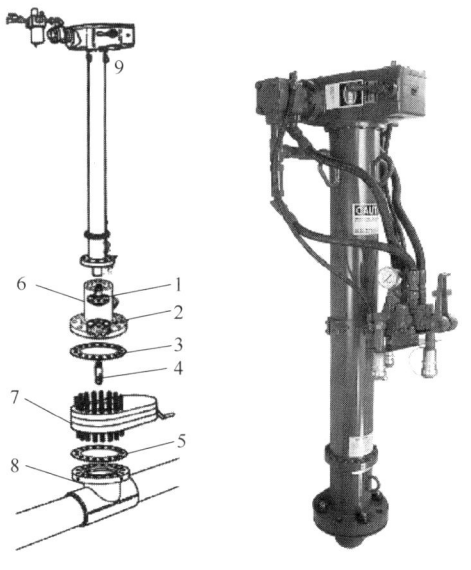

图 2-1-10　液压开孔机

1—筒刀固定炮台；2—筒刀；3—垫片；4—中心钻；
5—垫片；6—开孔连箱；7—夹板阀；8—短节；
9—离合器操作把手

常用型号液压开孔机技术参数见表 2-1-4。

表 2-1-4　液压开孔机技术参数

开孔机型号	适用管线,mm	压力等级,MPa
FK900	φ115~219	6.4;10
FK1200	φ273~457	6.4;10
FK1800	φ508~720	6.4;10
FK2800	φ762~1016	6.4;10

二、使用方法

(一)手动开孔机使用方法

(1)顺时针旋转主机送进套筒,使主轴伸出机身结合器;将开孔钻或开孔筒刀安装在开孔机主轴上,用半圆销固定,然后逆时针旋转送进套筒,将主轴收回到零位(需要同时安装开孔筒刀及中心钻,则需先安装开孔结合器,送出主轴,安装开孔筒刀及中心钻,再将主轴收到零位)。

(2)将连接器安装在开孔机机身结合器上(图 2-1-11)。

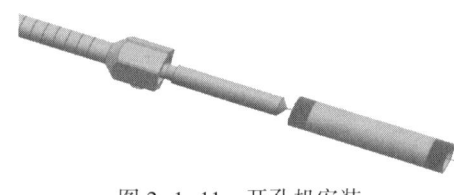

图 2-1-11　开孔机安装

(3)将连接器与球阀或夹板阀连接。

(4)完成安装后,在开孔前,应对机具、阀门及焊接连接件进行密封性试验。

(5)打开阀门,将开孔钻等送到开孔起始位置。

(6)顺时针转动切削扳手,并顺时针转动送进套筒进行开孔作业。

(7)开孔完成后,将开孔钻等收到阀门以上机身结合器内,关闭阀门,将连接器压力泄放。

(8)拆除开孔机。

(二)电动开孔机使用方法

(1)在现场安装时,将开孔机放置在夹板阀上。

(2)用闸阀结合器与夹板阀相连(阀门与法兰短节相连)并紧固螺栓,使开孔机有一个较好的基础。

(3)打开阀门,顺时针转动手轮,使刀具降到开孔的位置,并记录手轮端面距螺母压盖的距离。

(4)逆时针转动手轮,使刀具上升一段距离(20~30mm),打开电动机开关(电动机转向为顺时针),电动机经过减速机减速转动,使小齿轮转动。锥形齿轮被动齿轮改变旋转方向并进一步减速使之适应 φ135~324mm 开孔尺寸所需的转速。

(5)经过轴承及螺母连接主轴与花键套做相对移动,通过中心钻,筒刀向下对管线实施开孔作业。

(6)开孔后,将开孔钻及筒刀收到结合器内,关闭阀门,将结合器压力泄放。

(7)拆除开孔机。

(三)液压开孔机使用方法

(1)将开孔机安装在夹板阀上,打开夹板阀,通过注氮或者平衡孔排除开孔联箱内空气并平衡管道与设备之间的压差。手动或液动按计算尺寸将导向钻向下操作到管壁上方3~5cm处。

控制开孔机离合器的结合与松脱,用落入式摇把缓慢退回镗杆,同时把离合器把手向下推,直到它啮合,见图2-1-12。

(2)开孔机离合器把手,位于齿轮箱的侧面。在旋转落入式摇把时把离合器把手推到啮合(向上)的位置以使离合器啮合。把离合器把手推向下则使离合器到脱开位置。离合器在啮合或脱开时必须处于空挡位置。

(3)当离合器啮合时,落入式摇把将不再旋转。这就把机器锁定在自动进给,它只用在当镗杆和筒刀正在旋转时实际切削操作。

图2-1-12 使用落入式摇把

(4)控制阀把手位于齿轮箱附近。当机器处于直立位置,左边的把手用于当离合器脱开时伸出(向下移动把手)和收回(向上移动把手)镗杆。

(5)操作把手右边的阀门,可以用于调节镗杆的旋转速度。

(6)要旋转镗杆并使用自动进给进行切削操作,离合器必须啮合而且落入式摇把被拆下。把位于右侧的控制把手向下推,使镗杆和筒刀开始旋转并自动进给。

(7)旋转控制旋钮到所需要的速度值。把扳钮开关扳到前方(开孔)位置,导向钻头和筒刀将开始旋转。调节速度控制器以得到需要的筒刀转速。通过测量标尺杆转数来确定筒刀的实际转速。

(8)通过设备声音和筒刀进刀量的变化,判断切除块是否与管线分离,适当调整转速。

(9)继续开孔到达计算位置。

(10)当开孔完成后完全退回筒刀。

(11)关闭夹板阀。

(12)开启放空阀。

(13)拆下开孔机,把开孔机水平放置在地面上。

三、维护保养

(一)手动开孔机日常保养

(1)转动送进套筒,将主轴伸出,确认润滑是否良好。

(2)检查中心钻及开孔刀,是否有损坏和过度磨损。

(3)检查接刀盘、螺栓是否松动。

(4)检查中心钻U形环是否缺损,转动是否灵活。

(5)检查中心钻内螺纹是否损坏,并清除杂质。

(6)观察主轴表面光滑无磨损,对主轴表面和注油点进行保养润滑处理。

(7)检验主轴和铜套间隙是否过大。

(8)全部收回主轴后,对开孔钻整体进行清洁。

(二)电动开孔机日常保养

(1)开孔机每次使用后都需清理。

(2)将丝杠上均匀涂抹黄甘油。

(3)大、小齿轮每使用10次后注入润滑油。

(4)使用2年后需对开孔机进行拆解清洗,并更换轴承。

(三)液压开孔机日常保养

(1)开孔机日常保养检查内容包括:

① 零部件、紧固件是否有松动和损坏。

② 法兰端面和各密封面是否有伤痕和污垢等。

③ 检查螺母和螺栓有无损伤和过度磨损,轻微损伤或磨损进行修磨处理,严重的进行更换。

④ 阀门是否开关灵活,有无渗漏。

⑤ 液压系统有无渗漏。

⑥ 主轴是否伸缩自如,转动灵活,旋转同轴度在规定范围内。

⑦ 中心钻两挂板弹簧,是否转动灵活。

⑧ 齿轮箱润滑油液面,达到规定范围。

⑨ 日常保养时应对开孔机上润滑油嘴注油。

⑩ 检查中心钻及开孔刀,是否有损坏和过度磨损。

(2)开孔机在运输过程中应将其固定在专用集贮架上,花键轴应保持垂直。

(3)开孔机齿轮箱内润滑油每年或作业三次以上要更换一次,在换油的同时卸下盖板,检查内部零件的磨损及损坏情况,磨损过度和损坏的零件应予以更换,对主轴两处密封件也同时进行检查。

(4)开孔机每闲置3个月,都要将主轴全部伸出检查并放置后再收回,防止锈蚀等情况出现。

(5)开孔机开孔12次或每年应更换一次齿轮油。

(6)开孔机使用20次或8年应联系厂家进行大修理。

四、故障分析与处置

开孔机在使用中常见故障、产生原因及处置方法见表2-1-5。

表 2-1-5　开孔机常见故障及处置方法

序号	故障现象	产生原因	处置方法
1	开孔机卡刀	(1)卡刀的最主要原因是进刀速度过快。 (2)筒刀和刀具结合器紧固螺栓紧固不均匀或者螺栓弹簧垫失效导致卡刀	(1)降低进刀速度,减少进给量。 (2)在管线未开透时,关闭夹板阀,更换开孔机。在管线已开孔漏油时,应立即停止作业,如属于深度未开透,应将开孔机提出,重新设定深度尺寸,采取措施。如属于开孔刀脱落或刀具损坏,应立即停止作业,马上对其前部封堵点和后部封堵点开孔、封堵作业,排出管内油品,然后卸下有故障的开孔机进行重新开孔和封堵作业
2	钻头断裂	(1)钻头断裂的最主要原因是钻头在安装过程中发生偏转,安装不均匀导致。 (2)钻头接触管线时速度过快	(1)在中心钻安装过程中要注意测量中心钻是否垂直,安装是否牢固。 (2)在开孔时中心钻刚接触管线时,开孔速度要缓慢,待完全透管壁后再恢复正常开孔速度
3	开孔中断	(1)电动开孔机减速机或者电动机损坏。 (2)液压开孔机液压站溢流阀进入杂质或者开孔机液压马达损坏	(1)更换电动开孔机。 (2)拆卸液压站溢流阀调压柱塞,清理内腔杂质或者更换开孔机液压马达(或者紧急情况下更换开孔机)

五、注意事项

(1)当开孔即将完成时,若开孔钻被锁住,应反时针方向转动进给套筒,收回开孔钻,然后再慢慢转动,以便清除四周的毛刺。

(2)排放压力时应避开人员和其他设备,否则会造成人身伤害,设备污损。

(3)不要撬动筒刀刀齿,会造成刀齿损坏。

(4)开孔机的行程应确保开孔钻外径到达所接管线内壁。

(5)开孔钻通过阀门时切割器不应与阀门和短节内壁接触。

(6)各个尺寸测量都应很仔细。不正确的测量值可能造成管底的意外穿透,流体泄漏会造成很危险的环境,造成人身伤害或财产损失。在开孔机上安装开孔筒刀,收回筒刀到联箱,测量数据。

(7)为保证开孔质量,开孔时筒刀达到总尺寸后还需向下继续开 20~30mm,保证弧板被完全切除。

项目五　封堵器

一、设备简介

(一)塞式封堵器

塞式封堵设备是用来临时堵截某一特定管段内介质流的带压封堵设备,可用于站场或长输管道计划项目的停输、不停输开孔封堵及应急抢修作业等,有承受压力大、密封可靠、安全系数高、野外作业条件适应性强的特点。

塞式封堵器主要由封堵缸、封堵结合器、封堵头、封堵皮碗等部件组成。

1. 封堵缸

封堵缸是把封堵头送入管道指定位置,达到封堵目的的设备。封堵缸主要由缸体、活塞、活塞杆、密封套、夹紧套密封板等组成,结构见图2-1-13。液压缸底部设有观测孔和主轴锁紧装置,当封堵头伸入密封位置时用它来锁紧定位,在伸出或收回封堵头前都要先松开主轴锁紧装置,封堵头到位后再锁紧它。通过观测孔可以看见控制杆上的数字,便于计算控制杆的行程。封堵缸参数见表2-1-6。

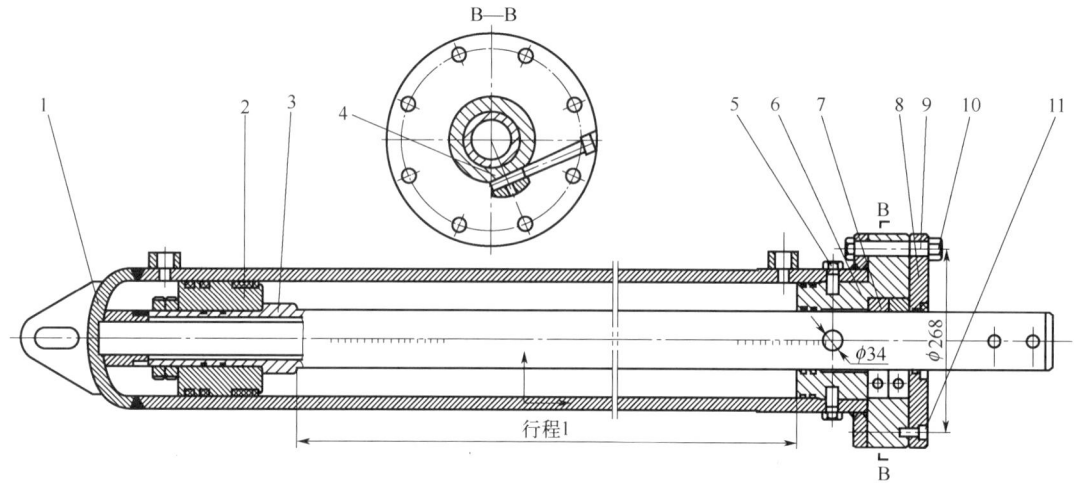

图2-1-13 封堵缸结构示意图

1—缸体;2—活塞;3—活塞杆;4,11—螺钉;5,9—螺栓;6—密封;7—夹紧套;8—密封板;10—螺母

表2-1-6 封堵缸参数

封堵缸型号	适用管线,mm	油缸额定压力,MPa	活塞杆行程,mm	活塞杆直径,mm
YG100	φ115~219	16	1600	φ80
YG160	φ273~406	16	1600	φ80
YG240	φ508~711	16	2700	φ120
YG250	φ813~1016	16	4000	φ160

2. 封堵结合器

封堵结合器容纳封堵头,用于夹板阀和封堵器之间密闭连接的装置,见图2-1-14。

3. 堵头总成

堵头总成包括控制杆头、活动支架、触角等部件,具体结构见图2-1-15。当液压缸带动控制杆头伸入管道中后,活动支架与管道中心形成20°夹角。

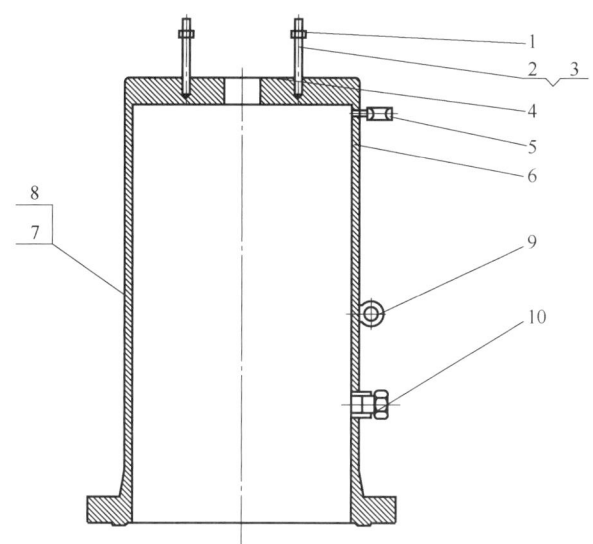

图 2-1-14 封堵结合器结构示意图

1—螺母；2—双头螺栓；3—垫圈；4—O 形密封圈；5—内螺纹球阀；6—封堵结合器；7—标牌；
8—标牌用钉；9—吊环；10—丝堵

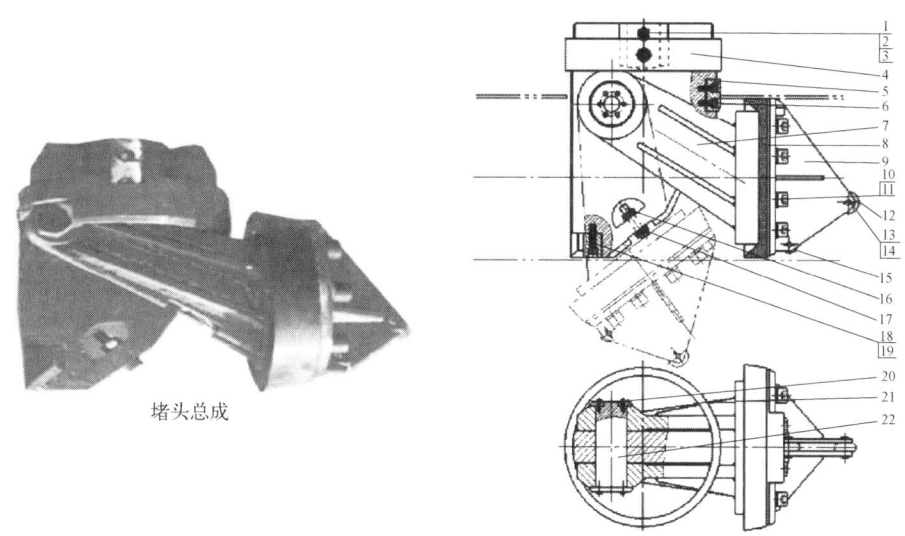

图 2-1-15 封堵总成结构示意图

1—连接轴；2，17—螺母；3—垫圈；4—主支架总成；5—调节块；6，10，19—内六角螺钉；7—转动架总成；8—封堵皮碗；
9—触头总成；11—弹性垫圈；12—前导向轮；13—导向轮轴；14—开口销；15—后导向轮；
16—调节螺栓；18—主支架底脚；20—螺栓；21—活动轴压盖；22—活动轴

4. 封堵皮碗

封堵皮碗是专门设计为封堵器应用的由纤维布加强的合成制品，见图 2-1-16。导向边是为了抵住管线压力起刚性支撑作用而用纤维布加强的，三角部分是为实现管内密封而用纯耐油橡胶做成弹性的。封堵皮碗底部嵌有密封环，当皮碗装在活动支架上后，这个密封环封住封堵头上的螺栓孔。

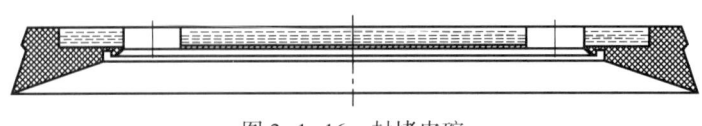

图2-1-16 封堵皮碗

封堵皮碗应存放在仓库中,在自然条件下,应存放在避光、通风处,与有毒物及强度酸、碱、盐应保持30m距离,放置在光洁金属板、木板架上为宜,不应与尖锐物接触,避免扎伤,存放温度在-15~25℃之间。2年内可保证出厂性能。

(二)囊式封堵器

1. 挡板—囊式管道封堵器

在需要或维修的管段两侧带压开孔,向管内送入能展开成圆形平面的挡板和能够充胀起来的胶囊,囊的外表与管内壁紧密接触切断介质流,囊的后端抵在挡板圆平面上,挡板承受由胶囊传递过来的管道内介质的轴向推力,从而达到封堵管道的目的。

1)设备构成

挡板—囊式封堵器主要由液动挡板装置、液动送取囊装置等设备组成。

(1)液动挡板装置。

液动挡板装置,是管道囊式封堵器的配套设备之一,与安装在上游的送取囊装置及地面的液压站共同完成压力管道的封堵作业。

液动挡板装置主要由法兰套筒、套筒式液压缸、导向轴、砥柱、挡板、挡板驱动杆、大小锥齿轮等零部件构成。

挡板装置直接安装在夹板阀上,两只套筒式液压缸通过液压站传动,带动两根导向轴,导向轴下面安装砥柱,挡板安装在砥柱底部,挡板轴上安装一小锥齿轮,挡板驱动杆上安装一大锥齿轮,当挡板送入管道后,转动挡板驱动杆上部的手轮,通过一对锥齿轮的传动,使挡板展开成一圆形,挡住从上游送过来的密封胶囊,并锁死小手把,确保管道的封堵。液动挡板装置结构如图2-1-17所示。

(2)液动送取囊装置。

液动送取囊装置,是管道囊式封堵器的配套设备之一,负责密封胶囊的送进与提取,适用于管道内静压不高的停输封堵或管道动压不高带旁通管路的不停输封堵。

液动送取囊装置由法兰套筒、贮囊筒、套筒式液压缸、输气导管、上下铰链、导向板、密封胶囊等零部件构成。全液动送取囊装置直接安装在夹板阀上,两只套筒式液压缸通过液压站传动,带动贮囊筒和输气导管将密封胶囊送入管道指定位置,经充氮气与管道内壁紧密配合,同安装在封堵点外侧挡板装置共同完成管道的封堵。本设备共有两次送进动作,液压缸的一级传动将贮囊筒送到与管道外径平齐的位置,此时导向板圆弧处位于管道的中心,用以控制密封胶囊的送进方向。二级传动将安装在输气导管下面的密封胶囊送到管道内指定位置。上、下铰链、导向板可使密封胶囊按照指定方向顺利进入管道深处,密封胶囊进入管道后,经输气导管充进氮气,抵住位于下游的挡板将管道封堵。液动送取囊装置

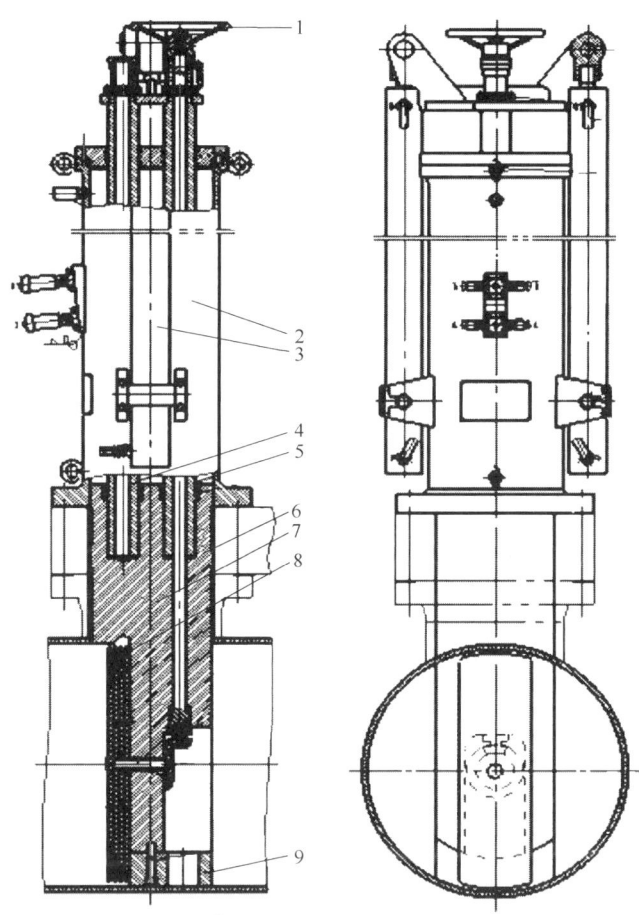

图 2-1-17 液动挡板装置结构示意图

1—手轮;2—法兰筒体;3—油缸;4—导向轴①;5—导向轴②;6—砥柱;7—挡板①;8—挡板②③④;9—下连接砥柱

结构如图 2-1-18 所示。

2)主要性能

(1)挡板—囊式管道封堵器属于低压(不超过 1.0MPa)型管道封堵器。压力条件允许下,可实现停输或不停输封堵。

(2)囊压与管压之差称为封堵压差(Δp)。封堵压差应控制在 0.08MPa±0.02MPa。封堵时应确切掌握封堵点的正常输送压力和停输后的静压力(即高程差)。应避免负压封堵。

(3)挡板—囊式管道封堵器既可以应用于计划性的管道工艺改造、改线等,也可以应用于突发性的管道事故抢修。

(4)应用挡板—囊式管道封堵器,只需更换少量配件(主要是指挡板和封堵囊),就可以实现相近三种管径的管道封堵。

(5)制作成本和实施封堵的造价相对较低。

(6)挡板—囊式管道封堵器性能参数见表 2-1-7,对介质压力和温度的适用范围按表中的规定执行。

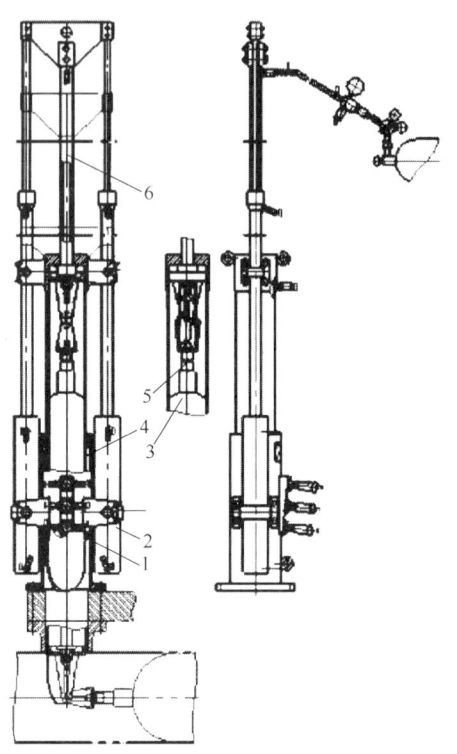

图 2-1-18 液动送取囊装置结构示意图
1—法兰套筒；2—两级油缸；3—密封胶囊；4—贮囊筒；5—封堵囊接头；6—充气导管

表 2-1-7 挡板—囊式管道封堵器性能表

公称管径,mm	封堵压力,MPa	介质温度,℃
DN200~450	0.8	<55
DN500~650	0.6	<55
DN700~800	0.5	<55
DN850~1000	0.4	<55

3）封堵特性

(1)挡板—囊式管道封堵器主要适用于封堵原油、成品油、天然气和水等介质的管道，既可用于停输封堵，在一定条件下也可用于不停输封堵。常用于计划性的管道大修、改线和管道工艺改造以及突发性的管道事故抢修等。

(2)挡板—囊式管道封堵器开孔小，仅为管径的二分之一左右，开孔时间短，法兰短节的焊接量少。当挡板—囊式管道封堵器抵达事发现场，3~5h 就可以实现管道封堵。

(3)挡板和封堵囊在送进管道的过程中不是立即阻断介质的流动，不会对设备造成任何的损坏或水击。真正阻断介质流动或封堵是在封堵囊在充胀的过程中，约需几分钟的时间逐渐实现的。封堵囊作为一种挠性的密封件，起到缓冲、吸收和削弱压力波的作用。

(4)挡板—囊式管道封堵器的法兰短节及加强板在管路上的焊接，既可在停输状态下进行,也可在不停输状态下进行。为保证焊接安全和焊缝质量,应严格按照焊接工艺评定组织焊接。

(5)挡板—囊式管道封堵器的单向性,即管道封堵一经实现,由于封堵囊的上游无依托,就不允许承受来自中间管段的任何反向压力,否则会使整个封堵失效。这样,在处理两封堵装置间的管段介质时,应采取直接放空或密闭抽取的方式来完成。鉴于挡板—囊式管道封堵器的单向性,对于停输管道应确认无压力波动后,再实现管道封堵。

(6)挡板—囊式管道封堵器管道封堵一经实现,无论是停输还是不停输都不允许干线压力再出现大幅度的波动。不允许上游进行倒流程、启泵等工艺操作。

(7)在实施停输封堵前,可根据管道纵断面图区别出高压侧和低压侧。为此应首先实现高压侧的管道封堵,中间管段泄压后,再实现低压侧的管道封堵。两侧压力大致相当时两侧的封堵可同时操作。

(8)在解除封堵时,应先解除低压侧,然后再解除高压侧,两侧压力大致相当时可同时解除。

(9)除挡板囊式封堵之外,往往还需在两侧封堵内侧增加一处黄油墙封堵。

2. T型封堵囊

T型封堵囊外层胶片为天然橡胶和氯丁胶的混合橡胶,中间内夹芳涤线一次成型网罩,橡胶与网罩硫化形成一体T型结构,如图2-1-19所示。使用时安装法兰及充气孔与管道开孔轴向相同,通过专用下囊器送至开孔管道内并通过下囊器中充气通道进行充气,完成封堵操作。

技术参数如下:

(1)适用管线介质:成品油、水。

(2)工作温度:-20~70℃。

(3)空地试验压力(放至于管道外):0.05MPa。

(4)封堵压力:0.1MPa。

(5)充气压力:0.2MPa。

(6)管道内介质压力与囊压力差:0.08MPa±0.02MPa。

(7)封堵时间:可保证48h无泄漏(封堵压力0.1MPa)。

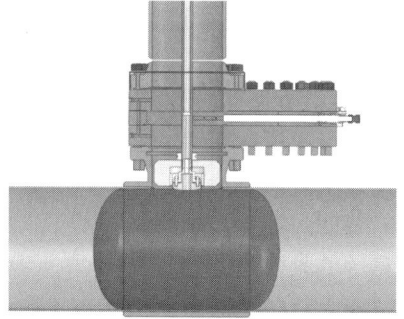

图2-1-19 T型封堵囊示意图

(三)筒式封堵器

封堵头密封结构为圆筒式的封堵形式称为筒式封堵。筒式封堵器是管道封堵作业的主要设备,主要用于截断管道介质,将封堵头送至管道内,采用胀开的形式,使筒壁上的橡胶板与开孔的料口紧密接触,实现封堵目的。筒式封堵器膨胀筒外部包覆可更换的耐油橡胶板,一侧带有纵向开口,起到弹性胀缩和单边通流的作用,膨胀筒中心装有正反螺纹的中心螺杆和上下膨胀楔,由封堵器传递过来的旋转力带动中心螺杆使上下膨胀楔做相向或相反运动,从而使膨胀筒胀大或缩小,与已开好的封堵孔紧密结合或松开,达到封堵密封和取出膨胀筒的作用,可确保封堵严密,提高封堵稳定性。

筒式封堵器除适用于常规管道封堵外,还适用于内壁结垢、腐蚀以及不规则变形管道封堵,不受管道椭圆度、管道内壁焊缝等缺陷的影响,一般用于油田、石化系统的生产管线;具有封堵严密,不受管道年限影响的特点,但由于需开截断孔,开孔时间长,因此常用于小口径管道封堵。

（四）折叠式封堵器

折叠式封堵器在管道封堵作业时,所开孔的直径约为等径孔的70%~80%,抢修所用的封堵三通、筒刀、夹板阀、开孔机、开孔结合器、封堵结合器的规格更小,所以抢修成本和时间都大大降低了。

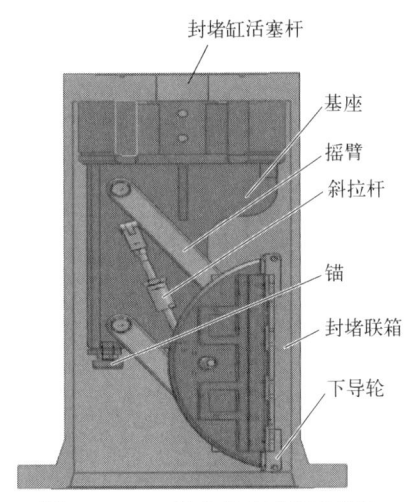

图2-1-20　折叠式封堵器示意图

折叠式封堵器主要由基座、摇臂、斜拉杆、堵头、皮碗组成,其中基座与封堵缸连接,摇臂与堵头、基座组成一个平行四边形机构,在平行四边形机构运动的过程中,斜拉杆起到折叠作用。整个堵头最开始收纳在封堵结合器里,通过封堵缸活塞杆的伸出,封堵头的下导轮首先接触到被封堵管道的下内壁,这时堵头通过平行四边形机构向前行走,与此同时斜拉杆向外扩张使堵头的左右折压板展开直到与中间固定板形成一个完整的圆,这时堵头下抵块也接触到被封堵管道的下内壁。折叠式封堵器见图2-1-20。

（五）智能封堵器

管内高压封堵是一种新型的封堵技术。智能封堵器从清管器发射端进入管道内部,随着运输介质的推动,到欲封堵管段时,实施封堵作业。相比广泛运用的带压开孔技术,新型的管内智能封堵技术突破传统封堵器的开孔作业模式,缩小了施工的规模,不受地质条件影响,降低了封堵作业本身对管道的二次伤害。

智能封堵器是采用一种基于低频电磁波的双向通信方法,地面控制单元发射带有码元信息的低频电磁波,管内作业单元接收到此电磁波,通过滤波、放大、解调得到相应的码元。通过建立稳定的双向通信通道,完成地面控制器与管内作业单元的同步工作,完成对管内智能封堵器的控制,确保理论上封堵作业顺利进行。

管内智能封堵系统由封堵机械机构、应急处理系统、通信与控制系统、微型液压系统构成。其结构见图2-1-21。通过低频电磁信号的发射和接收,能够控制在管道内的封堵设备进行尾杆导向及内胀封堵动作,通过设备自带的流量计可以检测本次封堵是否成功。其主要工作原理如下:由清管器发球端进入管道,控制模块及上位机置于被封堵管线上方,通过无线通信的方式进行控制;此时管内的封堵器运行至需要封堵的管段,管外设备发射指令,管内设备通过调制解调后得到相应的指令码进行微型泵站启动加压、液压缸动作、封堵的三级加压等。而管道内设备要相应地反馈微型泵站状态,液压缸展开状态,封堵加压状态以及封堵流量变化等数据。这些数据将决定是否进行下一步的阀门更换或管道切割等施工作业。

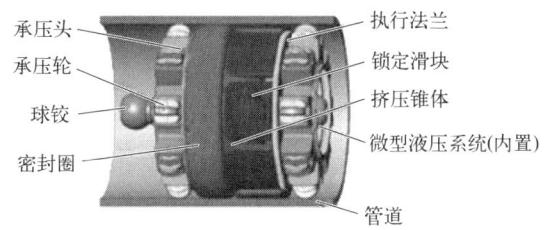

图 2-1-21　智能封堵器示意图

二、使用方法

(一)塞式封堵器

1. 塞式封堵头的安装

(1)压板螺栓均匀紧固,封堵皮碗不应重复使用。

(2)在封堵结合器上安装压力表,封堵器与封堵结合器应竖直安装和拆卸。

2. 封堵操作

(1)打开夹板阀后,启动封堵缸,下落封堵头到达管道的封堵位置后完成封堵(图 2-1-22)。

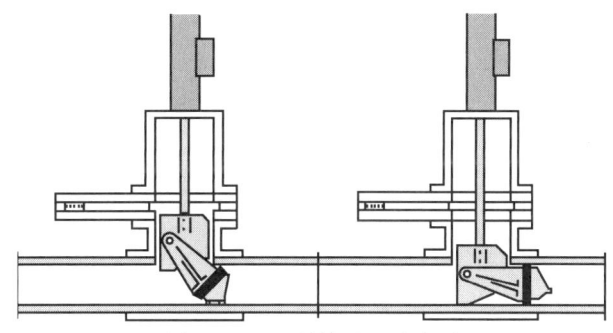

图 2-1-22　封堵过程示意图

(2)封堵头到位后应锁紧封堵器主轴。

3. 解除封堵

(1)封堵头两侧需进行压力平衡,压力平衡后才可以提取封堵头。

(2)解除封堵顺序:先解除上游封堵,再解除下游封堵。

(二)囊式封堵器

1. 安装挡板装置

(1)在封堵点的外侧夹板阀上垂直安装挡板装置。

(2)打开夹板阀。将挡板送进到管道中。松开挡板的锁紧手柄,逆时针转挡板手轮,全部展开挡板后(图 2-1-23),再锁紧手柄。

2. 安装送取囊装置

(1)在封堵点内侧夹板阀上垂直安装送取囊装置。

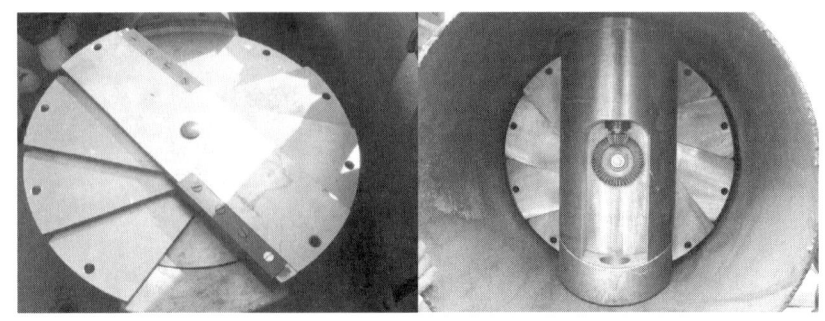

图 2-1-23 挡板完全展开图

（2）挡板装置与送囊装置属于配合使用。打开夹板阀，将挡板送进管道中展开形成圆形断面挡板；打开夹板阀，由送取囊装置定向（朝向挡板装置）送进一个封堵囊，并外接好氮气系统。

（3）打开夹板阀。启动液压站，操作一级换向阀将把囊筒送进到管道中，再操作二级换向阀将囊筒中的封堵囊推进到管道中。

3. 实现管道封堵

（1）打开氮气瓶总阀和减压器向管道中的封堵囊充气。直至使囊压稳定在超过管压 0.08MPa±0.02MPa 的范围内，并在整个封堵过程中保持这种状态。

（2）关闭氮气瓶四通上的输气控制阀，在管道封堵的整个过程中，应始终监护管道压力和封堵囊压力。如发现管道压力变化，应及时调整封堵囊压力。

4. 解除封堵

（1）打开氮气瓶四通上的排气阀，泄放封堵囊中的氮气。

（2）拆除送囊装置上的锁紧用的手动葫芦。

（3）启动液压站，操作二级油缸的换向阀，将囊回收到贮囊筒中；然后操作一级油缸的换向阀，将贮囊筒提升到夹板阀以上。

（4）关闭夹板阀，打开夹板阀上的放空阀，泄放送取囊装置上部腔体的压力和残液。

（5）卸下送取囊装置与夹板阀的连接螺母，吊下送取囊装置。

（6）顺时针旋转挡板装置上的手轮，收拢挡板，锁紧手柄。

（7）启动液压站，操作挡板装置的换向阀，挡板提到夹板阀以上，回收到法兰套筒中，关闭夹板阀。打开夹板阀上的放空阀，泄放挡板装置上部腔体内的压力及残液。

（8）卸下挡板装置与夹板阀的连接螺栓，吊下挡板装置。

（三）筒式封堵器

筒式封堵器操作基本顺序：先平衡，再开阀，后下堵。

（1）安装封堵器，连接平衡压力管路，进行压力平衡。

（2）打开夹板阀，先下下游的封堵筒，后下上游封堵筒，封堵筒到位后，应锁紧封堵器主轴。

（3）封堵完成后，关闭压力平衡阀。

（4）打开平衡孔降压，压力降为零，观察 5min，若封堵隔离段管道压力没有回升，则封堵成功。

(5)在确认管道动火施工完成、焊口检测合格,经现场管道管理部门确认同意后,方可解除封堵。

(6)解除封堵前,应首先进行干线压力平衡,以减轻提封堵筒的阻力;在确认封堵点两侧压力平衡后,提出封堵筒,关闭夹板阀,拆除封堵器。

(四)折叠式封堵器

(1)安装封堵器,连接平衡压力管路,进行压力平衡。

(2)打开夹板阀,先下下游的封堵筒,后下上游封堵筒,封堵器到位后,应锁紧封堵器主轴。

(3)封堵完成后,关闭压力平衡阀。

(4)打开平衡孔降压,压力降为零,观察5min,若封堵隔离段管道压力没有回升,则封堵成功。

(5)在确认管道动火施工完成、焊口检测合格,经现场管道管理部门确认同意后,方可解除封堵。

(6)解除封堵前,应首先进行干线压力平衡,以减轻提封堵筒的阻力;在确认封堵点两侧压力平衡后,提出封堵筒,关闭夹板阀,拆除封堵器。

三、维护保养

(一)塞式封堵器日常保养

(1)封堵器日常保养检查内容包括:

① 零部件、紧固件是否有松动和损坏。

② 法兰端面和各密封面是否有伤痕污垢等。

③ 所有螺纹有无损坏和过度磨损,并能手动上紧螺钉。

④ 阀门是否开关灵活,有无渗漏。

⑤ 液压系统有无渗漏。

⑥ 主轴和各活动轴是否伸缩自如,转动灵活。

⑦ 活动架和触头件表面无任何裂纹或凹陷。

⑧ 密封皮碗的导向边、后沿及密封环是否完好。

(2)封堵作业结束后,应清除封堵器各处的油污。

(3)封堵器使用20次或8年以上应联系厂家进行大修理。

(二)囊式封堵器日常保养

1. 挡板装置日常保养

(1)停用时应将活塞杆收至侧油缸内,且将挡板和砥柱外露部分装上保护套,见图2-1-24。

(2)日常保养时应检查截止阀、锁环、止动块是否灵活好用。应在大锁紧螺母螺纹止动块销簧螺杆和导向轴外圆等处添加机油,保持导向轴外圆有油膜。

(3)使用后应清洗污油,并加以润滑保养。

(4)挡板装置使用20次或8年以上应联系厂家进行大修理。

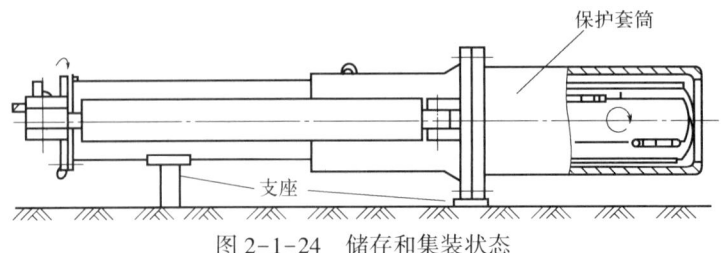

图 2-1-24　储存和集装状态

2. 送取囊装置日常保养

（1）设备备用时应将活塞杆全部收回油缸内，并将输气管全部收回贮囊筒内。

（2）设备备用时应将导向板保护套罩好，见图2-1-25。

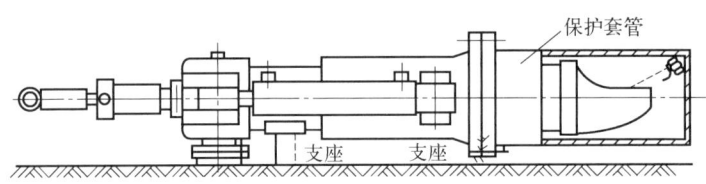

图 2-1-25　储存和集装状态

（3）设备备用时，各液压管路接头应加防尘罩，严禁杂质进入液压系统。

（4）密封胶囊在储存和运输中，严防机械损伤，不受酸、碱、油类等有害物质的侵蚀，不受阳光直射、雨淋、挤压等，并须远离热源。

（5）设备日常保养时应检查各连接部位是否灵活好用，应保持良好的润滑，并检查各种阀门是否开启灵活，有无渗漏。

（6）设备日常保养时应检查各密封处有无渗漏，仪表指示是否准确、是否在有效检定期内。

（7）设备日常保养时应检查液压系统管路是否堵塞，液压泵能否正常启动，溢流阀是否正常。

（8）设备使用后应在大锁紧螺母、二级送囊螺母、各处螺栓（螺母）及其动连接部位，导管和活塞杆外表面、贮囊筒与液压缸盖的动连接部位以及无漆处涂抹或加注润滑油；应保持活塞杆和导管外表面有油膜。

（9）设备使用后应清洗液压系统的溢流阀，并检查阀内弹簧是否弯曲或断裂；清洗液压阀，以防主阀芯阻尼孔堵塞；清洗液控单向阀、液压管路以及液压泵吸入口上的过滤器。

（10）使用后的液压油宜经过滤后存放。液压油使用4~6次后应更换。换油时应用滤油机将油过滤而充入油箱，过滤精度不小于$100\mu m$。

（11）送取囊装置使用20次或8年以上应联系厂家进行大修理。

3. 封堵囊日常保养

（1）应检查囊外观有无破损，检查囊头连接处是否牢固。

（2）定期对囊进行试压试验。

（3）使用后须清洗油污。

(三)筒式封堵器日常保养

(1)运输途中与装卸车时防止碰撞和损坏机件。

(2)野外使用时应注意尘土泥沙不侵入机器内部或外露的丝杆、螺母中,避免机件的磨损和研伤。

(3)每次作业完后应对设备的外表、外露的传动部分和密封贴合面清洗加20#机油,进行防腐防锈。

(4)夹板阀内腔应保持干净无脏物铁屑,每次使用后应将夹板阀开启,将前腔内部用煤油清洗干净后,表面涂抹少量20#机油防锈,并用油枪通过闸板上丝杆的过孔对丝杆注射20#机油,然后关闭闸板。

(5)主机和夹板阀应根据使用情况及时进行维修,更换轴承、油封、填料和磨损件,添加2#润滑脂。修理后应进行检验和试验,合格后方可使用。

四、故障分析与处置

封堵器在使用中常见故障、产生原因及处置方法见表2-1-8。

表2-1-8 封堵器常见故障及处置方法

序号	故障现象	产生原因	处置方法
1	塞式封堵中,封堵头不能完全下到位	(1)封堵头和管线规格不匹配。 (2)管线内壁的蜡层凝结过厚	(1)将封堵器拆除,重新更换匹配的封堵头进行作业。 (2)反复地提升和下封堵头,并适当地提高液压站压力输出,用堵头的外密封圈不断贴合管线内壁的蜡层,使得封堵头能够完全下到位
2	囊式封堵挡板展不开	管道本体有缺陷,管内积淤较严重,挡板无法到达管底	在短节焊接定位时,检查管道椭圆度,椭圆度应小于1%且不大于3mm。挡板安装前要检查与管道规格相符,封堵前要了解管道运行时间清管次数及输送介质

五、注意事项

(一)塞式封堵器使用注意事项

(1)封堵器安装完成后要进行压力密封试验,试验方法与开孔压力试验一致。

(2)带压作业的任何作业之前都必须进行压力平衡,如开孔之前、开闭夹板阀、拆卸开孔机或封堵机等,都必须进行压力平衡后再作业,否则将无法打开阀门或者造成设备损坏。

(3)封堵头及密封皮碗的直径是直接配合管道内壁的,所以管道内壁是否圆整,是否有涂层,是否有锈蚀,是否有矿化附着等都直接关系到封堵的效果。

(4)封堵作业期间不得进行清管作业、调整管道运行参数。

(5)带压封堵时管道内的液体介质不应大于2.5m/s,气体介质流速不应大于5m/s。

(6)检查开孔后取出的管块,分析其形状、切割纹理及表面不平整度和变形程度,以便确定膨胀筒橡胶挤压百分比,为回填做好准备。

(7)下封堵时应先下下游封堵头,后下上游封堵头。封堵头到位后应锁紧封堵器主轴。

(8)封堵皮碗原则上仅使用一次,每次封堵操作后要报废。使用过的皮碗可作为新一轮封堵作业前管道清理使用,也可根据外观等检验结果确定是否可以继续降压使用,破损的皮碗不可再次用来封堵作业。

(9)不得在封堵器套筒上直接焊接梯子、平台等附属物。

(10)不允许在没有支撑情况下,将带封堵头的控制杆伸出套筒。

(二)囊式封堵使用注意事项

(1)封堵囊在捆扎前应充氮气(充气压力不能超过 0.03MPa)进行外观检查,若发现有漏气、严重漏布、划伤等缺陷,严禁使用。

(2)每个封堵囊只能使用一次。

项目六　堵孔器

一、设备简介

堵孔作业是开孔作业和封堵作业的最后阶段。塞堵可以实现封堵三通或者短节独立密封,是夹板阀拆除和盲板安装工作的基础,堵孔器就是将塞堵带压安装到位的装置。

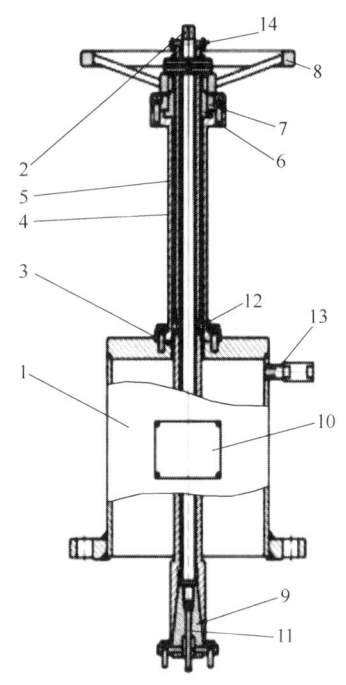

图 2-1-26　堵孔器装置结构示意图
1—法兰支架;2—压杆;3—O 形密封圈;4—外套筒;5—丝杠;
6—丝母;7—固定环;8—手轮;9—溢流法兰;10—标牌;
11—挺杆;12—导向键;13—接管;14—销

(一)手动

通常情况下管道开 2in 孔、封堵平衡孔的堵孔作业,均由手动开孔机进行。

手动开孔机堵孔,堵孔器是管线抢修、大修、工艺改造必不可少的设备。堵孔器装置结构见图 2-1-26。当管线进行封堵作业时,本设备与夹板阀连接;待封堵施工完毕,用于管线的堵孔。

(二)液压

通常情况下可应用液压开孔机作为堵孔器进行大口径管道封堵孔、旁通孔的堵孔作业。液压开孔机堵孔示意图见图 2-1-27。

二、使用方法

(一)手动开孔机堵孔

(1)顺时针旋转送进套筒,将主轴伸出机身套筒;将开孔钻卸下,装上塞堵杆总成,并带上丝堵;然后逆时针旋转送进套筒,将主轴收回,使机身套筒处于零位。

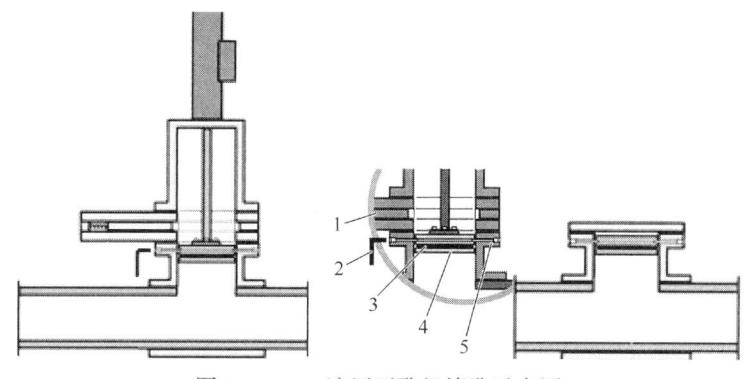

图 2-1-27　液压开孔机堵孔示意图
1—夹板阀；2—锁销；3—密封圈；4—塞堵；5—封堵法兰

(2) 将连接器连同开孔机安装到球阀上。

(3) 打开球阀,顺时针同步转动带压开孔机的切削扳手及送进套筒,将塞堵送到事先测量好的位置,将孔堵上,如图 2-1-28 所示。

(4) 打开泄压阀,检查堵孔效果,泄压后几分钟内泄压阀处无介质外泄,证明合格。

(5) 反时针旋转送进套筒,将塞堵杆抽出,收回到连接器内。

(6) 分别卸下开孔机、连接器和球阀,将短节盖安装到短节上,完成全部堵孔工作。

(二) 堵孔器操作

(1) 将开孔时切掉的弧形管壁焊于鞍形短节上,再将其与塞堵下部相连,这样当塞堵送进法兰短节后,开过孔的管道将恢复成原来管道的形状。

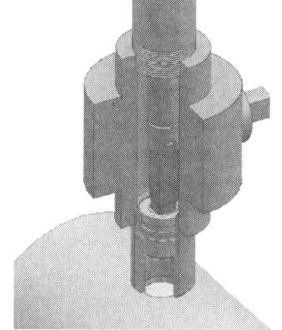

图 2-1-28　手动开孔机安装塞堵

(2) 将挺杆装入溢流法兰的孔中,再将塞堵紧固在溢流法兰上,这时,挺杆的圆弧面顶住塞堵中的钢球,以便于塞堵的送进。

(3) 将挺杆旋入溢流法兰中,转动手轮使塞堵收回于本设备的法兰支架中。

(4) 将本设备安装在夹板阀上。

(5) 打开夹板阀的闸板。

(6) 转动手轮将塞堵送进法兰短节指定位置,按法兰短节使用说明锁上锁环,即完成堵孔作业。

(7) 旋出压杆。

(8) 打开内螺纹球阀,放掉残压后卸掉本设备。

(9) 卸掉溢流法兰。

(三) 液压开孔机堵孔

(1) 将开孔时切掉的弧形管壁焊于鞍形短节上,再将其与塞堵下部相连,这样当塞堵送进三通后,开过孔的管道将恢复成原来管道的形状。注意应计算核对鞍型短节的尺寸确保焊接后弧形管壁不影响收发球。

(2)将堵柄与塞柄连接后,装入开孔机主轴,旋转标尺杆,顶开塞柄平衡弹珠、锁紧堵柄,收回塞柄至开孔联箱并到达零位。

(3)计算堵孔尺寸并做标记。

(4)将开孔机装在夹板阀上。

(5)完全开启夹板阀。

(6)手动慢放塞柄(不可用快速液压)。

(7)塞柄到达三通内计算位置后,锁紧三通锁环,向上提起主轴确保塞柄已锁死。

(8)逆时针旋转标尺杆,解锁堵柄使顶杆脱离平衡弹珠,打开泄压阀,检查堵孔效果,泄压后几分钟内泄压阀处无介质外泄,证明合格。提起堵柄,关闭夹板阀,拆卸开孔机。

三、维护保养

(1)日常保养时应检查丝杠升降是否灵活,应在丝杠、溢流法兰、螺栓、螺母等处加注或涂抹机油。

(2)使用后须清洗油污。

(3)检查溢流法兰与压杆的螺纹连接情况。

四、故障分析与处置

堵孔器在使用中常见故障、产生原因及处置方法见表2-1-9。

表2-1-9 堵孔器常见故障及处置方法

序号	故障现象	产生原因	处置方法
1	塞堵下不到位	(1)应检查下塞堵尺寸计算是否正确。 (2)密封圈在堵孔过程中与短节壁摩擦导致损坏或移入锁环槽中。 (3)三通和夹板阀之间或者开孔连接器和夹板阀之间的金属缠绕垫/石棉垫安装偏斜,导致塞堵边缘卡在金属缠绕垫处	(1)重新核对测量及计算尺寸,确保测量及计算准确。 (2)将堵孔器提起,重新调整或更换密封圈。 (3)重新更换新的金属缠绕垫/石棉垫,确保垫片对中
2	三通锁环失效	(1)密封圈安装位置错误。密封圈安装到了锁环位置,便不能顺利锁住锁环。 (2)锁环存在毛刺或者进入杂质不能完全收回	(1)将堵孔器提起,重新安装密封圈。 (2)拆卸锁环并处理毛刺或杂质后重新安装
3	塞堵泄漏	(1)塞堵中心平衡球失效。 (2)塞堵密封圈损坏	(1)将塞堵取下,清理平衡球表面使其密封;调整堵孔器顶杆长度,使其匹配。 (2)更换新塞堵密封圈

五、注意事项

(1)下塞堵作业期间不能调整管道的运行参数。

(2)在开孔机和夹板阀上阀板安装压力表。

(3)检查塞堵弧板状况,如有问题及时更换,然后将切割下的管块进行必要的清边处理,清边后鞍形板外径宜比开孔孔径小10~20mm。计算管块回填到位时尺寸,控制其与原管线上下以及同心度误差不超过2~3mm。将其与塞堵弧板固定连接,找好角度,一同收入塞堵器结合器内。

（4）塞堵作业完成后，断开连接器，收起塞堵杆，打开联箱泄压阀，排空介质，检查塞堵严密性，直至无介质渗漏方可。

（5）拆除塞堵器、夹板阀，安装盲板，管路运行进入正常状态，管件永久保留在管路上，整个带压封堵作业结束。

项目七 液压站

一、设备简介

本项目所介绍的液压站是专门为开孔机、封堵器、夹板阀提供动力的液压设备，通过胶管的快速接头实现与各设备的快速切换，然后进行工作。

按液压泵组布置方式不同，液压站可分为：上置式、非上置式、柜式和便携式液压泵站。

按液压泵组输出压力高低和流量特性不同，液压站可分为：低压、中压、高压和超高压液压站。

液压站主要由：电动机、柱塞泵、风冷却器、油箱、底座、阀体及控制阀等构成。通过控制柱塞泵的排量（必须停机后方可调解，然后锁紧），以及溢流阀的工作压力来达到各设备的使用要求。液压站工作时，采用电动机驱动手动变量柱塞泵，输出液压油，经溢流阀调解，经风冷却器冷却，锁定有适合的工作压力区间，再经调速阀调解，使主轴转速锁定在适宜转速。

二、使用方法

以 FK1800A 型开孔机液压站为例介绍液压站使用。

（1）在启动前必须检查液压油面（液压油不能加过量，在上下刻线中间）。

（2）启动前必须对机器各部件进行检查是否有松动现象、是否有漏油现象。

（3）在启动前应关闭调节阀，液压泵旁通阀在启动装置时必须处于开启位置。

（4）启动电源，确认电动机转向为顺时针。

（5）接通电源后试运转 5~10min，观察液压站运转是否正常。

（6）开启调节阀门，先调节流量阀再调节压力阀至所需输出数值即可。

（7）使用完毕后，确认调节阀构处于关闭状态，关闭液压站电源。

三、维护保养

（1）检查液压站各部件齐全、完整，外观无缺陷。

（2）检查液压油油位在刻度线范围内，并定时抽检油品质量。

（3）检查各密封点状况无渗漏，必要时更换密封接头或密封件。

（4）检测阀门的性能，开关灵活、密闭无泄压。

（5）保持油箱、油管等设备的清洁。

（6）溢流安全阀调整后，不得随意调节。

（7）定期还需检查调节阀等内部密封部件，确保完好可用。

四、故障分析与处置

液压站在使用中常见故障、产生原因及处置方法见表 2-1-10。

表 2-1-10　三通常见故障及处置方法

序号	故障现象	产生原因	处置方法
1	压力不足	(1) 溢流阀旁通阀损坏。 (2) 减压阀设定值太低。 (3) 减压阀损坏。 (4) 泵、马达或缸损坏、内泄大	(1) 修理或更换溢流阀旁通阀。 (2) 重新设定。 (3) 修理或更换减压阀。 (4) 修理或更换泵、马达或缸
2	压力不稳定	(1) 油中混有空气。 (2) 溢流阀磨损、弹簧刚性差。 (3) 油液污染、堵塞阀阻尼孔。 (4) 泵、马达或缸磨损	(1) 堵漏、加油、排气。 (2) 修理或更换溢流阀或弹簧。 (3) 清洗、换油。 (4) 修理或更换泵、马达或缸
3	泵反转	电动机转向不对	纠正电气线路
4	噪声过大	(1) 液压油被污染，有气泡混入。 (2) 联轴器不同心。 (3) 液压油黏度过大。 (4) 叶片已磨损	(1) 更换清洁的液压油。 (2) 校正同轴度。 (3) 更换黏度较小的油液。 (4) 修复或更换叶片

五、注意事项

(1) 应使用带有过滤器的加油油泵向液压站内注油(油牌号 46~68 号液压油)至油标 4/5 处。

(2) 启动液压站前，要注意泵的流量阀开度是否正常，溢流阀是否完全卸荷，然后方可开启。

(3) 液压油应每 1~2 年更换一次。每次换油后应向油泵加油口注油。长途运输时应将油箱中的油全部放出，以保护过滤器。

项目八　囊及囊压监测仪

一、设备简介

囊是管道封堵中比较常用的装置，其一般选用耐油橡胶为主体材质。在给囊充气时需要对压力进行较为精准控制，如果压力过高会造成囊身破裂，压力过低起不到封堵、密封、隔离作用。囊压监测系统可以精准控制囊内压力，并采用内置大容量锂电池组，可以在无外接电源的情况持续工作。

(一) 囊

1. 油气隔离囊

按封堵行业规范，油气隔离囊是在管道施工、抢修时，安装在第一道盘式封堵后，预防封堵皮碗封堵时的微小渗漏，用于二次封堵隔离。隔离囊的优点主要是开孔小，只需囊直径的

15%,操作灵活、简便。

技术性能:

(1)试验压力与封堵时的工作压力:囊的地面充气试验压力≤0.05MPa。直径不同,充压则不同,小直径充压高,大直径充压小。

(2)隔离囊的材质:内层为丁基胶与树脂及聚氯乙烯混合,外层为劳纶布。

油气隔离囊使用时,要求配套充压显示压力表灵敏,表盘刻度最好在0.1~0.2MPa,表针显示灵活明显。气源为氮气瓶即可。囊胆怕尖硬器物扎划,一旦囊胆损坏,隔离囊禁止使用。

保存时,油气隔离囊应存放在仓库中,在自然条件下,应存放在避光、通风处,与有毒物及强度酸、碱、盐应保持30m之外,应放置在光洁金属板、木板架子上为宜,不应与尖锐物接触,避免损坏,存放温度在-15~25℃之间。2年内可保证出厂性能(2年后使用前应充气检验后再使用)。

2. 封堵囊

橡胶封堵囊是管道施工、抢险封堵的一种主要配件,主要用于囊式封堵。封堵介质可适用原油、天然气、水、化学药品等。

技术性能:

(1)以各种管道规格为依据制作成不同直径、大小、薄厚的橡胶夹线封堵囊,囊壁厚平均在4~7mm不等。

(2)封堵囊金属嘴与囊身为一体硫化而成,封堵时开孔大小与囊壁薄厚有关,一般情况开孔大小是封堵囊直径的50%~60%,囊嘴直径随囊体规格大小分别匹配不同规格。氮气瓶连接管接头是按囊头规格匹配接头囊嘴。

封堵囊使用时,压力根据管线运行压力而定,压差在0.08MPa±0.02MPa之间。封堵囊在管道内前方有金属挡板,这样封堵囊充气时,不会被管道流体冲击滑动。封堵囊充气扩张后,只增加囊体直径,密封效果好。封堵解除后,囊内气体用抽真空泵抽气,避免封堵囊外提、划伤等。

封堵囊存放条件与油气隔离囊相同。

(二)囊压监测仪

囊压监测设备管路系统由手动球阀、进气电磁阀、指针压力表、压力传感器、排气电磁阀等组成,如图2-1-29所示。两个电磁阀为常闭型电磁阀,即电磁铁通电时,阀门打开,电磁铁断电时阀门关闭。给隔离囊充气时,对囊内压力进行控制。充压过高,囊有破裂风险,而充压过低,无法保证可靠密封。

二、使用方法

(一)囊的使用方法

1. 油气隔离囊使用

(1)使用前应进行充气试验,充气压力为0.02MPa,保压30min。

(2)使用穿线器将充气胶管送至指定位置,将充气胶管与囊头连接。

(3)将隔离囊放入管线中,进行充气。

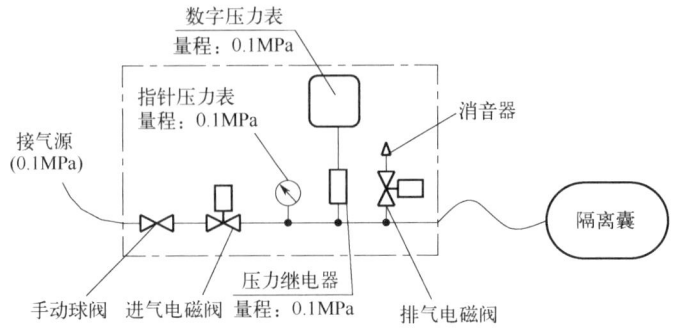

图 2-1-29 囊压监测设备组成示意图

(4)管道动火完毕后,打开四通放气阀,使用真空泵排空囊中的气体。

(5)取出油气隔离囊并拆卸囊头。

2.封堵囊使用

封堵囊的使用操作主要包括捆囊、下囊、放空、取囊。

(1)预制捆囊器,将囊与囊头连接(囊头焊接吊环)。

(2)将囊每间隔100mm用捆囊绳捆绑一次,囊端部、尾部硬,捆的可以适当密集一些。将囊收入捆囊器中。

(3)将捆囊绳剪出豁口,便于充压时将塑料带崩断。

(4)将黄甘油均匀地涂抹在囊上,便于下囊和取囊。

(5)将细钢丝绳挂在囊头吊环上,便于取囊。将充气胶管与囊头连接。

(6)另一端胶管与四通连接,四通与氮气减压器连接,氮气减压器与氮气瓶连接,准备充气。

(7)将捆好的囊缓慢送入管线中,囊的方向应朝向皮碗位置。

(8)管道动火完毕后,打开四通放气阀,排空囊中的气体。

(9)取出封堵囊病拆卸囊头。

(二)囊压监测仪使用方法

囊压监测仪主要用于油气隔离囊压力监测,亦可监测封堵囊压力。

(1)设备通电:按下控制按钮,设备开始通电。数字压力表通电亮起并开始工作。电压表工作显示电池组电量。

(2)使用时,先关闭手动球阀,将气源压力调至0.1MPa。调整完毕后,开启手动球阀,隔离囊内压逐渐升高,当压力达到设定值时,进气电磁阀被关闭,隔离囊进入保压状态。

(3)在实际封堵作业中,隔离囊内压力有可能会自动升高,当达到某一高度时有可能造成囊破裂。为了保护隔离囊,设备设计保护功能,即囊压升高到设定值时,打开排气电磁阀,启动放气程序,当压力下降到安全值时,排气停止。

三、维护保养

(一)囊的保养方法

(1)日常保养时应检查囊外观有无破损,检查囊头连接处是否牢靠。

(2)定期对囊进行压力试验。

(二)囊压监测设备保养方法

(1)设备为锂电池组供电,需至少半年充电一次,充电电压达 24V。
(2)在设备使用中,如电压低于 22.5V,要进行充电。

四、故障分析与处置

囊及囊压监测仪在使用中常见故障、产生原因及处置方法见表 2-1-11。

表 2-1-11　囊及囊压监测仪常见故障及处置方法

序号	故障现象	产生原因	处置方法
1	封堵囊无法完全展开,囊压无法达到封堵所需压力	(1)封堵囊捆绑不合理。 (2)囊头与充气管接头渗漏。 (3)开孔时留下的铁屑会落在管底,囊体也可能在送进管体时被刺破。 (4)管道环形焊口余渣扎坏囊	(1)囊体表面润滑。 (2)充气管与囊头间要放密封圈,可用肥皂水检查接头是否渗漏。 (3)需将封堵囊收取,封堵器拆除更换封堵囊重新进行封堵。 (4)封堵囊发生微量泄漏,要不间断地对封堵囊进行充压处理,渗漏严重需更换
2	囊压监测设备不启动	(1)电池组电量不足。 (2)电池组损坏	(1)对电池组进行充电。 (2)更换电池组

五、注意事项

(1)使用隔离囊时,应注意囊的折叠,应将囊胆、囊罩摊平,然后自然卷成一个卷,从开孔处送入管道内,不让其弯曲,然后充气。
(2)隔离囊在充气过程中,需要有人观察,并活动囊身,让其自然充气与管壁自然贴合。
(3)囊使用时,应在囊头处连接静电导出线。

项目九　管道对口器

一、设备简介

管道对口器也称定位夹持器,是在管道组对时,保证两管在同一中心线所使用的一种对口工具。

管道对口器分为内对口器和外对口器两种。

内对口器适用于施工的管径为 325～1422mm 的管子,内对口器由对中机构的小车、带有液压的传动机构、控制机构和防护罩组成。对口器借助推杆传递的外力或借助自行机构由一个管口移向另一个管口。对口器的主要工作部件是对中机构。

外对口器根据结构不同可分为链式和偏心式两种。外对口器的缺点是不能保证组对大口径管子的高度精确性。施工组对过程中常用到的是外对口器,本项目介绍两种外对口器。

(一) 双链式外对口器

双链式外对口器是由带压辊的片状链节组成的铰链多面体,最边缘的链节和锁钩穿在沿螺杆移动的十字形基座螺母上,螺杆支座靠到对接口上。双链式外对口器如图2-1-30所示。

图2-1-30 双链式外对口器

(二) 双口对口器

双口对口器主要用于长输管线换管时,利用管线外径找正对口。对口器可用于管道两侧同时对口,方便管口的纵向和径向局部调整,适用于≤ϕ1422mm管道组对。对口器主要包括底座、两侧固定卡箍、两侧移动调整环、导轨、导向轮、轴向调整正反扣丝杠、可调节角度的径向丝杠、滚杠组件等几个部分。对口器利用两侧固定卡箍使对口器与原管道定位;利用导轨、导轮调整管道纵向移动,并用正反扣螺栓或铜螺栓锁紧移动调整环;利用移动调整环上的环向丝杠调整X、Y方向错口;利用滚杠装置通过外力使新管道旋转。双口对口器如图2-1-31所示。

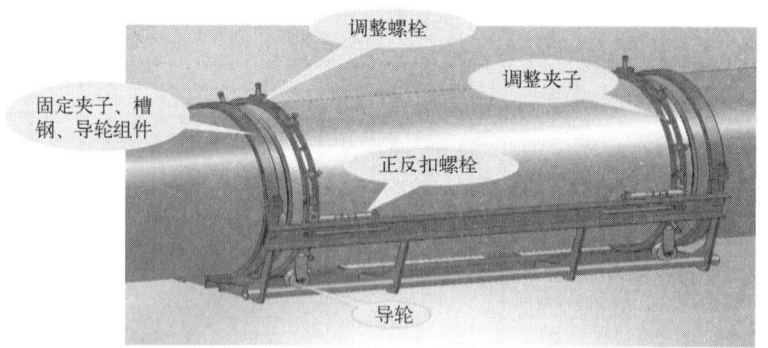

图2-1-31 双口对口器

二、使用方法

(一) 双链式外对口器使用

(1) 检查链条卡销有无脱落。
(2) 检查链条油是否适量。

(3)检查链条螺纹紧固有无破损。
(4)确定链条长度(管径)。
(5)准备适合管径的链条。
(6)准备卡削。
(7)准备活动扳手、手锤等工器具。
(8)确保链条平整地铺在管子上。
(9)将调平块按间距均匀分布在管壁上,并锁紧紧固螺母。
(10)对链条紧固时用力要均匀。

(二)双口对口器使用

(1)在管道安装外对口器前,除去管道两侧对口部分表面的防腐层、铁锈等异物。
(2)检测管道的椭圆度,准许管道表面有较小的不规则度,范围在3mm内。
(3)将外对口器两侧套在原始管道管口外,利用卡箍螺栓螺母夹紧。
(4)拔出对口器上两个移动调整环的锁紧销,并将上环打开。
(5)将新换管道放入对口器中,插入锁紧销,利用导轨、导轮调整新管道纵向移动,用正反扣螺栓或铜螺栓锁紧移动调整环;利用移动调整环上的环向丝杠调整X、Y方向错口(下调整环上两侧各有个可调节角度的调整丝杠)。利用滚杠装置通过外力使新管道旋转。
(6)焊接后,卸下开口销及锁紧销轴,将外对口器从管道下方拆下。
(7)将外对口器从管道拆下后,再穿上销轴及开口销,重新组合,以便下次再用。
(8)在使用外对口器前,应该对实际具体情况进行全面透彻的分析。
(9)焊接时,在确认两管已焊牢后才能卸下外对口器。

三、维护保养

(1)用后清除对口器及"拉丝""顶丝"上的杂物,涂抹上润滑油防止生锈。
(2)用后放到专用箱里面,防止磕碰变形。

四、故障分析与处置

管道对口器在使用中常见故障、产生原因及处置方法见表2-1-12。

表2-1-12 管道对口器常见故障及处置方法

故障现象	产生原因	处置方法
对口器不能完全发挥作用	由于脏物或焊渣导致对口器螺栓拧不动	使用对口器之前及时清理螺栓上的脏物等

五、注意事项

(1)在使用外对口器前,应该对实际具体情况进行全面透彻的分析。安装前,应仔细阅读安装说明。
(2)偏心式对口器每套外对口器配"拉丝""顶丝"各一套,用于两铺设管道径向、轴向有很大偏差时"拉顶"用。
(3)链式外对口器需检查链条有无破损。

(4)链式外对口器需检查链条卡削是否脱落。

(5)焊接时,在确认两管已焊牢后才能卸下外对口器。

项目十 消磁机

一、设备简介

在建设或进行油气管道维修作业时,通常需要对管道进行焊接,当焊口余磁大于30Gs时,会出现磁偏吹现象,轻者会影响焊接质量,严重时会使焊接无法正常进行。为保证焊口质量,必须对管口有余磁的管道进行消磁处理。

消磁机有交、直流两种,本项目以直流EWM直流焊口消磁机为例进行介绍。消磁机如图2-1-32所示。

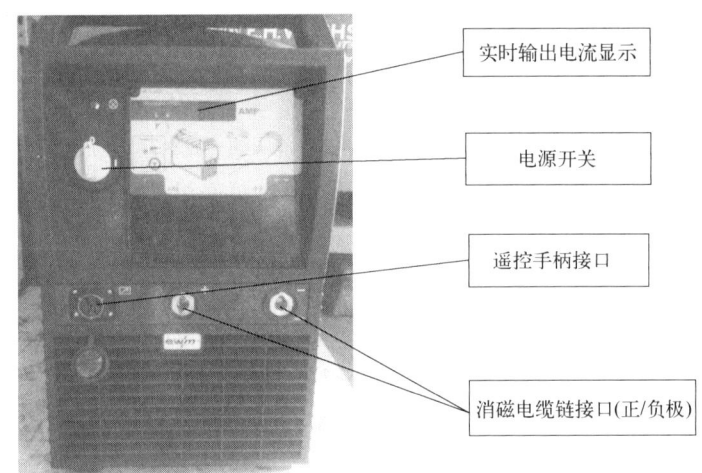

图2-1-32 消磁机

消磁机采用单通道输出设计,配置遥控手柄调节输出电流大小,具有大电流、长时间持续、稳定、精确输出的特点,可承载更长的电缆,允许更大范围的输入电压波动,适合野外在线管道消磁作业,尤其是大口径的强磁管道在线消磁。

二、使用方法

(1)选择消磁方法,适用于油气在线管道在线消磁的消磁工艺为直流消磁。

(2)操作前的检查和准备,用万用表检查插入电压是否符合标准,是否连接牢固,防止因电压过高或打火损坏电路。

(3)消磁机采用直流消磁工艺,通过缠绕在管端口的消磁电缆产生的磁场来平衡管道自带的磁场,从而使焊口实现磁平衡满足焊接的要求。由于该设备采用单输出配置,因此需要在焊口两边管端各自缠绕一根消磁电缆,并对应两台设备分别进行消磁驱动。

（4）在焊口两端管道分别缠绕消磁电缆，电缆缠绕要求沿固定方向缠绕，顺时针或者逆时针均可，最终与消磁机连接。绕线要求线圈间隔均匀，与管道贴合紧密，在搬运和缠绕时保护好避免磕碰损伤。

消磁强度和电缆缠绕圈数、消磁机电流输出均成正比例关系，在高强度消磁应用时，需要注意电缆温度的问题。电缆温度变化与电流输出大小成正比、与电缆圈数成反比，因此在同等消磁强度需求下，可以考虑增加电缆圈数、降低电流输出来降低电缆温度。使用时可自行配置多种规格及长度的消磁电缆，以提高操作效率。

（5）将消磁遥控手柄在归零后与消磁机相连接，接口为多芯航空接头。控制手柄背部有磁铁可以将手柄直接吸附在作业点的磁体上，便于调节。

（6）先开启一台消磁机的电源开关，静等3s后在遥控手柄上逐步增大电流输出。如果焊口处磁强度减小，则继续增加电流输出直至消磁方向反向并超出一部分；如果磁强度在增加，则需要改变消磁机输出正负极后再重复以上动作。调换正负极时需要首先将遥控手柄归零后，关闭该消磁机电源开关，调换电缆正负极接口后重新开机。

（7）开启另一台消磁机，逐步增加电流输出后同样观察焊口磁强度大小变化，如果减小则继续增加电流输出直至磁强度达到"零"或达到焊接许可范围内；如果磁强度变大，则需改变消磁机输出正负极后再重复以上动作。

三、维护保养

（1）用后放到专用集装箱里面，防止磕碰变形。
（2）定期开机运行，确保消磁机保持良好的工作状态。
（3）检查控制面板显示是否正常。
（4）消磁机电缆线不允许有外伤。

四、故障分析与处置

消磁机在使用中常见故障、产生原因及处置方法见表2-1-13。

表2-1-13　消磁机常见故障及处置方法

故障现象	故障原因	故障处理
消磁机消磁达不到焊接要求	电缆缠绕不紧，缠绕圈数不够	电缆缠绕要求沿固定方向缠绕，顺时针或者逆时针均可，最终与消磁机连接。绕线要求线圈间隔均匀，与管道贴合紧密

五、注意事项

（1）设备做好接地，小心触电。
（2）检查配件是否齐全，外观有无硬伤。
（3）通电看控制面板显示是否正常、功能完好。
（4）消磁机在搬运和缠绕时保护好避免磕碰损伤。
（5）检查消磁线圈有无破损，如有损坏，修复后方可使用。
（6）操作者必须戴好安全防护用品，如皮手套、安全鞋等。

项目十一 管口加热器

一、设备简介

将预制电缆缠绕在需要加热部位,启动加热器,将热量均匀地传递到对接焊口,使焊口温度升高,使其达到焊接工艺要求温度标准的设备,称为管口加热器。

加热器可以使管道焊口在工艺准备阶段的时候,就开始在一个允许的较短时间内快速升温。管道焊接开始以后,加热可以继续同时运行,不会影响所有的焊接工序操作。无论采用手工、半自动、自动流水线的焊接工艺,都可以达到预热升温及维持层间焊接温度的要求。本项目以 KOMAS 管口加热器为例进行介绍。管口加热器如图 2-1-33 所示。

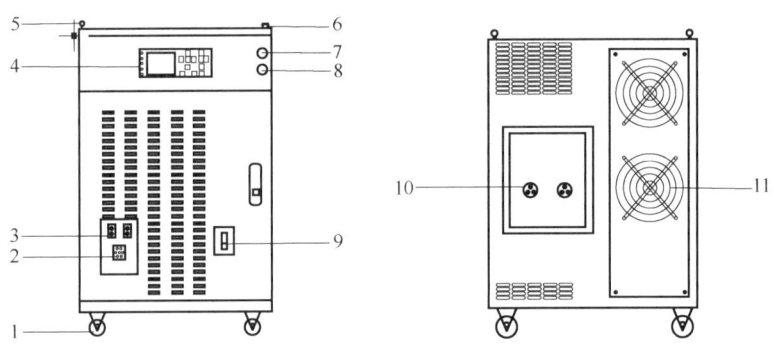

图 2-1-33 管口加热器

1—转向轮;2—遥控器接口;3—热电偶测温接口;4—LCD 显示和操作面板;5—吊钩;6—急停开关
7—电源指示灯;8—故障指示灯;9—电源开关;10—连接电缆接口;11—侧面风机

二、使用方法

(一)管口加热连接及使用

(1)将蓝色电缆缠绕在需要加热部位,再将蓝色电缆接头连接在延长电缆上。

(2)连接测温线,将测温延长线连接在主机上,插入后将卡口扳下即可。

(3)将测温线插在测温延长线插板上,插入 2 根即可,4 个插口可随意插入。

(4)将测温线端头压在电缆下面,或者用耐高温胶带粘在需要测温的位置。注意此步骤必须安装到位,不然设备将持续加热,导致电缆加热受损。

(5)查看设备操作界面,点击菜单/确认/工作模式选择/确认/恒温度控制/确认。

(6)如上步骤确认后,出现测温线测温温度界面,操作者需要加热到的目标温度,通过点击界面上下键可调节目标处温度,长按可加快调节速度。例如焊前预热需要加热到 120℃,管道未加热此时温度为 68℃,需要加热的目标温度为 120℃。按下启动按钮,此时管口加热器开始工作,直到通过测温线测到管道温度已加热到 120℃停止升温并且会一直保持在120℃。不需要加热时按下停止按钮即可。

(二)焊后缓冷处理

(1)如焊接工艺要求焊接后需要缓冷热处理。

(2)将电缆缠绕在需要缓冷的管道或部件上,连上测温线。

(3)查看设备操作界面,点击菜单→确认→工作模式选择→确认→时间段控制→确认。

(4)点击菜单→确认→温控曲线设置,进入温控曲线设置界面,调节温度下降的速率按钮,即工艺要求的每分钟下降幅度,如设置为每分钟下降1.5℃,可通过上下键调节。

(5)继续调节温度下降界面至保持的温度要求数值,可通过上下键调节。

(6)降温程序设置完毕。点击右键,选择保存并退出。

(7)按取消键直至退回主界面,进入缓冷界面。操作完毕后检查电缆和测温线安装完好,按下启动键开始缓冷工作调节缓冷界面,调节温度下降速率,达到目标温度,显示框里界面为此时测温位置温度。

(8)工作完毕后,先按停止键,然后合下主机后端开关。整理电缆及设备附件。

三、维护保养

(1)用后放到专用箱里面,防止磕碰变形。

(2)定期开机运行,确保管口加热器保持良好的工作状态。

(3)检查控制面板显示是否正常。

(4)管口加热器电缆线不允许有外伤。

四、故障分析与处置

管口加热器在使用中常见故障、产生原因及处置方法见表2-1-14。

表2-1-14 管口加热器常见故障及处置方法

故障现象	故障原因	故障处理
管口加热器达不到加热要求	强磁场电子设备影响或损坏	禁止携带电子设备

五、注意事项

(1)设备做好接地小心触电。

(2)检查配件是否齐全,外观有无硬伤。

(3)通电看控制面板显示是否正常、功能完好。

(4)管口加热器在搬运和缠绕时保护好避免磕碰损伤。

(5)检查蓝色电缆有无破损,如有损坏,修复后方可使用。

(6)操作者必须戴好安全防护用品,如皮手套、安全鞋等。

项目十二　堵漏卡具

一、设备简介

堵漏卡具是通过切断钢制管道内的介质泄漏通道,或堵塞、隔离泄漏介质通道,形成一个封闭空间,达到阻止流体外泄目的的抢修设备。

(一)对开式管道抢修卡具

对开式管道抢修卡具分为标准型和加长型两种。标准型卡具主要用于管道介质泄漏、管道腐蚀、穿孔、开裂等情况发生时的临时抢修,要求管道的压力不大于15MPa,最高工作温度不大于120℃,卡具密封压力小于等于10MPa,适用管道规格 ϕ34~1422mm。加长型卡具适用于泄漏或开裂长度较长的情况发生时的应急抢修,适用管道规格 ϕ168~1422mm。两种卡具安装操作步骤两种相同,即可作为临时性抢修,也可作为永久性修复抢修。

(二)带压引流式堵漏卡具

带压引流式堵漏卡具用于微孔泄漏或支管焊缝、阀门等缺陷的引流封堵,要求管道的工作压力不大于15MPa,最高工作温度不大于120℃,密封压力不小于2.5MPa,适用管道规格 ϕ168~1422mm。

二、使用方法

(一)对开式管道抢修卡具使用

(1)在管道上安装卡具前,要除去管道表面的防腐层、铁锈等异物。

(2)检测管道的椭圆度,密封垫准许管道表面有较小的不规则度,范围在0.8mm内。

(3)给密封垫涂上润滑剂。

(4)将卡具组对在管道上,使涂有黄漆的两端相对,并将卡具尽量地置于管道破坏点的中心。为了方便安装,也可将夹具放松置于管道破坏点的一边,然后沿管道滑移到破坏点中心进行紧固。

(5)所有螺栓、螺母都应一致扭转。在固定好螺栓的同时,最好能保持钢梁缝隙相同。

(6)当卡具完全固定后,侧面钢梁缝隙约3.6~4mm。

(7)确认卡具无泄漏后,保压30min,方可实施焊接。

(8)焊接时不要让密封垫过热。依次焊接不同的部位,避免热量集中。在现场焊接中,必须定时扭紧螺栓、螺母,避免焊接引起的松动。

(9)以"先横焊、再角焊、最后局部焊"的顺序依次焊接卡具侧面钢梁,环向密封面,螺栓螺母。

(二)带压引流式堵漏卡具使用

(1)在管道上安装带压引流式堵漏卡具前,将管道压力降至2.5MPa,除去管道表面的防腐层、铁锈等异物。

(2)检测管道的椭圆度,密封垫准许管道表面有较小的不规则度,范围在0.8mm内。

(3)给密封垫涂上黄甘油。

(4)把阀门接头外螺纹缠绕生料带后,安上锥管螺纹球阀,球阀的另一端接油管接头、油管。打开球阀,使堵漏卡具处于引流状态。用吊车吊带压引流式堵漏卡具的吊环,把带压引流式堵漏卡具套在管道的泄漏处,并将带压引流式堵漏卡具尽量地置于管道上泄漏点中心。

(5)将丝杠—链条组合放在链座左、右两槽内,顺时针均匀紧固,使带压引流式堵漏卡具外套与管道沿相贯线接触确保无缝隙。

(6)安装完成后仔细检查卡具周围是否有泄漏迹象或使用可燃气体检测报警器对卡具周围进行细致检测,重点检查卡具的接缝处、密封垫处等可能的泄漏点,确保无泄漏情况发生并保压30min,方可实施焊接。

(7)沿卡具外套与管道外壁相交的相贯线焊接。

应注意:焊接时不要让密封垫过热;依次焊接不同的部位,避免热量集中;在现场焊接中,必须定时扭紧丝杠—链条组合,避免焊接引起的松动;带压引流式堵漏卡具处于引流状态。

(8)在带压引流式堵漏卡具外套与管道外壁相交的相贯线焊接后,用气割切下链座,用手动砂轮打磨焊渣。6.4MPa以下不用焊加强圈;8~10MPa,套上加强圈或上护板,实施焊接;12~15MPa套上上、下护板全包焊接。

(9)卡具底座焊接后,关闭球阀,卸下油管、油管接头。

(10)选择相应规格的封头,将螺纹球阀包焊在封头与卡具内,实现完全密封。

三、维护保养

(1)日常做好防腐处理。

(2)需放到专用的集装箱或专用货架并做好防护,避免磕碰引起密封面变形。

(3)定期检查及更换密封机构,确保密封有效性。

四、故障分析与处置

对开式管道抢修卡具在使用中常见故障、产生原因及处置方法见表2-1-15。

表2-1-15 对开式管道抢修卡具常见故障及处置方法

序号	故障现象	故障原因	故障处理
1	卡具密封不严	(1)紧固力不够,纵向密封胶条未压缩到位。 (2)密封件老化或卡具重复使用后胶条出现变形	(1)继续紧固螺栓螺母,使卡具上下耳板间隙控制在3~4mm。 (2)更换密封胶条(环向和纵向)
2	卡具密封件变形	环向胶条端面预留长度过长	切割掉环向胶条端面多余部分,使其高出耳板端面4~5mm即可

带压引流式堵漏卡具在使用中常见故障、产生原因及处置方法见表2-1-16。

表 2-1-16　带压引流式堵漏卡具常见故障及处置方法

序号	故障现象	故障原因	故障处理
1	密封达不到卡具设计密封压力	两侧丝杠链条紧固力不均匀	调整丝杠,使两侧丝杠链条紧固力尽量均匀
2	紧固链条销子断裂	紧固力过大	引流卡具密封压力为 2.5MPa,链条销轴承受的紧固力不能超过 3MPa 的紧固力

五、注意事项

（一）对开式管道抢修卡具

(1) 使用卡具前应对实际具体情况全面透彻的分析。安装前,应仔细阅读安装说明。

(2) 遵守卡具标签上的工作压力和工作温度标准,不要超过其最大工作压力和最高工作温度。

(3) 如果管道已关闭,修复后对密封性能进行加压测试时应特别小心,应缓慢稳步加压。

(4) 焊接时,应用测温笔监测焊接过程产生的热量,尤其是在密封垫附近。如果产生的热量接近 120℃,就应断开焊接或转移到另一个部位焊接,使温度过高部位有所冷却。

（二）带压引流式堵漏卡具

(1) 在使用带压引流式堵漏卡具前,应该对实际具体情况全面透彻地分析。安装前,应仔细阅读安装说明。

(2) 遵守在管道上安装带压引流式堵漏卡具前,将管道压力降至 2.5MPa,打开球阀,使堵漏卡具处引流状态。

(3) 焊接时,应实时监测焊接过程产生的热量,尤其是在密封垫附近。如果产生的热量接近 120℃,就应停止焊接或转移到另一个部位焊接,使高温部位自然冷却。

项目十三　套筒

一、设备简介

套筒适用于油气长输管道金属损失、裂纹、变形、焊缝缺陷等非泄漏类缺陷的修复工作。套筒既可以承受管道内压,也能承受因管道受到侧向载荷而产生的轴向应力。

油气长输管道常用的套筒主要有 A 型套筒、B 型套筒、环氧钢套筒。

（一）A 型套筒

A 型套筒是由放置在管道损伤部位的两个半圆的柱状管或两片适当弯曲的钢板,经侧缝焊接组合而成的。套筒侧缝的焊接可采用单一 V 形对接焊接,也可采用搭接填角焊接。

A 型套筒末端不焊接在待修复的管道上。A 型套筒不能保持内部压力,但可对缺陷处增强。A 型套筒只能应用于没有泄漏和不会继续增长缺陷的修复,或者是充分了解了缺陷的损伤机理和增长速率后方可采用。其结构如图 2-1-34 所示。

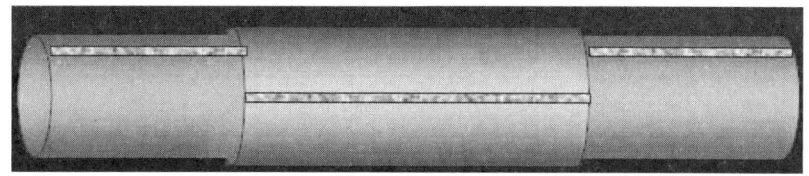

图 2-1-34　A 型套筒修复示意图

A 型套筒修复时应将管道压力降低到通过修复工艺所要求的压力评估计算值。套筒焊接前,应进行焊接工艺评定;焊接修复时,由具有资质的焊工采用评定合格的焊接工艺进行焊接。焊接表面应均匀光滑,无层状撕裂、氧化皮、夹渣、油脂、油漆及其他对焊缝有害的材料。焊缝接头设计应遵循焊接工艺评定。套筒边缘应同管体紧密贴合。

(二) B 型套筒

B 型套筒修复技术是利用两个由钢板制成的半圆柱外壳覆盖在管体缺陷外,通过侧缝焊接连接在一起,并在套筒的末端采用角焊的方式固定在输送管道上。套筒可保持管道内压,也能承受因管道受到侧向载荷而产生的轴向应力。其结构如图 2-1-35 所示。

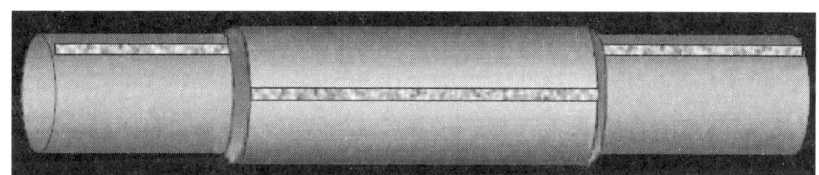

图 2-1-35　B 型套筒修复示意图

维修时应将管道压力降低到通过修复工艺所要求的压力评估计算值。焊接修复前,应进行焊接工艺评定;修复时,由具有资质的焊工采用评定合格的焊接工艺进行焊接。焊接表面应均匀光滑,无层状撕裂、氧化皮、夹渣、油脂、油漆及其他对焊缝有害的材料。焊缝接头设计应遵循焊接工艺评定。套筒边缘应同管体紧密贴合;套筒与管体的环焊缝应采用无损检测方法进行探伤。

(三) 环氧钢套筒

环氧钢套筒修复技术是利用两个由钢板制成的半圆柱外壳覆盖在管体缺陷外,并与管道保持一定环隙,环隙两端用胶封闭,再在此封闭空间内灌注环氧填胶,构成复合套管,对管道缺陷进行补强修复。其结构如图 2-1-36 所示。

环氧钢套筒的钢壳采用比待修复钢管直径大于 30mm 的钢管,沿轴线方向上、下平分而成。钢壳长度一般为 2m,厚度及管材均与管体相同或相近;钢壳上片的顶部及两侧应有 3 列均布的

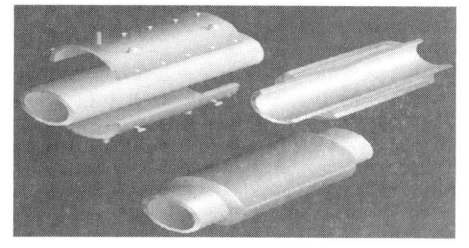

图 2-1-36　环氧钢套筒修复示意图

监测螺孔,每列5个,以便监测环氧填胶的灌注进度,控制密实度,环氧树脂完全充满后用螺栓进行封堵。环氧树脂应为专用填充树脂,其热膨胀系数与管材接近,固化热收缩率较低。钢壳片的四周应打磨出坡口,以便于V形平焊连接。在钢壳片靠近两端的左上、左下、右上和右下各有1个定位螺栓,用于调整钢壳与钢管间的同轴度。

二、使用方法

(一)A型套筒安装

(1)A型套筒安装前,套筒覆盖的管体表面应清理至近白级,若使用填充材料,填充材料应用于所有缺口、深坑和空隙,套筒应紧密地贴近管体。

(2)套筒安装时,使用链条套在套筒下半部上,每间隔0.9m套筒长度应至少安装一个链条,链条有一定的松弛度。

(3)在套筒下半部与链条之间垫上木块,木块放置在套筒下半部的中心位置,通过液压千斤顶拉紧链条,使套筒与管道尽可能地紧密配合。

(4)套筒侧缝焊接可采用搭接角焊双面胶条方法完成,胶条的强度和厚度至少与套筒的相同,胶条采用角焊焊接在套筒上,焊角长度等于套筒厚度,焊接应符合焊接程序规范。

(5)A型套筒材料等级一般与输送管道相同,具体材料可根据实际修复情况确定;在材料相同时,套筒厚度应不小于待修复管道壁厚的三分之二。依据GB/T 150.1~150.4—2011《压力容器》,套筒可按照能承受管道最大运行压力进行设计。

(6)套筒长度不低于100mm,且套筒至少从缺陷的两边各自延伸50mm。套筒侧缝焊接时,如果边缝焊接采用平对焊,且这两块半圆加强板是采用相同管径的管子制成,则每块的实际弧长应大于制作管的半圆弧长。如果采用叠缝角焊接,则其间隙宜作桥接处理。

(二)B型套筒安装

(1)确定B型套筒安装位置。

(2)在管道上安装带B型套筒前,将管道压力降至2.5MPa,除去管道表面的防腐层、铁锈等异物。

(3)检测管道的椭圆度及壁厚。

(4)选择B型套筒预留焊缝凹槽与管道焊道相匹配。

(5)把B型套筒安装在管道上。

(6)首先进行单V形带垫板对接侧缝焊接,焊接时应保证垫板有足够的壁厚,以防止焊穿。

(7)套筒的焊接应严格遵照相应的焊接工艺规程进行施焊。

(8)焊接时依次焊接不同的部位,避免热量集中。

(三)环氧钢套筒

(1)在施工前,准备材料和工具:钢制环氧套筒、环氧树脂胶、砂纸和刮刀、手持电动工具和钳工工具、清洁剂和毛刷、防护设备(如手套、眼镜等)。

(2)使用砂纸或刮刀清除管道和设备表面的锈垢、污垢等杂质,然后用清洁剂和毛刷清洁表面,确保表面无油污和灰尘。

(3)待表面完全干燥后,将环氧树脂胶均匀涂覆在管道和设备的连接部位。

(4)将待连接的钢制环氧套筒插入胶层中,轻轻旋转使其与管道和设备完全密合,确保无空隙。

(5)使用手持电动工具和钳工工具将套筒和管道或设备连接处的螺栓压紧,确保连接牢固。

三、维护保养

(1)日常做好防腐。

(2)要放至专门的集装箱中,避免磕碰引起变形。

四、故障分析与处置

套筒在使用中常见故障、产生原因及处置方法见表2-1-17。

表2-1-17 套筒常见故障及处置方法

序号	故障现象	故障原因	故障处理
1	套筒纵向间隙过大,不利于焊接	管道焊缝过高	在套筒上下护板内侧沿管道焊缝方向打磨凹槽,并同时采用丝杠链条紧固装置进行套筒紧固,使纵焊缝宽度控制在合理范围
2	横向焊缝检测不合格	套筒内表面与管道外圆间隙过小	焊接前,应在环向间隙断续放入2~3mm垫片,扩大横向焊缝间隙以保证焊接后检测合格

五、注意事项

(1)在使用套筒前,应该对实际具体情况全面透彻地分析。

(2)如果管道已关闭,修复后对密封性能进行加压测试时应特别小心,应缓慢稳步加压。

(3)焊接时,用测温仪监测焊接过程产生的热量。如果焊道温度接近120℃,就应断开焊接或转移到另一个部位焊接,使温度过高部位缓慢自然降温。

项目十四 气瓶

一、设备简介

气瓶是一种常用的气体存储容器,可以在工业、医学、科研、航空等领域中广泛应用。根据气瓶的特性和用途,气瓶可分为不同种类,本项目对常用气瓶进行介绍。

(一)氧气瓶

氧气瓶是存储氧气的容器。它被广泛应用于医疗、工业、航空、航天等领域。氧气瓶中的气体压力一般为12~15MPa。气瓶肩部标有工作压力、试验压力、容积、重量等信息的钢印,气瓶表面漆成天蓝色,用黑色写明"氧气"字样。

(二)乙炔气瓶

乙炔气瓶是指储运乙炔的装有填料的特制压力容器。乙炔气瓶中的气体压力一般为 2~2.5MPa。乙炔气瓶表面涂以白色,并用红油漆写上"乙炔"字样。

(三)氮气瓶

氮气瓶是存储氮气的容器,它被广泛应用于科研、工业、医疗等领域。氮气瓶中的气体压力一般为 15MPa。气瓶颜色为黑色,用黄色写明"氮气"字样。

(四)氩气瓶

氩气瓶是存储氩气的容器,通常用于防止金属在焊接或切割过程中发生氧化反应。氩气瓶中的气体压力一般为 15MPa。气瓶颜色为银灰色,用深绿色写明"氩气"字样。

(五)二氧化碳瓶

二氧化碳瓶是存储二氧化碳的容器,常用于饮品、食品等的碳酸化过程中。此外,二氧化碳瓶在灭火领域也被广泛应用。二氧化碳瓶中的气体压力一般为 7.5MPa。气瓶颜色为铝白色,用黑色写明"二氧化碳"字样。

(六)压缩空气瓶

压缩空气瓶是最常见的气瓶之一,用于储存压缩空气。它通常由钢制或铝制的圆柱形容器和阀门组成。压缩空气瓶广泛应用于潜水、消防、航空、医疗等领域。气瓶颜色为黑色,用白色写明"空气"字样,字体为白色。

(七)二氧化碳、氩气混合气瓶

二氧化碳、氩气混合气瓶是储存混合气体的容器,通常由钢制或铝制的圆柱形容器、阀门组成,主要用于焊接时气体保护作用。焊接时气体通过焊枪的喷嘴,沿焊丝周围喷射出来,在电弧周围形成气体保护层,机械地将焊接电弧及熔池与空气隔离开来,从而避免了有害气体的侵入,保证焊接过程稳定,以获得优质的焊缝。混合气瓶广泛应用于潜水、航空、医疗、管道焊接等领域。气瓶颜色为银灰色,用深绿色写明"混合气"字样。

二、使用方法

(1)气瓶使用前应对气瓶和周围环境状况进行安全状况检查,并对所盛装气体进行确认,确认气瓶所盛装气体为将所要用的气体,方能投入使用。

(2)气瓶需直立放稳,清除气瓶周围可能有的油脂物品及可能危及气体使用的物品。

(3)站在气瓶的一侧,快速微开闭瓶阀,以便清洁气瓶阀口。

(4)气瓶使用结束时请按以下步骤操作:

① 关闭气瓶阀。

② 开放气体出气口,排出减压器及管道内剩余气体。

③ 剩余气体排完后,关闭出口阀门。

④ 逆时针旋松减压器调压把手,使调压弹簧处于自由状态。

⑤ 片刻之后,检查减压器上的压力表是否归零,以检查气瓶瓶阀是否完全关闭。

三、维护保养

为加强气瓶的购置、使用、维护保养、修复、检验等管理工作,使保持完好状态,确保安全运行,必须对气瓶定期检验维护保养。

(1)气瓶实行定期检验制度,检验检定工作委托法定检验单位进行。

(2)根据 TSG 23—2021《气瓶安全技术规程》,气瓶的检验周期如表 2-1-18 所示。

表 2-1-18 气瓶检验周期

气瓶品种	介质、环境		检验周期,年
钢质无缝气瓶、钢质焊接气瓶(不含液化石油气钢瓶、液化二甲醚钢瓶)、铝合金无缝气瓶	腐蚀性气体、海水等腐蚀性环境		2
	氮、六氟化硫、四氟甲烷及惰性气体		5
	纯度大于或者等于99.99%的高纯气体(气瓶内表面经防腐蚀处理且内表面粗糙度达到 $Ra0.4$ 以上)	剧毒	5
		其他	8
	混合气体		按混合气体中检验周期最短的气体特性确定(微量组分除外)
	其他气体		3
液化石油气钢瓶、液化二甲醚钢瓶	民用	液化石油气、液化二甲醚	4
	车用		5
车用压缩天然气瓶	压缩天然气、氢气、空气、氧气		3
车用氢气气瓶			
气体储运用纤维缠绕气瓶			
呼吸器用复合气瓶			
低温绝热气瓶(含车用气瓶)	液氧、液氮、液氩、液化二氧化碳、液化氧化亚氮、液化天然气		3
溶解乙炔气瓶	溶解乙炔		3

(3)发现到期瓶必须另行堆放,将气瓶送至有检验资质的单位进行检验。

(4)检验的报告按时归档,有关标志及时附于气瓶上。

(5)气瓶使用过程中应加强保养,当发现以下情况时应立即进行维修和保养:

① 气瓶脱漆严重的应除锈刷漆。

② 瓶阀泄漏的应更换。

③ 防震圈不齐的应补上。

④ 字迹不明的应重新喷字。

⑤ 底圈和瓶阀防护圈损坏的应修复。

四、故障分析与处置

气瓶在使用中常见故障、产生原因及处置方法见表 2-1-19。

表 2-1-19 气瓶常见故障及处置方法

序号	故障现象	产生原因	处置方法
1	气瓶及安全附件表面损伤	气瓶在运输、储存、使用过程中,由于碰撞或其他外力造成凹陷、鼓包、磕伤、划伤、裂纹、皱褶、腐蚀等缺陷和气瓶瓶阀损坏	立即停止使用,隔离存放;由专业人员在特定区域内,将瓶中气体排空(有毒、有害、易燃气体的排空应按下文气体泄漏第五条处理);送钢瓶检验站进行检验
2	氧气瓶和安全附件被油脂污染	(1)氧气瓶使用现场未远离油脂。 (2)操作、搬运氧气瓶时职工的身体接触气瓶部位及手套、工作服有油脂	(1)将气瓶转运到无油脂区域。 (2)停止使用气瓶,并清理油污,使用清洁劳动保护搬运气瓶
3	气体泄漏	(1)未严格按照规定对气瓶进行定期检验。 (2)气瓶安全附件使用前未检查完好	(1)对气瓶和气瓶附件定期检验。 (2)气瓶出现气体泄漏现象处置: ① 运输中出现气体泄漏。 应当将车辆平稳开到人员稀少区域,然后驾驶人员应当尽快撤离,同时报告相关部门和人员,并及时设置危险标识,等候专业人员进行处置。 ② 储存中出现气体泄漏。 应立即疏散储存区域内的人员,隔离相应区域并设置明显标识,切断该区域内的电源、火源,及时向相关部门人员通报,等候专业人员进行处置。 ③ 使用中出现气体泄漏。 输气管路及附件压力表、稳压装置、减压装置等泄漏,操作人员应当立即停止操作,缓慢关闭气瓶瓶阀,切断气源。 ④ 气瓶瓶体和瓶阀、安全装置易熔塞、防爆片、安全阀等,泄漏非有毒、易燃、易爆气体,操作人员应当尽快避开气流,使用物体稳住气瓶,并及时撤离现场和疏散人员,等候专业人员进行处置。 ⑤ 盛装有毒、易燃、易爆的气瓶瓶体和瓶阀、安全装置易熔塞、防爆片、安全阀等泄漏,操作人员应当停止操作,迅速撤离操作区域,并隔离相应区域,设置明显标识,切断该区域内的电源、火源,及时向相关部门人员通报,等候专业人员处置

五、注意事项

(1)操作人员不要正对瓶阀口,开度不要太大,也不要开启时间太长,否则排气的反向压力会使气瓶翻倒。

(2)如减压器带有浮子式流量计,则流量计必须处于直立状态。

(3)打开瓶阀时,如调压把手没有完全旋松则瞬时压力有可能损坏膜片,从而导致减压器失效,严重时会伤害人身。

(4)当开启气瓶瓶阀时,切不可站在气体减压器的前面亦即压力表表盘的前面,乙炔瓶阀应开到最小。

(5)对二氧化碳减压器,使用时还需要注意以下事项:

①只限于与非虹吸式二氧化碳气瓶配用。

②如减压器为电加热式,则须确认所使用的电压,注意不得用错,否则将有可能烧毁设备,引起电击伤,导致严重后果。

③如减压器为电加热式,使用前须预热 5~10min。

项目十五　减压器

一、设备简介

减压器是指把储存在气瓶内的高压气体,减压为工作需要的低压气体的装置。由于气瓶内压力较高,而使用时所需的压力较小,所以需要用减压器来把储存在气瓶内的较高压力的气体降为低压气体,并应保证所需的工作压力自始至终保持稳定状态。所以,减压器是将高压气体降为低压气体、并保持输出气体的压力和流量稳定不变的调节装置。

减压器种类较多,有如下几种分类:

(1)按介质不同,减压器可分为氧气减压器,乙炔减压器,氮气减压器,空气减压器,氩气减压器,氢气减压器,氦气减压器,二氧化碳减压器,丙烷减压器,天然气减压器和含有腐蚀性质的不锈钢减压器等。

(2)按功能不同,减压器可分为集中式和岗位式两类;按构造不同可分为单级式和双级式两类。

(3)按工作原理不同,减压器可分为正作用式和反作用式两类。

目前,常见的国产减压器以单级反作用式和双级混合式(第一级为正作用式、第二级为反作用式)两类为主。

二、使用方法

(1)使用前应确认减压器是完好的,并检查有无油脂污染,特别是进口处的污物及灰尘等应及时清除。

(2)检查气瓶是否有油脂污染,螺纹是否损坏,如发现有油脂或螺纹损坏,就不再使用该气瓶,并将这些情况通知供气单位,清除气瓶阀(特别是阀口处)的油脂污染,修复螺纹。

(3)把减压器装到气瓶阀上,将输入输出接头拧紧。

(4)打开气瓶阀前,先要把减压器调节螺杆逆时针方向旋到调节弹簧不受压力为止。

(5)打开气瓶阀前,先不要站在减压器的正面或背面。气瓶阀应缓慢开启至高压表指示出气瓶内压力。

(6)顺时针方向旋转减压器调节螺杆使低压表达到所需的工作压力。如果太高应旋松调节螺杆,放出一部分气后重新调节。

(7)当工作结束后,先关闭气瓶阀,然后打开焊割具或设备上的阀把减压器内的气体全部排出。接着把刚才打开的阀门关好,最后逆时针方向旋转调节螺杆,一直到调节弹簧不受压为止。

(8)减压器应妥善保存避免撞击振动,不要放在露天和有腐蚀性介质的地方。

(9)不同气体的减压器严禁混用。

(10)使用减压器时应严格执行 TSG 23—2021《气瓶安全技术规程》。

三、维护保养

(1)检查高低压端螺纹进行检查,发现损坏及时维修,不能维修的更换新配件。
(2)检查高低压端压力表,并定期检定。
(3)检查压板是否出现变形或损坏。
(4)检查调解膜是否符合密封要求。
(5)检查调节杆是否损坏或变形。
(6)检查密封垫是否符合密封要求。
(7)对阀体内弹簧检查。

四、故障分析与处置

减压器在使用中常见故障、产生原因及处置方法见表2-1-20。

表2-1-20 减压器常见故障及处置方法

序号	故障现象	产生原因	处置方法
1	气体自流	(1)减压阀门有小裂缝、断口、损伤口和其他缺陷。 (2)检查固体杂物落入减压器内。 (3)检查阀座密封垫磨损。 (4)检查阀门弹簧弹力减弱或损坏	(1)更换减压阀门。 (2)清除减压器内固体杂物。 (3)更换阀座密封垫。 (4)更换阀门弹簧
2	泄漏	(1)减压器各连接处螺纹有松动。 (2)检查膜片有破裂	(1)重新拆下各泄漏处零件,重新连接。 (2)更换膜片
3	无法调压	(1)弹簧长时间受压变形。 (2)膜片压板有破损	(1)更换弹簧。 (2)更换膜片压板
4	安全阀泄压	安全阀测压发生变化,无法承受高压	重新调节安全阀,使其满足相关规范要求
5	压力表及零件受损	(1)压力表摔落,造成度盘、指针、表壳变形。 (2)压力表气体输出时减压器发生严重震动,使指针脱落或不归零	(1)更换压力表。 (2)重新安装脱落的指针并校验
6	压力不稳定	(1)减压器密封球头有磨损。 (2)压力源输出口密封件有损坏。 (3)截止阀密封面有脏物。 (4)压力表有泄漏	(1)用过渡接头连接,借助工具与减压器拧紧。 (2)更换密封件;必须用相对应的过渡接头加生料带借助工具拧紧。 (3)多次升压,快速泄压冲刷密封面。 (4)更换其他仪表再试,以确定仪表是否泄漏

五、注意事项

(1)气瓶放气或开启减压器时动作必须缓慢。如果阀门开启速度过快,减压器工作部分的气体因受绝热压缩而温度大大提高,这样有可能使有机材料制成的零件如橡胶填料、橡胶薄膜纤维质衬垫着火烧坏,并可使减压器完全烧坏。另外,由于放气过快产生的静电火花以及减压器有油污等,也会引起着火燃烧烧坏减压器零件。

(2)减压器安装前及开启气瓶阀时的注意事项:安装减压器之前,要略打开气瓶阀门,吹除污物,以防灰尘和水分带入减压器。在开启气瓶阀时,瓶阀出气口不得对准操作者或他人,以防高压气体突然冲出伤人。减压器出气口与气体橡胶管接头处必须用退过火的铁丝或卡箍拧紧;防止送气后脱开发生危险。

(3)减压器装卸及工作时的注意事项:装卸减压器时必须注意防止管接头螺纹滑牙,以免旋装不牢而射出。在工作过程中必须注意观察工作压力表的压力数值。停止工作时应先松开减压器的调压螺钉,再关闭氧气瓶阀,并把减压器内的气体慢慢放净,这样可以保护弹簧和减压活门免受损坏。工作结束后,应从气瓶上取下减压器,加以妥善保存。

(4)减压器必须定期校修,压力表必须定期检验。这样做是为了确保调压的可靠性和压力表读数的准确性。在使用中如发现减压器有漏气现象、压力表针动作不灵等,应及时维修。

(5)减压器冻结的处理。减压器在使用过程中如发现冻结,用热水或蒸汽解冻,绝不能用火焰或红铁烘烤。减压器加热后,必须吹掉其中残留的水分。

(6)减压器必须保持清洁。减压器上不得沾染油脂、污物,如有油脂,必须在擦拭干净后才能使用。

(7)各种气体的减压器及压力表不得调换使用,如用于氧气的减压器不能用于乙炔、石油气等系统中。

模块二　管道和设备试压

项目一　管道试压

管道压力试验过程能够暴露管道中的缺陷,通过及时修复,保证管道安全运行。管道试压分为强度试验和严密性试验。管道强度试验,一是验证管道的整体强度,能否承受管道运行的压力;二是为提高管道输量和管道输送能力提供试验依据。管道严密性试验主要是为验证管道是否存在泄漏点。

一、准备工作

(1)检查管道系统,确保所有操作装置和仪器设备处于正常状态,无漏气、漏液等现象。

(2)确保管道正式支、吊架安装正确齐全,焊接工作已全部完工并经检验合格。

(3)提前清理管道系统,去除管道内的油脂、铁屑、水垢等杂质,保持管道系统的干净。

(4)准备好试压用的临时加固措施,如临时注水和排水管线、排气阀、压力表等,并确保其安全可靠。

(5)根据设计要求确定试压的压力等级和持压时间,制定书面的试压方案,明确人员分工。

(6)压力表应经过校对,确保其精确度不低于要求,并安装在合适的位置。

(7)参加试压的人员应经过技术培训合格,了解试压程序和技术规范。

二、操作步骤

(一)水压试验强度试压操作

(1)隔断工艺管道与设备和容器的连接(法兰处加盲板垫),连通各系统管道。

(2)向管道系统缓慢注入清洁的水,打开管道各高处的排气阀,待管路最高点的排气阀溢水后关闭各点排气阀和进水阀,换试压泵或泥浆车准备起压。

(3)升压过程应缓慢进行,升压速度不应快于 0.1MPa/min,当升压至 1/2 的强度试验压力时,应停止升压,间隔 15min,检查无问题再升压至 3/4 强度压力,间隔 15min 检查无问题再升至强度试验压力。

(4)当强度压力试验合格后,将系统内的压力缓慢降至工作压力,按设计要求或规范规定来确定稳压及降压要求,直至合格后方可泄压。

(5)水压试验完成后,应立即填写"管道系统压力试验记录",并请甲方现场代表(监理)签字认可。

(二)气压试验强度试压操作

(1)将压力表安装在现场无阳光照射之处。

(2)试验时压力应缓慢上升,每小时不得超过 1.0MPa。当强度试验压力大于 3.0MPa 时,应分 3 次升压,即分别在表压达到 30%、60%强度试验压力时,停止升压,并稳定半小时后,对管道进行观察,若未发现问题,便可继续升压到强度试验压力。

(3)当强度试验压力在 2.0~3.0MPa 之间时,可分 2 次升压,在表压达到 50%强度试验压力时,稳定半小时进行观察,若未发现问题,便可继续升至强度试验压力。当强度试验压力小于 2.0MPa 时,则可 1 次均匀缓慢地升至规定的强度试验压力。

(4)稳压时间和压降符合设计规范要求。

(三)采用液体严密性试压检漏

(1)强度试验合格后,把管道内压力缓慢降到工作压力。

(2)按设计或规范要求进行稳压。

(3)稳压时组织人对管道焊缝、阀门、法兰进行严密性检查。如发现渗漏应做好标志,降压后立即处理。处理后应重新进行实验,直至合格。

(4)达到设计或规范要求的时间及压降后泄压。

(四)采用气体严密性试压检漏

(1)强度试验合格后,把管道内压力缓慢降到工作压力。

(2)当管内气体温度和管道周围温度相同后(一般需要 24h)开始进行严密性试压。

(3)长输管道在 24h 后压降率不超过 1.0%试验压力即认为合格。

(4)长输管道分段严密性试验压力为 0.6MPa,稳压时间为每千米 1h,压降率不大于 $150/DN$(%)为合格。

(5)稳压过程中应每隔一段时间用发泡剂检查 1 次焊口。

(五)管道试压记录的填写

管道系统试压记录的填写,除按"管道系统压力试验记录"表中的要求认真填写外,还需注意以下几点:

(1)按系统填写,如计量间配水间内有注水系统、洗井回水系统、采暖系统,应分别填写试验记录。又如系统若由不同规格管道组成,但输送的介质、压力均相同,可同时试压,并可填写在一张试压记录表中,但应在表中注明各种管道的规格、长度、编号。

(2)长输管道的气密性试验(0.6MPa)是属于施工单位内部工作,虽不作技术资料移交甲方,但仍需填写试压记录,以备出事故时检查。

(3)强度、严密性试压不应混在一张表内。

(4)填写试压记录应用碳素墨水笔书写,且不得涂改。

三、技术要求

（一）一般要求

（1）管道系统试验前，应具备下列条件：

① 管道系统施工完毕，支、吊架安装工程已完成。

② 焊接和热处理工作结束，并经检查合格，焊缝及其他应检查的部位未经防腐和保温。

③ 试验用压力表已经校验，且精度不低于1.5级，表的满刻度值为最大被测压力（强度压力）的1.5~2.0倍，压力表不能少于2块。

④ 具有完善的试压技术措施或方案。

（2）管道系统强度与严密性试压，一般采用水压进行，当水压试验确有困难时，可用气压进行，但必须有可靠的安全措施，并报请施工技术负责人批准。注意：不大于DN300min的管道、压力大于1.6MPa，或者大于DN300mm、压力大于0.6MPa时，禁止使用气压试验。

（3）试验前应将不能参与试验的系统、设备仪表及管件给予隔离，安全阀下面的截止阀应关闭。

（4）长输管道试压时管道沿途应派人看护。用气体试压的工艺管道也需派专人持小红旗进行看护，并不准闲杂人来往于管网间。

（5）试验过程中如有渗漏，不得带压处理缺陷，待泄压后处理，并重新起压试验。

（6）试压完毕后，应及时组织拆除所有临时盲板，打开隔断阀，核对记录，并填写"管道系统压力试验记录"。

（7）埋地压力管道，在水压试验前，需将管内充水浸泡24h。

（二）水压试验技术要求

（1）强度试验压力当设计无规定时，长输管道按不低于0.9倍管材屈服强度与焊缝系数的乘积，集输管道与场站内工艺管道按1.25倍的工作压力进行。

（2）长输管道强度试验稳压4h，压降不大于1%为合格。集输管道按每千米稳压20min。

（3）严密性压力试验：当强度压力试验合格后，将系统内的压力缓慢降至工作压力，按设计要求或规范规定来确定稳压时间及压降要求，直至合格后方可。

（三）气压试验技术要求

气压试验的强度试验压力为工作压力的1.15倍，严密性试验压力为管道的工作压力。

（1）长输管道用气体作试压介质时，试压所用的压力表、温度计等级不应低于1级，并要经过校正合格后方可使用。试压段起点和终点均要安装压力表和温度计。

（2）当强度试验压力在2.0~3.0MPa之间时，可分2次升压，在表压达到50%强度试验压力时，稳定半小时进行观察，若未发现问题，便可继续升至强度试验压力。

（3）严密性试验压力在强度试验合格后，方可进行严密性试压，即把管内压力降到工作压力，并使管内气体温度和周围温度相同（一般需要24h），然后正式开始不小于24h的严密性试压。

(4)长输管道分段(每段不宜大于 5km)气密性试验压力为 0.6MPa,介质为空气,当管段两端均升到 0.6MPa 后进行焊缝检查和压降试验。当管内温度与周围环境温度相同且管道两端压力平衡后开始稳压,稳压时间为每千米 1h,至少为 2h。

四、注意事项

(一)技术注意事项

(1)试验前应将不能参与试验的系统、设备仪表及管附件给予隔离,安全阀下面的截止阀应关闭。

(2)对于不大于 DN300mm 的管道、压力大于 1.6MPa,或大于 DN300mm 的管道、压力大于 0.6MPa 时,禁止使用气压试验。

(3)管道系统试压完毕后,严禁在管道上再进行开孔、修补、焊接临时支架、托吊架。

(4)试压完毕后,应及时组织拆除所有临时盲板、短管,打开隔断阀。拆除时应采取措施不得损坏法兰密封面。

(5)当环境温度低于 5℃时应采取防冻措施。

(6)液压试验时对位差较大的管道应将试验介质的静压计入试验压力中,液体管道试验压力以最高点的压力为准,但最低点的压力不得超过管道组成件的承受力。

(7)当奥氏体不锈钢管道、有奥氏体不锈钢管或设备连接的管道进行水压试验时,水中氯离子含量不得超过 25mg/L。

(8)埋地压力管道,在液压试验前,需将管内充水浸泡 24h。

(9)气压试验检查必须用高效发泡剂,必要时应对发泡剂进行检验,合格后方可使用。

(10)试验压力应以试压系统尾部压力为准。

(11)冬季做气压试验时,应注意发泡剂的防冻问题。

(二)安全注意事项

(1)试验过程中如遇泄漏,不得带压修补。

(2)试压过程中升压、泄压严格按规定要求进行。

(3)试压临时管道必须按正式要求焊接。

(4)在进行压力试验时应划定禁区,无关人员不得进入。

(5)试压人员按所分岗位各负其责,严禁脱岗、乱岗,一切行动听试压负责任人指挥。

(6)高处检查点应架设脚手架等,跳板必须牢固,在平台及管廊外侧检查时必须系安全带。

(7)冬季试压操作必须采取防冻措施。

项目二　阀门试压

阀门试压作为阀门质量认证的重要环节,是确保阀门符合法规与标准要求的关键步骤。

阀门试压包括壳体压力试验、密封试验和安全阀、疏水阀的调整试验。通过模拟实际工况下的最大工作压力,检测阀门是否能够承受并保持良好的密封性,无泄漏现象,从而验证阀门的设计合理性和制造质量。

一、准备工作

(1)阀门编号:阀门试压前试压负责人按阀门委托的批次编制委托批号(其批号为批次流水号,用数字表示),填入委托书,并进行阀门登记。

(2)从委托的接收到试验后的安装,阀门的摆放与保管、保养等工作都属于阀门试压组。阀门试压场地从总体上要划六块——待试验摆放场地、试验场地、合格摆放场地、不合格摆放场地、机具及材料摆放场地。对容易混淆的待试验摆放场地、合格摆放场地、不合格摆放场地要挂牌以标记,严禁混合区的存在。

(3)阀门试验前,应除去密封面上的油渍和污物,严禁在密封面上涂抹防渗漏的油脂。

(4)试验用的压力表,应检定合格并在周检期内使用,精度等级不应低于1.6级,表的满刻度值宜为最大被测压力的1.5~2倍。试验系统的压力表不应少于2块,并分别安装在储罐、设备及被试验的阀门进口处。

(5)试验介质为液体时,应排净阀门内的空气,阀门试压完毕,应及时排除阀门内的积液。低温阀门试验介质若为水必须擦净水介质,采取一定措施保证阀体无水。

(6)经过试验合格的阀门,应在阀体明显部位做好试验标志,并填写试验记录。没有试验标志的阀门不得安装和使用。

(7)检验对焊阀门时应在阀门坡口两端焊接短管辅助检查,检验完成后应对阀门坡口进行热处理及合格性检验。

二、操作步骤

(一)阀门试验一般规定

(1)对于壳体压力试验、上密封试验和高压密封试验,试验介质可选择空气、惰性气体、煤油、水或黏度不高于水的非腐蚀性液体,低压密封试验介质可选择空气或惰性气体。

(2)试验时,阀门应安装在易于检查的位置。

(3)压力应逐渐增高,避免急剧增压。

(4)强度和严密性试验的持续时间需符合规定,重要阀门应适当延长。

(5)试验过程中,不允许阀体和阀盖出现渗漏现象。

(二)阀门壳体压力试验

(1)阀门壳体压力试验的压力应为阀门公称压力的1.5倍。

(2)阀门壳体压力试验最短保压时间应按表2-2-1规定执行。如果试验介质为液体,壳体外表面不得有滴漏或潮湿现象,阀体与阀体衬里、阀体与阀盖接合处不得有泄漏;如果试验介质为气体,则应按规定的检漏方法检验,不得有泄漏现象。

(3)夹套阀门的夹套部分应以1.5倍的工作压力进行压力试验。

表 2-2-1　试验最低保压时间表

公称直径,mm	保压时间,s				
	壳体试验		上密封试验	密封试验	
	止回阀	其他阀门		止回阀	其他阀门
≤50	60	15	15	60	15
65～150	60	60	60	60	60
200～300	60	120	60	60	120
≥350	120	300	60	120	120

（4）公称压力小于1MPa且公称通径大于或等于600mm的闸阀，壳体压力试验可不单独进行，可在管道系统试验中进行。

（5）低温阀门必须按方向引入介质和施加压力。

（三）阀门密封试验

（1）阀门密封试验包括上密封试验、高压密封试验和低压密封试验，密封试验必须在壳体压力试验合格后进行。

（2）阀门密封试验应根据阀门直径和设计压力按规定进行选取。当公称直径小于或等于100mm、公称压力小于或等于25MPa和公称直径大于100mm、公称压力大于10MPa时，应按表2-2-2选取；当公称直径小于或等于100mm、公称压力大于25MPa和公称直径大于100mm、公称压力大于10MPa时，应按表2-2-3选取。

表 2-2-2　阀门密封试验选取表 I

试验名称	阀门形式					
	闸阀	截止阀	旋塞阀	止回阀	浮球阀	蝶阀及耳轴装配球阀
上密封①	需要	需要	—	—	—	—
低压密封	需要	供选	需要②	备选③	需要	需要
高压密封④	供选	需要⑤	供选②	需要	供选	供选

①要求对所有阀门进行上密封试验，但具备上密封实现特征的波纹管密封阀除外；②对润滑旋塞阀来讲，进行高压密封试验是强制性的，低压密封试验是可选择的；③如果购买商同意，阀门制造厂可用低压密封试验代替高压密封试验；④弹性座阀门的高压密封试验后在低压情况下使用可能会降低其密封性；⑤对于动力操作截止阀，高压密封试验应按确定动力阀动器规格时设计压差的1.1倍来进行。

表 2-2-3　阀门密封试验选取表 II

试验名称	阀门形式					
	闸阀	截止阀	旋塞阀	止回阀	浮球阀	蝶阀及耳轴装配球阀
上密封①	需要	需要	—	—	—	—
低压密封	供选	供选	供选	备选②	需要	供选
高压密封③	需要	需要④	需要	需要	供选	需要

①要求对所有阀门进行上密封试验，但具备上密封实现特征的波纹管密封阀除外；②如果购买商同意，阀门制造厂可用低压密封试验代替高压密封试验；③弹性座阀门的高压密封试验后在低压情况下使用可能会降低其密封性；④对于动力操作截止阀，高压密封试验应按确定动力阀动器规格时设计压差的1.1倍来进行。

(3) 阀门高压密封试验和上密封试验的试验压力为阀门公称压力的 1.1 倍,低压密封试验压力为 0.6MPa,保压时间见表 2-2-1;调节阀的泄漏量及保压时间遵照仪表参数。

(4) 上密封试验及弹性座密封试验不允许有明显泄漏;金属座密封最大允许泄漏量表见表 2-2-4。

表 2-2-4 密封试验最大允许泄漏量表(金属座)

公称直径,mm	最大允许泄漏量			
	其他阀门		止回阀	
	液滴/min	气泡/min	液体	气体
≤50	不允许	不允许	$3cm^3/[min·(DN/25)]$	$0.042m^3/[h·(DN/25)]$
65~150	12	24		
200~300	20	40		
≥350	28	56		

(5) 上密封试验的基本步骤为:封闭阀门进、出口,松开填料压盖,将阀门打开并使上密封关闭,向腔内充满试验介质,逐渐加压到试验压力,达到保压规定后,无渗漏为合格。

(6) 做密封试验时,应向处于关闭状态的被检测密封副的一侧腔体充满试验介质,并逐渐加压到试验压力,达到规定保压时间后,在该密封副的另一侧,目测渗漏情况。引入介质和施加压力的方向应符合下列规定。

① 规定了介质流向的阀门,如截止阀、低温阀等应按规定介质流通方向引入介质和施加压力。

② 没有规定介质流向的阀门,如闸阀、球阀、旋塞阀和蝶阀,应分别按每端引入介质和施加压力。

③ 有两个密封副的阀门也可以向两个密封副之间的体腔内引入介质和施加压力。

④ 止回阀应沿使阀关闭的方向引入介质和施加压力。

(7) 公称压力小于 1MPa 且公称通径大于或等于 600mm 的闸阀可不单独进行密封试验,宜用色印方法对闸板密封副进行检查,接合面连续为合格。

(四) 安全阀的调整试验

安全阀的调整试验包括:

(1) 开启压力。

(2) 回坐压力。

(3) 阀门动作的重复性。

(4) 用目测或听觉检查阀门回坐情况,有无频跳、颤振、卡阻或其他有害的振动。

安全阀应按设计要求进行调试,当设计无要求时,其开启压力为工作压力与背压之差的 1.05~1.15 倍,回坐压力应不小于工作压力的 0.9 倍。

安全阀开启、回坐试验的介质可按表 2-2-5 中规定选用。

表 2-2-5 安全阀开启、回座试验介质

工作介质	试验介质
蒸汽	饱和蒸汽(注)
空气和其他气体	空气
水和其他液体	水

注:如无适合的饱和蒸汽,允许使用空气,但安全阀投入运行时,应重新调试。

安全阀开启和回坐试验次数应不少于 3 次,试验过程中,使用单位及有关部门应在现场监督确认,试验合格后应做到铅封,并填写"安全阀调整试验记录"。

(五)其他阀门的调整试验

(1)减压阀调压试验及疏水阀的动作试验应在安装后系统中进行。

(2)减压阀在试验过程中,不应做任何调整,当试验条件变化或试验结果偏离时,方可重新进行调整,且不得更换零件。

(3)疏水阀试验应符合下列要求:

① 动作灵敏、工作正常。

② 阀座无漏气现象。

③ 疏水完毕后,阀门应处于完全关闭状态。

④ 双金属片式疏水阀,应在额定的工作温度范围内动作。

(六)阀门试压结果标识

试压合格阀门应挂牌标识,标志由阀门名称、规格型号、试验负责人、检查标号、试验结果五部分组成,不合格的阀门也需进行同样的标识。

三、技术要求

(一)加压方法

各类型阀门加压方法见表 2-2-6。

表 2-2-6 阀门试验加压方法表

阀类	加压方法
闸阀	封闭阀门两端,启闭件处于微开启状态,给体腔充满试验介质,并逐渐加压到试验压力,关闭启闭件,释放阀门一端的压力。阀门另一端也按同样方法加压。有两个独立密封副的阀门也可以向两个密封副之间的体腔引入介质并加压力
球阀	
旋塞阀	
截止阀	应在对阀座密封最不利的方向上向启闭件加压
隔膜阀	
蝶阀	应沿着对密封最不利的方向引入介质并施加压力。对称阀座的蝶阀壳沿任一方向加压
止回阀	应沿着使阀瓣关闭的方向引入介质并施加压力

(二)阀门试压记录表

建立可追查责任、方便查阅的"阀门试压记录",例如表 2-2-7。

表 2-2-7　阀门实验记录

名称	规格型号	数量	公称压力 MPa	压力试验			密封试验			上密封试验			备注
				介质	压力 MPa	时间 s	介质	压力 MPa	时间 s	介质	压力 MPa	时间 s	

SH3503-J401　阀门实验记录　工程名称：　单元名称：

技术负责人；质量检查员；试验人：　　　年　月　日

(三) 磅级与公称压力对照关系

磅级与公称压力对照关系见表 2-2-8。

表 2-2-8　ANSI 标准压力磅级与公称压力的关系表

序号	ANSI 标准压力等级 Class	公称压力 PN			备注
		MPa	Bar	kgf/cm²	
1	150	2.0	20	20.4	
2	300	5.0	50	51.0	
3	400	6.8	68	69.4	
4	600	10.0	100	102.0	
5	900	15.0	150	153.0	
6	1500	25.0	250	255.0	
7	2500	42.0	420	428.0	
8	3500	59.0	590	601.0	

注：$1lbf/in^2 = 6894.757Pa = 0.00689MPa = 0.0689bar$。
　　$1kgf/cm^2 = 14.22lbf/in^2 = 0.9807bar$。
　　$1bar = 14.5lbf/in^2 = 1.021kgf/cm^2$。
　　按 GB/T 1048—2019《管道元件　公称压力的定义和选用》规定，当温度>450℃的合金阀门，公称压力用 $P_{数值}$（数值=工作温度/10）数值（工作压力）表示，如 $P_{54}170$ 表示工作温度为 540℃，工作压力为 17MPa。

四、注意事项

(1) 检验合格的阀门，阀腔内应无积水，两端应加封盖。

(2) 阀门外露的螺纹如阀杆、接管部分入库后应有保护措施。

(3) 阀门在保管运输过程中，不得将索具直接栓绑在手轮上或将阀门倒置。

(4) 阀门检验 3 个月后未使用的，要按 5% 比例且不少于 1 个进行抽查复检，若检出有不合格时，应加倍甚至全部复检。

(5)阀门检验半年而未使用的,应100%复检。

(6)用水做试验介质时,允许添加防锈剂,奥氏体不锈钢阀门试验时,水中氯化物含量不得超过 100mg/L。

(7)装有旁通的阀门,旁通阀也应进行壳体试验和密封试验。

项目三　封堵设备试压

一、准备工作

(一)待试压设备准备

(1)封堵(下囊)三通与夹板阀严密性试压实验前应确认夹板阀按规程安装完毕并完全关闭。

(2)开孔机及开孔结合器严密性试验前应确认开孔机、开孔结合器按规程安装完毕,且夹板阀全开。

(3)封堵缸及封堵结合器严密性试验前应确认封堵缸、封堵结合器按规程安装完毕,且夹板阀全开。

(二)试压设备准备

(1)严密性试验压力宜等于管道运行压力,最高不超过管道运行压力的 1.1 倍。强度试验压力为设计内压力的 1.1 倍。

(2)试压介质气体宜选用惰性气体,多选用氮气,严禁使用氧气作为试压介质。

(3)试压气瓶不宜使用减压器,以确保试验压力。

(4)气瓶及附件检查应遵循模块六项目十七气瓶相关要求。

二、操作步骤

(一)三通与夹板阀严密性试验

1. 连接试压管、压力表

将夹板阀与三通、密封盲板、开孔机或封堵器等试压组件相连,拆下阀腔侧面丝堵,安装注氮试压阀、试压管与压力表等,并与氮气瓶连接。

2. 试压、检漏

打开气瓶阀,并观察压力表进行试压,使用洗涤剂或者肥皂水对各连接处检查有无泄漏。

3. 泄压放空

检验无渗漏后,进行压力泄放并拆除试压管。

(二)开孔机及开孔结合器严密性试验

1. 连接试压管、压力表

全开夹板阀,用注氮管连接开孔结合器和氮气瓶,进行氮气置换合格。

2. 试压、检漏

打开气瓶阀,并观察压力表进行试压,使用洗涤剂或者肥皂水对各连接处检查有无泄漏。

3. 泄压放空

检验无渗漏后,进行压力泄放并拆除试压管。

(三)封堵缸及封堵结合器严密性试验

1. 连接试压管、压力表

封堵器安装在夹板阀上,将其紧固,严密性试验在夹板阀上侧阀表阀接头处进行,连接注氮管,连接平衡管,进行注氮置换,并进行检测可燃气体浓度合格。

2. 试压、检漏

打开气瓶阀,观察压力表进行试压,使用洗涤剂或者肥皂水检查各结合面和连接处有无泄漏。

3. 泄压放空

检验无渗漏后,进行压力泄放并拆除试压管。

三、技术要求

严密性试验压力宜等于管道运行压力,最高不超过管道运行压力的1.1倍,并稳压30min。

四、注意事项

(1)用气体试压的开孔封堵设备周边需有专人手持小红旗进行看护,不准无关人员进入试压区。

(2)试压过程中如有渗漏,不得带压处理,需泄压处理,并重新试压试验。

(3)安全注意事项应遵循管道试压相关要求。

模块三 油气管道开孔

项目一 手动开孔

一、准备工作

(一)开孔、封堵作业点的复核

(1)开孔、封堵作业点应选择在直管段上并尽量保证管体轴向水平。

(2)开孔部位应避开管道焊缝,且尽量不在焊缝热影响区内开孔。

(二)开孔尺寸计算

如图 2-3-1 所示,开平衡孔尺寸计算如下:

$$L=l_1+l_2-l_3+l_4$$

式中 L——开孔总尺寸,mm;

l_1——阀门上端面到管顶的距离,mm;

l_2——塞堵在回收状态时距连接管下端面的距离,mm;

l_3——连接管插入球阀的距离(螺纹啮合尺寸),mm;

l_4——开孔中心钻钻尖高度和管道壁厚的和,mm。

二、操作步骤

(一)开孔短节安装

(1)将平衡孔短节的盖帽拧下,取出塞堵。

(2)选择管道上圆度较好的点作为作业点,确保开孔位置无焊缝。

(3)将短节放到管道上预先选定的位置,再将短节焊接在管道上,保证短节筒体轴线与管道轴线垂直。

(二)平衡孔阀门的安装

(1)将焊在管道上短节螺纹面上缠好聚四氟乙烯带。

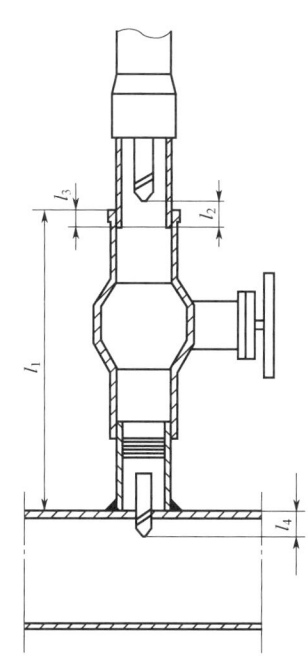

图 2-3-1 平衡孔开孔尺寸示意图

(2)将事先准备好的阀门利用螺纹或螺纹法兰安装到短节上。

(3)将阀门反复开启,确定阀门启闭灵活、正常。

(4)将堵柄放入开孔机后试堵,并记录相关尺寸。

(三)开孔操作

(1)开孔前将手动开孔钻安装到短节上。

(2)使用试压泵对焊接到管道上的管件和组装到管道上的阀门、手动开孔机等部件进行整体试压,试验压力等于管道运行压力,稳压30min。

(3)关闭阀门,检验各结合面是否渗漏;检验阀门、开孔机本身是否渗漏。

(4)开启阀门,将中心钻送到开孔位置。

(5)顺时针转动切削扳手和送进套筒进行开孔作业。

(6)送进套筒到达指定位置就标志着孔已开透,逆时针转动送进套筒,将中心钻退回零位,关闭球阀。

(7)打开排泄阀泄放压力,排除开孔机腔体介质并观察阀门密封性。

(8)待确定阀门关闭无泄漏,将手动开孔机卸下,完成全部开孔操作。

三、技术要求

开孔短节焊接应符合如下要求:

(1)应按焊接工艺规程施焊。

(2)补强圈的尺寸应执行 NB/T 11025—2022《补强圈》的规定,并进行计算和校核。

(3)带补强圈开孔短节的焊道顺序见图2-3-2,焊接顺序如图2-3-3所示;

(4)不带补强圈开孔短节的焊道顺序,如图2-3-4所示。

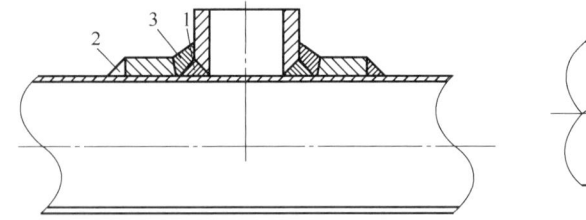

图2-3-2 带补强圈开孔短节的焊道顺序图
1,2,3表示焊接顺序

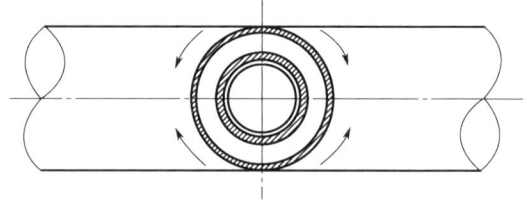

图2-3-3 带补强圈开孔短节的焊接顺序图

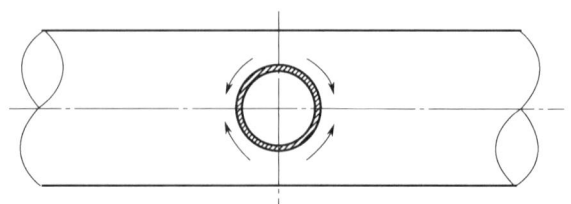

图2-3-4 不带补强圈开孔短节的焊道顺序图

四、注意事项

(一) 开孔注意事项

(1) 使用手动开孔机时用力要均匀,不能剧烈晃动开孔机。

(2) 开孔短节的位置距离封堵孔开孔点不宜太远,保证在平衡管连接长度范围内。

(3) 开孔短节在焊接过程中,为防止受热变形,宜将没有密封圈的塞堵安装在短节内,焊接完成后再取出。

(二) 开孔短节焊接注意事项

(1) 短节焊接前要进行管道壁厚检测,严格按照焊接工艺规程施焊。

(2) 焊接速度要均匀。

(3) 要求对称焊接,以减小焊接后的应力变形。

(4) 如遇潮湿环境,低氢焊条焊接时要采用必要的防护措施。

(5) 焊接前进行焊件预热,必要时焊道焊后进行保温,以保持焊接前后温度,确保焊接质量。

项目二 电动开孔

一、准备工作

(一) 开孔、封堵作业点的复核

(1) 开孔、封堵作业点应选择在直管段上并尽量保证管体轴向水平,坡度不超过15°。

(2) 开孔部位应尽量避开管道焊缝,还应避开管道开孔正对方螺旋焊道,避免管道封堵作业卡堵。如果筒刀开孔部位无法避开焊道的,在条件允许下进行焊道轻微打磨。

(3) 开孔、封堵点的选择处管道椭圆度偏差不超过管外径的1%且不超过3mm。

(二) 开孔尺寸计算

开孔行程测量图如图 2-3-5 所示。

起始切削尺寸计算公式为:

$$L = l_1 + l_3$$

切削完成尺寸计算公式为:

$$L = L_1 + l_2 - l_3 + l_4$$

第一尺寸(中心钻接触管外壁尺寸):

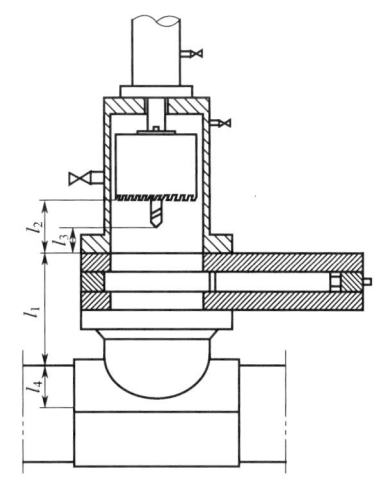

图 2-3-5 电动开孔行程测量图

l_1—夹板阀上端面距管顶距离;l_2—筒刀距夹板阀上端面距离;l_3—中心钻距夹板阀上端面距离;

l_4—鞍形板切割尺寸

$$L_1 = l_1 + l_3$$

总尺寸(切削完成尺寸):

$$L = L_1 + l_2 - l_3 + l_4$$

注:为保证开孔质量,开孔时筒刀达到总尺寸后还需向下继续开 20~30mm,保证弧板被完全切除。

二、操作步骤

(一)三通的安装

(1)用专用扳手卸下螺栓,取下盲板。

(2)用内六角扳手顺时针旋转锁紧螺母退出卡环,取出塞堵。

(3)用圆度尺选择管道上圆度较好的点作为封堵作业点,并将开孔、封堵作业中心点避开焊道,且选择管段椭圆度偏差不应超过管外径1%,且不超过3mm。

(4)将三通吊装到管道上,摆放到选定的位置。

(5)用角向砂轮机按照管线焊缝打磨上下护板,最终使三通能严丝合缝地卡到管道上,保证焊接质量。

(6)用水平仪将法兰面沿管道轴线调至平行,同时观察内孔间隙是否均匀,保证开孔质量。

(7)焊接。

(二)阀门的安装

手动夹板阀的安装

(1)夹板阀在吊装过程中,保持夹板阀平面与法兰短节平面平行。

(2)在三通端面放好密封垫片或O形密封圈,把夹板阀落到三通上,使夹板阀孔与三通的内孔对中后紧固螺母,夹板阀内孔与对开三通法兰内孔的同轴度,误差不应超过1mm。

(3)摇动手柄,打开夹板阀,记录摇动转数,确认阀门能够完全打开。

(4)摇动手柄,关闭夹板阀,记录摇动转数,确认阀门能够完全关闭。

(三)电动开孔机的安装

(1)选定与筒刀配合的开孔结合器,连接开孔结合器,均匀地紧固连接螺栓。

(2)接通电源,保持主轴顺时针转动(或观察电动机为顺时针转动)。

(3)手动将主轴摇出,将筒刀、中心钻、接刀盘连接好,测量筒刀与开孔结合器内孔的同轴度,控制在1mm以内,且不超过3mm。

(4)启动开孔机,观察筒刀旋转,确认正常后将筒刀、中心钻收回到开孔结合器内,主轴退回到初始位置,测量并记录相关尺寸。

(5)将开孔机吊装在夹板阀上,紧固螺栓。

(四)开孔作业

1. 封堵孔、旁通孔开孔前试压

开孔前应对焊接到管道上的管件和组装到管道上的阀门、开孔机等部件进行整体试压,试验压力等于管道运行压力,并填写开孔作业检查表。

(1)打开夹板阀、三通,进行试压至管道运行压力,稳压30min;检验三通焊缝;检验各结合面是否渗漏;检验各接头是否渗漏,检验三通、夹板阀、开孔机本身是否渗漏。

(2)整体试压后,关闭夹板阀,此时夹板阀上的内旁通应处于关闭状态。

(3)从夹板阀上的球阀泄压,观察20min,如夹板阀上的压力表指针不动,说明夹板阀密封可靠。检验夹板阀是否开关自如,检验闸板及连通阀是否渗漏;否则,需查找漏点并进行妥善处理,必须确保夹板阀密封可靠。

2. 封堵孔、旁通孔开孔操作

(1)打开阀门,顺时针转动手轮,使刀具降到开孔的位置,并记录手轮端面距螺母压盖的距离。

(2)逆时针转动手轮,使刀具上升一段距离(20~30mm),打开电动机开关(电动机转向为顺时针),电动机经过减速机减速转动,使小齿轮转动,转速为58r/min。大锥形被动齿轮改变了旋转方向并进一步减速使转速为20r/min,使之适应ϕ135~324mm开孔尺寸所需的转速。

(3)主轴在带动筒刀、中心钻转动的同时,操作者通过顺时针旋转手轮带动筒刀、中心钻做轴向移动。

(4)当中心钻接近管线时,操作者通过顺时针旋转手轮使中心钻触碰管壁。

(5)预计开孔结束以后,转动手轮伸进主轴10~12圈,假如筒刀能进入无卡堵,可判断已完全开透,如果不能则继续开孔。

(6)当开孔完全结束后,进行退刀。逆时针旋转手轮按照测量数据来确认完全收回刀具。

(7)关闭夹板阀。打开泄压阀,放空。

(8)拆卸开孔机。

(9)从中心钻上取下鞍形板。

(10)开孔结束。

三、技术要求

(一)作业点选取技术要求

(1)开孔作业点应选择在直管段。

(2)开孔部位宜避开管体焊缝,开孔刀中心钻不应落在焊缝上。

(二)开孔机操作技术要求

电动带压开孔机操作时主轴伸出并进行旋转运动,从而带动筒刀及中心钻进行开孔切削作业。由于基础刚性差,刀杆伸出太长,工作状态不易掌握,因此须严格按照设备说明书或操作规程精心操作。

(1)可开孔的尺寸范围ϕ135~324mm。

(2)开孔时管内允许的最高压力6.4MPa。

(3)开孔前需通电空转检查主轴旋转方向,顺时针转动(或观察电动机为顺时针转动)。

(4)将筒刀、中心钻、接刀盘连接好时需测量筒刀与开孔结合器内孔的同轴度,控制在 $\phi 1mm$ 以内。

(5)将开孔机吊装在夹板阀上时须对称均匀紧固各螺母。

四、注意事项

(一)三通的安装注意事项

(1)妥善保管塞堵,避免磕碰,将塞堵与法兰对应做好标记,防止混淆。

(2)三通上下护板均用石笔画出螺旋焊缝线、护板边缘线、三通内孔线,再次安装时可以按线安装,三通焊接安装完成后要对管道底部进行支持,减小封堵管段的整体受压。

(3)打磨过程中操作人员一定要佩戴好护目镜,防止异物溅入眼睛。

(二)夹板阀的安装注意事项

(1)螺栓紧固过程中必须采用"对称均匀紧固"的原则,防止用力不平衡,导致介质泄漏。

(2)手动夹板阀安装应注意计算手柄圈数,并做记录,确认阀门是否能够完全打开或关闭。

(三)开孔机的安装注意事项

开孔机在吊装过程中,夹板阀应处于关闭状态,防止中心钻过长,导致夹板阀无法关闭。

(四)开孔注意事项

(1)开孔前,先做安装塞堵的试验,验证其是否能顺利就位,试验时应取下O形密封圈,以免刮伤。开孔过程中,宜先开旁通孔,后开封堵孔。

(2)由于管道应力的影响,可能操作手要进行几次收回主轴反复切削的操作来切断鞍形板。

(3)开孔尺寸以计算尺寸为参照,兼顾切削声音,不可开过开孔允许的最大尺寸,即管道半径。

项目三 液压开孔

一、准备工作

(一)开孔、封堵作业点的复核

参照本模块项目一手动开孔复核要求。

(二)开孔尺寸计算

开孔行程测量图如图2-3-6所示。

起始切削尺寸计算公式为:

$$L = l_1 + l_3$$

切削完成尺寸计算公式为:

$$L = L_1 + l_2 - l_3 + l_4$$

第一尺寸(中心钻接触管外壁尺寸):

$$L = l_1 + l_3$$

总尺寸(切削完成尺寸):

$$L = L_1 + l_2 - l_3 + l_4$$

注:为保证开孔质量,开孔时筒刀达到总尺寸后还需向下继续开 10~20mm,保证弧板被完全切除。

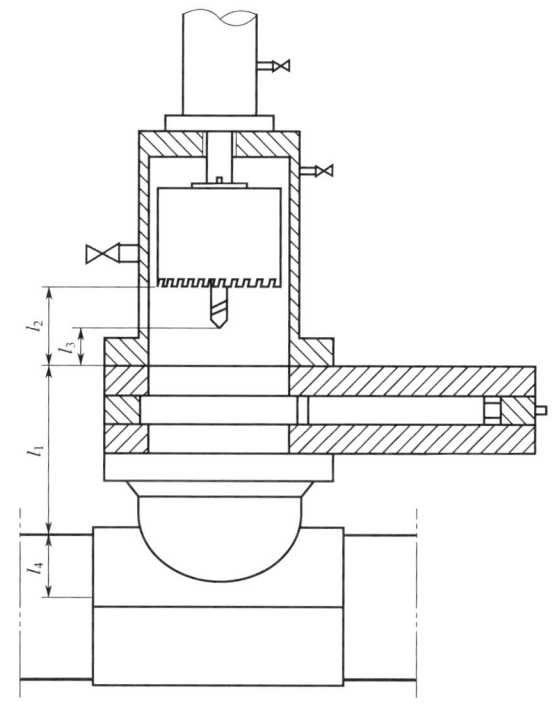

图 2-3-6 液压开孔行程测量图

l_1—夹板阀上端面距管顶距离;l_2—筒刀距夹板阀上端面距离;
l_3—中心钻距夹板阀上端面距离;l_4—鞍形板切割尺寸

二、操作步骤

(一)三通的安装

(1)用专用扳手卸下螺栓,取下盲板。

(2)用内六角扳手顺时针旋转锁紧螺母退出卡环,取出塞堵。

(3)用圆度尺选择管道上圆度较好的点作为封堵作业点,并将开孔、封堵作业中心点避开焊道,且选择管段椭圆度偏差不应超过管外径1%,且不超过3mm。

(4)将三通吊装到管道上,摆放到选定的位置。

(5)打磨。用角向砂轮机按线打磨上下护板,最终使三通能严丝合缝地卡到管道上,保证焊接质量。

(6)水平。用水平仪按法兰面找水平,同时观察内孔间隙是否均匀,保证开孔质量。

(7)焊接。

(二)阀门的安装

1. 液压夹板阀的安装

(1)夹板阀在吊装过程中,保持夹板阀平面与法兰短节平面平行。

(2)在三通端面放好密封垫片或O形密封圈,把夹板阀落到三通上,用尺测量,使夹板阀孔与三通的内孔对中后紧固螺母,夹板阀内孔与对开三通法兰内孔的同轴度误差不应超过1mm。

(3)扳动液压站上的换向手柄,通过活塞杆的拉出移动使闸板打开。

(4)相反方向扳动液压站上的换向手柄,通过活塞杆收缩关闭闸板。

2. 手动夹板阀的安装

(1)夹板阀在吊装过程中,保持夹板阀平面与法兰短节平面平行。

(2)在三通端面放好密封垫片或O形密封圈,把夹板阀落到三通上,使夹板阀孔与三通的内孔对中后紧固螺母,夹板阀内孔与对开三通法兰内孔的同轴度,误差不应超过1mm。

(3)摇动手柄,打开夹板阀,记录摇动转数,确认阀门能够完全打开。

(4)摇动手柄,关闭夹板阀,记录摇动转数,确认阀门能够完全关闭。

(三)液压开孔机的安装

(1)选定与管道直径相一致的开孔结合器,清理其密封表面,将O形密封圈放于槽内,对正开孔机下法兰,均匀地紧固连接螺栓。

(2)利用液压管连接液压站与开孔机,启动液压站,主轴快速向下运行出开孔结合器200mm左右,吊装筒刀用螺钉与接刀盘紧固,顺时针旋转标尺杆紧固接刀盘(刀具结合器)与开孔机主轴,插上销轴,然后安装中心钻。中心钻U形卡环应转动灵活。接刀盘(刀具结合器)与开孔机主轴之间的锥度连接不应有任何松动。测量筒刀与开孔结合器内孔的同轴度,控制在1mm以内。

(3)启动开孔机使主轴顺时针旋转,观察筒刀旋转,一切正常后将筒刀、中心钻收回到开孔结合器内,主轴退回到初始位置(标尺杆在零位),测量并记录相关尺寸。

(4)将开孔机吊装在夹板阀上,对角紧固各螺母。

(四)开孔作业

1. 旁通孔、封堵孔开孔前试压

开孔前应对焊接到管道上的管件和组装到管道上的阀门、开孔机等部件进行整体试压,试验压力等于管道运行压力,并填写开孔作业检查表。

(1)打开夹板阀、三通,进行试压至管道运行压力,稳压30min;检验三通焊缝;检验各结合面是否渗漏;检验各接头是否渗漏,检验三通、夹板阀、开孔机本身是否渗漏。

(2)整体试压后,关闭夹板阀。

(3)从夹板阀上的球阀泄压,观察20min,如夹板阀上的压力表指针不动,说明夹板阀密封可靠。检验夹板阀是否开关自如;检验闸板及连通阀是否渗漏;否则,需查找漏点并进行妥善处理,必须确保夹板阀密封可靠。

2. 封堵孔、旁通孔开孔操作

(1)将离合器设定为自动状态。

(2)插入标尺杆。

(3)确认夹板阀完全打开,并通过平衡孔平衡结合器与管道压力。

(4)将换向阀切换到自动位置,缓慢下降主轴。

(5)当中心钻接近管道时,将换向阀切换到手动设置。

(6)安上手动手柄,手动转动主轴使中心钻触碰管壁。

(7)逆时针转动手动摇柄,提升中心钻,使中心钻与管道间距约3~5mm后取下手动摇柄,切换离合器到自动位置。

(8)确定正常的切削速度:主轴转速为13r/s(不同型号开孔机会有所差异),液压站压力5~8MPa,柱塞泵格数为10,开孔机上调速阀格数为8。

(9)确定标尺杆转动自如。

(10)如果管壁应力很高,当鞍形板刚一松动,会有应力施加到切刀上,切刀可能被卡住,此时需要停止转刀,将离合器切换到手动位置,用手动摇柄收回几圈,然后切换回自动位置继续切削。

(11)预计开孔结束以后,将离合器切换到手动位置,用手动摇柄伸进主轴10~12圈。假如筒刀能进入无卡堵,可判断已完全开透;如果不能则继续开孔。

(12)当开孔完全结束后,摘下离合器,进行自动退刀。观察标尺杆,当它接近零位时,停止快速退刀,用手动摇柄来完全收回。

(13)关闭夹板阀。打开泄压阀,放空。

(14)卸开孔机。

(15)从中心钻上取下鞍形板。

(16)开孔结束。

三、技术要求

(一)作业点选取技术要求

(1)开孔作业点应选择在直管段。

(2)开孔部位宜避开管体焊缝,开孔刀中心钻不应落在焊缝上。

(3)开孔部位的管道圆度误差不应超过管外径的1%,且不大于3mm。

(4)开孔直径在500mm及以上时,开孔前开孔位置管道上应焊接防胀圈。

(二)刀具安装技术要求

(1)中心钻U形卡环应转动灵活,每次开孔前应更换中心钻防松尼龙棒。刀具结合器与开孔机主轴之间的锥度连接不应有任何松动。

(2)测量筒刀与开孔结合器内孔的同轴度公差应控制在1mm以内。

四、注意事项

(一)三通的安装注意事项

(1)妥善保管塞堵,不能磕碰,将塞堵与法兰对应做好标记,防止混淆。

(2)三通上下护板均用石笔画出螺旋焊缝线、护板边缘线、三通内孔线,再次安装时可以按线安装,三通焊接安装完成后要对管道底部进行支持,减小封堵管段的整体受压。

(3)打磨过程中操作人员一定要佩戴好护目镜,防止异物溅入眼睛。

(二)夹板阀的安装注意事项

(1)螺栓紧固过程中必须采用"对称均匀紧固"的原则,防止用力不平衡,导致介质泄漏。

(2)手动夹板阀安装应注意计算手柄圈数,并做记录,确认阀门是否能够完全打开或关闭。

(3)液压夹板阀安装应注意精确计算阀杆行程,并做记录,确认阀门是否已经完全打开或关闭。

(4)全焊接液压夹板阀应注意确认阀位指示器是否处于打开或关闭。

(三)开孔机的安装注意事项

(1)开孔机在吊装过程中,夹板阀应处于关闭状态。

(2)防止中心钻过长损伤夹板阀上闸板面。

(四)开孔注意事项

(1)开孔前,先做安装塞堵的试验,验证其是否能顺利就位,试验时应取下O形密封圈,以免刮伤。开孔过程中,宜先开旁通孔,后开封堵孔。

(2)离合器设定为自动状态以前,必须取下手动进刀扳手,防止在机器下刀过程中,扳手自转造成人身和设备事故。

(3)由于管道应力的影响,可能操作手要进行几次收回主轴反复切削的操作来切断鞍形板。

(4)开孔尺寸以计算尺寸为参照,兼顾切削声音、液压波动,不可开过开孔允许的最大尺寸,即管道半径。

模块四 油气管道封堵

项目一 塞式封堵

管道塞式封堵适用于管道标准而且管道内壁没有结垢、腐蚀的长输管道,大多用于油气长输管道计划性的管道大修、改线和管道工艺改造以及突发性的管道事故抢修等。塞式封堵具有封堵严密、承压高、施工快的特点。

一、准备工作

(一)封堵作业坑的开挖

按标准开挖封堵作业坑,并留有安全通道。封堵作业坑与动火作业坑间应有安全隔墙,隔墙宽度应大于1m。封堵作业坑的宽度、深度、长度、坡度及周边要求如下。

(1)如图2-4-1所示,作业坑底最小宽度按以下公式计算:

$$W = D + K$$

式中 W——坑底最小宽度,m;

D——管道外径,m;

K——作业坑底宽度方向作业间隙,通常取2.5m。

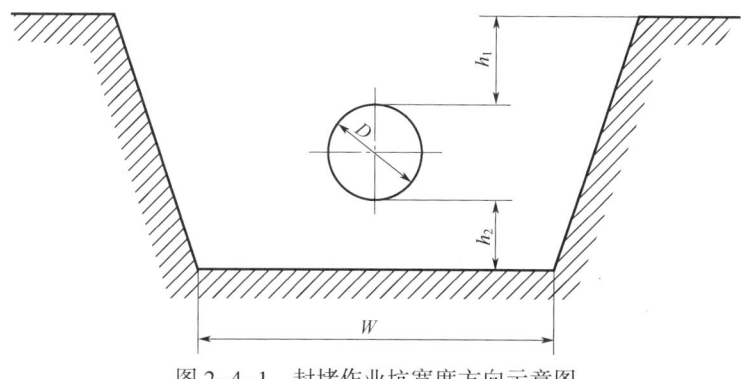

图2-4-1 封堵作业坑宽度方向示意图

（2）如图 2-4-1 所示，作业坑深度按以下公式计算：
$$H = h_1 + h_2 + D$$
式中　H——作业坑深度，m；
　　　h_1——管顶至地面的距离，m；
　　　h_2——管底至坑底的距离，$h_2 \geq 0.7$m；
　　　D——管道外径，m。

（3）如图 2-4-2 所示，垂直管道安装封堵设备时单侧作业坑长度按以下公式计算：
$$L_\text{长} = l_1 + l_2 + l_3 + l_5$$
式中　$L_\text{长}$——作业坑长度，m；
　　　l_1——旁通作业点与封堵作业点的间距，$l_1 \geq 2.5 l_4$，m；
　　　l_2——旁通作业点至隔墙距离，$l_2 \geq 3D$，且至少 1.5m；
　　　l_3——封堵作业点至下囊作业点距离，$l_3 \geq 4D$，且至少 1.5m；
　　　l_5——下囊作业点至隔墙距离，$l_5 \geq 3D$，且至少 1.5m。

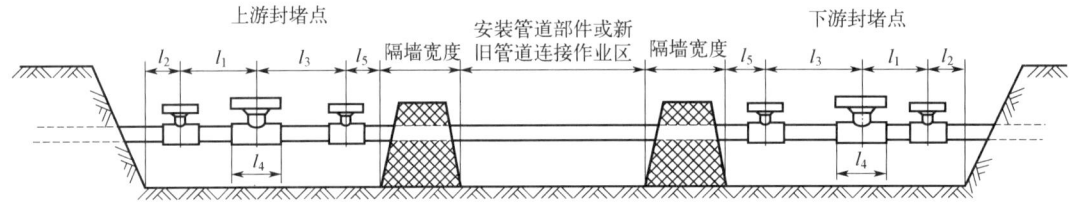

图 2-4-2　封堵作业坑长度方向示意图

注：
① 在管道上其他方位安装封堵设备需要的作业坑长度根据实际情况确定。
② 若管道开孔位置与管道对接焊缝重合，根据实际情况，适当加长作业坑，避开焊缝。
③ 管道部件或新旧管道连接作业区的长度根据实际情况确定。

（4）作业坑坡度应根据土壤类别、力学性能和开挖深度确定，深度 5m 以内的按表 2-4-1 确定坡度。

表 2-4-1　作业坑坡度

土壤类别	最陡边坡坡比		
	坡顶无载荷	坡顶有静载荷	坡顶有动载荷
中密的砂土	1∶1.0	1∶1.25	1∶1.50
中密的碎石类土（填充物为砂土）	1∶0.75	1∶1.00	1∶1.25
硬塑的粉土	1∶0.67	1∶0.75	1∶1.00
中密的碎石类土（填充物为黏性土）	1∶0.50	1∶0.67	1∶0.75
硬塑的粉质黏土、黏土	1∶0.33	1∶0.50	1∶0.67
老黄土	1∶0.10	1∶0.25	1∶0.33
软土（经井点降水）	1∶1.00	—	—
硬质岩	1∶0	1∶0	1∶0
冻土	1∶0	1∶0	1∶0

注：当冻土发生融化时，应进行现场试验确定其坡度。

(5)作业坑深度超过5m的应根据实际情况,采取支撑或阶梯式开挖措施,并做开挖专项方案。

(6)作业坑边缘1m范围内不应堆土,摆放设备、停放车辆,周边摆放物不宜妨碍吊装视线。

(二)施工平台的搭建

在架空管道上施工,对开三通或四通的法兰端面高于地面1.3m时,应搭建作业平台;在埋地管道上施工,对开三通或四通的法兰端面高于作业坑底1.3m时,应搭建作业平台。

脚手架搭建人员应具有相应资质。作业平台空间应满足使用要求,应设有护栏和上下安全通道、踏板应绑扎牢固,表面应平整。

(三)现场参数的采集

确定封堵管段,测量管径椭圆度,拆除防腐层,清理管道表面。

(四)选择合适的三通

参照本书第二部分模块一项目二三通及短节的内容。

(五)三通及短节的焊接

参照本书第二部分模块一项目二三通及短节的内容。

(六)防胀圈的焊接

开孔直径不小于500mm的,开孔前应焊接防胀圈。

(七)夹板阀的安装与检查

参照本书第二部分模块一项目三夹板阀的内容。

(八)试堵孔操作

参照本项目堵孔部分进行操作。

(九)开孔操作

开孔操作参照本书第二部分模块三的开孔内容。

(十)封堵头的安装

塞式封堵头安装时,压板螺栓均匀紧固,封堵皮碗不应重复使用。

在封堵结合器上安装压力表,封堵器与封堵结合器应竖直安装和拆卸。

(十一)封堵尺寸的计算

如图2-4-3所示,封堵尺寸:
$$L = l_1 + l_2 + l_3$$

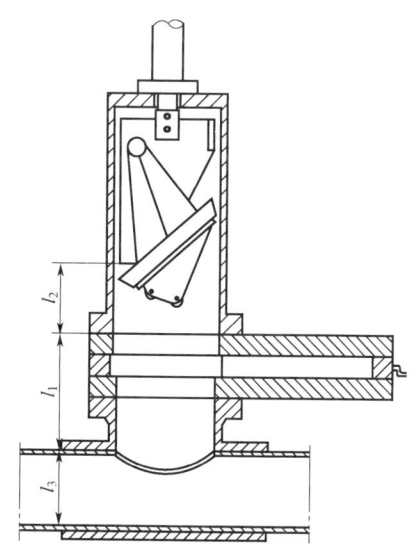

图2-4-3 塞式封堵行程测量图

l_1—夹板阀上端面距管道外壁距离;
l_2—夹板阀上端面距封堵头中心点距离;l_3—管道内径

二、操作步骤

封堵过程见图2-4-4。

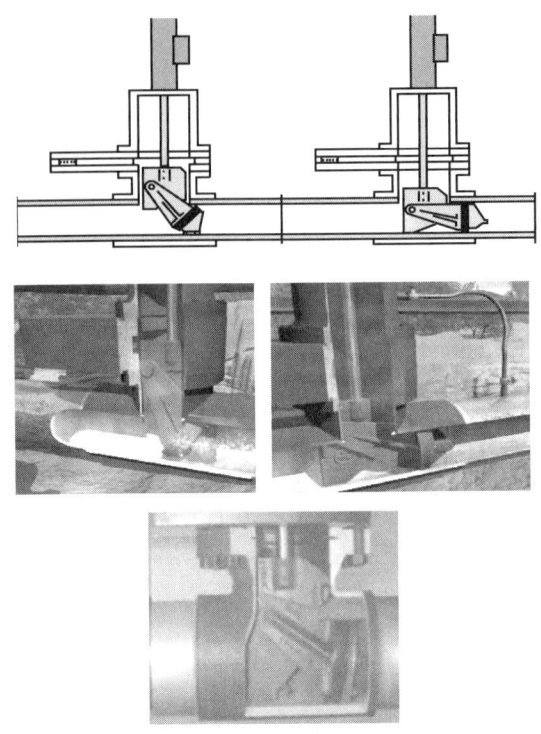

图 2-4-4 塞式封堵过程示意图

(一)封堵操作

(1)封堵前对封堵器结合器内的可燃气体进行氮气置换并进行严密性试验,试验压力与管道运行压力相同,稳压 30min。观察压力并向焊道和各部件结合部位喷洒肥皂水,看是否有气泡产生。无压降无气泡产生则认为严密性合格,反之则不合格。

(2)进行封堵作业时,应先进行下游封堵作业,再进行上游封堵作业。先放下游点封堵头入位,如果在到达位置前受阻,可反复几次提升或降低 20mm。检查观察孔数字与计算的数字一致。用内六角扳手锁紧锁紧螺栓。关闭压力平衡管路,泄压观察 30min,确认密封可靠后,方可进行下步作业。再放上游点封堵头入位。当两个封堵头已经在管道中就位,再一次检查观察孔数字,必须与隔离管段内的压力被释放之前相一致。如果变化,则重新封堵。泄压管路是根据现场情况而定,多选封堵隔断较短一端或管道泄压较为明显的一段。

(3)打开夹板阀与平衡管路后,下落封堵头到达管道的封堵位置后完成封堵,介质被导向旁通管路。关闭平衡压力系统。彻底放空被隔离管段的介质。在隔离管段施工前应核实封堵头的密封性。打开平衡孔降压后观察 30min,若封堵隔离管段管道压力没有回升,则封堵成功。如有泄漏,应重复封堵工作或更换皮碗。

(4)封堵头到位后应缩紧封堵器主轴,拆除封堵器上的液压管。

(二)解除封堵

(1)打开平衡管路用管道原介质进行中间管段压力平衡补充,或补充工艺允许介质进行压力平衡。确认封堵头两侧压力平衡后才可以提取封堵头。

(2)收回封堵头。解除封堵顺序:先解除上游封堵,再解除下游封堵。

(3)关闭夹板阀,关闭旁通阀门、压力平衡阀。

(4)对封堵结合器内的可燃气体进行氮气置换,直至可燃气体检测仪测量排污阀门口的气体浓度低于爆炸下限的10%。

(5)拆除封堵液压缸。

(三)封堵孔堵孔

堵孔是开孔作业和封堵作业的最后阶段。该塞堵会密封三通,从而隔断管道介质与外界的联系,得以拆除夹板阀,安装盲板,完成整个作业。

1. 准备工作

在进行堵孔作业之前要进行一些必需的准备工作。

(1)限位卡环片已经检查,使其完全伸出所需要旋转的圈数并记录。再确定堵孔时限位卡环片是否能完全伸出来。

(2)在进行堵孔作业前,夹板阀表面(包括密封垫)到塞堵限位卡环片顶部的距离已经测量并被记录。

(3)2in平衡孔短节已经安装并已经完成开孔。

2. 设备检查

(1)检查塞堵表面确保清洁并且未受损坏。外表面的刻痕和硌痕用细锉刀或金刚砂布打磨平滑。确保密封圈、密封圈槽及限位卡环片槽没有任何污物,落球式止回阀必须清洁干净。

(2)拆除安装在塞堵顶面止回阀孔之内的防尘丝堵,并保护落球式止回阀不接触异物。

(3)检查止回阀球体的位置,确保它落在止回阀阀座上。如果对它是否落座有任何疑问,在该阀门中注入酒精或轻质油。如有任何泄漏流过的液体,表明球体没有落座。如果不能使止回阀球体正确地落在座上,则把阀门分解,检查并润滑,更换有缺陷的部件,然后重新组装并再用酒精试验。

注意:在止回阀球体没有正确落在阀座上之前不要继续进行下一步程序。

(4)当塞堵落入三通内孔时,落球式止回阀被开孔机定位杆顶开并保持开启。这有助于塞堵上下两侧的压力平衡。随着堵孔和开孔机放下塞堵,落球式止回阀被关闭。

(5)在塞堵上安装塞堵结合器并拧紧内六角螺栓。

(6)把塞堵结合器安装在开孔机上。

3. 平衡孔下塞堵尺寸计算

(1)如图2-4-5所示,起始塞堵尺寸计算:

$$L_1 = l_1 + l_2 - l_3$$

(2)如图2-4-5所示,塞堵完成尺寸计算:

$$L_2 = L_1 + l_4$$

则平衡孔塞堵尺寸为 $l_1 + l_2 - l_3 + l_4$。

4. 旁通孔、封堵孔塞堵尺寸计算

$L_3 = l_1 + l_2 + l_3$，式中各尺寸，如图 2-4-6 所示。

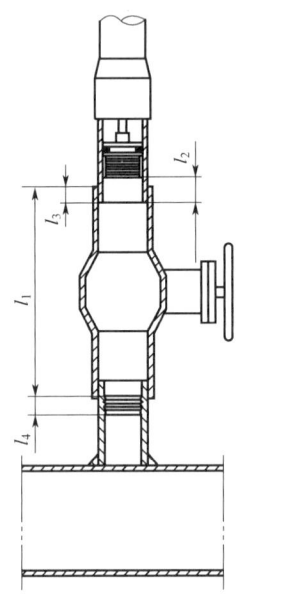

图 2-4-5　塞式封堵平衡孔堵孔尺寸测量图

l_1—球阀高度；l_2—塞堵在回收状态时距连接管下端面的距离；

l_3—连接管插入球阀的距离（螺纹啮合尺寸）；

l_4—平衡孔短节内丝深度与球阀下端面的距离

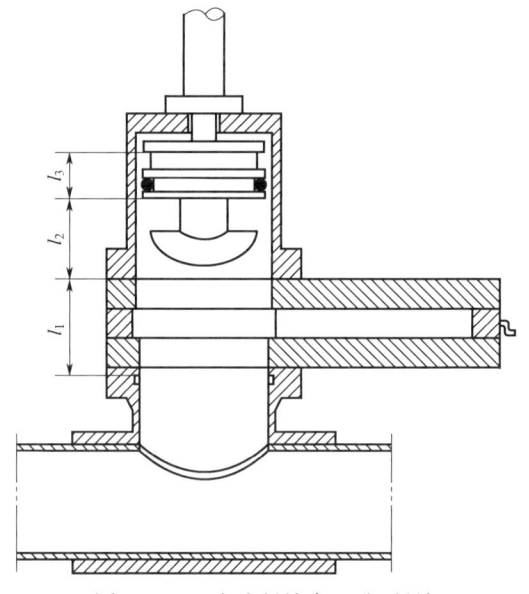

图 2-4-6　塞式封堵旁通孔、封堵孔堵孔尺寸测量图

l_1—夹板阀厚度；l_2—活塞下端面距塞堵孔器端面距离；l_3—活塞厚度

旁通孔、封堵孔堵孔示意图如图 2-4-7 所示。

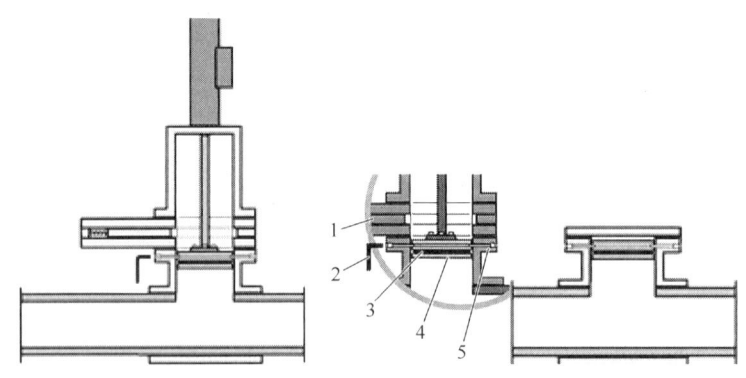

图 2-4-7　塞式封堵旁通孔、封堵孔堵孔示意图

1—夹板阀；2—锁销；3—密封圈；4—塞堵；5—封堵法兰

5. 安装带弧板的塞堵

1）弧板的安装

塞堵底部上的短节延伸部分被嵌接以适合弧板。把弧板焊接在短节上是在现场上操

作的。

(1) 应特别小心使弧板与塞堵正确对中。弧板应对准塞堵的中心,而且弧板的顶部中心线应与冲压在短节延伸部分上的箭头对中。

(2) 用润滑脂涂抹塞堵内的落球式止回阀,以避免焊接溅出物进入开口。

(3) 当焊接弧板完成,用一个砂轮机磨削光滑弧板粗糙的边口。

(4) 可以气割弧板外沿约 10~20mm。这将克服护板在管道内的微小不同心度。

2) 短节的安装

(1) 嵌接短节的端部以适合弧板的顶部。

(2) 把短节连接在塞堵底部,并确保它的中心线与塞堵一致。

(3) 在塞堵表面上冲压一个箭头,与短节下支腿成 90°朝向。这一箭头将被用于把它连接在开孔机镗杆时与塞堵对中。在焊接时,保护旁通管不进入污物、润滑脂及焊接溅出物。

6. 堵孔器安装

(1) 在夹板阀上安装开孔机和结合器。确保结合器上的压力平衡出口与管道上的压力平衡管件对中。

(2) 安装压力平衡管路。在压力平衡管道球阀上的平衡管道中安装两个压力表,第一个压力表为 P_1。确保夹板阀是关闭的。

(3) 在安装压力表 P_2 前,确保两个压力表都经过校正,读数准确。

(4) 在开孔机上的放空阀出口上安装三通管件。在三通管件的一侧上安装放空阀并使其处于开启位置。在三通管件的另一侧上安装 P_2 压力表。

7. 压力平衡

当要把塞堵降落下去时,特别重要的是塞堵上下的压力要保持平衡,这可通过观察压力表 P_1 和 P_2 进行。必须严格遵守下述程序:

(1) 打开位于压力表 P_1 下的平衡压力管道上的球阀,记录压力表 P_1 所示压力值。这是管道压力,应该保持恒定。

(2) 打开位于夹板阀上的内部旁通以平衡闸板两侧的压力。这时应该可以听到液体流或气体流通过旁通。第二个压力表 P_2 将随后和放空阀一起安装在一个压力表三通上。

(3) 空气应通过放空阀放空。如果没有空气向外放散,就关闭内部旁通阀,检查造成问题的原因。确保放空阀完全开启,并且开口没有任何障碍。

注意:从放空阀释放压力要远离工作区域和工作人员。当放空阀开启时躲开放空阀管口,否则喷出的物质会造成人身伤害。

(4) 当空气被放空,关闭放空阀。检查 P_1 值是否等于 P_2 值。

(5) 缓慢完全打开压力平衡阀,同时注视 P_1 值是否等于 P_2 值。P_1 值必须等于 P_2 值。

注意:如 P_2 处压力不等于 P_1 处压力,不要继续操作,直到压力差别的原因被确定并且被更正。

(6) 开启夹板阀,记下确保它完全开启的旋转圈数或液压杆伸出长度。

(7) 对所有连接处进行泄漏检查。在继续工作之前修理任何泄漏。

8. 降落塞堵

（1）使用液压开孔机下塞堵时须间歇缓慢进行。

（2）塞堵下到预计尺寸以后，对角锁紧卡环，然后各自退回1/4圈。

（3）监视压力表 P_1 和 P_2 的压力读数，确保两个压力表的读数相同。如果两个表读数不同，停止降落塞堵。

注意：在塞堵堵孔过程中，不允许塞堵上部的管道压力 P_2 低于塞堵下部的压力 P_1。保持塞堵上下压力平衡 P_1 值＝P_2 值。所以，除非塞堵已全部退回或塞堵已完全堵孔并且该限位卡环片已啮合进入塞堵上的沟槽，千万不要开启上面的任何放空管接口。堵孔过程中跨过塞堵的差压会导致严重人身伤害和开孔机严重损坏。

9. 塞堵定位

（1）当所有卡环都入位后，将离合器切换至手动位置，旋转手柄，使塞堵上下活动。活动过程中，发现塞堵无法向上或者向下运动的时候，说明塞堵确已被锁在卡环中。然后将塞堵上摇靠在卡环条上，这个位置是当差压作用到塞堵上时的假想位置。

（2）塞堵被完全定位后，逆时针转动测量杆从内丝头杆上脱离塞堵，此时，测量杆会轻轻地跳动一下，这个动作是由于过流或压差作用而产生的。

10. 拆除设备

（1）当塞堵已被正确定位后，逆时针方向旋转测杆把塞堵结合器从限位杆上分离。这一动作将使位于塞堵内的落球式止回阀关闭。

（2）大约逆时针方向旋转落入式摇把12圈退回镗杆并释放作用在塞堵结合器上的摩擦力和压力。

（3）关闭压力表 P_1 下面的压力平衡管道上的平衡阀门。

（4）开启放空阀从外壳里释放压力。如果所有压力全已释放，塞堵即被密封。压力将被放空到零。

注意：从放空阀释放压力要离开工作区域和工作人员。当开启放空阀时躲开放空管口，否则喷出的物质会造成人身伤害。

（5）如果发生泄漏，最可能的原因是落球式止回阀部分关闭或密封圈损坏。此时关闭放空阀。

① 为停止泄漏，降落开孔机主轴到塞堵结合器并使用测杆把限位杆螺纹拧入塞堵结合器，把球体从阀座推离开。拧松测杆螺纹。检查泄漏是否已经停止。

② 开启放空阀。

③ 如果开启和关闭落球式止回阀仍不能停止泄漏，则必须拆除塞堵并检查。

（6）如果没有泄漏了，则已完成堵孔。把开孔机主轴完全退回开孔结合器内。

（7）如果管道内有液体产品，可以在拆除前把液体从夹板阀下半部分排放掉。

（8）拆除压力平衡管及压力表 P_1。

（9）拆除放空阀及压力表 P_2。

（10）从夹板阀上拆除开孔机和开孔机结合器。

（11）关闭夹板阀上的闸板（为便于搬运）。拆除夹板阀。

(12)从塞堵上拆除塞堵结合器。在有些场合,在关闭夹板阀前必须拆除塞堵固定座。

(13)在法兰盘的已被清洁的表面上安装密封垫及盲板。

(14)拆除阀门及阀盖管件。

11. 平衡孔下塞堵操作

(1)首先将开孔刀卸下,装上塞堵杆总成,并带上做过试堵试验的塞堵并检查塞堵密封圈。

(2)测量、计算堵孔行程,并做出标记。注:进给套筒应位于零位置。

(3)将连接器连同手动开孔机装到球阀上。

(4)打开球阀,顺时针同步转动开孔机的切削扳手送进套筒,将塞堵送到事先测量好的位置,将孔堵上。

(5)逆时针旋转送进套筒,将塞堵杆抽出,收回到连接器内。打开泄压阀再关闭 5~10min,检查堵孔密封性。

(6)分别卸下开孔机、连接器和球阀,将短节封帽拧紧到短节上,完成全部堵孔工作。

三、技术要求

(一)封堵技术要求

(1)封堵头的安装要求:安装皮碗一定要认真、仔细,要确保皮碗直口对正支架平面,均匀地紧固其连接螺栓,压紧后,测量皮碗四周直径方向伸出封堵头触头的尺寸是否一致(最大最小尺寸差应控制在 0.5mm 内),否则应卸下重装。具体步骤如下:

① 伸出封堵器主轴,安装封堵头,封堵头的触头应与联箱上的平衡管路接头方向一致。

② 利用枕木为封堵头提供支撑。

③ 从连接叉上拆下触头压板。

④ 检查封堵头各部件。

⑤ 把皮碗均匀地放置在连接叉上,应该贴紧连接叉的表面,各螺栓孔应对中。

⑥ 把压板在密封元件上定位。先用人工预紧螺栓。

⑦ 参见表 2-4-2 找出对应的扭矩,均匀紧固螺栓,保证均匀压缩,压力四周伸展相等,达到良好的密封。

⑧ 在皮碗唇边涂润滑油脂。

⑨ 小心退回封堵头,防止唇边外翻。

注意:密封元件只能使用一次,每次封堵作业后均需报废。

表 2-4-2 封堵头皮碗紧固力矩

封堵头尺寸,in	最小扭矩,ft·lbf	最大扭矩,ft·lbf
8	35	65
10	50	80
12	65	100
14	80	140
16	100	170
18	130	210

续表

封堵头尺寸,in	最小扭矩,ft·lbf	最大扭矩,ft·lbf
20	160	250
22	200	300
24	240	375
26	290	430
28	340	500
30	400	570
32	450	650
34	500	715
36	550	800
38	620	900
40	700	1000

注：1N·m=0.738ft·lbf。

（2）封堵作业期间主管道不能进行清管作业和调整运行参数。

（3）应在封堵结合器排气孔安装压力表。

（4）应先进行下游封堵作业，再进行上游封堵作业。封堵头到位后，应锁紧封堵器主轴，拆除封堵器上的液压管。

（5）应对封堵管段进行封堵效果验证。

（6）封堵头两侧压力平衡后，方可提取封堵头。

（7）应先收回上游封堵头，后收回下游封堵头。

（8）液体管道带压封堵时介质流速不应大于2.5m/s，气体管道带压封堵时介质流速不应大于5m/s。

（9）液体管线可开隔离囊孔，在囊孔处安装隔离囊，断管后在距离断口不小于200mm处堆砌黄油隔离墙或其他隔离材料，隔离墙的形状为梯形，上窄下宽。黄油墙应保证足够的强度和厚度，黄油墙顶部的厚度不小于管道直径。

（10）气体管线应在在役管道上开隔离囊孔，自囊孔处安装双隔离囊。

（11）隔离囊距离动火部位应不小于1m。

（12）气体管道应在封堵孔和隔离囊孔之间设置放空立管，用于动火管道内可燃气体的放空，也可在平衡孔处安装放空立管。

（13）天然气管道切管作业完成后视情况在动火端两侧放置隔离囊（泡沫球），阻止可燃气体、氮气和流动气流，确保作业安全和焊接质量。

（二）堵孔技术要求

（1）安装塞堵之前不应调整管道运行参数。

（2）应在开孔机和夹板阀上阀板安装压力表。

（3）操作过程中应先用夹板阀内平衡孔平衡压力后，再打开外平衡管道阀门。

（4）塞堵被安装到对开三通后，应验证塞堵密封效果，安装塞堵应记录关键内容。

（三）旁通管道连接技术要求

（1）根据管道工艺条件要求，确定旁通管材及管径，参考表2-4-3。

(2)在旁通管道的高点安装排气阀,低点安装排污阀,并在适当的位置安装压力表。

(3)旁通管道应支撑并固定。

(4)旁通管道组焊完后应进行焊接外观检验,合格后进行无损检测。

(5)在旁通管道无损检测合格后还应进行压力试验。

强度试验压力为封堵点管道工作压力的1.25倍,稳压30min;严密性试验压力按封堵点管道工作压力进行,稳压30min,以无压降无渗漏为合格,并填写压力试验表。

表2-4-3 旁通管道选用推荐表

主管线,mm	推荐采用的旁通管线,mm	主管线,mm	推荐采用的旁通管线,mm
φ219	φ159	φ660	φ355.6
φ273	φ159	φ711	φ406
φ323.9	φ219	φ762	φ457
φ355.6	φ219	φ813	φ508
φ406	φ273	φ864	φ610
φ457	φ273	φ914	φ610
φ508	φ323.9	φ1016	φ660
φ559	φ323.9	φ1219	φ711
φ610	φ355.6		

四、注意事项

(一)封堵注意事项

(1)封堵器安装完成后要进行压力密封试验,试验方法与开孔压力试验一致。及时处置影响动火作业的渗漏情况,必要情况下重新选择封堵点;对不影响动火作业的微渗漏,要随时监测并处置,要做好引流措施,确保封堵安全可靠。

(2)带压作业的任何作业之前都必须进行压力平衡,如开孔之前、开闭夹板阀、拆卸开孔机/封堵器等,都必须进行压力平衡后再作业,否则将无法打开阀门或者造成设备事故。

(3)两端封堵后,通过开一个平衡孔对管道内介质进行降压、放空,同时确认封堵的严密性。

(4)缓慢打开两处平衡放散阀放气,将置换管段内介质放空。

(5)观察30min,确认封堵严密后进行后续作业。

(6)如封堵不严密,可重新检查各项数据,查找原因后,再次封堵,直到确认封堵严密后方可进行放空、管道切割施工。

(7)封堵头及密封圈的直径是直接配合管道内壁的,所以管道内壁是否圆整,是否有涂层,是否有锈蚀,是否有矿化附着等,都直接关系到封堵的效果。

(二)堵孔注意事项

(1)检查塞堵弧板状况,如有问题及时更换,然后将切割下的管块进行必要的清边处理,清边后鞍形板外径宜比开孔孔径小10~20mm。计算管块回填到位时尺寸,控制其与原管道上下以及同心度误差不超过 2~3mm。将其与塞堵弧板固定连接,找好角度,一同收入塞堵器连箱内。

(2)将塞堵结合器安装在封闭的阀门上,打开夹板阀闸板进行下塞堵操作。

(3)下塞堵操作过程中,应先用夹板阀内平衡孔平衡压力后,再打开外平衡管道阀门。

(4)下塞堵作业完成后,断开塞堵结合器,收起测量杆,打开联箱泄压阀,排空介质,检查塞堵严密性,直至无介质渗漏方可。

(5)拆除开孔机、夹板阀,安装盲板,管路运行进入正常状态,管件永久保留在管路上,整个带压封堵作业结束。

项目二　囊式封堵

挡板—囊式管道封堵主要适用于封堵原油、成品油、天然气和水等介质的管道,既可以用于停输封堵,在一定条件下也可用于不停输封堵,常用于油气长输管道计划性的管道大修、改线和管道工艺改造以及突发性的管道事故抢修等。

囊式封堵可带压操作,封堵可靠、操作简便、安全系数高,对野外作业有很高的适宜性,是理想的长输管道抢修、大修的封堵方式。

一、准备工作

(一)封堵作业点的选择

(1)施工现场应有足够的作业场地和操作空间,道路畅通。

(2)封堵作业坑尺寸的确定。

坑底宽度应按下式确定:

$$W = D + K$$

式中　W——坑底宽度,m;

　　　D——管道外径,m;

　　　K——坑底加宽系数,K 取 2.5m。

每个封堵作业长度,按单封堵、双封堵可分两种:单封堵为 5.0m,双封堵为 7.0m。

(3)封堵作业坑开挖应将管段暴露得足以测量直径,两侧应有安全通道。

(4)平整坑边场地,将封堵集装设备及液压站放置在坑边。

(5)封堵作业坑与管道碰头动火作业坑之间应设隔墙,隔墙宽度不小于 1m。

(6)封堵作业点宜选择在水平管段上,管道暴露区域应足以满足测量管径所需空间,所选管段的椭圆度偏差小于 1%,且不大于 3mm,并测其壁厚。

(二)剥离防腐层

用防腐层剥离机或铲刀清除封堵点处防腐层,长度应比焊接三通的护板长度长约 0.4m,并用汽油擦洗干净,便于焊接。

（三）法兰短节拆解

具体内容见法兰短节部分。

二、操作步骤

（一）法兰短节的检查和焊装

（1）将法兰短节总成解体检查。用内六角扳手检查锁环螺栓是否灵活好用；锁环是否能全部收到锁环槽内；将法兰短节内表面擦拭干净；堵孔塞堵对号做好标记。

（2）将每个法兰短节与其堵孔塞堵对号做好标记。

（3）彻底清除即将开孔封堵管道上的防腐层、底漆和污物等。

（4）在压力管道上，在停输或不停输状态下，在待更换的管段两侧各焊装两个法兰短节如图2-4-8所示。注意控制两法兰短节间的中心距和法兰端面至管顶的尺寸，其中心距由管径来决定，具体数据见表2-4-4和表2-4-5。

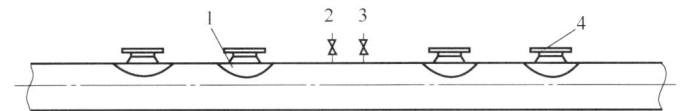

图2-4-8　不停输焊接法兰短节位置示意图
1—加强板；2—放空阀；3—排油阀；4—法兰短节

与此同时，在中间管段上焊装一个放空阀和一个排油阀。用手动带压开孔机开孔（开孔方法见本部分模块三项目一手动开孔）。

表2-4-4　两法兰短节的中心距

管线规格,mm	中心距,mm	管线规格,mm	中心距,mm
φ159	450	φ219	530
φ273	630	φ323.9	750
φ325	750	φ377	870
φ406	960	φ426	980
φ508	1090	φ529	1110
φ610	1280	φ630	1320
φ660	1350	φ711	1400
φ720	1410	φ813	1500
φ914	1650	φ1016	1800
φ1067	2000	φ1219	2300

表2-4-5　法兰短节高度（法兰面距管线顶部）

管线规格	法兰短节高度	管线规格	法兰短节高度
φ325～426mm,6.4MPa	152mm	φ325～426mm,10MPa	185mm
φ508～720mm,6.4MPa	176mm	φ508～720mm,10MPa	224mm
φ813～1016mm,6.4MPa	230mm	φ813～1016mm,10MPa	280mm

(5)法兰短节焊接完成后(包括补强板),再将O形密封圈装到法兰端面的密封槽内,并进行水压试验。其试验压力值应等于封堵点所在管段当时运行压力的1.25倍。

(二)夹板阀安装

夹板阀安装前,应检查其阀杆、连通阀是否转动灵活;检查O形橡胶密封圈是否变形、老化、缺损等。

夹板阀在法兰短节上安装就位时,应确认上、下止口吻合后,均匀地连接好阀体上的螺栓。在夹板阀的上夹板体上安装好O形密封圈、放空阀、压力表和排油弯管。关闭放空阀,管道开孔前夹板阀应处于全开状态。

夹板阀进行承压开启操作前,应通过连通阀的开启来平衡阀体上下腔的压力。开阀时,先逆时针转动六角扳手,打开连通阀,待闸板上下腔压力平衡后,顺时针转动手摇把,打开夹板;关阀时,逆时针转动手摇把,使闸板回关闭位置,然后顺时针转动六角扳手,关闭连通阀。开关夹板阀时应记住摇柄的圈数。

(三)试堵孔

(1)检查堵孔器丝杠、压杆、溢流法兰等零部件是否灵活,堵孔器上的放空阀应处在关闭状态。

(2)将溢流法兰预先安装到塞堵上,再将塞堵借助溢流法兰安装到堵孔器中的锥形套中。借助堵孔器丝杠中的压杆和挺杆打开塞堵中心的止回球阀,在夹板阀上安装已组装好的堵孔器,均匀连接好法兰螺栓后,顺时针旋转手轮,由内套带动丝杠下移。安装塞堵如图2-4-9所示。

图2-4-9　安装堵孔塞堵进行试堵孔

(3)当堵孔塞堵顺利到达锁环位置时,用内六角扳手拧紧法兰短节上锁环,确认锁好后,记录堵孔行程和锁环螺栓的锁入深度,试堵孔结束后,拆卸堵孔器。

(四)管道带压开孔

(1)在法兰短节上安装夹板阀,均匀地拧紧法兰螺栓。

(2)然后在夹板阀上安装电动开孔机,接通电源,检查电动机的正反转。

(3)在停输或不停输状态下(静压或流动压力下)实施带压开孔(开孔方法见本部分模块三项目二电动开孔)。

(4)开孔后关闭夹板阀、拆除电动开孔机。

(5)开孔完成后,切断开孔机电源。顺时针转动手轮,手轮达到最高位置后,关闭夹板阀,并利用夹板阀的内螺纹球阀泄放开孔机腔体内的压力和残液,然后卸、吊下开孔机。

(五)安装挡板

1. 挡板装置的地面准备

(1)拆卸挡板的保护套筒。根据不同的管径加装相应的挡板、上下砥块、销轴和轴套等部件。锁紧挡板手柄,关闭挡板装置的放空阀。

(2)用高压胶管并借助快速接头将挡板装置上的油缸与液压站连接起来。

(3)接通液压站电源,检查泵机组的正反转。

(4)不同管径挡板液压缸行程见设备说明书或标牌。

2. 安装挡板装置和挡板送进及展开

(1)将挡板垂直安装到夹板阀上,均匀地拧紧法兰螺栓。挡板装置应安装在送取囊装置的下游,即压力方向的下游;挡板的展开面要迎着囊的送进方向。

(2)打开夹板阀。启动液压站将挡板送进管道中。松开挡板的锁紧手柄,逆时针转挡板手轮,全部展开挡板后,再锁紧手柄。挡板展开如图2-4-10所示。

图 2-4-10 挡板完全展开图

(六)安装送取囊装置和实现封堵

1. 送取囊装置的地面准备

(1)封堵囊在捆扎前应充氮气(充气压力不能超过0.03MPa),进行外观检查,若发现有漏气、严重漏布、划伤等缺陷,严禁使用。每个封堵囊只能使用一次。

(2)用40~50mm宽的聚乙烯塑料布从封堵囊的接头处开始捆扎,捆扎应上下整齐,塑料布分布均匀。DN700mm、DN600mm和DN500mm的束囊直径通常小于220mm,捆扎5~8道;DN400mm、DN350mm和DN300mm的束囊直径通常小于150mm,捆扎4~5道。封堵囊的捆扎如图2-4-11所示。

(3)对于不同的管径,送囊装置中的上、下铰链箱要在相对应的插孔相连,将已捆缚好的封堵囊的金属接头伸进到下铰链箱的底孔中,并使之分别与下铰链箱中的螺套和带金属接头的充气软管相连接。

(4)用带快速接头的高压胶管将送取囊装置各级油缸的进出口与液压站连接好。

(5)启动液压站,操作二级换向阀将封堵囊抽入贮囊筒中,然后再操作一级换向阀将贮囊筒回收到法兰套筒中。

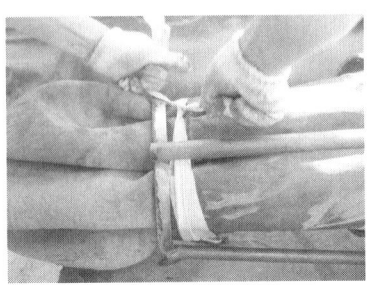 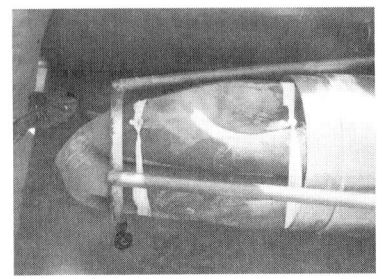

图 2-4-11 封堵囊的捆扎

2. 安装送取囊装置和封堵囊送进

(1)将送取囊装置垂直吊装到夹板阀上,均匀地拧紧法兰螺栓。送取囊装置应安装在挡板装置的上游,即压力方向的上游(相对挡板装置而言),送取囊装置导向板要朝下游的挡板装置。

(2)在四台夹板阀上对称地安装液压挡板装置和液压送取囊装置。挡板装置在内侧,送取囊装置在外侧。管道实施停输并确认管道处于停输状态。

(3)打开夹板阀,由挡板装置送进一组在管道中可展开成圆形断面的挡板;打开夹板阀,由送取囊装置定向地(朝向挡板装置)送进一个封堵囊,并外接好氮气系统。封堵设备见图 2-4-12。

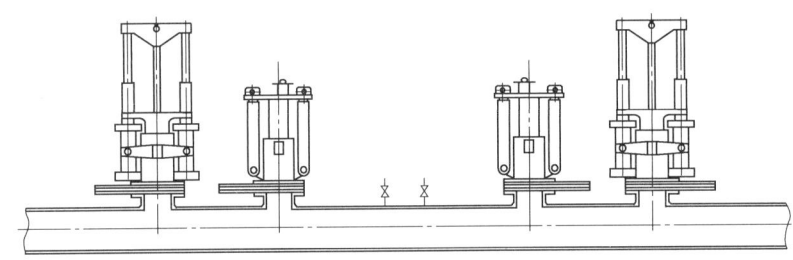

图 2-4-12 封堵设备示意图

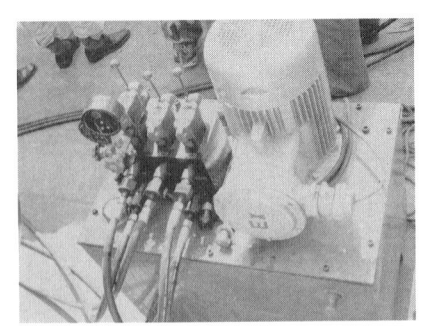

图 2-4-13 液压站示意图

(4)打开夹板阀。启动液压站(图 2-4-13),操作一级换向阀将把囊筒送进管道中,然后再操作二级换向阀将囊筒中的封堵囊推进管道中。

(5)一、二级送进完成后,可用手动葫芦将伸缩油缸与夹板阀锁紧。用带金属接头的高压胶管将送取囊装置上的输油导管与氮气瓶上的减压器的四通接头连接好,准备封堵。

3. 实现管道封堵

(1)送进挡板和封堵囊如图 2-4-14 所示。打开氮气瓶总阀和减压器,打开四通上的控制阀,向管道中的封堵囊充气。在充气过程中,四通上的压力表指示的压力初始为管道压力,直到封堵囊充满气体。囊在管道内完全胀起后,四通上的压力表指示的压力才开始上升,直至使囊压稳定在超过管压 0.08MPa±0.02MPa 的范围内,并在整个封堵过程中保持这种状态。

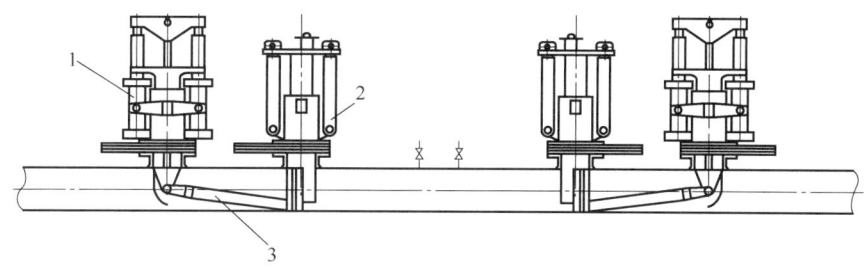

图 2-4-14 送进挡板和封堵囊

1—送取囊装置；2—挡板装置；3—封堵囊

（2）当对称安装的两个封堵装置的封堵囊内压力都稳定后（超过管压 0.08MPa±0.02MPa），可同时打开承接挡板装置的夹板阀上的放空阀，或打开预先设置在两个封堵装置之间的阀门进行排油，如果承接挡板装置的夹板阀上的压力表迅速归零，则证明管道已经实现封堵。实现封堵如图 2-4-15 所示。

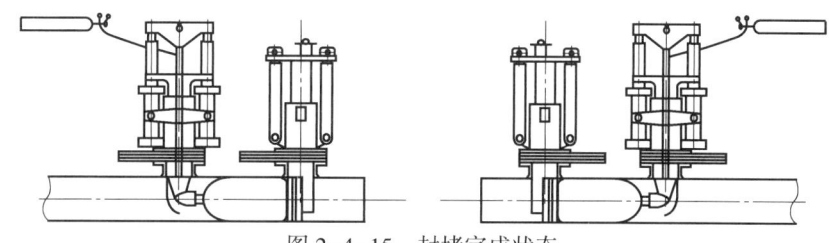

图 2-4-15 封堵完成状态

（3）关闭氮气瓶四通上的输气控制阀，在管道封堵的整个过程中，应始终监护管道压力和封堵囊压力。如发现管道压力变化，应及时调整密封囊压力。

4. 解除管道封堵

(1)打开氮气瓶四通上的排气阀，泄放密封囊中的气体。

(2)拆除送囊装置上的锁紧用的手动葫芦。

(3)启动液压站，操作二级油缸的换向阀，将囊回收到贮囊筒中；然后操作一级油缸的换向阀，将贮囊筒提升到夹板阀以上。

(4)关闭夹板阀，打开夹板阀上的放空阀，泄放送取囊装置上部腔体的压力和残液。

(5)卸下送取囊装置与夹板阀的连接螺母，吊下送取囊装置。

(6)顺时针旋转挡板装置上的手轮，收拢挡板，锁紧手柄。

(7)启动液压站，操作挡板装置的换向阀，挡板提到夹板阀以上，回收到法兰套筒中，关闭夹板阀。打开夹板阀上的放空阀，泄放挡板装置上部腔体内的压力及残液。

(8)卸下挡板装置与夹板阀的连接螺栓，吊下挡板装置。

解除封堵如图 2-4-16 所示。

（七）堵孔及封堵点恢复

1. 堵孔

(1)在解除封堵之前，先将堵孔塞堵、预制短节与开孔机切下的弧形板组焊在一起，然

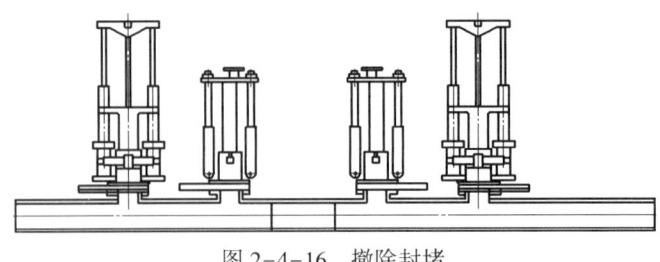

图 2-4-16 撤除封堵

后用螺栓将溢流法兰与堵孔塞堵连接,再利用溢流法兰的螺纹与压杆连接,将堵孔塞堵收入堵孔器结合器内。

(2)将堵孔器安装在夹板阀上,如图 2-4-17 所示,并调整弧形板的方位,使之与管道吻合,均匀地拧紧法兰螺栓。

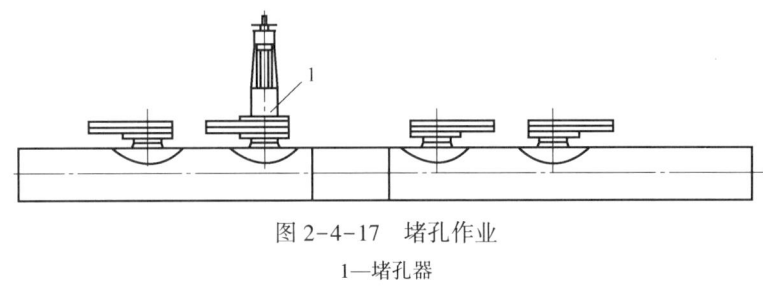

图 2-4-17 堵孔作业
1—堵孔器

(3)打开夹板阀,然后顺时针转动堵孔器手柄,将堵孔塞堵送入法兰短节内锁环位置,其行程应符合试堵孔时记录的数据。送进堵孔塞堵过程中,若遇卡阻,应查明原因,采取相应措施,不得强行送进。

(4)用内六角扳手旋紧法兰短节上的六角锁紧螺钉,使锁环锁住堵孔塞堵,并检查锁紧螺栓的锁进距离,其距离应符合试堵孔时记录的数据,然后逆时针旋转手柄,以验证堵孔塞堵是否被锁住。

(5)松开堵孔器的压杆,使丝杠与溢流法兰脱节,然后逆时针转动手柄,使丝杠完成升起。打开夹板阀上的放空阀,泄放堵孔器腔体内的压力,然后将此阀关闭。观察夹板阀上的压力表,如果压力不上升即可确认堵孔成功。再次打开夹板阀上的放空阀,堵孔器上的进气阀也同时打开,排放堵孔器腔体内的残液。

(6)拆卸夹板阀与堵孔器、夹板阀与法兰短节的螺母,将堵孔器和夹板阀顺序吊出,拆卸塞堵上的溢流法兰。

(7)将丝堵旋进法兰短节的锁孔。在法兰短节上安装法兰盖,如图 2-4-18 所示均匀地紧固法兰螺栓,使管道基本恢复原状,整个封堵作业结束。

2. 封堵点的恢复

(1)在确认管件无渗漏后,对管件和管道做加强防腐。

(2)防腐层固化后,进行土方回填,做好地貌的恢复。

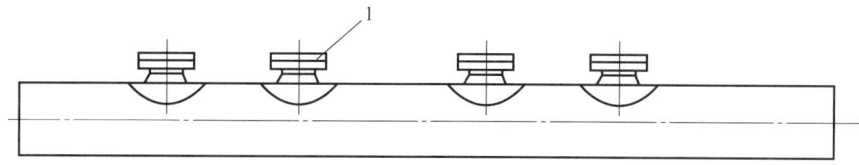

图 2-4-18　安装法兰盖

1—法兰盖

(八) 黄油墙封堵操作

1. 黄油墙封堵工艺简介

黄油墙封堵工艺属于应用广泛的传统管线封堵工艺之一，适用于不带压、有残留、易燃易爆、有毒有害等不同规格的(DN50~1016)的管道，进行维修、改造连头等，具有成本低廉、操作方便的优势，但该工艺长期以来依靠经验进行操作，在各类文献中缺乏相应的施工参数和具体的施工步骤，这导致了每次黄油墙封堵作业都存在摸索参数的过程和施工过程不规范的现象，容易导致材料浪费和施工效率低下。

2. 黄油墙封堵流程

管道停输后，在连头部位内侧距离两端适当距离各开一个合适大小的孔作为排油口。排油后，用切管机将连头部位切断，然后用预制好的黄油泥块放进连头部位管内捣实。黄油墙在管道内封堵情况如图 2-4-19 所示。

经测试可燃气体合格后，修磨坡口，再用黄油泥封堵预制好的短节，焊接前再次测试可燃气体合格后，将预制好的短节进行组焊，从而实现对改造管道的封堵。

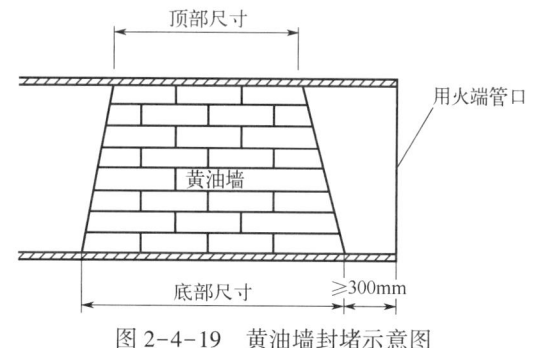

图 2-4-19　黄油墙封堵示意图

3. 黄油墙拌合比例

黄油墙拌合比例要求较高，不能过干太硬，也不能太软，经多次试验后得出一般比例为：一袋滑石粉(25kg)：10kg 黄油，也就是滑石粉与黄油比例为 2.5：1。现场可根据气温等特点适当调整滑石粉与黄油比例，例如气温较高时需要黄油墙坚固不易软化，可适当调整比例到 3：1。

如果采用过筛后的细黄土和水替代滑石粉和黄油，则细黄土和水比例为 7：1。不能用沙子泥土及其他灰尘。

使用时按比例配备后拌和均匀，用手捏微干为宜，或者压成 200mm×100mm×30mm 四角块也可，放入管道内用木棒捣实，现场安全条件具备后动火连头。

4. 黄油墙厚度和浸塌时间

焊接时必须严格按设计规范组对焊接，这样根据焊接方法和管壁厚度，就可以预先估计焊接时间，只要黄油墙被管道内残油浸塌的时间长于焊接时间及工作准备时间，则该黄油墙的厚度就是合适的。

本书介绍最常见的向下焊打底或氩弧焊打底,半自动填充,盖面计算一些常用管线的焊接时间,每道焊缝预计准备时间为 10~15min。

例如 φ508mm×6.4mm 管线,每道口焊接需要 30~35min,准备时间为 10~15min,总计 50min。

φ711mm×7.1mm 管线,每道口需 60~70min。

φ914mm×10mm,打底需 18min,半自动填充盖面需 40min,合计一道口(包含准备时间)需 70~80min。

经多次试验确认,归纳出黄油墙厚度参数,并得出黄油墙封堵后,管道内介质充满后浸塌黄油墙的时间,见表 2-4-6。

表 2-4-6 黄油墙厚度与浸塌时间表

管径 D,mm	黄油墙厚度参数 L	浸塌时间,h
500 以下	$1D$	≥1.5
508	$1.5D$	≥1.5
610	$1.5D$	≥1.5
711	$1.8D$	≥2.0
813	$2.0D$	≥2.0
914	$2.0D$	≥2.5

注意:对焊口两侧各 100mm 加热到 150°以上对黄油墙没有影响,黄油墙砌好后在管口使用可燃气体测爆仪进行检测合格(可燃气体浓度低于爆炸下限的 10%时为合格)后方可焊接。

三、技术要求

(一)前期准备

1. 作业坑开挖

(1)每个封堵作业坑长度按单封堵,双封堵可为:单封堵 5.0m,双封堵 7.0m。

(2)封堵作业坑两侧应开挖上下安全通道。

(3)封堵作业坑与管道碰头动火作业坑之间应设隔离墙,隔墙宽度不应小于 1m。

(4)封堵作业点宜选择在水平管段上。封堵作业点宜选择在水平管段上。管道暴露区域应足以满足测量管径所需空间。所选管段的椭圆度不得超过管外径的 1%,且不大于 3mm,并测量壁厚。

2. 管件安装

分别承接挡板装置和送取囊装置的两法兰短节或对开式全包围法兰三通在不同管道上的安装,对开三通法兰沿管道轴线方向的两端到管顶的距离差不应大于 1mm。

(二)作业过程

1. 开孔

开孔操作时,手动进刀要均匀连续。根据进刀切削的声音可判断出开孔是否完成,反复转动手柄进刀退刀几次,以去除飞边毛刺。

2. 封堵

(1)打开夹板阀的内置连通阀,待上、下腔体平衡后,打开夹板阀。

(2)启动液压站,先将挡板送进管道中。

(3)逆时针转挡板手柄,展开挡板,锁紧手柄。

(4)操作液压站换向阀完成封堵囊的一、二级送进。

(5)用带金属接头的高压胶管将连接送取囊装置上的充气导管与氮气瓶上的减压器的四通接头,准备充气封堵。打开氮气瓶总阀和减压器,再打开四通上的控制阀,向管道中的封堵囊充氮气。在充气过程中,四通上的压力表指示的压力初始为管道压力,直到封堵囊充满氮气,在管道内完全胀起后,四通上的压力表指示的压力才开始上升,直至囊压稳定在超过管压 0.08MPa±0.02MPa 的范围内,并在整个封堵过程中保持这种状态。

(6)关闭氮气瓶四通上的输气控制阀,在管道封堵的整个过程中,应设置专人始终监视封堵压力,避免出现超压或者负压,对于囊式封堵,要时刻监视囊压,囊压不足时,及时补充氮气,避免出现封堵不严。

(7)当对称安装的两封堵装置的封堵囊内压力都稳定后,可同时打开承接挡板装置的夹板阀的放空阀,或打开预先设置在两封堵装置之间的阀门进行排油,如果承接挡板装置的夹板阀的压力表迅速归零,则证明管道已经实现封堵。

3. 解除封堵

(1)打开氮气瓶四通上的排气阀,泄放封堵囊中的气体。条件具备的情况下可使用真空泵抽取囊内氮气。

(2)启动液压站,操作二级油缸的换向阀,将囊回收到贮囊筒中,然后操作一级油缸的换向阀,将贮囊筒提升到夹板阀以上。

(3)关闭夹板阀,确认关闭夹板阀的内置连通阀。打开夹板阀的放空阀,泄放送取囊装置上部腔体的压力和残液。

(4)拆卸、吊下送取囊装置。

(5)松开挡板,顺时针旋转挡板装置上的手柄,收拢挡板,锁紧手柄。

(6)启动液压站,操作挡板装置的换向阀,将挡板提到夹板阀上面的法兰套筒中。

(7)关闭夹板阀,确认关闭夹板阀的内置连通阀。打开夹板阀的放空阀,泄放挡板装置腔体内的压力及残液。

(8)拆卸、吊下挡板装置。

4. 堵孔

(1)解除封堵之前,先将堵孔塞堵、预制短节与开孔机切下的弧形板组焊在一起,然后用螺栓将法兰连接器与塞堵连接。借助溢流法兰的螺纹与压杆连接,将堵孔塞堵收入封堵器筒体内。

(2)将堵孔器安装在夹板阀上,并调整弧形板的方位,使之与管道吻合,均匀地拧紧法兰螺栓。

(3)开启夹板阀的连通阀,使得夹板上、下压力平衡。打开夹板阀,顺时针转动封堵孔器手柄,将堵孔塞堵送入法兰短节内锁环位置,其行程应符合试堵孔时记录的数据。送进堵孔塞堵过程中,若遇卡阻,应查明原因,采取相应措施,不得强行送进。

(4)用内六角扳手旋紧法兰短节上的六角锁紧螺钉,使锁环锁住堵孔塞堵,并检查锁紧螺栓的镜进距离,其距离应符合试堵孔时记录的数据,然后反时针旋转手柄,以验证堵孔塞堵是否被锁住。

(5)松开封堵器的压杆,使丝杠与溢流法兰脱节,然后逆时针转动手柄,使丝杠完成升起。打开夹板阀上的放空阀,泄放封堵器腔体内压力,夹板阀上的压力表指针归零,确认堵孔成功。泄放封堵器腔体内残液。

(6)先拆卸封堵孔器,再拆卸夹板阀。拆卸塞堵上的流法兰堵孔连接器。将丝堵旋进法兰短节的锁孔。

(7)在法兰短节上安装法兰盖。

四、注意事项

(一)封堵

(1)封堵时先实现高压侧封堵,后实现低压侧封堵。

(2)在管道封堵的整个过程中,应始终监护管道压力和封堵囊压力,如发现管道压力变化,应及时调整封堵囊压力。

(二)解除封堵

撤封堵时先解除低压侧封堵,后解除高压侧封堵。

(三)堵孔

同本模块项目一塞式封堵堵孔注意事项。

项目三 筒式封堵

管道筒式封堵适用于管道内壁结垢、腐蚀的管道以及不规格变形管道,一般用于油田、石化系统的生产管道。图 2-4-20 是筒式封堵作业的工艺示意图。该工艺具有封堵严密,不受管道椭圆度、管道内壁焊缝缺陷的影响,不受管道年限的影响的特点。由于封堵时需开截断孔,开孔时间长,因此小口径管道使用比较合适。设计使用温度:$-20 \sim 220℃$。

一、准备工作

(一)封堵作业坑的开挖

参照本书第二部分模块四项目一塞式封堵的作业坑开挖内容。

(二)施工平台的搭建

(1)在架空管道上施工,对开三通或四通的法兰端面高于地面 1.3m 时,应搭建作业

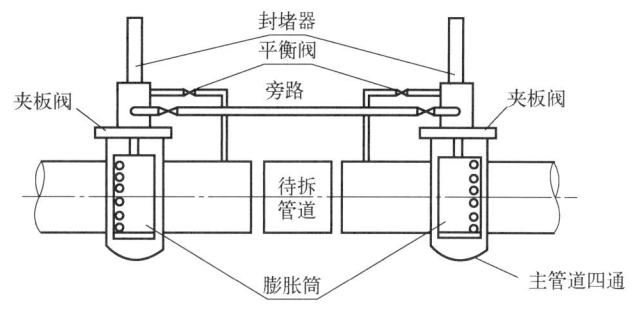

图 2-4-20 筒式封堵工艺示意图

平台。

(2) 在埋地管道上施工,对开三通或四通的法兰端面高于作业坑底 1.3m 时,应搭建作业平台。

(3) 脚手架搭建人员应具有相应资质。作业平台空间应满足使用要求,应设有护栏和上下安全通道、踏板应绑扎牢固,表面平。

(三) 现场参数的采集

确定封堵管段,管径变形测量,拆除防腐层,清理管道表面。

(四) 选择合适的四通或三通

参照本书第二部分模块一项目二三通及短节的内容。

(五) 四通、三通及短节的焊接

参照本书第二部分模块一项目二三通及短节的内容。

(六) 防胀圈的焊接

开孔直径不小于 500mm 的,开孔前应焊接防胀圈。

(七) 夹板阀的安装与检查

参照本书第二部分模块一项目三夹板阀的内容。

(八) 试堵孔操作

参照本模块项目一塞式封堵的堵孔内容进行操作。

(九) 开孔操作

开孔操作参照本书第二部分模块三的开孔内容。

(十) 封堵头的安装

筒式封堵头安装时,橡胶密封件应粘接牢固,封堵皮碗不能重复使用。

在封堵结合器上安装压力表,封堵器与封堵结合器应竖直安装和拆卸。

(十一) 封堵尺寸的计算

如图 2-4-21 所示,封堵尺寸:

$$L = l_1 + l_2 + l_3$$

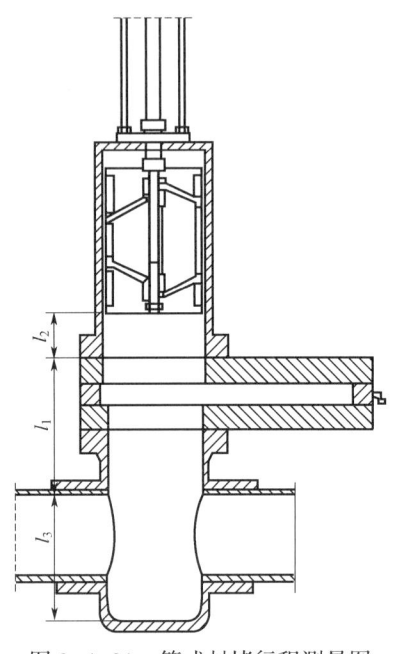

图 2-4-21　筒式封堵行程测量图

l_1—夹板阀上端面距管道外壁距离；l_2—夹板阀上端面距封堵头中心点距离；

l_3—管道上部外壁到对开四通底部内壁的距离

二、操作步骤

(一) 封堵操作

（1）封堵前向封堵设备内注入氮气，进行严密性试验，试验压力与管道运行压力相同，稳压 30min。向焊道和各部件结合部位喷洒肥皂水，看是否有气泡产生，无气泡产生则认为严密性合格，反之则不合格。之后对封堵器结合器内的可燃气体进行氮气置换，直至可燃气体检测仪测量排污阀门口的气体浓度低于爆炸下限的 10%。

（2）进行封堵作业时，应先进行下游封堵作业，再进行上游封堵作业。先放下游点封堵头入位，如果在到达位置前受阻，可反复提升或降低 20mm。检查观察孔数字与计算的数字一致。用内六角扳手锁紧锁紧螺栓。关闭压力平衡管路，泄压 0.5MPa，观察 30min，确认密封可靠后，方可进行下步作业。再放上游点封堵头入位，下封堵头见图 2-4-22。当两个封堵头已经在管道中就位，再一次检查观察孔数字，必须与隔离管段内的压力被释放之前相一致。如果看到已向上移动，则重新封堵。

（3）打开夹板阀并打开平衡管路后，下落封堵头到达管道的封堵位置后打开膨胀筒完成封堵，流体被导向旁通管路。封堵完成示意图见图 2-4-23。关闭平衡压力系统。彻底放空被隔离管段的介质。在隔离管段施工前应核实封堵头的密封性。打开平衡孔降压，泄压 0.5MPa，观察平衡孔阀门 30min，若封堵隔离管段管道压力没有回升，则封堵成功。如有泄漏，应重复封堵工作或更换皮碗。

图 2-4-22 筒式封堵下封堵头示意图　　图 2-4-23 筒式封堵封堵完成示意图

(4)封堵头到位后应缩紧封堵器主轴,拆除封堵器上的液压管。

(二)解除封堵

(1)中间管段充原油、成品油、天然气等介质使之压力平衡。对封堵头两侧压力进行平衡,压力平衡后才可以提取封堵头。

(2)先收缩膨胀筒,再将膨胀筒收回结合器内。解除封堵顺序:先收上游再收下游封堵头。

(3)关闭夹板阀,关闭旁通阀门、压力平衡阀。

(4)对封堵器结合器内的可燃气体进行氮气置换,直至可燃气体检测仪测量排污阀门口的气体浓度低于爆炸下限的 10%。

(5)拆除封堵液压缸。

(三)封堵孔堵孔

堵孔是开孔作业和封堵作业的最后阶段。该塞堵会密封已开孔管子上的管件,从而得以拆除夹板阀并安装一个盲板。

1. 准备工作

在进行堵孔作业之前要进行一些必需的准备工作。

(1)限位卡环片已经检查,使其完全伸出所需要旋转的圈数并记录。再确定堵孔时限位卡环片是否能完全伸出来。

(2)在进行堵孔作业前,夹板阀表面(包括密封垫)到塞堵限位卡环片顶部的距离已经测量并被记录。

(3)2in 平衡孔短节已经安装并已经完成开孔。

2. 设备检查

(1)检查塞堵表面确保清洁并且未受损坏。外表面的刻痕和硌痕用细锉刀或金刚砂布打磨平滑。各个表面必须清洁。确保密封圈、密封圈槽及限位卡环片槽没有任何污物,落球式止回阀必须清洁干净。

(2)拆除安装在塞堵顶面止回阀孔之内的防尘丝堵,并保护落球式止回阀不接触异物。

（3）在塞堵上安装塞堵结合器并小心拧紧内六角螺钉。

（4）把开孔结合器安装在开孔机上。

（5）在把塞堵安装到开孔机镗杆上之前,检查止回阀球体的位置,确保它落在止回阀阀座上。如果对它是否落座有任何疑问,在该阀门中注入酒精或一种轻质油。如有任何泄漏流过的液体,表明球体没有落座。如果不能使止回阀球体正确地落在座上,则把阀门分解,检查并润滑,更换有缺陷的部件,然后重新组装并再用酒精试验。

注意：在止回阀球体没有正确落在阀座上之前不要继续进行下一步程序。

（6）当塞堵落入三通内孔时,落球式止回阀被开孔机定位杆顶开并保持开启。这有助于塞堵上下两侧的压力平衡。随着堵孔和开孔机放下塞堵,落球式止回阀被关闭。

3. 平衡孔下塞堵尺寸计算

（1）如图 2-4-24 所示,起始塞堵尺寸计算：

$$L_1 = l_1 + l_2 - l_3$$

（2）如图 2-4-24 所示,塞堵完成尺寸计算：

$$L_2 = L_1 + l_4$$

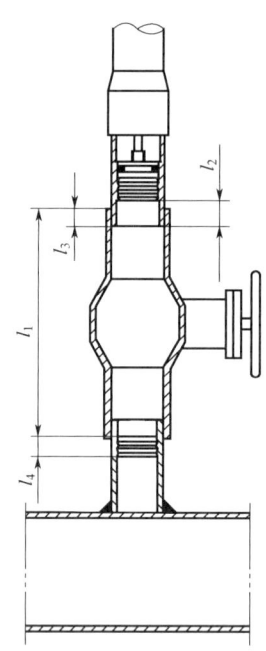

图 2-4-24　筒式封堵平衡孔堵孔尺寸测量图

l_1—球阀高度；l_2—塞堵在回收状态时距连接管下端面的距离；l_3—连接管插入球阀的距离（螺纹啮合尺寸）；l_4—平衡孔短节内丝深度与球阀下端面的距离

4. 旁通孔塞堵尺寸计算

如图 2-4-25 所示,旁通孔塞堵尺寸：

$$L_3 = l_1 + l_2 + l_3$$

旁通孔、封堵孔堵孔示意图如图 2-4-26 所示。

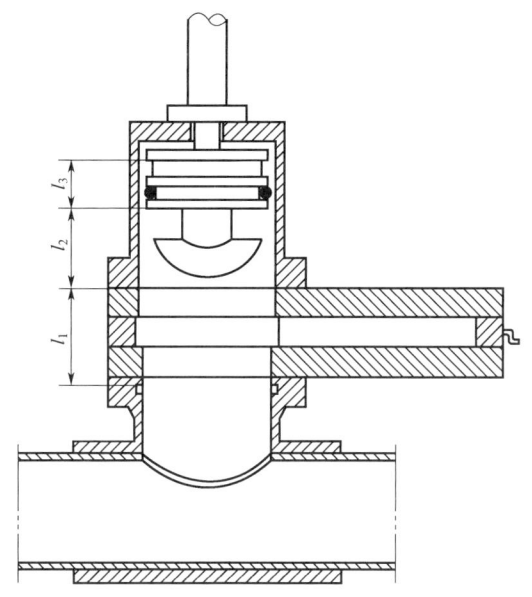

图 2-4-25　筒式封堵旁通孔堵孔尺寸测量图
l_1—夹板阀厚度；l_2—活塞下端面距堵孔器端面距离；l_3—活塞厚度

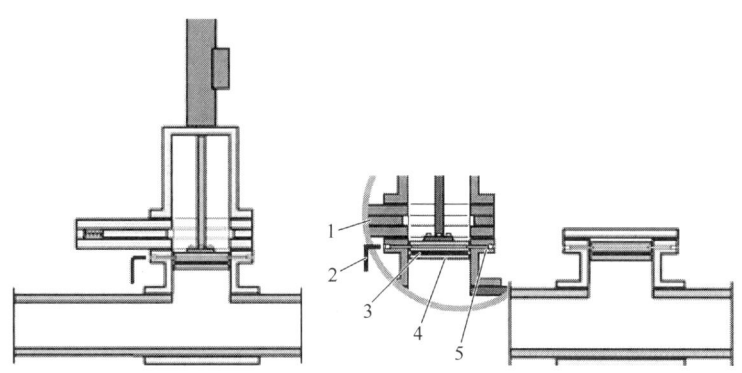

图 2-4-26　筒式封堵旁通孔、封堵孔堵孔示意图
1—夹板阀；2—锁销；3—密封圈；4—塞堵；5—封堵法兰

5. 封堵孔塞堵尺寸计算

如图 2-4-27 所示，封堵孔塞堵尺寸：

$$L_4 = l_1 + l_2 + l_3$$

下塞堵过程示意图如图 2-4-28 所示，塞堵完成如图 2-4-29 所示。

6. 安装带弧板的塞堵

1) 弧板机及鞍型管段的安装

塞堵底部上的短节延伸部分被嵌接以适合弧板。把弧板焊接在短节上是在现场操作的。

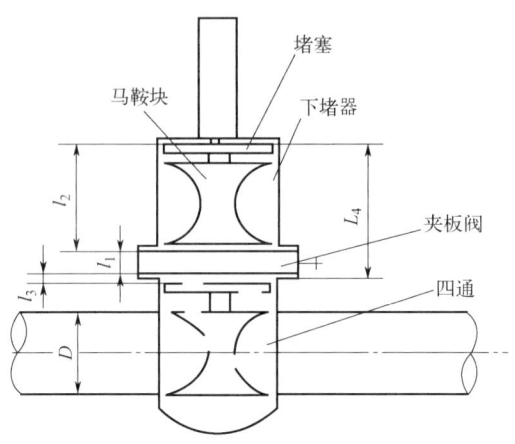

图 2-4-27　筒式封堵封堵孔塞堵尺寸测量图

l_1—夹板阀厚度；l_2—活塞上端面距堵孔器端面距离；l_3—塞堵端面到四通法兰面距离

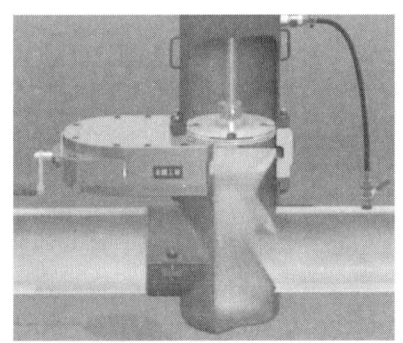

图 2-4-28　筒式封堵下塞堵示意图

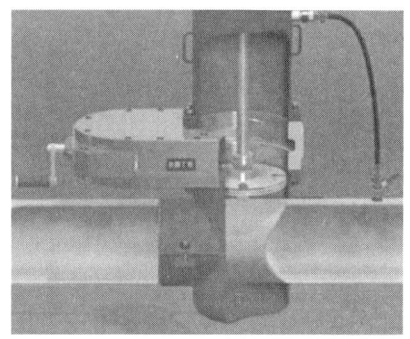

图 2-4-29　筒式封堵塞堵完成示意图

（1）应特别小心使弧板或鞍型管段与塞堵正确对中。弧板应对准塞堵的中心，而且弧板或鞍型管段的顶部中心线应与冲压在短节延伸部分上的箭头对中。

（2）用润滑脂涂抹塞堵内的落球式止回阀，以避免焊接溅出物进入开口。

（3）当焊接弧板或鞍型管段完成，用一个砂轮机磨削光滑弧板粗糙的边口。

（4）可以气割弧板或鞍型管段的下支腿两边各约 3cm。这将不必让弧板凸入管道中，就能克服塞堵在管件内的微小不同心度。

2）短节的安装

（1）嵌接短节的端部以适合弧板的顶部。

（2）把短节连接接在塞堵底部，并确保它的中心线与塞堵对中。

（3）在塞堵表面上冲压一个箭头，与短节下支腿成 90°朝向。这一箭头将被用于把它连接在开孔机镗杆时与塞堵对中。在焊接时，保护旁通管不进入污物、润滑脂及焊接溅出物。

7. 堵孔器安装

（1）在夹板阀上安装开孔机和结合器。确保结合器上的压力平衡出口与管道上的压力平衡管件对中。

(2)安装压力平衡管路。在压力平衡管道夹板阀上的平衡管道中安装两个压力表,第一个压力表为 P_1。压力平衡使用刚性管道。确保夹板阀是关闭的。

(3)在安装压力表 P_2 前,确保两个压力表都经过校正,读数准确。

(4)在开孔机上的放空阀出口上安装三通管件。在三通管件的一侧上安装放空阀并使其处于开启位置。在三通管件的另一侧上安装 P_2 压力表。

8. 压力平衡

当要把塞堵降落下去时,特别重要的是塞堵上下的压力要保持平衡,这可通过观察压力表 P_1 和 P_2 进行。必须严格遵守下述程序:

(1)打开位于压力表 P_1 下的平衡压力管道上的夹板阀,记录压力表 P_1 所示压力值。这是管道压力,应该保持恒定。

(2)打开位于夹板阀上的内部旁通以平衡闸板两侧的压力。这时应该可以听到液体流或气体流通过旁通。第二个压力表 P_2 将随后和放空阀一起安装在一个三通管件上。

(3)空气应通过放空阀放空。如果没有空气向外放散,就关闭内部旁通阀,检查造成问题的原因。确保放空阀完全开启,并且开口没有任何障碍。

注意:从放空阀释放压力要远离工作区域和工作人员。当放空阀开启时躲开放空阀管口,否则喷出的物质会造成人身伤害。

(4)当空气被放空,关闭放空阀。检查 P_1 值是否等于 P_2 值。

(5)缓慢完全打开压力平衡阀,同时注视 P_1 值是否等于 P_2 值。P_1 值必须等于 P_2 值。

注意:如 P_2 处压力不等于 P_1 处压力,不要继续操作,直到压力差别的原因被确定并且被更正。

(6)开启夹板阀,记下确保它完全开启的旋转圈数。

(7)对所有连接处进行泄漏检查。在继续工作之前修理任何泄漏。

9. 降落塞堵

(1)使用液压开孔机下塞堵时须间歇缓慢进行。

(2)塞堵下到预计尺寸以后,对角锁紧卡环,然后各自退回1/4圈。

(3)监视压力表 P_1 和 P_2 的压力读数,确保两个压力表的读数相同。如果两个表读数不同,停止降落塞堵。

注意:在塞堵堵孔过程中,不允许塞堵上部的管道压力 P_2 低于塞堵下部的压力 P_1。保持塞堵上下压力平衡 P_1 值=P_2 值。所以,除非塞堵已全部退回或塞堵已完全堵孔并且该限位卡环片已啮合进入塞堵上的沟槽,千万不要开启上面的任何放空管接口。堵孔过程中跨过塞堵的差压会导致严重人身伤害和开孔机严重损坏。

10. 塞堵定位

(1)当所有卡环都入位后,将离合器切换至手动位置,旋转手柄,使塞堵上下活动。活动过程中,发现塞堵无法向上或者向下运动的时候,说明塞堵确已被锁在卡环中。然后将塞堵上摇靠在卡环条上,这个位置是当差压作用到塞堵上时的假想位置。

(2)塞堵被完全定位后,逆时针转动测量杆从内丝头杆上脱离塞堵,此时,测量杆会轻轻地跳动一下,这个动作是由于过流或压差作用而产生的。

注意：当退回塞堵时不要用力。这会产生一个应力，使限位杆很难从塞堵固定座上脱离下来。但是，如果不能把塞堵从限位卡环片退回，会在开孔机上施加危险的应力，而且当塞堵从镗杆上脱离时，会使退回机构抱死。

11. 拆除设备

（1）当塞堵已被正确定位后，逆时针方向旋转测杆把塞堵固定座从限位杆上分离。这一动作将使位于塞堵内的落球式止回阀关闭。

（2）大约逆时针方向旋转落入式摇把12圈退回镗杆并释放作用在塞堵固定座上的摩擦力和压力。

（3）关闭压力表 P_1 下面的压力平衡管道上的夹板阀。

（4）开启放空阀从外壳里释放压力。如果所有压力全已释放，塞堵即被密封。压力将被放空到零。

注意：从放空阀释放压力要离开工作区域和工作人员。当开启放空阀时躲开放空管口，否则喷出的物质会造成人身伤害。

（5）如果发生泄漏，最可能的原因是落球式止回阀部分关闭或一个密封圈损坏。此时关闭放空阀。

① 为停止泄漏，降落镗杆到塞堵固定座并使用测杆把限位杆螺纹拧入塞堵固定座，把球体从阀座推离开。拧松测杆螺纹。检查泄漏是否已经停止。

② 开启放空阀。

③ 如果开启和关闭落球式止回阀仍不能停止泄漏，则必须拆除塞堵并检查。

（6）如果没有泄漏了，塞堵则已堵孔完成。把镗杆完全退回外壳内。

（7）如果管道载有液体产品，可以在拆除前把液体从夹板阀下半部分排放掉。

（8）拆除压力平衡管及压力表 P_1。

（9）拆除放空阀及压力表 P_2。

（10）从夹板阀上拆除开孔机和开孔机结合器。

（11）关闭夹板阀上的闸板（为便于搬运）。拆除夹板阀。

（12）从塞堵上拆除塞堵固定座。在有些场合，在关闭夹板阀前必须拆除塞堵固定座。

（13）在法兰盘的已被清洁的表面上安装密封垫及盲板。

（14）拆除阀门及阀盖管件。

12. 平衡孔下塞堵操作

（1）首先将开孔刀卸下，装上塞堵杆总成，并带上做过试堵试验的塞堵并检查塞堵密封圈。

（2）测量、计算堵孔行程，并做出标记。注：进给套筒应位于零位置。

（3）将连接器连同手动开孔机装到球阀上。

（4）打开球阀，顺时针同步转动开孔机的切削扳手送进套筒，将塞堵送到事先测量好的位置，将孔堵上。

（5）逆时针旋转送进套筒，将塞堵杆抽出，收回到连接器内。打开泄压阀再关闭5~10min，检查堵孔密封性。

(6)分别卸下开孔机、连接器和球阀,将短节封帽拧紧到短节上,完成全部堵孔工作。

三、技术要求

(一)封堵技术要求

(1)筒式封堵头安装时,橡胶密封件应粘接牢固,调整杆应转动灵活,橡胶密封件不应重复使用。具体步骤如下:

① 伸出封堵器主轴,安装封堵头,封堵头的触头应与联箱上的平衡管路接头方向一致。

② 利用枕木为封堵头提供支撑。

③ 检查封堵头各部件。

④ 在筒式封堵膨胀筒密封件表面涂润滑油脂。

⑤ 小心退回封堵头,防止划伤橡胶密封件(注意:密封元件只能使用一次,每次封堵作业后就得报废)。

(2)封堵作业期间主管道不能进行清管作业和调整运行参数。

(3)应在封堵结合器排气孔安装压力表。

(4)筒式封堵可以同时进行上下游封堵作业。封堵头到位后,应锁紧封堵器主轴,拆除封堵器上的液压管。

(5)应对封堵管段进行封堵效果验证。

(6)封堵头两侧压力平衡后,方可提取封堵头。

(7)筒式封堵可同时收回上下游封堵头。

(8)液体管道带压封堵时介质流速不应大于2.5m/s,气体管道带压封堵时介质流速不应大于5m/s。

(9)液体管线可开隔离囊孔,在囊孔处安装隔离囊,断管后在距离断口300~400mm处堆砌黄油隔离墙或其他隔离材料,隔离墙的形状为梯形,上窄下宽。底部厚度宜不小于1倍管径,顶部厚度宜为底部厚度的1/3倍。

(10)气体管线应在在役管道上开隔离囊孔,自囊孔处安装双隔离囊。

(11)隔离囊距离动火部位应不小于1m。

(12)气体管道应在封堵孔和隔离囊孔之间设置放空立管,用于动火管道内可燃气体的放空,也可在平衡孔处安装放空立管。

(13)天然气管道切管作业完成后视情况在动火端两侧放置隔离囊(泡沫球),阻止可燃气体、氮气和流动气流,确保作业安全和焊接质量。

(14)检查开孔后取出的管块,分析其形状、切割纹理及表面不平整度和变形程度,以便确定膨胀筒橡胶挤压百分比,为回填做好准备。

(二)堵孔技术要求

参考本模块项目一塞式封堵堵孔技术要求。

(三)旁通管道连接技术要求

参考本模块项目一塞式封堵旁通管道连接技术要求。

四、注意事项

封堵和堵孔注意事项参照本模块项目一塞式封堵注意事项。

项目四　折叠式封堵

管道折叠封堵头封堵适用于大口径管道封堵,具有开小孔封堵大管道的特点,适用于输送石油、天然气、成品油的长输管道,以及管道的抢修工作。折叠式封堵工艺具有封堵严密、施工快的特点。折叠式封堵头见图2-4-30,封堵头折叠状态见图2-4-31,封堵头展开状态见图2-4-32,折叠式封堵器示意图见图2-4-33。

图2-4-30　折叠式封堵头

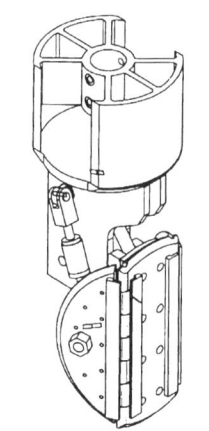

图2-4-31　折叠式封堵头折叠状态

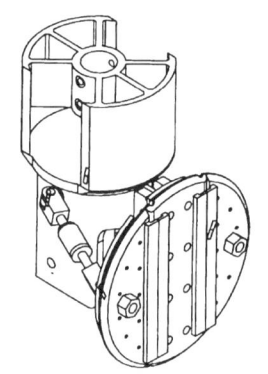

图2-4-32　折叠式封堵头展开状态

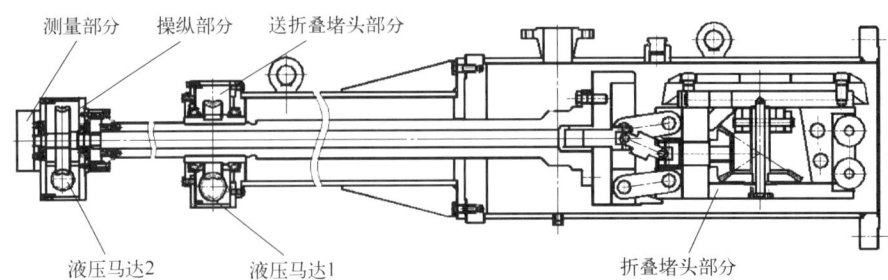

图2-4-33　折叠式封堵器示意图

一、准备工作

(一)封堵作业坑的开挖

参照本书第二部分模块四项目一塞式封堵的作业坑开挖内容。

(二)施工平台的搭建

(1)在架空管道上施工,对开三通或四通的法兰端面高于地面1.3m时,应搭建作业平台。

(2)在埋地管道上施工,对开三通或四通的法兰端面高于作业坑底1.3m时,应搭建作业平台。

(3)脚手架搭建人员应具有相应资质。作业平台空间应满足使用要求,应设有护栏和上下安全通道、踏板应绑扎牢固,表面平。

(三)现场参数的采集

确定封堵管段,管径变形测量,拆除防腐层,清理管道表面。

(四)选择合适的三通

参照本书第二部分模块一项目二三通及短节的内容。

(五)三通及短节的焊接

参照本书第二部分模块一项目二三通及短节的内容。

(六)防胀圈的焊接

开孔直径不小于500mm的,开孔前应焊接防胀圈。

(七)夹板阀的安装与检查

参照本书第二部分模块一项目三夹板阀的内容。

(八)试堵孔操作

参照本模块项目一塞式封堵的堵孔内容进行操作。

(九)开孔操作

开孔操作参照本书第二部分模块三的开孔内容。

(十)封堵头的安装

折叠式封堵头安装时,应对折叠板拉杆进行调节,封堵皮碗压板螺栓应均匀紧固,封堵皮碗不应重复使用。

在封堵结合器上安装压力表,封堵器与封堵结合器应竖直安装和拆卸。

(十一)封堵尺寸的计算

如图2-4-34所示,封堵尺寸:

$$L = l_1 + l_2 + l_3$$

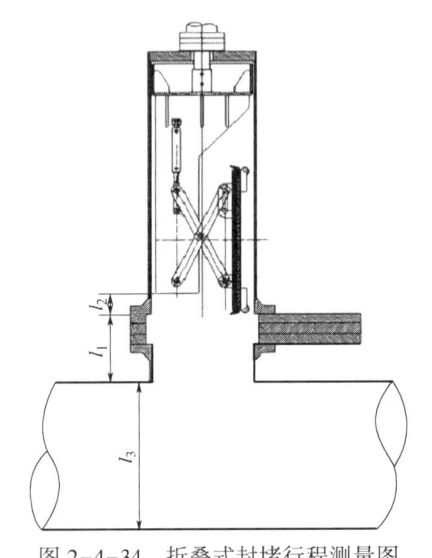
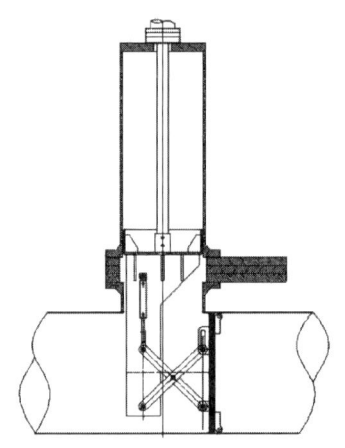

图 2-4-34 折叠式封堵行程测量图　　图 2-4-35 折叠式封堵完成示意图

l_1—夹板阀上端面距管道外壁距离；l_2—夹板阀上端面距封堵头中心点距离；l_3—管道内径

二、操作步骤

(一)封堵操作

(1)封堵前向封堵设备内注入氮气,进行严密性试验,试验压力与管道运行压力相同,稳压30min。向焊道和各部件结合部位喷洒肥皂水,看是否有气泡产生,无气泡产生则认为严密性合格,反之则不合格。

(2)进行封堵作业时,应先进行下游封堵作业,再进行上游封堵作业。先放下游点封堵头入位,如果在到达位置前受阻,可反复提升或降低20mm。检查观察孔数字与计算的数字一致。用内六角扳手锁紧锁紧螺栓。关闭压力平衡管路,泄压0.5MPa,观察30min,确认密封可靠后,方可进行下步作业。再放上游点封堵头入位。当两个封堵头已经在管道中就位,再一次检查观察孔数字,必须与隔离管段内的压力被释放之前相一致。如果看到已向上移动,则重新封堵。

(3)试压合格后打开夹板阀,启动液压站并操纵液压站手柄1使液压马达1逆时针转动,将折叠的封堵头送入管道(皮碗上涂抹润滑脂),并且沿管道向前移动一段距离,即将到位时停车(根据计算的行程确定停车位置,约10mm,避免过冲损坏设备),将送折叠堵头部分的手柄安装在液压马达1另一侧的方轴上(此时液压站必须停机),按标牌指示方向转动手柄直至送折叠堵头到位,取下手柄。操纵液压站手柄2使液压马达2顺时针转动将封堵皮碗展开,观察测量部分表盘即将到位时停车(避免过冲损坏设备),转动操纵部分的手柄(此时液压站必须停机)直至展开到位,取下手柄。封堵器结构参考图2-4-36。

(4)下落封堵头到达管道的封堵位置并将封堵头展开到位后完成封堵,流体被导向旁通管路。封堵完成示意图见图2-4-36。关闭平衡压力系统。彻底放空被隔离管段的介质。在隔离管段施工前应核实封堵头的密封性。打开平衡孔降压,泄压 0.5MPa,观察平衡孔阀门 30min,若封堵隔离管段管道压力没有回升,则封堵成功。如有泄漏,应重复封堵工作或更换皮碗。

(5)封堵头到位后应缩紧封堵器主轴,拆除封堵器上的液压管。

(二)解除封堵

(1)中间管段充原油、成品油、天然气等介质使之压力平衡。对封堵头两侧压力进行平衡,压力平衡后才可以提取封堵头。

(2)收回封堵头。解除封堵顺序:先解除上游封堵,再解除下游封堵。收回封堵头时先将封堵皮碗折叠后从管道内取出,完成管道封堵作业。

(3)关闭夹板阀,关闭旁通阀门、压力平衡阀。

(4)对封堵器结合器内的可燃气体进行氮气置换。

(5)拆除封堵液压缸。

(三)封堵孔堵孔操作

堵孔是开孔作业和封堵作业的最后阶段。该塞堵会密封已开孔管子上的管件,从而得以拆除夹板阀并安装一个盲板。

1. 准备工作

在进行堵孔作业之前要进行一些必需的准备工作。

(1)限位卡环片已经检查,使其完全伸出所需要旋转的圈数并记录。再确定堵孔时限位卡环片是否能完全伸出来。

(2)在进行堵孔作业前,夹板阀表面(包括密封垫)到塞堵限位卡环片顶部的距离已经测量并被记录。

(3)2in 平衡孔短节已经安装并已经完成开孔。

2. 设备检查

(1)检查塞堵表面确保清洁并且未受损坏。外表面的刻痕和硌痕用细锉刀或金刚砂布打磨平滑。各个表面必须清洁。确保密封圈、密封圈槽及限位卡环片槽没有任何污物,落球式止回阀必须清洁干净。

(2)拆除安装在塞堵顶面止回阀孔之内的防尘丝堵,并保护落球式止回阀不接触异物。

(3)在塞堵上安装塞堵结合器并小心拧紧内六角帽螺钉。

(4)把开孔结合器安装在开孔机上。

(5)在把塞堵安装到开孔机镗杆上之前,检查止回阀球体的位置,确保它落在止回阀阀座上。如果对它是否落座有任何疑问,在该阀门中注入酒精或一种轻质油。如有任何泄漏流过的液体,表明球体没有落座。如果不能使止回阀球体正确地落在座上,则把阀门分解,检查并润滑,更换有缺陷的部件,然后重新组装并再用酒精试验。

注意:在止回阀球体没有正确落在阀座上之前不要继续进行下一步程序。

(6)当塞堵落入三通内孔时,落球式止回阀被开孔机定位杆顶开并保持开启。这有助于塞堵上下两侧的压力平衡。随着堵孔和开孔机放下塞堵,落球式止回阀被关闭。

3. 平衡孔下塞堵尺寸计算

（1）如图2-4-36所示，起始塞堵尺寸计算：
$$L_1 = l_1 + l_2 - l_3$$

（2）如图2-4-36所示，塞堵完成尺寸计算：
$$L_2 = L_1 + l_4$$

4. 旁通孔、封堵孔塞堵尺寸计算

如图2-4-37所示，旁通孔、封堵孔塞堵尺寸：
$$L = l_1 + l_2 + l_3$$

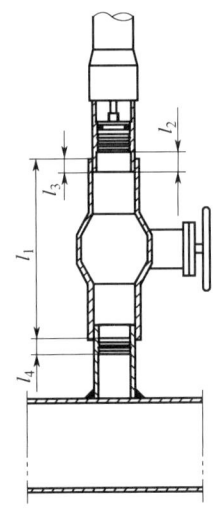

图2-4-36 折叠式封堵平衡孔堵孔尺寸测量图
l_1—球阀高度；l_2—塞堵在回收状态时距连接管下端面的距离；l_3—连接管插入球阀的距离（螺纹啮合尺寸）；l_4—平衡孔短节内丝深度与球阀下端面的距离

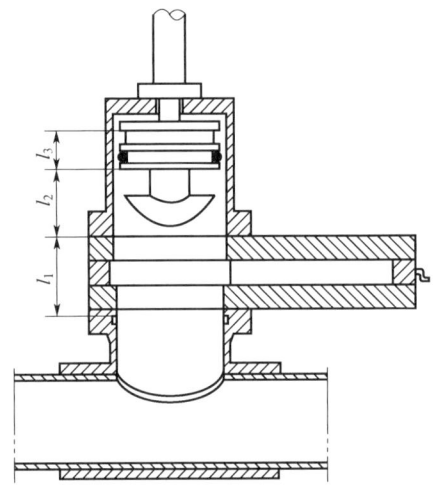

图2-4-37 折叠式封堵旁通孔、封堵孔堵孔尺寸测量图
l_1—夹板阀厚度；l_2—活塞下端面距堵孔器端面距离；l_3—活塞厚度

旁通孔、封堵孔堵孔示意图如图2-4-38所示。

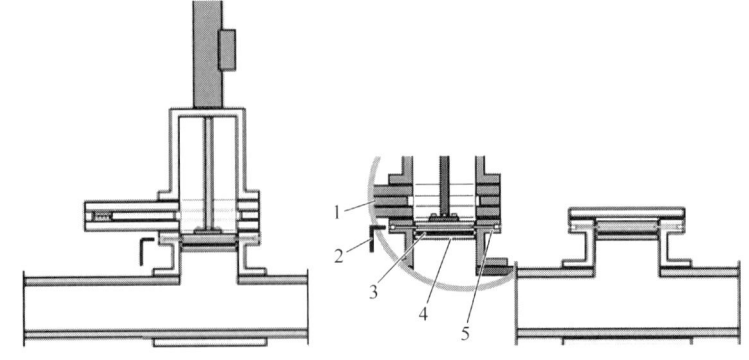

图2-4-38 折叠式封堵旁通孔、封堵孔堵孔示意图
1—夹板阀；2—锁销；3—密封圈；4—塞堵；5—封堵法兰

5. 安装带弧板的塞堵

1) 弧板的安装

塞堵底部上的短节延伸部分被嵌接以适合弧板。把弧板焊接在短节上是在现场上操作的。

(1) 应特别小心使弧板与塞堵正确对中。弧板应对准塞堵的中心,而且弧板的顶部中心线应与冲压在短节延伸部分上的箭头对中。

(2) 用润滑脂涂抹塞堵内的落球式止回阀,以避免焊接溅出物进入开口。

(3) 当焊接弧板完成,用一个砂轮机磨削光滑弧板粗糙的边口。

(4) 可以气割弧板的下支腿两边各约 10~20mm。这将克服塞堵在管件内的微小不同心度。

2) 短节的安装

(1) 嵌接短节的端部以适合弧板的顶部。

(2) 把短节连接接在塞堵底部,并确保它的中心线与塞堵对中。

(3) 在塞堵表面上冲压一个箭头,与短节下支腿成 90°朝向。这一箭头将被用于把它连接在开孔机镗杆时与塞堵对中。在焊接时,保护旁通管不进入污物、润滑脂及焊接溅出物。

6. 堵孔器安装

(1) 在夹板阀上安装开孔机和结合器。确保结合器上的压力平衡出口与管道上的压力平衡管件对中。

(2) 安装压力平衡管路。在压力平衡管道球阀上的平衡管道中安装两个压力表,第一个压力表为 P_1。确保夹板阀是关闭的。

(3) 在安装压力表 P_2 前,确保两个压力表都经过校正,读数准确。

(4) 在开孔机上的放空阀出口上安装三通管件。在三通管件的一侧上安装放空阀并使其处于开启位置。在三通管件的另一侧上安装 P_2 压力表。

7. 压力平衡

当要把塞堵降落下去时,特别重要的是塞堵上下的压力要保持平衡,这可通过观察压力表 P_1 和 P_2 进行。必须严格遵守下述程序:

(1) 打开位于压力表 P_1 下的平衡压力管道上的球阀,记录压力表 P_1 所示压力值。这是管道压力,应该保持恒定。

(2) 打开位于夹板阀上的内部旁通以平衡闸板两侧的压力。这时应该可以听到液体流或气体流通过旁通。第二个压力表 P_2 将随后和放空阀一起安装在一个压力表三通上。

(3) 空气应通过放空阀放空。如果没有空气向外放散,就关闭内部旁通阀,检查造成问题的原因。确保放空阀完全开启,并且开口没有任何障碍。

注意:从放空阀释放压力要远离工作区域和工作人员。当放空阀开启时躲开放空阀管口,否则喷出的物质会造成人身伤害。

(4) 当空气被放空,关闭放空阀。检查 P_1 值是否等于 P_2 值。

(5) 缓慢完全打开压力平衡阀,同时注视 P_1 值是否等于 P_2 值。P_1 值必须等于 P_2 值。

注意：如 P_2 处压力不等于 P_1 处压力，不要继续操作，直到压力差别的原因被确定并且被更正。

(6) 开启夹板阀，记下确保它完全开启的旋转圈数或液压杆伸出长度。

(7) 对所有连接处进行泄漏检查。在继续工作之前修理任何泄漏。

8. 降落塞堵

(1) 使用液压开孔机下塞堵时须间歇缓慢进行。

(2) 塞堵下到预计尺寸以后，对角锁紧卡环，然后各自退回 1/4 圈。

(3) 监视压力表 P_1 和 P_2 的压力读数，确保两个压力表的读数相同。如果两个表读数不同，停止降落塞堵。

注意：在塞堵堵孔过程中，不允许塞堵上部的管道压力 P_2 低于塞堵下部的压力 P_1。保持塞堵上下压力平衡 P_1 值=P_2 值。所以，除非塞堵已全部退回或塞堵已完全堵孔并且该限位卡环片已啮合进入塞堵上的沟槽，千万不要开启上面的任何放空管接口。堵孔过程中跨过塞堵的差压会导致严重人身伤害和开孔机严重损坏。

9. 塞堵定位

(1) 当所有卡环都入位后，将离合器切换至手动位置，旋转手柄，使塞堵上下活动。活动过程中，发现塞堵无法向上或者向下运动的时候，说明塞堵确已被锁在卡环中。然后将塞堵上摇靠在卡环条上，这个位置是当差压作用到塞堵上时的假想位置。

(2) 塞堵被完全定位后，逆时针转动测量杆从内丝头杆上脱离塞堵，此时，测量杆会轻轻地跳动一下，这个动作是由于过流或压差作用而产生的。

10. 拆除设备

(1) 当塞堵已被正确定位后，逆时针方向旋转测杆把塞堵结合器从限位杆上分离。这一动作将使位于塞堵内的落球式止回阀关闭。

(2) 大约逆时针方向旋转落入式摇把 12 圈退回镗杆并释放作用在塞堵结合器上的摩擦力和压力。

(3) 关闭压力表 P_1 下面的压力平衡管道上的平衡阀门。

(4) 开启放空阀从外壳里释放压力。如果所有压力全已释放，塞堵即被密封。压力将被放空到零。

注意：从放空阀释放压力要离开工作区域和工作人员。当开启放空阀时躲开放空管口，否则喷出的物质会造成人身伤害。

(5) 如果发生泄漏，最可能的原因是落球式止回阀部分关闭或密封圈损坏。此时关闭放空阀。

① 为停止泄漏，降落开孔机主轴到塞堵结合器并使用测杆把限位杆螺纹拧入塞堵结合器，把球体从阀座推离开。拧松测杆螺纹。检查泄漏是否已经停止。

② 开启放空阀。

③ 如果开启和关闭落球式止回阀仍不能停止泄漏，则必须拆除塞堵并检查。

(6) 如果没有泄漏了，则已完成堵孔。把开孔机主轴完全退回开孔结合器内。

(7) 如果管道内有液体产品，可以在拆除前把液体从夹板阀下半部分排放掉。

(8)拆除压力平衡管及压力表 P_1。

(9)拆除放空阀及压力表 P_2。

(10)从夹板阀上拆除开孔机和开孔机结合器。

(11)关闭夹板阀上的闸板(为便于搬运)。拆除夹板阀。

(12)从塞堵上拆除塞堵结合器。在有些场合,在关闭夹板阀前必须拆除塞堵固定座。

(13)在法兰盘的已被清洁的表面上安装密封垫及盲板。

(14)拆除阀门及阀盖管件。

11. 平衡孔下塞堵操作

(1)首先将开孔刀卸下,装上塞堵杆总成,并带上做过试堵试验的塞堵并检查塞堵密封圈。

(2)测量、计算堵孔行程,并做出标记。注:进给套筒应位于零位置。

(3)将连接器连同手动开孔机装到球阀上。

(4)打开球阀,顺时针同步转动开孔机的切削扳手送进套筒,将塞堵送到事先测量好的位置,将孔堵上。

(5)逆时针旋转送进套筒,将塞堵杆抽出,收回到连接器内。打开泄压阀再关闭 5~10min,检查堵孔密封性。

(6)分别卸下开孔机、连接器和球阀,将短节封帽拧紧到短节上,完成全部堵孔工作。

三、技术要求

(一)封堵技术要求

(1)封堵头安装时,压板螺栓应均匀紧固,封堵头皮碗不能重复使用。

安装皮碗一定要认真、仔细,要确保皮碗直口对正支架平面,均匀地紧固其连接螺栓,压紧后,测量皮碗四周直径方向伸出封堵头触头的尺寸是否一致(最大最小尺寸差应控制在 0.5mm 内),不得有哪边明显突出,否则应卸下重装。具体步骤如下:

① 伸出封堵器主轴,安装封堵头,封堵头的触头应与联箱上的平衡管路接头方向一致。

② 利用枕木为封堵头提供支撑。

③ 从连接叉上拆下触头压板。

④ 检查封堵头各部件。

⑤ 把皮碗均匀地放置在连接叉上,应该贴紧连接叉的表面,各螺栓孔应对中。

⑥ 把压板在密封元件上定位。先用手拧所有螺栓。

⑦ 逐渐拧紧螺栓,保证均匀的压缩,这样向四周伸展相等,达到良好的密封。操作人员必须记住皮碗是被压缩的,以前拧紧的螺栓会松动。

⑧ 在皮碗唇边涂润滑油脂。

⑨ 小心退回封堵头,防止唇边外翻。

注意:密封元件只能使用一次,每次封堵作业后就得报废。

(2)封堵作业期间主管道不能进行清管作业和调整运行参数。

(3)应在封堵结合器排气孔安装压力表。

(4)应先进行下游封堵作业,再进行上游封堵作业。封堵头到位后,应锁紧封堵器主轴,拆除封堵器上的液压管。

(5)应对封堵管段进行封堵效果验证。

(6)封堵头两侧压力平衡后,方可提取封堵头。

(7)应先收回上游封堵头,后收回下游封堵头。

(8)液体管道带压封堵时介质流速不应大于2.5m/s,气体管道带压封堵时介质流速不应大于5m/s。

(9)液体管线可开隔离囊孔,在囊孔处安装隔离囊,断管后在距离断口300~400mm处堆砌黄油隔离墙或其他隔离材料,隔离墙的形状为梯形,上窄下宽。底部厚度宜不小于1倍管径,顶部厚度宜为底部厚度的1/3。

(10)气体管线应在在役管道上开隔离囊孔,自囊孔处安装双隔离囊。

(11)隔离囊距离动火部位应不小于1m。

(12)气体管道应在封堵孔和隔离囊孔之间设置放空立管,用于动火管道内可燃气体的放空,也可在平衡孔处安装放空立管。

(13)天然气管道切管作业完成后视情况在动火端两侧放置隔离囊(泡沫球),阻止可燃气体、氮气和流动气流,确保作业安全和焊接质量。

(二)堵孔技术要求

参考本模块项目一塞式封堵堵孔技术要求。

(三)旁通管道连接技术要求

参考本模块项目一塞式封堵旁通管道连接技术要求。

四、注意事项

封堵和堵孔注意事项参照本模块项目一塞式封堵的注意事项。

模块五 排油与置换

项目一 外接泵排油

外接泵排油方式是管道内油品的抽排作业中所采用的最常见的方式。在封堵严密性检验后,采用抽油泵抽油方式对封堵管段内的油品进行抽排。图 2-5-1 为典型的塞式封堵工艺,两侧塞式封堵器完成封堵,因此通过连接外接泵的方式从中间段排油孔抽排管道内的油品,此种排油方式还需要利用封堵管段内其他功能孔,如囊孔、平衡孔作为进气口。

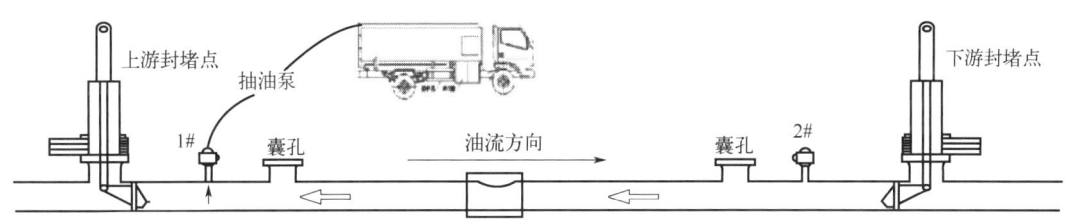

图 2-5-1 外接泵排油示意图

一、准备工作

(1)检查作业现场氧气浓度及可燃气体浓度是否满足作业要求。
(2)检查油气浓度控制措施,轴流风机吹扫措施是否到位。
(3)检查集油槽或者油罐车的就位情况,检查集油槽或油罐车的容量是否满足排油量。
(4)作业坑、排油管道连接处防渗漏措施是否设置到位,为作业坑内铺设防渗布。
(5)现场作业票签发完毕,安全监护人员到位,作业人员劳保着装检查合格。
(6)现场消防车及消防器材配备检查,消防人员配备到位。
(7)排油管及防爆抽油泵连接完成,有防脱扣措施,排油口及管道有固定措施,连接处密封紧密,经过试运确认防爆抽油泵转动方向正确。
(8)排油法兰与夹板阀连接紧密。
(9)油罐车或者储油装置准备完毕。
(10)油罐车或其他储油装置接地措施检查合格。

二、操作步骤

（1）收到排油作业指令；确认高点进气口处压力是否降低到零。
（2）在启动抽油泵的同时打开高点进气阀门，查看排油作业是否正常。
（3）停泵后，检查管段内液位是否符合要求，不符合则继续降低液位。
（4）排油管拆除前，检查管内存油是否排净。

三、技术要求

（1）在各作业点排油设备及罐车应可靠接地，必要时采用双接地，接地电阻应不高于 10Ω。
（2）油品进入油槽车宜采用下装方式，上装时排油管应伸至罐底，防止飞溅油品产生静电。排油管应为金属软管或防静电橡胶管。
（3）排油点应选择在排油管段的低点，并在高处设置进气孔。如果条件允许，从高点进气孔进入管道的气体宜选用氮气，进入管道内氮气的流量应和抽油泵的排量相一致。
（4）管底残油宜选用小型防爆排油泵进行抽排。

四、注意事项

（1）排油断管过程作业点铺设防渗膜并放置油槽，避免油污落地污染环境。
（2）不准乱倒废油、废液，要集中送到指定地点处理。

项目二　氮气加压置换排油

氮气加压置换排油方式，是采用氮气压力作为排油的动力通过抽油管或者专用氮气排油装置，将管道内的油品排出的一种排油方式。氮气加压排油方式无需设置高点进气口，只需通过控制注氮口压力的方式控制排油流速，在注氮排油的同时也完成了管道内氮气的置换，避免空气进入管道降低断管作业的安全风险。图 2-5-2 为氮气加压置换排油示意图，通过氮气车从 $D50mm$ 注氮孔注入氮气，从一侧塞式封堵 $D50mm$ 平衡孔连接排油管，将油品排入罐车中。

一、准备工作

（1）检查作业现场氧气浓度及可燃气体浓度是否满足作业要求。
（2）检查油气浓度控制措施，轴流风机吹扫措施是否到位。
（3）检查集油槽或者油罐车的就位情况，检查集油槽或油罐车的容量是否满足排油量，应根据排油量提前测算氮气加压置换排油所需的氮气量，短距离作业可采用氮气瓶进行加压置换排油。
（4）作业坑、排油管道连接处防渗漏措施是否设置到位，为作业坑内铺设防渗布。

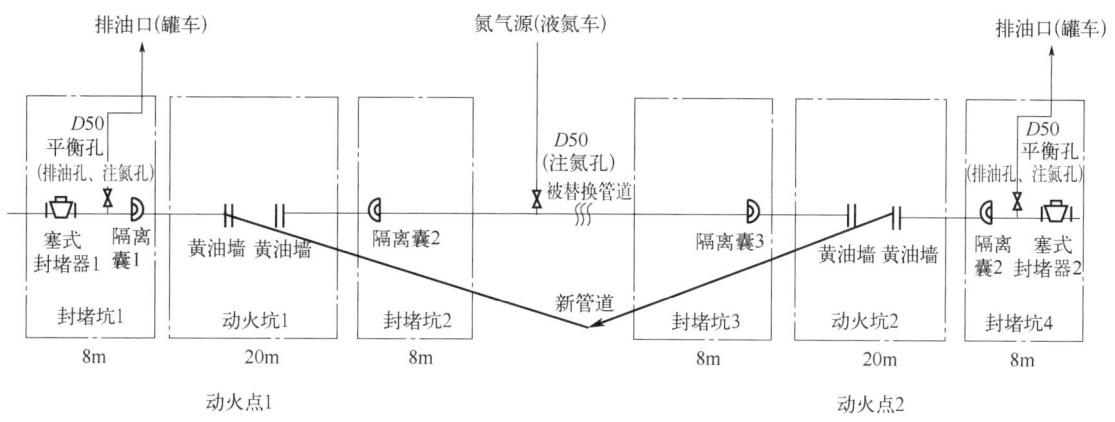

图 2-5-2　氮气加压置换排油示意图

(5) 现场作业票签发完毕,安全监护人员到位,作业人员劳保着装检查合格。

(6) 现场消防车及消防器材配备检查,消防人员配备到位。

(7) 排油管及氮气排油装置连接完成,排油管有防脱扣措施,排油口及管道有固定措施,连接处密封紧密。2in 氮气加压置换排油装置见图 2-5-3。

(8) 完成氮气排油装置和排油阀门连接可靠性检查。

(9) 油罐车或者储油装置准备完毕。

(10) 油罐车或其他储油装置接地措施检查合格。

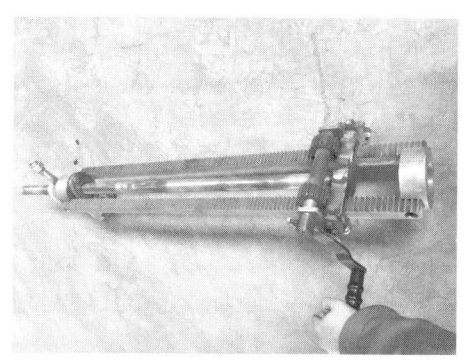

图 2-5-3　2in 氮气加压置换排油装置
（通过 2in 平衡孔注氮排油）

二、操作步骤

(1) 收到排油作业指令。

(2) 打开氮气进气口阀门后开启排油阀门,查看排油作业是否正常。

(3) 停止氮气供气后,检查管段内液位是否符合要求,不符合则继续降低液位。

(4) 排油管拆除前,检查管内存油是否排净。

三、技术要求

(1) 罐车应可靠接地,必要时采用双接地,接地电阻应不高于 10Ω。

(2) 油品进入油槽车宜采用下装方式,上装时排油管应伸至罐底,防止飞溅油品产生静电。排油管应为金属软管或防静电橡胶管。

(3) 排油点应选择在排油管段的低点,氮气加压排油方式无需设置高点进气口。

(4) 管底残油宜选用小型防爆排油泵进行抽排。

(5) 注氮时宜采用大口径接管注氮,如果短距离作业采用小口径接管注氮时应注意防止结冰。

(6)注氮排油时严格监控管道内介质的压力,防止注氮压力大于封堵器外侧压力,造成封堵器前后压差过低。

四、注意事项

排油断管过程作业点铺设防渗膜并放置油槽,避免油污落地污染环境。

项目三 可燃气体置换

可燃气体管道在进行管道打开作业前需要用氮气对管道中的可燃气体进行替换,以满足管道施工条件。同理,可燃气体进入管道前需用氮气对管道中的空气进行替换,继而用可燃气体替换管道中的氮气,从而避免可燃气体与管道内的空气混合,此气体相继替换的过程称为可燃气体置换。本项目以天然气置换氮气为例展开叙述。

一、准备工作

(一)注氮量的计算

(1)管道长度在80km以上时,宜采用分段方式进行注氮及气体置换。
(2)应以氮气段速度保持5m/s估算混气长度。
(3)沿线站场及阀室置换所需的氮气量按站场、阀室容积的3倍取值;氮气段到达终点站时的剩余量不应低于5km,宜按15~20km取值;氮气备用量宜按30%取值。
(4)根据管道投产方案规定氮气段最终压力。

通常以1t液氮转化为1个标准大气压、5℃状态下的氮气体积为808m³的标准对液氮和氮气进行换算,考虑到液氮运输、储存和注氮过程中的损耗,一般按700m³进行估算。管道注氮工艺计算如下。

当天然气管道氮气封存所需压力确定后,氮气封存段的注氮量计算公式如下:

$$M = \frac{Va}{b} = V_0 a \left(1 + \frac{p_1 T_0}{p_0 T_1}\right)(1+q)/b$$

式中　M——液氮质量,kg;
　　　a——标准状态下氮气的摩尔质量,取0.028kg/mol;
　　　b——标准状态下氮气的摩尔体积,取0.0224m³/mol;
　　　V——所需氮气量(标准状态下),m³;
　　　V_0——氮气置换段容积,m³;
　　　p_1——管段置换后氮气压力(表压),MPa;
　　　p_0——标准大气压,取0.10132MPa;
　　　T_0——标准温度,取293.15K;

T_1——氮气注入温度,K;

q——氮气损耗量,根据天然气管道投产经验,取 0.3。

(二)注氮位置的选择

(1)注氮点宜选择在站场收发球筒的注水口、放空管道的放空阀或线路阀室的旁通管道处,连接临时注氮管道进行注氮。

(2)选择注氮点位置时应充分考虑注氮车进出方便、便于注氮作业等因素。

(三)氮气段

(1)氮气段压力宜为 0.02~0.1MPa,管段内的站场或阀室宜安装小量程(0~0.16MPa)精密压力表。

(2)氮气段末端连续 15min 检测到含氧量不高于 2%时应视为合格,标志着氮气置换工作结束。

(3)天然气进入管道前应检查所封存的氮气压力是否符合要求。

二、操作步骤

(一)放空

(1)输气管道换管作业前要将动火管段内的天然气进行放空处置。必要时,应对作业点两侧阀室区间进行放空。

(2)放空前应对相关方进行告知,避免造成不必要的惊扰。

(3)放空期间应安排专人现场值守,确保可随时开关阀门。

(4)放空段截断阀不严时,应对相邻段继续放空。

(5)放空过程中应严格监视现场设备振动情况。

(二)注氮

(1)注氮前氮气段前后阀室/站场应与氮气段上下游隔离。

(2)常用的注氮方式有液氮车注氮、制氮车注氮和氮气瓶注氮,宜采用带加热、汽化装置的液氮车进行管道置换作业。

(3)注氮车加热装置氮气出口处应有温度、压力和流量显示仪表。

(4)注氮前完成注氮管道连接,应检查注氮管道严密性。

(5)注氮操作应由具备相应资质的专业队伍进行,并制定注氮作业计划和应急预案。

(三)置换

1. 天然气流量需求

管道置换所需天然气流量应略高于天然气最小瞬时流量。

2. 调节阀控制

(1)宜选用站场内的调压阀、旋塞阀或节流阀进行管道置换及升压过程的流量与压力调节。

(2)调节阀节流后的温度应高于阀门和管材可承受的最低温度。

(3)可采用压力调节、加热天然气和注入水合物抑制剂等措施防止站场及线路产生冰堵。

3. 界面检测

(1) 管道沿线各站场、阀室应设置气头检测点,气头检测点宜设置在站场和阀室进/出口压力表仪表阀放气口处。

(2) 检测气头包括氮气/空气混气头(以下简称氮气头)、纯氮气头、天然气/氮气混气头(以下简称天然气头)和纯天然气头共四个气头。

(3) 气头应采用便携式分析仪或检测仪进行检测,氮气头和纯氮气头主要检测含氧量,天然气头及纯天然气头主要检测可燃气体甲烷浓度。

(4) 气头检测点人员应记录氮气头、纯氮气头、天然气头和纯天然气头的行进位置和时间,报告调控中心和现场投产指挥单位,以及下游邻近检测点。

(5) 置换期间应对场站和阀室进行天然气检漏。

4. 速度控制

(1) 置换开始时,应打开氮气段末端阀门释放氮气,氮气压力降至 0.02MPa 时,打开氮气段起点投产用调节阀向管道内注入天然气。

(2) 应记录各气头位置和时间,并测算氮气/空气混气段、天然气/氮气混气段和纯氮气段长度,以及气头速度并记录。应根据实测的气头速度调节起点站的进气流量,以合理控制气头推进速度。

5. 阀室置换

(1) 气体置换开始前,投产范围内除氮气段外其余中间阀室的干线截断阀及其旁通全部打开,放空阀关闭。

(2) 投产方案规定的放空阀室应打开放空阀,当检测到氮气头时关闭放空阀;检测到天然气头时关闭旁通阀。

6. 站场置换

(1) 气体置换前应倒通站内流程。

(2) 站场置换随干线置换同时进行,站场的氮气置换应在纯氮气段完全通过前完成。

(3) 站场置换应以工艺单元区为单位,根据工艺流程合理安排置换顺序,逐一对站内工艺管道和设备进行置换。

(4) 中间站场进站处检测到纯氮气头后,应对站内管道及设备进行氮气置换;当检测到纯天然气头时,打开出站放空阀进行天然气置换,置换结束后应及时关闭出站放空阀。

(5) 末端站场进站处检测到纯氮气头后,应对站内管道及设备进行氮气置换;若站场置换完成后纯氮气段依然较多,可打开氮气段范围内阀室放空阀辅助氮气放空;当检测到纯天然气头时,应对站内管道及设备进行天然气置换,置换结束后应及时关闭出站放空阀。

(四) 投产恢复

1. 升压及稳压

(1) 管道和站场气体置换结束后进行全线升压,升压工作宜安排在白天进行。

(2) 第一个升压台阶宜为 1.0MPa,最终升压目标值不应超过管道设计压力或最大允许操作压力。

(3)阶段升压目标值宜以管道末端压力为准;在接近管道设计压力或最大允许操作压力时,应以管道沿线最高压力值为准。

(4)管道阶段升压完成后应进行稳压检漏,第一阶段升压结束后稳压时间不宜少于2h,其他升压阶段稳压时间宜为24h。

(5)管道阶段稳压宜采取分段稳压方式,待全线压力平衡后关闭中间站场进出站阀、全越站阀以及阀室干线截断阀。

(6)管道升压超过气液联动阀最低工作压力后,可设定其执行机构的阀门关断参数,包括压力、压降速率超限等,并投用自动截断功能。

(7)阀室旁通管道应与主管道整体升压。

(8)主管道阶段性升压过程中应同步进行站场升压。

2. 检漏

(1)置换升压过程中应定期对管道、设备和仪表进行巡查和检漏。现场检测时应有两人同时在场,一人检测,一人监护。

(2)管道线路检漏主要包括目视检查和便携式可燃气体检测仪。发现有疑似泄漏点时,应先采用可燃气体检测仪进行检查,特殊情况下可使用肥皂水涂抹管壁检漏。

(3)站内法兰连接处检漏宜采用胶带或保鲜膜缠绕密封,在其顶端扎孔处进行检测。

(4)升压过程中管道或设备发生泄漏,现场人员应及时报告调控中心和现场投产指挥单位,并根据应急预案采取暂停升压、隔离漏气点等措施进行处置。

3. 试运行

(1)应明确试运行期间各分系统的调试和试运内容。

(2)管道升压至投产方案要求的压力后,开始进行72h试运行。

(3)试运行过程中应定期进行管道线路和站场的巡检,及时发现和整改存在的各项问题。

三、技术要求

(1)注入管道的氮气温度应高于5℃,宜控制在5~15℃,严禁液氮和低温氮气注入管道内。

(2)氮气在管道内的推进速度不应低于0.6m/s,宜控制在0.6~2.0m/s。

(3)各气头检测标准如下。

① 氮气头检测:当分析仪检测含氧量从21%(根据当地海拔高度该值以实测为准)降至18%时,表示氮气头已经到达。

② 纯氮气头检测:当分析仪检测含氧量降至5%后,如果3min内保持下降趋势(至少检测三次),认为纯氮气头已经到达;如果在3min内任何时刻含氧量降至2%,氮气检测结束。

③ 天然气头检测:当可燃气体检测仪第一次发出报警声或该检测仪显示值超过5%时,表示天然气头已经到达。

④ 纯天然气头检测:当可燃气体检测仪显示值上升至80%后,如果在3min内保持上升

趋势时(至少检测三次),检测结束。

(4)管道应采取分阶段方式升压,大口径、高压力管道宜分为 4~6 个阶段升压,阶段压差不宜超过 2.0MPa。管道升压速度不应超过 1MPa/h。

(5)按照 GB 50251—2015《输气管道工程设计规范》和 GB/T 35068—2018《油气管道运行规范》的要求,置换过程中管内气体流速不宜大于 5m/s。

四、注意事项

(1)雷雨天气不准许放空作业。

(2)合理选择冷放空或者热放空。选择冷放空时,应严格控制周边火源。

(3)注意控制截断阀开度,控制放空速度及放空噪声。

(4)注氮作业现场周围 20m 范围处应设置警戒区及警戒标志,必要时可采取强制通风,防止液氮泄漏造成人员窒息。

(5)将放空点周围 200m 范围内划为警戒区,设置警戒标识,无关人员禁止靠近。

(6)气头检测人员应根据氮气头、天然气头推进速度与检测点的距离,估算到达检测点的大致时间,提前 1h 检测,检测间隔时间初始为 20min,然后逐渐缩短至 1~5min。

(7)置换升压期间,检漏人员应避免用手直接检测气体有无泄漏。

模块六 管道切割

项目一 铰接式切管机切割

一、设备类型

铰接式切管机也称管刀,如图 2-6-1 所示,机器采用手动切割,能够旋转 90°~130°即可完成切割,适合狭小空间。铰接式切管机适用于燃气、化工、石油等行业用于管道作业中的野外施工与维修。施工过程无碎屑、无火花,具有防爆功能,且绿色环保,具有导向架,切割面垂直,切口整齐,无毛刺,切管刀片为可拆换设计,产品重量轻、便于携带。

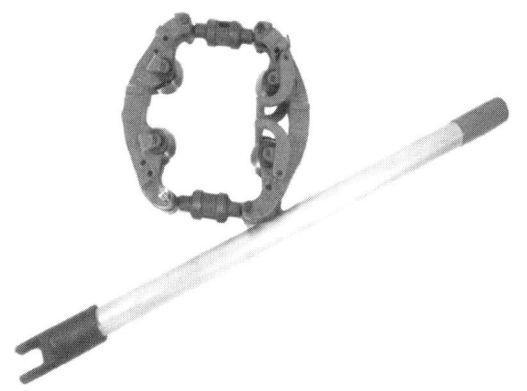

图 2-6-1 铰接式切管机
管径范围:159~462mm

二、使用方法

(1)将螺杆手柄逆时针转动,使四个轮所形成的圆口大于所割的管径。
(2)将割刀器套入所割管材,或将旁侧的弹簧锁块打开,在所需切割处围上并锁上。
(3)顺时针转动螺杆手柄,使四个刀轮接触管材并都与管材在一个垂直面上,再转动手柄 1/4 圈。

（4）转动手柄，每转一圈或超过 130°，手柄顺时针转动 1/4 圈，直至将管材割断。

（5）在场地空间允许的话，可使用所配的省力杆，在管材的两侧由两个人操作。

（6）切割完成后，拧松手柄螺杆或打开锁紧块，取下割刀器。

（7）经常保持割刀器清洁；对各活动部件进行润滑；不要使用有缺口的刀轮。

三、维护保养

（1）作业施工后，应将表面擦拭干净，刀片刷涂少许防锈剂。防锈剂应符合施工作业地当时的环境条件。

（2）在运输、搬运过程中应防止碰撞损坏，应轻提轻放。

（3）机器应存储于干燥、无尘的库房内，以延长机器的使用寿命。

（4）若需拆卸维修时，应在专业人员的指导下进行，避免造成零部件不应有的损坏和机器性能的改变，影响设备的正常使用。

四、故障分析与处置

铰接式切管机常见故障、产生原因及处置方法见表 2-6-1。

表 2-6-1　铰接式切管机常见故障及处置方法

故障现象	产生原因	处置方法
刀具损坏	紧固得过紧	将刀具调整至合适的松紧度

五、注意事项

（1）当刀具在管件上紧固得过紧时可能损伤刀具。注意：使用润滑油并不能延长刀具轮和销子的使用寿命。

（2）锈蚀严重的管件切割时，要使用除锈机除去被切割区域的锈迹，这样有助于延长刀具的使用寿命和节省切割时间，并使刀具切割时依照轨道运动。

（3）在铸铁和球墨铸铁沿切线切开时，要保持持续进刀以确保切割工作完成。球墨铸铁的切割工作会比较难，持续进刀和最大压力可帮助切割，这时切割铁管的刀具将不再适用，而应改用切割钢管的刀具切割球墨铸铁管件。

（4）在使用机器时要佩戴护目镜。

项目二　机械切割

切管机是用来切割管道的机械设备，是在管道预制生产中最常用的设备，主要用于把长的管道切割分开，以便后续的坡口和焊接。

一、设备类型

(一)自爬式电动切管机

自爬式电动切管机是油气管道预制、动火连头过程中切割管道的机械设备。链条将主机固定在管道上,在绕着管道爬行过程中,同时完成切割和坡口,切削效果达到坡口焊接的要求。自爬式电动切管机如图2-6-2所示。

(二)自爬式液压切管机

自爬式液压切管机是油气管道预制、动火连头过程中切割管道的机械设备,操作简单且效率高。通过一根特殊的驱动链条固定,在绕着管道爬行过程中,同时完成切割和坡口,切削效果达到坡口焊接的要求。自爬式液压切管机如图2-6-3所示。

图2-6-2 自爬式电动切管机

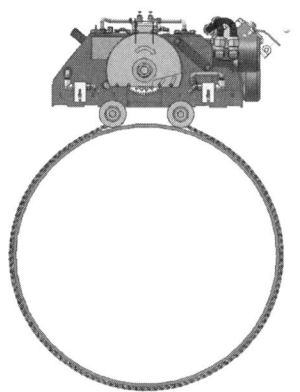

图2-6-3 自爬式液压切管机

(三)分瓣式切管机

分瓣式切管机也称分瓣式切割坡口一体机,具有切断管道和加工管道坡口的功能,能对外径为2~48in(DN50~1200mm)的各种壁厚和材料的管道进行切割、坡口、单点坡口、镗孔和法兰车削加工。分瓣式切管机小巧而结实,相比其他切管设备在管道切管作业时对轴向和径向间隙要求更低。分瓣式切管机如图2-6-4所示。

低间隙分瓣式切割坡口机(LCSF)是一套基于普通分瓣式切管机基础上的改进型产品,系统包括多重驱动选择、液压动力单元、桥型导轨、镗孔配件和各种不同的刀具和刀架(包括低间隙刀架、延长式刀架、超长刀架、外径跟踪刀架和厚壁应用的蜗轮蜗杆刀架),它们能最大限度地压缩安装和加工时间。其沿管道外壁旋转的切割方式,更加紧凑的设备尺寸,可以实现更加狭小的工作空间内作业,铝合金构件也使得设备兼顾轻便易操作、长寿命和坚固性等特点。

图2-6-4 分瓣式切管机

二、使用方法

(一) 自爬式电动切管机使用

1. 准备工作

(1) 先把被切管支撑牢固,尽量缩短管子悬臂长度,以减轻振动。

(2) 为保证切管机能够顺利地沿着管子外表面爬行,管子周围障碍物距管外皮最小距离为 450mm。

(3) 切管径大小确认:改变支撑耳套的位置,侧板两侧数字表示被切管直径。

(4) 链条节数与管径相吻合,出厂时已选定。

(5) 清除被切管内外表面上的泥土及其他脏物。

(6) 切割管子处,如遇焊缝凸起时必须铲平。

(7) 刀具选择:不同材质的管子需选用不同的刀具,切割铸铁管子宜选用硬质合金铣刀;切割碳钢、低合金钢管时宜选用高速钢铣刀。

(8) 切管机卡紧方式为双向链条张紧,即通过转动张紧丝杠,带动可移动链轮,张紧两侧链条。

(9) 拨动手柄,使离合器离开。

(10) 当切割倾斜管或立管时,为防止切管机下滑造成切割偏移,先将 10mm×30mm 扁钢焊在被切管子外表面上。托住切管机不位移,保证切割不偏移。

2. 切割

(1) 接通电源,使铣刀逆时针旋转(人站在铣刀一侧,面向铣刀)。

(2) 松开锁紧螺母,转动进刀手柄,使刀具切入管臂并切透。

(3) 拨动手柄,使离合器啮合,行走(进给)开始。

(4) 用高速钢铣刀切削时,必须用肥皂水冷却铣刀。

(5) 在切割过程中如遇停机时,先将电源切断,离合器脱开,退出刀具。

(二) 自爬式液压切管机使用

1. 液压系统调试

(1) 液压切管机的液压系统由液压站、液压管、液压马达三部分组成。按产品说明书要求,将抗磨液压油加入液压油箱,达到油标位置;检查燃料标,将燃料油(柴油)加入燃料油箱;检查电池组电解液标度;检查液压站上的轮胎气压。

(2) 液压连接:压力和回流管在控制板连接到端口,安装耦合器时,压力端口接收正向耦合器,回流接收耦合器,管直接连到耦合器。

2. 爬管机安装

(1) 确定要切割的管子大小后,根据尺寸选择爬管机滚轮的位置。

(2) 检查并保证切刀在最上面的位置:松开进刀丝杠的锁紧螺钉,用套筒扳手逆时针旋转,直到切刀在管子的最上端。

(3) 计算好所需链的长度后,选择相应的加长链,直到所需尺寸。链的基本长度是

42in,上面标有 6 个记号,必须以此链为基础,从两端较均匀地连接加长链。

(4)转动链条拉紧螺栓顺时针旋转,让每个拉紧栓处于最里面的位置。

(5)穿入链条,保持两边大致平衡,将链两端用链销连接。用手动力矩扳手逆时针旋转链条拉紧螺栓,使链条在管上处于张紧状态。随时检查链条是否松动,用力矩扳手张紧。

(6)根据对切割坡口的要求(单坡口或双坡口),将坡口刀和纵切具安装在主轴上。

(7)设备安装完毕后将液压油管通过快装接头与其连接,注意两端进油和回油的正确性,将液压回路打开,准备切割。

3. 液压切管机操作

1)准备工作

(1)把节流把手取出,然后转动点火钥匙,启动发动机,以较低转速运转,直到发动机预热后,将节流把手提到最高位置,将液压旋钮调到 ON 位置,然后在 1min 内将液压旋钮调到 OFF 位置,并关闭发动机。

(2)检查液压油箱的油标,因首次使用,液压油管内是空的。液压动力单元启动后,液压油管内将会充满液压油,这时必须补充液压油使其在油标以上的位置。

(3)重新启动液压动力装置,将液压旋钮调到 ON 位置。

2)切割

(1)将爬管机刀具主轴旋转马达和自动爬行进给马达开启,空载运行几分钟,使其液压回路运行畅通。

(2)开启爬管机主轴旋转马达,通过调整液压阀旋钮,使其转速达到 50~55r/min。用套筒扳手顺时针旋转进刀螺栓,缓缓地将切刀往下走,直至将管壁切透,并达到焊接要求的尺寸,锁紧螺栓,使其定位吃力深度。

(3)开启爬管机爬行马达开关,通过液压阀旋钮,调整爬行进给速度,如果切管中抖动剧烈,说明切管速度太快,调整到平稳为止;并同时用贝斯特 603 切割油,对切割刀具进行冷却润滑,可改善机械加工切削性能,保护刀具、提高功效。

(4)切割完成后,将行走马达关闭。切割刀具仍在旋转时,将刀具旋至最高位置,然后关闭切割主轴马达。

(5)松开链条,使链条断开,取下切割机。

(三)分瓣式切管机使用

(1)从工具箱中取出。将两个刀具架分别安装在旋转环的上半瓣和下半瓣上。注意:刀架(标准刀架)有高、中、低三个安装位置;根据需要,通过调整两个定位销高、中、低的位置进行定位,并用螺栓紧固。

(2)将自动进给位置安装在固定环上,并将拔销拔起,使之处于脱离位置。

(3)插入框锁定销,将旋转环和固定环锁定。在固定环上安装适当的夹紧垫。将两瓣通过定位销在管子上安装,并用螺栓紧固。拔出框锁定销,使旋转环可以转动。

(4)夹紧垫居中调整过程:通过四个夹紧垫片的调整,使旋转环和管子外径的同心度达到最佳程度,误差应在 1mm 左右,并将固定环牢牢地固定在管子上,绝对不能松动。

(5)用六角扳手旋转刀具架上的星轮,将刀具安装位置旋到刀具架的最上端。

(6)安装切割刀具和坡口刀具。星轮进刀调整:逆时针旋转星轮直到所有进刀螺栓和螺母间无间隙。刀具顶部用红线与星轮上的红线对齐。

(7)安装液压马达,启动动力系统。

(8)将自动进给装置上的拔销拔下,启动自动进给。

(9)启动液压马达,开始切割操作。设备最初转速3~4r/min,以便校验星轮位置是否正确,如果星轮不能平稳接触拔销,立即停止工作,再重复调整星轮。运转正常后,根据情况调整转速。

(10)在切割中,坡口刀的刀尖应先接触管子进行切割,切深1~1.5mm后,切割刀开始切割,可以取得最佳切割效果。

(11)一旦刀开始切割,使用冷却液充分对刀具进行冷却和润滑,保证工作的持续性。

三、维护保养

(一)自爬式电动切管机

(1)电动机轴承、变速箱各轴承,采用黄油润滑;变速箱内采用二硫化钼润滑脂。

(2)经常修磨铣刀,保持其刃口锋利。

(3)链条、链轮要保持清洁、润滑并定期清洗。

(二)自爬式液压切管机

(1)定期进行润滑。

(2)对刀具定期保养,保持其刃口的锋利,必要时进行更换。

(3)保持链条的清洁,定期清洗和润滑。

(4)液压系统各部要保持清洁、密封,不得混入异物。

(5)定期更换过滤器,冲洗堵塞物。

(6)定期检查液压油标,防止损坏液压泵。

(7)定期进行燃料(柴油)的补充。

(三)分瓣式切管机

(1)每次切割完成后需要清理滞留的铁屑和切削液。

(2)设备使用后务必把刀架滑动轨道内的铁屑和杂物清理干净,保证刀架滑动灵活。

(3)根据实际情况定期维护与保养,确保动力单元(液压泵站)、控制系统、遥控器、管路的清洁。

(4)液压系统的液压油,应选用合适的正规等产品,根据设备的使用时间长短,1~2年更换一次,并经常检查液压油是否亏量。

(5)潮湿的季节,要经常将动力单元液压油箱的放油口打开放掉水分。注意液压油始终要保持在标尺要求的液面,否则会加速油脂变质,严重损坏液压泵。

(6)发动机的机油标尺应经常检查,不足则添加至刻度范围内,发动机机油1~2年更换一次。

(7)发动机的机油应选择使用合格的柴油机机油。

(8)液压动力单元的四个滤芯——机油滤芯、柴油滤芯、空气滤芯和液压油滤芯,应定期1~2年更换一次。

(9)操作中如发现异常情况,如异常噪声、气味,应及时查找原因,排除故障。

(10)经常检查齿轮传动、刀架鞍座滑动,确保运转灵活无卡阻现象,并定期涂锂基润滑脂。

(11)设备运行前和作业结束后一定要检查设备连接螺栓有无松动,刀具是否磨损,刀架进给是否顺畅。

四、故障分析与处置

切管机常见故障、产生原因及处置方法见表2-6-2。

表2-6-2 切管机常见故障及处置方法

故障现象	产生原因	处置方法
夹刀	切割即将完成时被切割管段由于应力等原因发生变形,导致切割间隙变小或发生错口,因而导致夹刀或者导致刀片损坏报废	(1)发现夹刀时,在已经切开的管段每隔200mm左右打入金属楔子或用倒链提起管段,然后抬起刀片。 (2)密切关注即将切割完成管口间隙和错口量,被切割管段由于应力等原因发生变形时,及时抬起刀片

五、注意事项

(一)自爬式电动切管机

(1)注意检查切管机外部所有的接线是否准确,连接是否牢固。

(2)注意检查切管机链条长度选择是否合适,滚轮位置选择是否正确。

(3)切管机保证割刀在最上面位置。

(二)自爬式液压切管机

(1)注意检查切管机外部所有的接线是否准确,连接是否牢固。

(2)注意检查切管机链条长度选择是否合适,滚轮位置选择是否正确。

(3)切管机保证割刀在最上面位置。

(4)注意检查切管机进出油管的正确性。

(三)分瓣式切管机

(1)每次使用之前对机器各方面进行系统细致的筛检,比如螺钉、机械转动和仪表盘等。

(2)使用机器的时候,不要在机器上面传递工具杂物等物品,并且在机器开动之前禁止将手伸进机器的转动范围。

(3)操作机器的时候,机器发出异常的响声或者是杂声,应当立即停止操作,查看问题。

(4)如有刀片磨损、切削不成形,要及时更换刀具,以延长机器使用寿命。

(5)机器使用后,及时清理保养,注意机器防水,以免机器零件损坏。

项目三　火焰切割

一、设备类型

火焰切割是用氧气和燃气(乙炔、丙烷、液化气等)燃烧产生的热能将工件切割处预热到金属的燃点后,喷出高速切割氧流,使预热金属燃烧并放出热量,预热后部待切割金属,实现切割的方法。

火焰切割机分为手动切割机(俗称氧气焊)、半自动切割机(便携式火焰切割机)、仿形切割机和数控切割机。图 2-6-5 所示为半自动火焰切割机。

图 2-6-5　火焰切割机

二、使用方法

不同类型的火焰切割机操作基本相同,只是机器安装方法不同而已,下面介绍具有代表性的便携式火焰切割机使用方法。

将便携式火焰切割机轨道放在待切割的管道上,将 U 形对接插头插入对接插槽,调节操作手柄弯曲方向向下,使其在合适位置(手柄的横端放入锁紧卡槽内,向下用力使预紧弹簧预紧并且使 U 形对接插头完全进入对接插槽,此时为合适位置),将其放在卡槽内,调节轨道位置使圆形触头完全与管道接触,然后向下用力,预紧弹簧预紧,实现轨道安装。

将轨道固定在被切割的管道上,然后将切割小车弹簧锁紧压板打开,安装行走轮与轨道,然后压紧弹簧锁紧压板使小车固定在轨道上。

(1)根据切割管道的厚度选择和安装必要的割嘴在割枪上。
(2)连接氧气和燃气管路到车体的气体连接口上。
(3)调节氧气和燃气的压力。
(4)打开电源开关。切割机使用准备完毕。
(5)旋转割炬调节轮,使割嘴偏移到切割线以外准备点火。
(6)打开气体,调节好压力。
(7)点火后,调整火焰。
(8)在切割线以外 5~10mm 处进行试割调速。
(9)旋转割炬调节轮,将风线移动到切割线上。
(10)进行切割。

三、维护保养

(1)使用前后清除轨道以及车轮上的污垢,保持轨道连接端面洁净。

(2)检查总进气口有无垃圾,各个阀门及压力表是否正常工作。
(3)检查割炬是否松动。
(4)气管如有损坏需立即更换,所有气管、气路无破损漏气现象,如有破损需立即更换。
(5)检查机身所有螺栓是否松动,如有松动需紧固。
(6)检查开关、旋钮是否正常。
(7)检查连接插头、插口、所有电缆是否无损。

四、故障分析与处置

火焰切割机常见故障、产生原因及处置方法见表2-6-3。

表2-6-3 火焰切割机常见故障及处置方法

序号	故障现象	产生原因	处置方法
1	打开切割氧调节阀时火焰就立即熄灭	割嘴头和割炬配合面不严	将割嘴拧紧,无效时应拆下割嘴,用细砂纸轻轻研磨割嘴头配合面,直到配合严密
2	当拧预热氧调节阀调整火焰时,火焰立即熄灭	各气体通道内存有脏物或射吸管喇叭口接触不严,以及割嘴外套与内嘴配合不当	应将射吸管螺母拧紧;无效时,应拆下射吸管,清除各气体通道内的脏物及调整割嘴外套与内套间隙,并拧紧

五、注意事项

(1)定时疏通割嘴,防止堵塞。在切割过程中,高热状态下溅起的熔渣容易堵塞割嘴,因此割嘴的清洁和保养非常重要。清洗割嘴时,要关闭预热氧气手阀;按下切割氧按钮,打开切割氧阀;关闭割炬上的切割手阀,以便使割嘴通针插入,为吹掉灰尘,将通针在快氧孔上下抽动,并慢慢地打开割炬地切割氧手阀。

(2)经常注意割嘴清洁保养。切割割嘴同时也是数控切割机部件中容易损伤的耗材之一。因此,对切割割嘴做适当的清洁保养,不仅能提高切割机的工作效率、保证其切割质量,还能延长切割机的使用寿命。

项目四 水射流切割

一、设备类型

水切割也称水射流切割或水刀切割。高压水射流切割是一种特殊的加工方法,它利用增压器将水加压,达到10~400MPa甚至更高的压力,水获得压力能,再从细小的喷嘴喷射而出,将压力能转换为动能,从而形成高速射流,切割正是利用这种高速射流的动能对工件的冲击破坏作用,达到切断、成形的目的。

水切割的形式从水质上分,有纯水切割和加磨料切割;从加压方式上分,有液压加压和机械加压;从机床结构上分,有龙门式结构和悬臂式结构。一套完整的水切割设备由超高压系统、水刀切割头装置、水刀切割平台、CNC 控制器及 CAD/CAM 切割软件等组成。

以 WL-QSM5015DY 水射流机为例,设备主要由高压泵主机、切割器、刀头及高压管线共同组成。WL-QSM5015DY 水射流机如图 2-6-6 所示。

(a) 高压泵主机

(b) 磁力管道切割器

图 2-6-6　水射流机

二、使用方法

(1)向油箱注油至油箱液位计上限,拧紧油箱盖。拧开柱塞泵回油口油管给柱塞泵灌油,并反复排气直至灌满为止,拧紧回油管。

(2)开启气泵电源,至气泵出口压力≥0.4MPa 时,开气枪开关,有气喷出表示供气正常。

(3)启动供水加压泵电源,观察水压指示≥0.2MPa,且刀头接杆处有水流出,说明切割供水正常。

(4)打开高压发生器侧面电气总开关,工控机电源开关,工控机进入开机界面后,点击水切割软件进入软件控制界面。

(5)点动"油泵开关"按钮,检查电动机转动方向与油泵体上箭头方向一致。

(6)启动油泵电动机,将溢流阀的控制压力调节至低值。

(7)将电液换向阀两头的双单向节流阀打开,将磁性开关调至合适位置,增压器处于空运转状态,运行 10~20min,观察油温及泵头温度无异常,按"油泵开关"按钮关掉油泵,液压系统调试完成。

(8)启动高压发生器,切割刀头有高压水喷出。

注意:手动界面下,开机时应先开气阀开关,再开高压开关,否则会导致系统憋压造成危险,关机时先关高压,再关气阀。

(9)反复开关高压水开关,高压水开关灵敏,则高压发生器系统调试结束。

(10)进行切割。

三、维护保养

(1)定期检查切割头有没有损坏的现象,有没有其他杂物混进。

(2)定期观察水流是否相对平稳,有利于管道的流通现象。

(3)定期检查零件是否有消耗的现象,确保工作过程能顺利进行。

(4)经常维护水射流机,能使水射流机操作更有效,并且能延长水射流机的使用寿命。

四、故障分析与处置

水射流切割机常见故障、产生原因及处置方法见表2-6-4。

表 2-6-4　水射流切割机常见故障及处置方法

序号	故障现象	产生原因	处置方法
1	水流不平稳	杂物堵塞	及时清理杂物
2	砂管断裂严重甚至损坏刀头	无照看运行	切割过程中密切注意刀头与钢板距离

五、注意事项

(1)当水射流切割机在进行切割作业过程中,为了保障施工环境的安全,操作人员以及其他无关人员应注意与水射流切割机保持一定的距离才可,同时为了避免设备的切割砂管被损坏影响使用,在施工现场使用行车进行吊运工件过程中应注意避免碰撞到设备。

(2)当使用水射流切割机进行切割较小以及较轻的加工工件时,操作人员应注意采取合适的固定措施,从而防止切割过程中加工工件出现走位的情况,同时如发现部分工件被冲击走位时应禁止利用其他物件校正走位的工件。

(3)在使用水射流切割机进行取料的过程中,尤其是操作人员在更换设备喷嘴时,应注意要先关闭高压水或者将高压关闭,从而确定残留的高压水已经全部卸除完毕后才可进行下一步的操作。

(4)水射流切割机完成加工作业后,应注意对加工好的工件及时整理好,并且为了保障安全,操作人员还应将加工过程中残留的边角料清理好,以及将电源关闭。由于加工好的工件边缘较为锋利,操作人员在整理过程中应注意避免被划伤。

模块七　油气管道安装

油气管道的组装过程，特别是钢制管道，需要将管道、管件以及阀门等连接在一起，完成工件的组装，这就是油气管道安装。油气管道的布置和安装质量直接影响生产效率、产品质量、工艺操作、安全生产以及管道的使用寿命，所以在管道安装的工作中，应特别重视管道的合理布置和安装技术。

项目一　简易下料

测量与下料是管道工最基本的技能，它直接反映着一个管道工的技能水平。

管件的测量方法很多，形式各异，但应以准确为原则，应以提高测量的相对精度为目的。这样就会减少甚至杜绝修修补补以及返工现象。

管件的下料方法也很多，计算下料、放样下料、展开下料虽然准确，但施工起来很麻烦，简易下料虽然快捷，但误差却很大，施工中管道工应根据工艺要求采用自己熟悉的下料方法下料，并在此基础上不断地在实践中总结经验，提高技能水平。

一、两节直角弯头下料

两节直角弯头下料方法如图 2-7-1 所示，首先将管道圆周分为四等分，等分点为 1、2、3 和 4，在 3、4 两点分别向左右截取 33′=44′=d/2（d 为管内径），圆滑连接 1、3′、2、4′四点，则该曲线为弯头切割线，切割后，在壁厚不小于 3.5mm 时，应开坡口。

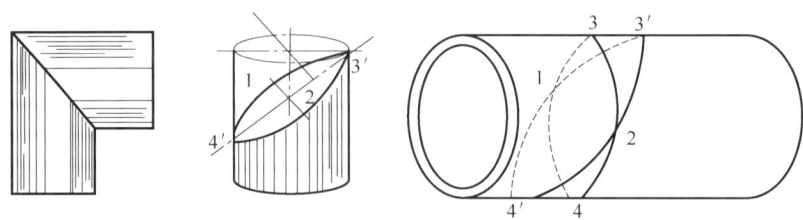

图 2-7-1　两节直角弯头下料示意图

二、多节直角焊接弯头下料

多节直角焊接弯头又称虾米弯或虾米腰,外观形状像虾米的腰。虾米腰由若干个带有斜截面的直管段构成,组成一般为两个端节及若干个中节,端节为中节的一半。虾米腰一般采用单节、两节或三节以上,节数越多弯头越顺,对介质流体的阻力越小。如图 2-7-2 所示,左图多为加工厂制作,比右图现场制作的少两道焊缝。由图中可以看出,四节弯头不是四等分,是由两个端节和两个中节组成。中节是全节,是两端截头圆管,端节是半节,是一端截头圆管。半节为全节的一半,两个半节合在一起为一个全节。半节斜口角度可用下式求出:

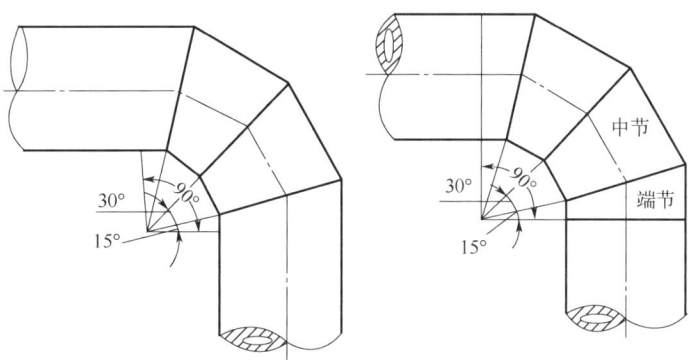

图 2-7-2 多节直角焊接弯头

$$\alpha = 90°/2(n-1)$$

式中 α——半节斜口角度;
n——直角弯头的筒节数。

图 2-7-2 为四节弯头,$\alpha = 15°$。

虾米腰弯曲角度、弯曲半径和节数关系可参考表 2-7-1,表中 D 为管外径。

表 2-7-1 虾米腰弯曲角度、弯曲半径和节数关系表

弯曲角度	15°	30°	45°		60°		90°		
弯曲半径	3D	2~3D	2D	3D	2D	3D	1.5D	2D	3D
中间节数	1	1	2	3	2	3	2	3	4

焊接弯头全节的背高 A 和腹高 B 可由下式求出:

$$A = 2(R+D/2)\tan\alpha$$
$$B = 2(R-D/2)\tan\alpha$$

式中 R——焊接弯头的弯曲半径;
D——管外径;
α——半节斜口角度。

常用正切函数值见表 2-7-2。

表 2-7-2　常用正切函数值表

α	7.5°	90°	11.25°	15°	22.5°	45°
tanα	0.132	0.158	0.202	0.268	0.414	1

焊接弯头一般用在压力小于 2.5MPa、温度低于 200℃ 的管道上。直径 DN<250mm 的焊接弯管可用如下方法直接在钢管上划线切割。

如图 2-7-3 所示，首先将管按圆周分为四等分，在 3、4 等分点上分别向左右截取 $33'=44'=d/2$（d 为管内径），圆滑连接 1、3'、2、4' 四点，则为弯头中部全节一端切割线。沿钢管中心线由 1、2 两点向右量取一节长度 $C=2R\tan\alpha$，按以上顺序再划出另一条切割线，两条切割线中间管段，即为弯管中部全节，但应开坡口。

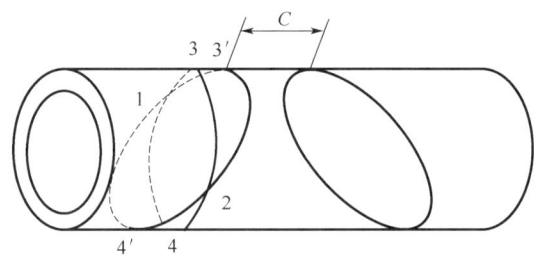

图 2-7-3　多节直角焊接弯头下料示意图

三、等径马鞍（三通）下料

等径马鞍（三通）如图 2-7-4 所示，立管及水平管切孔划线方法如下。

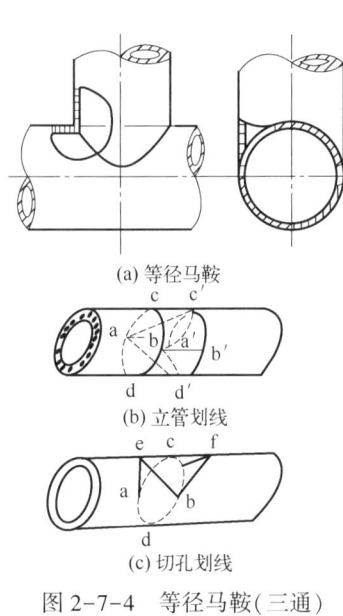

立管为截头圆管，将管按圆周分为四等分，由等分点引 $aa'=bb'=cc'=dd'=d/2$（d 为管内径），并平行于管子中心线。亦可在管上取间距为 $d/2$ 的两个圆圈，四等分圆周，等分点为 a、b、c、d，作 aa'、bb'、cc'、dd' 平行于管子中心线，连接 a、c'、b、d'、a，该曲线则为马鞍的切割线。

水平管的切孔做法是：将管按圆周分为四等分，通过等分点 c，作平行于管子中心线的直线，在直线上取 e 和 f 两点，并使 $ec=cf=d/2$，连接 a、e、b 和 a、f、b，则该曲线为切孔的切割线，切割时应垂直切割，马鞍槽要开坡口。

图 2-7-4　等径马鞍（三通）下料示意图

四、异径马鞍（三通）下料

异径马鞍又称异径三通管，如图 2-7-5 所示，其下料方法如下。

用支管和水平管的半径画 1/4 圆，二等分小管 1/4 圆周，等分点为 1、2 和 3，分别向上引垂线交大管的 1/4 圆于 1'、2' 和 3' 点，并由此向左引水平线，得出 L_1 和 L_2。

在支管管段上将管按圆周分为四等分或八等分，于管子的等分线上截取 L_1 和 L_2，圆滑

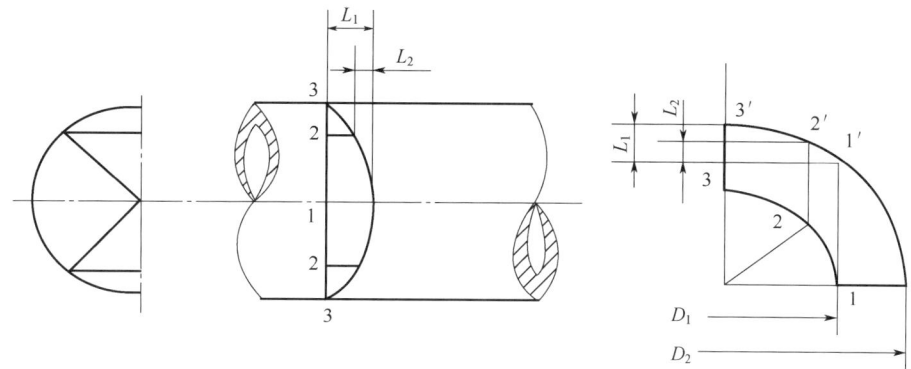

图 2-7-5　异径马鞍(三通)下料示意图

连接各点即为切割线。

水平管切孔划线：可将切割好的支管一端扣在水平管上,沿支管的切割线在水平管上划出切孔线,以此向里减去一管壁厚划线,即为切割线。

五、等径斜交马鞍下料

等径斜交马鞍又称等径斜交三通管,如图 2-7-6 所示,下料方法如下。

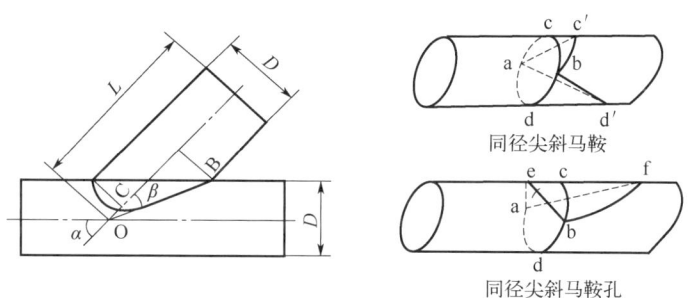

图 2-7-6　等径斜交马鞍下料示意图

由图可知：

$$OC = D/2 \cdot \tan\beta$$
$$OB = D/2 \cdot \cot\beta$$

式中　D——管外径。

将管按圆周分为四等分(或八等分),通过等分点 c、d 两点的平行于管子中心线的直线上,取 $cc' = OC$,$dd' = OB$,圆滑连接 a、c'、b 和 a、d'、b 各点,则此曲线为马鞍的切割线。

水平管的切孔划线(即马鞍孔划线)：首先将管按圆周分为四等分,通过等分点 c 的平行于管子中心线的直线上,取 $ec = OC$,$fc = OB$,分别以圈带圆滑连接 a、e、b 和 a、f、b 各点,此即为切孔的切割线,切割时应按斜交角度进行切割。

六、异径斜马鞍下料

异径斜马鞍即异径三通管,下料前首先按图 2-7-7 中方法求出 L_1 和 L_2 支管,直径小于 300mm 时,下料步骤及方法如下。

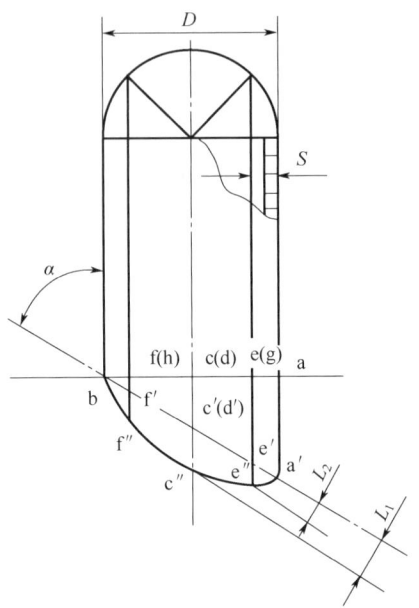

图 2-7-7 异径斜马鞍下料示意图

在支管上将圆周八等分,通过等分点作平行于管子中心线的直线,取 $aa'=(D-S)\cot\alpha$,$cc'=dd'=1/2\times aa'$,以圈带圆滑连接 c'、a'、d' 和 c'、b、d' 各点并与 e、f、g、h 各直线交于 e'、f'、g' 和 h' 点,截取 $c'c''=d'd''=L_1/\sin\alpha$,$e'e''=f'f''=g'g''=h'h''=L_2/\sin\alpha$,圆滑连接 a'、e''、c''、f''、b、g''、d''、h''、a' 各点,则此曲线即为切割线。

将切割好支管马鞍,扣在主管上划线,以此线为界,向里减去一支管壁厚划线,即为切孔切割线。

项目二 管子螺纹连接

螺纹连接现场常称丝扣连接,是通过内外螺纹把管道与管道、管道与阀门或管件连接起来的连接方式。为了增加严密性,在连接前应在外螺纹的管头或配件上按顺螺纹方向缠以适量的填料。

一、准备工作

(一)工具准备

压力管钳,管钳,固定扳手,活动扳手,锉刀。

(二)量具准备

钢卷尺,钢直尺,直角尺。

(三)材料准备

阀门,丝头,生料带。

二、操作步骤

(一)丝头与阀门连接组对

(1)检查丝头与阀门螺纹是否匹配,将生料带按旋进的方向缠在外丝头。

(2)将丝头与阀门对正,先用手按顺时针方向拧几扣。

(3)将其固定在压力管钳上再用管钳或扳手拧紧。

(二)双外丝头、活接头连接组对

(1)拧开活接头的紧固螺母。

(2)将外丝头缠上生料带,分别与活接头两端内丝头连接。

(3)在紧固螺母的凸面上放好密封胶圈。

(4)将活接头两端对正,先用手将紧固螺母拧几扣。

(5)然后固定在压力管钳上,用管钳或者扳手将其拧紧。

三、技术要求

(1)螺纹连接应有足够的旋合,过松则连接后的严密性差,过紧连接时容易将管件或阀门胀裂。

(2)管道阀门连接处应严密,不得有渗漏现象,管道坡度应符合要求。

(3)管密封材料只能使用一次,若螺纹拆卸,重新装紧时,应更换密封填料(麻绳或生料带)。

(4)管子外漏螺纹部分应涂刷防锈漆做防腐处理。

(5)进行强度试验时,管内应吹扫干净,吹扫介质宜采用空气或氮气,不得使用可燃气体。

四、注意事项

(一)丝头与阀门连接

(1)管钳的选用应与管段相匹配。

(2)连接前应检查丝头与阀门螺纹牙型是否匹配。

(3)根据管道的使用环境和介质特性选择合适的填料,以确保连接的严密性。

(4)拧紧管子时要控制好拧紧力矩,避免过大或者过小。力矩过大可能损坏螺纹或管件,力矩过小则可能导致连接不牢固。

(二)双外丝头、活接头连接

(1)活接头两端丝头应在一条直线上,以免损坏密封胶圈或发生渗漏现象。

(2)用管钳旋紧时,应用力均匀、适度,不要用力过猛,以免胀裂管件。

项目三 手工冷煨制 DN25mm 以下钢管

冷煨弯管是指在常温下依靠机具对管子进行煨制,不需要加热设备,操作简便。常用的弯管设备有手动弯管机、电动弯管机和液压弯管机等。

一、准备工作

(一)工具准备

固定扳手,活动扳手,手锤。

(二)量具准备

钢卷尺,钢直尺,直角尺。

(三)材料准备

管材,石笔,圆弧样板。

(四)设备准备

弯管机,小型钢平台。

二、操作步骤

(1)在平台上按图样尺寸放样,画出部分圆弧。
(2)设置煨弯胎具,在圆弧里侧点焊若干挡板,外侧一端再点焊一块挡板。
(3)将钢管插入里外侧挡板之间,弯曲起点与挡板上的对应点对正,沿里侧挡板均匀用力进行煨制。
(4)煨好一段后,松开钢管,插入一部分再重复煨制下一段钢管。
(5)达到规定长度后,对已煨制完的弯管进行校圆,直至合格。

三、技术要求

(1)钢管表面应光滑,不得有结疤、凹凸等现象。
(2)冷煨弯管胎具,或者焊接的内外挡板必须与管径相符。
(3)成型的弯管表面不得有裂纹、起皱等质量缺陷。
(4)煨弯完成后,进行总体尺寸复检及平整度、角度质量检验。

四、注意事项

(1)在平台上放样时,应把圆弧直径适当缩小,留出圆管的反弹量。
(2)里侧挡板间距要适当,里外侧挡板横向距离应以 100mm 左右为适宜。
(3)弯管的弯曲半径不宜小于 300mm。

项目四　手工热煨制 DN50mm 以下钢管

管子内灌沙后将管子加热来煨制弯管的方法称为煨弯,是一种较原始的煨管制作方法。这种方法灵活性大,但效率低,能源浪费大,成本高,因此目前在碳素钢管煨弯中已很少使用,但其具有普遍意义,在一些有色金属管、塑料管的煨弯中仍有明显的优越性。

一、准备工作

（一）工具准备

台虎钳,管钳,划规,手锤。

（二）量具准备

钢卷尺,钢直尺,直角尺。

（三）材料准备

管材,石笔,圆弧样板,氧气,乙炔,沙子,管堵头,焊条。

（四）设备准备

焊机,气割设备。

二、操作步骤

煨弯主要分为灌沙、加热、弯制和清沙四道工序。

(1)将管子内装满沙子、打实、封口。

(2)计算加热长度并画线做出标记。

(3)手工弯管应在平台上进行,按角度及曲率半径或者已知条件放样,把模具(也可点焊几块挡板)固定在平台上。

(4)将管子一端固定,弯曲起点与模具上的对应点对正。

(5)对画线部位加热,用套管或者扳弯器将管道顺着模具的弧进行弯曲煨制。

(6)煨制时管外壁必须与模具靠紧、贴严,有间隙时用木槌锤击。

(7)检查煨制弧度、椭圆度,并进行校正。

(8)冷却清沙。

三、技术要求

（一）管材要求

(1)应选用的管子质量好,无腐蚀及裂纹。

(2)对于高、中压用的管材,应选择的壁厚为正偏值。

（二）沙子要求

(1)弯管用的沙子,应根据管材、管径对沙子的粒度、耐热度进行选用。

(2)沙子耐热度要在1000℃以上。

(3)沙子充装前应进行烘干,以免管子加热时因水分蒸发压力增加,管堵冲出伤人。

(三)制作要求

(1)加热过程中,升温应缓慢,均匀,保证管子热透,并防止过烧和渗碳。

(2)煨制成型的管材不应有鼓包和起皱。

(3)弯曲半径,椭圆度符合相关要求。

(4)管子弯好后,冷却时往往自行回弹(3°~5°),故在弯管时多弯3°~5°。

(5)加热钢管长度应大于弯曲长度且不小于200mm。

(6)加热温度一般在850~950℃之间。

(7)弯管表面应无过烧,椭圆度不应大于8%。

(8)煨制焊管时,焊缝位置应在煨弯方向45°处,不宜在受拉或受压侧。

(9)弯管过程中用力要均匀,弯到所需角度的地方,应用冷水冷却使该处管壁硬化确保不会再被弯曲。

四、注意事项

(1)工作前应穿戴好劳保用品。

(2)检查使用工具齐全,完好。

(3)场地应保持整洁,材料配件等应存放整齐。

(4)在加热和煨制过程中,防止烫伤和火灾事故。

(5)煨管时,应由有经验的工作人员担任指导,确保操作安全。

项目五 等径、异径直交马鞍展开下料

等径、异径直交马鞍,在管道工程中通常是指一种特殊形状的管件,用于连接两个直径相同(或不同)但轴线直交的管道,这种马鞍形管件的设计使得两个管道能够在交点处实现平滑过渡,同时保证流体的顺畅流动。等径、异径直交马鞍展开下料的方法一样,唯一的区别就是管Ⅰ与管Ⅱ的直径不同。异径直交马鞍展开下料时管Ⅰ的圆周展开长度以实际操作管直径为准。

一、准备工作

(一)工具准备

手锤,锉刀,剪刀,绘图工具,绘图纸。

(二)量具准备

钢卷尺,钢直尺,直角尺,水平尺。

（三）材料准备

管材，石笔，氧气，乙炔，焊条，磨光片。

（四）设备准备

焊机，角磨机，气割设备。

二、操作步骤

图 2-7-8 中，已知立面图和侧面图及尺寸 a、d、h、R。等直径的两圆管相交立面图中，接合线为直线，因此用已知半径 R 可直接画出展开图。

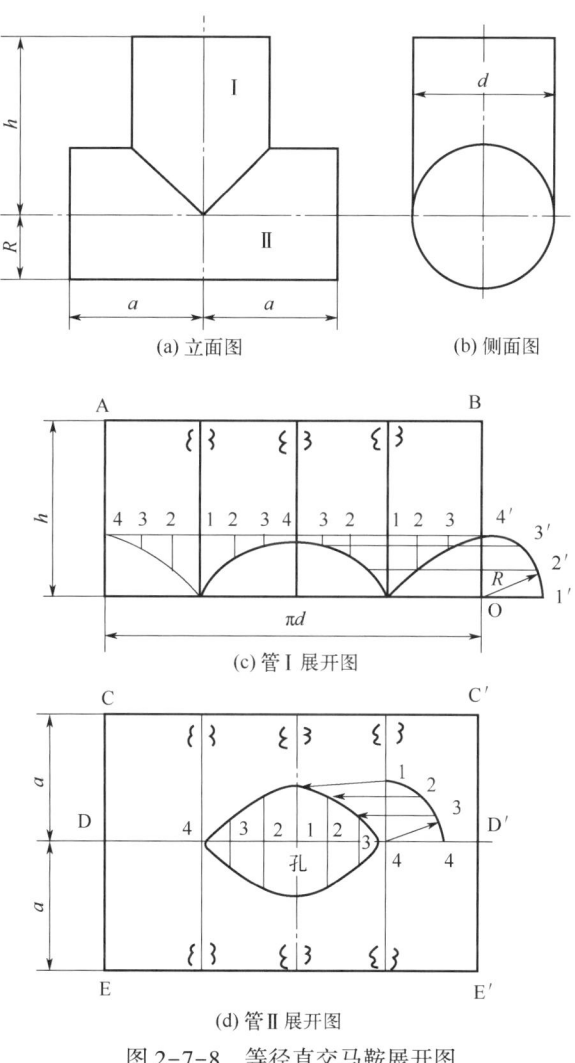

(a) 立面图　　(b) 侧面图

(c) 管Ⅰ展开图

(d) 管Ⅱ展开图

图 2-7-8　等径直交马鞍展开图

（一）管Ⅰ展开法

画 AB 等于管的圆周展开长度，由 B 引对 AB 的直角线 BO＝h。以 O 为圆心 R 为半径画 1/4 圆周，3 等分 1/4 圆周，等分点为 1′、2′、3′、4′。由点 4′向左引水平线，与由 A 引对 AB 的直角线对应交点为4,12等分4-4′,等分点为4、3、2、1、2、3、4、3、2、1、2、3、4′。由各等分点引下垂线,与由圆周各等分点向左引水平线对应各交点连成曲线,即得出管Ⅰ的展开图。

(二)管Ⅱ展开法

在A-4延长线上取CD和DE等于已知尺寸a,由C、D、E向右引水平线,与BO延长线交点为C′、D′、E′。4等分CC′,由各等分点引下垂线与EE′相交,即得管Ⅱ展开图。

(三)管Ⅱ切孔画法

6等分管Ⅱ展开图的4-4,等分点为4、3、2、1、…、4。以4为圆心R为半径画1/4圆周,3等分1/4圆周,等分点为1、2、3、4。由各等分点向左引水平线与垂线对应交点连成曲线,并在4-4下面画对称曲线,即得出切孔实形。

注意:在实际画样板展开下料图时应考虑管壁壁厚问题;管壁壁厚大于3mm时应采取内径骑外径展开下料法。

(四)下料组对

1. 等径直交马鞍

(1)作出主管与支管的样板后在主管与支管上画出定位十字线。

(2)分别把主管与支管的样板中心对准管子中心线,画出切割线,然后进行切割。

(3)切割时,应根据坡口的要求进行,支管上要全部切出坡口,坡口角度在角焊处为45°,对焊处为30°。从角焊处向对焊处(即支管尖角处)逐渐缩小坡口角度,均匀过渡。

(4)主管开口不全开坡口。在角焊处不开坡口,向对焊处伸展逐渐开坡口,直到对焊处坡口角度为30°。

(5)组对时,主管上开孔的大小应与支管的内径相配,组对用角尺校正支管与主管的角度为90°,点焊间隔要均匀适当。

2. 异径直交马鞍

(1)先在主管和支管上画出中心线和定位十字线。

(2)分别把主管与支管的样板中心对准管子中心线,画出切割线,然后进行切割。

(3)支管与主管口径相差不太大时,按支管内径开孔。主管、支管坡口形式与等径直交马鞍管基本相同。

(4)支管口径是主管的1/3以下时,可将支管插入主管孔内,用主管上开坡口的方法组对,支管管端应与主管内壁相平,支管管端不得插入主管管腔内。

三、技术要求

(1)等径三通的连接,不管直交还是斜交,结合线的投影都是直线,因此都按外径放样。

(2)异径三通,支管按内径放样,主管按外径放样。

(3)支管内径对主管孔的错边量不大于0.5mm,对口间隙2~3mm。

(4)支管垂直于主管,倾斜度不大于1mm/200mm。

四、注意事项

(1)开孔内壁必须平整光滑。

(2)画展开图时尺寸量取准确,以免组对时间隙超标。

(3)主管开孔样板应按支管内径制作(插入方法时采用外径进行制作)。

(4)进行组对点焊时,两节之间的定位点焊为4点,以防固定焊点少,焊接时导致角度或平面度变形。

(5)切割完的管口,用角磨机或者锉刀进行氧化铁及管口毛刺的修理,以免组对或搬运时划伤手。

(6)进行火焰切割时,放在平台上操作,如在水泥地面进行切割管件下面垫一隔板,避免氧化铁落在水泥地面上,水泥地面受热爆炸伤人。

项目六　90°单节虾米腰弯头展开下料

在施工安装中,有些管道由于压力低、温度低、管壁薄,转角时的弯曲半径又比较小,常采用虾米弯(虾米腰)。

一、准备工作

(一)工具准备

手锤,锉刀,剪刀,绘图工具,绘图纸。

(二)量具准备

钢卷尺,钢直尺,直角尺,水平尺。

(三)材料准备

管材,石笔,氧气,乙炔,焊条,磨光片。

(四)设备准备

焊机,角磨机,气割设备。

二、操作步骤

如图2-7-9所示,计算和画展开图如下。

(一)计算公式

$$R = MD$$

式中　R——弯曲半径;

　　　D——管子外径;

　　　M——需要的弯头倍数,如($1D$、$1.5D$)。

(二)画展开图

(1)任画两垂直相交线,交点为O,以O为圆心,半径R为曲率半径,画出虾米弯中心线及弯头外形。

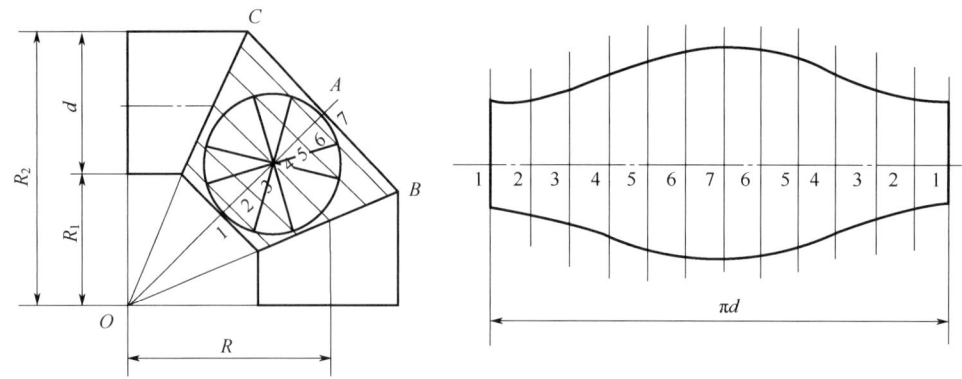

图 2-7-9　90°单节虾米腰弯头展开图

(2) 在中间节画圆和管外皮相切。

(3) 将圆分成若干等分(图中分为 12 等分)。

(4) 由圆周各等分点作与圆管中心线的平行线,与接合线相交得出各线段长度。

(5) 画一直线截取长度等于管子周长,并 12 等分 1、2、3、4、5、6、7、6、5、4、3、2、1。

(6) 过 12 等分点作直线的垂线,用立面图中所得各线段长度分别在各垂线上截取其长度。

(7) 对应各交点用光滑曲线连接起来,即得出中间节的展开图。

(8) 端节展开图为中间节的一半。

(9) 用剪刀将展开图剪下来。

(三) 下料

(1) 选取直径和壁厚符合图纸要求的管材。

(2) 用圈带在管子外壁画一条垂直于管子中心线的基准线。

(3) 剪下来的展开图中线和管子外壁的基准线重合,包裹在管子外壁画出切割线。

(4) 切割下来的带有斜面的直管段就是中节。

(5) 中节的一半就是端节。

(6) 用角磨机或者锉刀将切割端面的氧化铁飞溅等清理打磨干净。

(7) 预制点接。点焊时先点虾米弯中弧位置,后进行内角和外角的点焊。

(8) 点焊完成后,及时进行整体角度及平整度检测。

(9) 检测合格后进行施焊,并进行焊后的焊接管口清理。

三、技术要求

(1) 制作单节虾米弯时,三节组成的夹角为 90°。

(2) 展开样板的 12 等分允许误差 ±1mm。

(3) 展开样板的长度允许偏差 ±2mm。

(4) 虾米弯组对时,管中心线对齐,组对间隙 2mm。

(5) 虾米弯制作完成后放在平台上,管件外壁与平台之间的允许间隙 0.5mm。

四、注意事项

（1）画展开图时尺寸量取准确，以免组对时间隙超标。

（2）进行火焰切割时，放在平台上操作，如在水泥地面进行切割管件下面垫一隔板，避免氧化铁落在水泥地面上，水泥地面受热爆炸伤人。

（3）切割完的端节或中间节管口，用角磨机或者锉刀进行氧化铁及管口毛刺的修理，以免组对或搬运时划伤手。

（4）虾米弯进行组对点焊时，两节之间的定位点焊为4点，以防固定焊点少，焊接时导致角度或平面度变形。

（5）施焊完成后，及时进行焊口清理。

项目七　异径斜交马鞍展开下料

管道相交展开图有等径、异径和直交、斜交。对于异径斜交马鞍，两管的管径不同，夹角也不是直角，对工人技术要求高，而且绘制完成误差大。

一、准备工作

（一）工具准备

手锤，锉刀，剪刀，绘图工具，绘图纸。

（二）量具准备

钢卷尺，钢直尺，直角尺，水平尺。

（三）材料准备

管材，石笔，氧气，乙炔，焊条，磨光片。

（四）设备准备

焊机，角磨机，气割设备。

二、操作步骤

异径斜交马鞍展开图如图2-7-10所示。

（一）管Ⅰ展开图

(1)按要求角度画出立面图。

(2)在主管右侧，以主管道中心为圆心，画出与主管直径相等的圆并6等分。

(3)过等分点向左作水平线。

(4)以支管中心为圆心，画圆并6等分。

(5)过支管等分点画延长线与主管圆周等分点延长线相交，即为支管与主管的相贯线。

(6)画出支管中心线的垂线 AB 并延长。

(7)在 AB 延长线上截取 1-1 等于支管圆周展开长度(πd),并 12 等分,由各点引对 1-1 的直角线。

(8)过支管与主管的交点,引出与 AB 平行的线分别于支管 12 等分线,对应各交点连成曲线,即为管Ⅰ展开图。

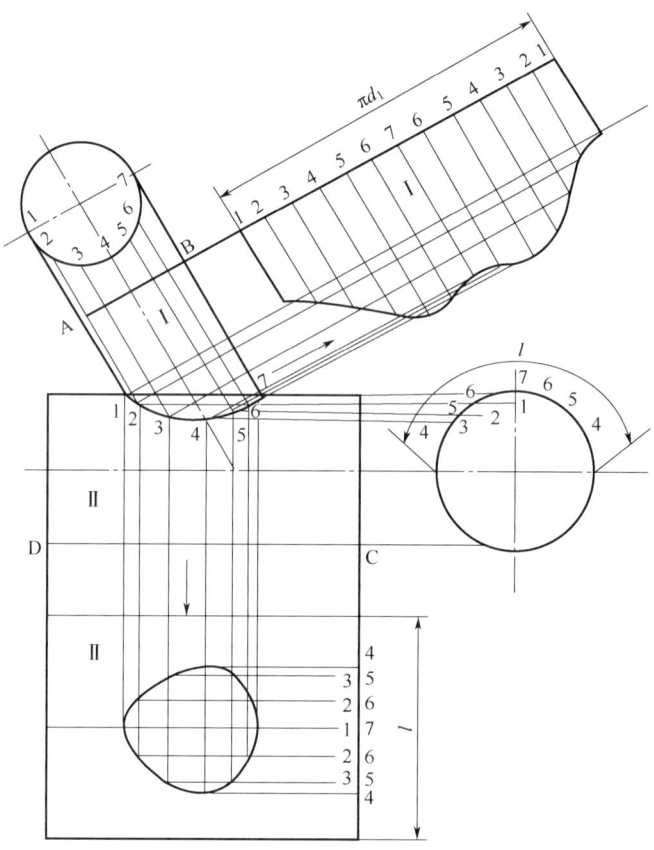

图 2-7-10 异径斜交马鞍展开图

(二)管Ⅱ展开图

(1)如图 2-7-10 所示,异径斜交马鞍展开图中,过点 C 引下垂线并截取管Ⅱ断面半圆周长度 l。

(2)由中点 1(7)上下照录各等分点,由各点向左引水平线。

(3)引出的水平线与立面图相贯线各点引下的垂线对应相交。

(4)将各交点连成曲线,即为管Ⅱ展开图的 1/2。

(5)用剪刀将支管展开图和主管开孔图剪下。

(三)切割与组对

(1)画出支管与主管的四条中心线。

(2)将支管展开图的中线与支管中心线重合,包裹在管道外壁,保证裹严贴实用石笔或者记号笔画出切割线。

(3)同样方法将主管开孔展开图包裹在主管上,保证展开图中线与管道中心线重合,并画出开孔切割线。

(4)切割端面平整,并用角磨机或者锉刀对氧化铁及飞溅进行打磨清理。

(5)点焊预制,先点焊支管尖部,以便调整角度。

(6)支管中心线与主管中心线重合,支管外角边做壁厚处理,内角边不做壁厚处理。

(7)点焊完成后,及时进行整体角度及平整度检测。

(8)检测合格后进行施焊,并进行焊后的焊接管口清理。

三、技术要求

(1)支管展开样板周长误差不得超过±2mm,12等分误差不能超过±1mm。

(2)按图纸要求控制好支管与主管的角度允许偏差±1°。

(3)组对时严格控制支管与主管的结构尺寸,平整度及角度。

四、注意事项

(1)主管开孔样板应按支管内径制作。

(2)制作时,正确使用工具,严禁野蛮施工。

(3)画异径斜马鞍展开图时,支管必须要做壁厚处理。

(4)画展开图时尺寸量取准确,以免组对时间隙超标。

(5)切割完的马鞍口,用角向磨关机或者锉刀进行氧化铁及管口毛刺的修理,以免组对或搬运时划伤手。

(6)进行火焰切割时,放在平台上操作,如在水泥地面进行切割管件下面垫一隔板,避免氧化铁落在水泥地面上,水泥地面受热爆炸伤人。

项目八　等径正交 Y 形三通管展开下料

等径正交 Y 形三通管也称等角等径圆管三通,是有三节轴线相交,而且两轴线夹角均为120°的等径圆柱管相交组成。相贯线为平面曲线,正面投影为直线。

一、准备工作

(一)工具准备

手锤,锉刀,剪刀,绘图工具,绘图纸。

(二)量具准备

钢卷尺,钢直尺,直角尺,水平尺。

(三)材料准备

管材,石笔,氧气,乙炔,焊条,磨光片。

(四)设备准备

焊机,角磨机,气割设备。

二、操作步骤

等径正交 Y 形三通管展开图如图 2-7-11 所示。

(一)作管子的周长与等分

(1)用已知尺寸画出立面图的外形(即实样)。
(2)由三管交接的中心点 O,向右引水平线。
(3)在水平线上量取管外径周长,并 12 等分。
(4)各等分点从左向右顺序标号 1、2、3、4、3、2、1、2、3、4、3、2、1,通过各等分点分别往下引垂直线。

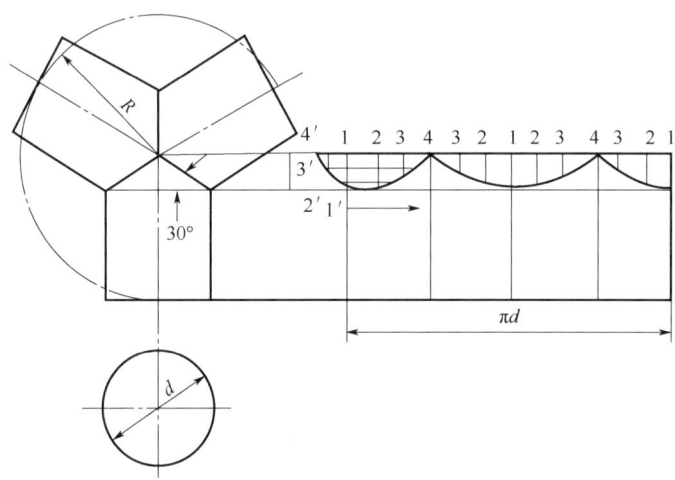

图 2-7-11　等径正交 Y 形三通管展开图

(二)3 等分 1/4 圆并延长与 12 等分管周长相交

(1)以水平线左边端点 1 为圆心,R 为半径画 1/4 圆。
(2)3 等分 1/4 圆弧,等分点分别为 1′、2′、3′、4′。
(3)由各等分点向右引水平线与管外径周长各等分点的下引垂直线相交。
(4)将对应交点连成光滑曲线,即得出所求展开图。
(5)用剪刀或美工刀将展开图剪下。

(三)切割与组对

(1)计算并截出三个所需管段。
(2)分别画出三个管段的四条中心线。
(3)将展开图的中线与管段中心线重合,包裹在管道外壁,保证裹严贴实用石笔或者记号笔画出切割线。
(4)按画出的切割线进行火焰切割,保证切割口端面平整。

(5)用角磨机或者锉刀进行管口氧化铁及飞溅的清理。

(6)点焊时先点焊三段短接的顶角,角度调整合适后点焊两管段之间的夹角位置。

(7)点焊完成后,及时进行整体角度及平整度的复检。

(8)检测合格后进行施焊,并进行焊后的焊接管口清理。

三、技术要求

(1)支管展开样板周长误差不得超过±2mm,12等分误差不能超过±1mm。

(2)控制好三管的角度为120°。

(3)组对时严格控制三主管的结构尺寸,平面度及角度。

四、注意事项

(1)画展开图时尺寸量取准确,以免组对时间隙超标。

(2)进行火焰切割时,放在平台上操作,如在水泥地面进行切割管件下面垫一隔板,避免氧化铁落在水泥地面上,水泥地面受热爆炸伤人。

(3)切割完的管口,用角磨机或者锉刀进行氧化铁及管口毛刺的修理,以免组对或搬运时划伤手。

(4)进行组对点焊时,定位点焊为4点,以防固定焊点少,焊接时导致角度或平面度变形。

(5)制作时,正确使用工具,严禁野蛮施工。

项目九 异径直交弯头马鞍展开下料

异径直交弯头马鞍的展开绘制方法与斜交马鞍的展开方法基本相同,异径直交弯头马鞍在工程中使用较少,一般作支撑弯头用。

一、准备工作

(一)工具准备

手锤,锉刀,剪刀,绘图工具,绘图纸。

(二)量具准备

钢卷尺,钢直尺,直角尺,水平尺。

(三)材料准备

管材,石笔,氧气,乙炔,焊条,磨光片。

(四)设备准备

焊机,角磨机,气割设备。

二、操作步骤

异径直交弯头马鞍展开图如图 2-7-12 所示。

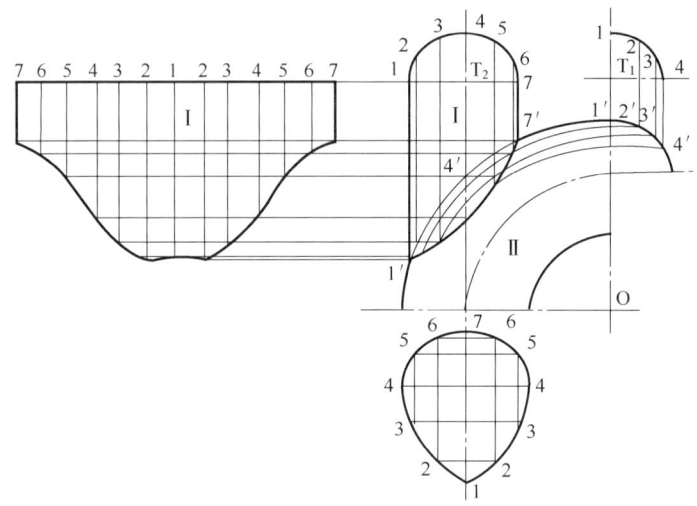

图 2-7-12 异径直交弯头马鞍展开图

(一) 求接合线

(1) 先将两个断面图 T_1、T_2 的半圆分别分为 6 等分。

(2) 由圆 T_1 圆周等分点 1、2、3、4 引下垂线与弯头圆周相交,交点为 1′、2′、3′、4′。

(3) 过各交点向左引水平线与弯头断面 1-O 相交,以 O 为圆心 O 点至各交点之距离分别为半径画弧。

(4) T_2 圆周等分点向下引垂线与弯头上所画弧线对应各点相交。交点连接成曲线,即为相贯线。

(二) 管 I 展开图

(1) 在断面图 T_2 的 7-1 延长线上截取 7-7 等于弯头管 I 圆周长度。

(2) 十二等分 7-7 并向下作垂直线与相贯线各点引出的平行线分别对应相交,各交点连曲线,即为管 I 展开图。

(三) 管 II 展开图

(1) 在直线上截取 1-7 等于圆弧的展开长度,并照画各等分点,由各等分点引 1-7 直角线。

(2) 在直线左右两边对应分别截取等于弧 1′2′、弧 1′3′、弧 1′4′ 的展开长度,把截取点连成曲线,即为管 II 展开图。

(3) 用剪刀或美工刀将展开图剪下。

(四) 切割与组对

(1) 计算并截出支管的高度。

(2) 画出支管的四条中心线。

(3)将展开图的中线与管段中心线重合,包裹在管道外壁,保证裹严贴实用石笔或者记号笔画出切割线。

(4)按画出的切割线进行火焰切割,保证切割口端面平整。

(5)用角磨机或者锉刀进行管口氧化铁及飞溅的清理。

(6)点焊预制,先点焊支管尖部,以便调整角度。

(7)支管与弯头的中心轴线垂直相交。

(8)点焊完成后,及时进行整体角度及平整度的复检。

(9)检测合格后进行施焊,并进行焊后的焊接管口清理。

三、技术要求

(1)制作异径直交弯头马鞍时,支管与弯头的中心轴线垂直相交。

(2)制作异径直交弯头马鞍时,应保证弯头中心线、支管中心线一致。

(3)制作异径直交弯头马鞍展开样板时,等分之间的允许偏差为±0.5mm。

(4)异径直交弯头马鞍的直管与弯头组对时,应保证直管的垂直度与弯头上管口平行。

四、注意事项

(1)画展开图时尺寸量取准确,以免组对时间隙超标。

(2)进行火焰切割时,放在平台上操作,如在水泥地面进行切割管件下面垫一隔板,避免氧化铁落在水泥地面上,水泥地面受热爆炸伤人。

(3)切割完的管口,用角磨机或者锉刀进行氧化铁及管口毛刺的修理,以免组对或搬运时划伤手。

(4)进行组对点焊时,两节之间的定位点焊为4点,以防固定焊点少,焊接时导致角度或平面度变形。

项目十　管阀件预制组对

在油气管线安装过程中,各种管道的安装工程量相当大,根据施工图纸把所需要的管阀件集中加工预制,这样既缩短了现场安装施工的时间,又保证了施工质量。

一、准备工作

(一)工具准备

手锤,划针,样冲,圈带,粉线。

(二)量具准备

钢卷尺,钢直尺,直角尺,水平尺,线坠。

(三)材料准备

管材,弯头,法兰,石笔,氧气,乙炔,焊条,磨光片,垫片,螺栓。

（四）设备准备

焊机,角磨机,气割设备,阀门。

二、操作步骤

（一）直管段下料

(1) 将直管段放在平台或者枕木上。

(2) 计算出三段连接管段长度,划点(减去弯头高度、阀门长度和法兰、垫片厚度,预留间隙等尺寸)。

(3) 用圈带(铜皮)围紧,用石笔或记号笔划出所需管段的长度切割线。

(4) 气割切割。

(5) 管口清理及坡口打磨。

（二）法兰与短节组对

法兰短节组对时,使用钢板尺与钢角尺配合,直角尺一条边贴紧法兰密封端面,另一条边与管段边缘距离上下的尺寸一致,点焊固定。角尺与法兰端面旋转90°,用同样的方法调到角尺边与管段边缘距离一致进行点焊。注意保证法兰与短节的垂直。

（三）弯头与短节组对

(1) 用水平尺找直管段水平。

(2) 用水平尺找弯头水平。

(3) 直管段与弯头组对确保间隙在规定范围内,另一侧沿弯头管口拉粉线进行测量微调至弯头与管子垂直。

(4) 组对,点焊。

（四）阀门与法兰、短节、弯头组对

(1) 检查阀门公称压力与法兰是否一致。

(2) 用剪刀、划规制作石棉垫片,或根据设计要求使用缠绕式垫片或金属垫片等。

(3) 先在对称位置插入四条螺栓,将垫片拨正,用手拧紧四条螺栓。

(4) 再插入其他螺栓,用手拧紧。

(5) 用扳手按对称位置将所有螺栓拧紧。

三、技术要求

(1) 法兰与管道组装保证法兰密封面与管子轴线垂直。

(2) 法兰装配应与管道同心,并保证螺栓自由穿入。

(3) 法兰螺栓应跨中安装,法兰间应保持平行,不能出现偏口现象。

(4) 阀门法兰连接螺栓应使用同一规格,安装方向应一致。

(5) 弯头组对不能出现勾头、仰头或歪头等现象。

(6) 组装管道要做到横平竖直。

(7) 在组对过程中应当注意法兰孔的位置一致性,如法兰与法兰间隙的一致性,法兰与弯头走向的一致性。

四、注意事项

(1) 安装前的检查,应对管道及管件进行认真检查,确保无损害、无缺陷。
(2) 安装前应清理管道内部,防止杂物堵塞管道。
(3) 管道组对前,应将管口的铁锈油污清除干净,露出金属光泽。
(4) 管道组对时手严禁放在两管口处,以防止夹伤。
(5) 较大设备或管道安装需吊车和倒链配合,起重臂下严禁站人防止坠物砸伤。
(6) 作业场所应保持良好的通风条件,以降低有害气体的浓度。
(7) 法兰安装时,要清除法兰密封面上的飞溅物,确保法兰面平整光滑。
(8) 操作人员应佩戴好个人防护用品,以防止作业过程中受伤。

项目十一　90°摆头弯组对

摆头弯是指需要连接两直管段中心线延长线在立体空间完全垂直,需要两个90°弯头连接的一种组合形式。摆头弯这种组对形式在长输管道施工中并不出现,主要出现在站内工艺管道安装过程,摆头弯轴测图如图2-7-13所示。

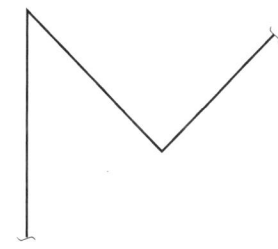

图2-7-13　摆头弯轴测图

一、准备工作

(一) 工具准备
手锤,划针,样冲,圈带,粉线。

(二) 量具准备
钢卷尺,钢直尺,直角尺,水平尺,线坠。

(三) 材料准备
管材,弯头,法兰,石笔,氧气,乙炔,焊条,磨光片。

(四) 设备准备
焊机,角磨机,气割设备。

二、操作步骤

(一) 管口找正
(1) 用水平尺放在两固定管段端面。
(2) 观察管段端面与固定直管段是否垂直。
(3) 不垂直相差1~2mm时用角磨机打磨。

(4)不垂直相差 2mm 以上时气割切割打磨找至垂直。
(5)用角磨机打磨管口坡口角度、钝边厚度等以达到规范要求。

(二)管段水平确定

(1)用水平尺检查管段 A 与管段 B 是否水平。
(2)用水平尺和直角尺配合找到两固定管段的中心线。

(三)测量所需连接管段长度

(1)用粉线沿管段 A 中心线放线。
(2)用粉线沿管段 B 中心线放线。
(3)用水平尺、线坠、钢卷尺测量两固定管端面的垂直度与相互垂直度。
(4)用两钢卷尺线坠、测量固定管的纵向间距、横向间距及相互高度。

(四)下料

(1)用水平尺找至备用的直管段水平。
(2)测量出连接管段长度,划点。
(3)用圈带(铜皮)围紧,划线。
(4)气割切割。
(5)用角磨机将氧化铁和管口 10~20mm 范围内的铁锈油渍清除干净,打磨坡口。
(6)按相关规范要求打磨出坡口。

(五)组对

(1)选择在平台上组对。
(2)组对时穿戴好防护用品。组对应留有符合要求的间隙。
(3)每两节互成 90°。

三、技术要求

(1)法兰与管道组装,保证法兰密封面与管子轴线垂直。
(2)弯头组对不能出现勾头、仰头或歪头等现象。
(3)组装管道要做到横平竖直。
(4)管子插入法兰内至密封面的距离一般为法兰厚度的一半,且不超过法兰厚度的三分之二。
(5)螺栓紧固要对称均匀用力,避免用力不均导致泄漏现象。
(6)连接直管段下料时应注意去掉坡口长度与对口间隙。
(7)组对时管子与弯头的间隙为 2~3mm。
(8)组对时管子与法兰、弯头、垂直度、错皮量不超过有关规定。

四、注意事项

(1)安装前的检查,应对管道及管件进行认真检查,确保无损害、无缺陷。
(2)安装前应清理管道内部,防止杂物堵塞管道。
(3)管道组对前应将管口的铁锈油污清除干净,露出金属光泽。

(4)管道组对时手严禁放在两管口处,以防止夹伤。

(5)较大设备或管道安装需吊车和倒链配合,起重臂下严禁站人防止坠物砸伤。

(6)组成的三管段应相互垂直,不得歪扭。

(7)作业场所应保持良好的通风条件,以降低有害气体的浓度。

(8)操作人员应佩戴好个人防护用品,以防止作业过程中受伤。

项目十二　水平、垂直 90°法兰弯管测量与组对

输油气工艺站场中管道错综复杂,管径不一,管道连接管件多,阀门多,测量数据精度要求高,而且水平、垂直连接的形式居多。管道工需提高测量和组对技能水平,需练习、掌握 90°弯管的测量和短管与法兰弯头的组对。

一、准备工作

(一)工具准备

手锤,划针,样冲,圈带,粉线。

(二)量具准备

钢卷尺,钢直尺,直角尺,水平尺,线坠。

(三)材料准备

管材,弯头,法兰,石笔,氧气,乙炔,焊条,磨光片,垫片,螺栓。

(四)设备准备

焊机,角磨机,气割设备。

二、操作步骤

(一)弯头测量

一般来说,弯头测量就是用水平尺将弯头找至水平,然后用两把钢板尺与钢角尺测量弯头是否为 90°,并用两把钢板尺测量弯头两个结构长度,具体操作方法如下。

1. 水平 90°弯管测量

水平 90°弯管测量如图 2-7-14 所示。

(1)用线坠或水平尺测量两端法兰螺栓孔和法兰上下方向口是否垂直。

(2)用两个直角尺测量法兰水平方向口,并保证在成 90°角的情况下,用卷尺测量 90°弯管的两端长度 a、b。

(3)a、b 的长度分别减去法兰半径和弯头的高度即为 a、b 处所需短节长度。

2. 垂直 90°弯管测量

垂直 90°弯管测量如图 2-7-15 所示。

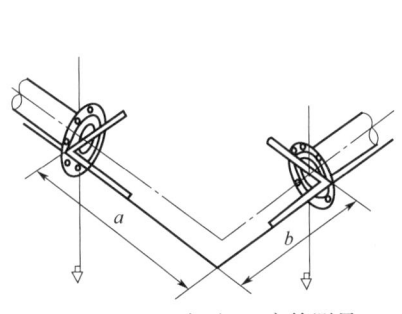
图 2-7-14　水平 90°弯管测量

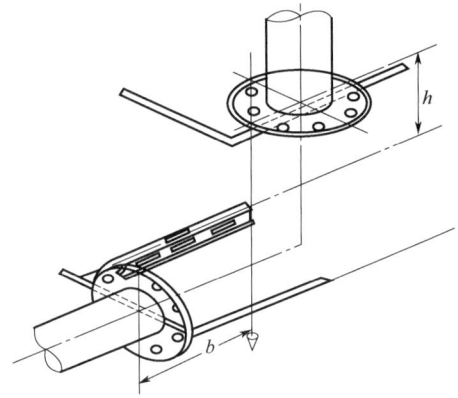
图 2-7-15　垂直 90°弯管测量

（1）用直角尺沿水平管方向测量垂直管法兰螺栓孔，用线坠或水平尺测量水平管法兰螺栓孔。

（2）用水平尺分别检测水平管法兰端面的垂直度和垂直管法兰端面的水平度。

（3）沿垂直管法兰内侧（或者外侧）吊线坠，用米尺量出水平管法兰端面到线坠的垂直距离 b，加上（或者减去）法兰半径再减掉弯头高度即为水平管段所需短节长度。

（4）沿水平管法兰上边缘拉一水平线（或用水平尺），用米尺测量出垂直管法兰端面至粉线的垂直距离 h，h 的高度加上法兰半径，再减去弯头高度，即为垂直管所需短节长度。

（二）下料组对

水平、垂直 90°弯管测量方法虽然不同，但组对时操作步骤相同。

（1）根据测量计算结果，进行直管段下料。

（2）直管段与法兰组对时用钢角尺找正直管段与法兰的垂直度。

（3）弯头找至水平，直管段与法兰组对好找至水平，法兰眼找至水平后进行整组对。法兰眼找至水平是因为固定两管段法兰眼是水平的，都找至水平以保证后面整体组对能够组对成功。

（4）用三脚架吊起已经组对好的管件。

（5）先在对称位置插入四条螺栓，用手拧紧四条螺栓，再插入其他螺栓，用手拧紧。

（6）用扳手按对称位置将所有螺栓拧紧。

三、技术要求

（1）法兰与管道组装，保证法兰密封面与管子轴线垂直。

（2）弯头组对不能出现勾头、仰头或歪头等现象。

（3）组装管道要做到横平竖直。

（4）管子插入法兰内至密封面的距离一般为法兰厚度的一半，且不超过法兰厚度的三分之二。

（5）螺栓紧固要对称均匀用力，避免用力不均导致泄漏现象。

(6)连接直管段下料时应注意去掉坡口长度与对口间隙。

(7)组对时管子与弯头的间隙为2~3mm。

(8)组对时管子与法兰、弯头、垂直度、错皮量不超过有关规定。

四、注意事项

(1)安装前的检查,应对管道及管件进行认真检查,确保无损害、无缺陷。

(2)安装前应清理管道内部,防止杂物堵塞管道。

(3)管道组对前应将管口的铁锈油污清除干净,露出金属光泽。

(4)管道组对时手严禁放在两管口处,以防止夹伤。

(5)较大设备或管道安装需吊车和倒链配合,起重臂下严禁站人防止坠物砸伤。

(6)法兰安装时,要清除法兰密封面上的飞溅物,确保法兰面平整光滑。

(7)作业场所应保持良好的通风条件,以降低有害气体的浓度。

(8)劳保着装齐全,避免管口毛刺划伤或电焊弧光伤害。

项目十三　任意角加直管段组对

实际工作中,尤其是动火,面临的工作大多都是碰头连接及更换弯头,基本上都是任意角加直管段组对,如图2-7-16所示。因地质、季节、气候等多方面因素影响,现场施工情况各不相同,管道工应熟练掌握本项目的组对方式,以期对现场工作能有帮助。

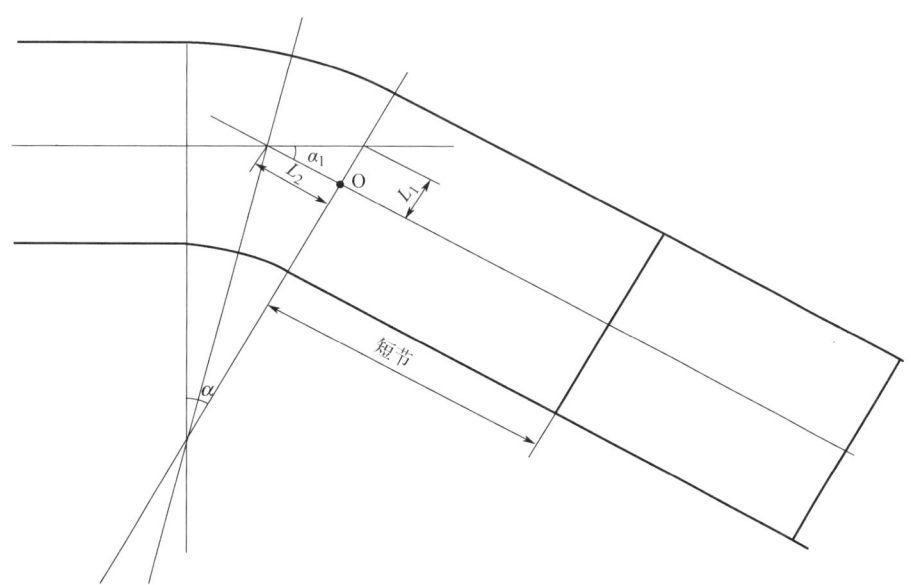

图2-7-16　任意角加直管段组对

一、准备工作

(一)工具准备

手锤,划针,样冲,圈带,粉线。

(二)量具准备

钢卷尺,钢直尺,直角尺,水平尺,线坠。

(三)材料准备

管材,弯头,石笔,氧气,乙炔,焊条,磨光片。

(四)设备准备

焊机,角磨机,气割设备。

二、操作步骤

(一)角度测量与计算

如图 2-7-17 所示,用水平尺与钢直角尺配合找到两固定管段中心线。拉线相交,量出 L_1、L_2 长度(O 点可以随便确定,为了方便计算,一般取整数)。用反函数得出 $\angle \alpha_1$,因为 $\angle \alpha_1$ 是 $\angle \alpha$ 的切线角,所以两角相同,即 $\angle \alpha$ 是所连接弯头的对应角。

$$\angle \alpha_1 = \arctan \frac{L_1}{L_2} = \angle \alpha$$

1. 测量

(1)按照上式测量出计算连接弯头角度的所用数值。

(2)多次测量,取平均值。

(3)分别测量出粉线交点至两管口的距离。

2. 计算

(1)利用测量出的数值计算出连接弯头的角度。

(2)利用弧长公式计算得出弯头内弧、中弧、外弧的长度。弧长公式如下:

$$内弧长 = \alpha \pi (R - D/2)/180$$

简便公式　　　　　$内弧长 = 0.017453 \times (R - D/2) \times \alpha$

$$中弧长 = \alpha \pi R / 180$$

简便公式　　　　　$中弧长 = 0.017453 \times R \times \alpha$

$$外弧长 = \alpha \pi (R + D/2)/180$$

简便公式　　　　　$外弧长 = 0.017453 \times (R + D/2) \times \alpha$

(3)根据计算的弯头弧长分别量出内弧、中弧、外弧长度划点,连接各点画出弯头切割线,切割、下料。

(4)根据弯头角度算出弯头的切线长,也就是弯头的高 $\tan\alpha/2 \cdot R$,计算出弯头的高,就是从交点至固定管的切割位置。

(5)现场实际工作中,根据现场条件管道连接有以下几种形式:

① 先把弯头与固定管连接后,实际测量出短节的长度尺寸,下料(动火连头时需焊接三道焊口)。

② 弯头提前和所需短节预制连接(动火连头时需焊接两道焊口)。

③ 弯头和短节连接再和新管道连接,常说的一刀切连接法(动火连头时需焊接一道焊口)。

(二)下料

1. 直管段下料

(1)将直管段放在平台或者平整场地的枕木上。

(2)测量出管段长度,减去坡口的长度和间隙,划点。

(3)用圈带(铜皮)围紧,划线确定连接直管段长度。

(4)气割切割。

(5)打磨坡口。

2. 弯头下料

(1)用水平尺找至弯头水平。

(2)用水平尺和钢直角尺找出弯头中心点、连接,找到中心线。

(3)画出连接弯头角度所对应的弧长划点、连线。

(4)气割切割。

(5)打磨坡口。

(三)固定管口与弯头与短节组对

(1)用水平尺找直管段水平。

(2)用水平尺找弯头水平。

(3)直管段与弯头组对。

(4)固定管口与弯头、短节整体组对。

三、技术要求

(1)站场直管段上两对接焊口中心面间距的距离,当工程尺寸大于等于150mm时,不应小于150mm;当工程尺寸小于150mm时,不应小于管子外径,且不小于100mm。

(2)管口内外壁10mm铁锈油污清除干净。

(3)管道对接焊口的组对应做到内壁平齐,内壁错边量不宜超过壁厚的10%,且不大于2mm。

(4)弯头与直管段组对坡口角度、组对间隙、错口量在规定范围内。

(5)线路管道组对时,钢管短节长度不应小于管子外径,且不应小于0.5m。

(6)管端10mm螺旋焊缝或直焊缝余高打磨掉,并平缓过渡。

(7)钢管对接角度偏差不得大于3°。

四、注意事项

(1)安装前的检查,应对管道及管件进行认真检查,确保无损害、无缺陷。

(2)安装前应清理管道内部,防止杂物堵塞管道。

(3)管道组对前应将管口的铁锈油污清除干净,露出金属光泽。

(4)管道组对时手严禁放在两管口处,以防止夹伤。

(5)切割管段、弯头时,放在平台上操作,如在水泥地面切割管件,下面垫一隔板,避免氧化铁落在水泥地面上,水泥地面受热爆炸伤人。

(6)测量数据和计算结果时最好两人进行,并多次测量和计算。管段划线划痕要细,以减小误差。

(7)作业场所应保持良好的通风条件,以降低有害气体的浓度。

(8)劳保着装齐全,避免管口毛刺划伤或电焊弧光伤害。

项目十四　同一平面内标高相同(不同)来回弯组对

来回弯是指连两管段在同一(不同)标高,在特定的尺寸范围内,需要两个弯头与一段短接连接的一种连接形式。平面两管段组合分两种形式:(1)同一平面内标高相同;(2)同一平面但标高不同。

一、准备工作

(一)工具准备

手锤,划针,样冲,圈带,粉线。

(二)量具准备

钢卷尺,钢直尺,直角尺,水平尺,线坠。

(三)材料准备

管材,弯头,石笔,氧气,乙炔,焊条,磨光片。

(四)设备准备

焊机,角磨机,气割设备。

二、操作步骤

(一)找中拉线

(1)利用水平尺和角尺配合分别找出两固定管的上管顶中心线。

(2)拉出的粉线贴合管道外壁与管顶中心线重合并延长。

(二)测量

(1)测量出两固定管段端口距离 L。

(2)测量出两固定管段中心线高差 H。

(3)弯头放平找正。

(4)利用水平尺和直角尺配合找出弯头的中心线。

(5)测量出弯头的曲率半径 R。

(三)计算

(1)利用测量出的数值(L、H、R)计算出连接弯头(两弯头角度相同)的角度。图 2-7-17 为同一平面内标高相同来回弯组对。

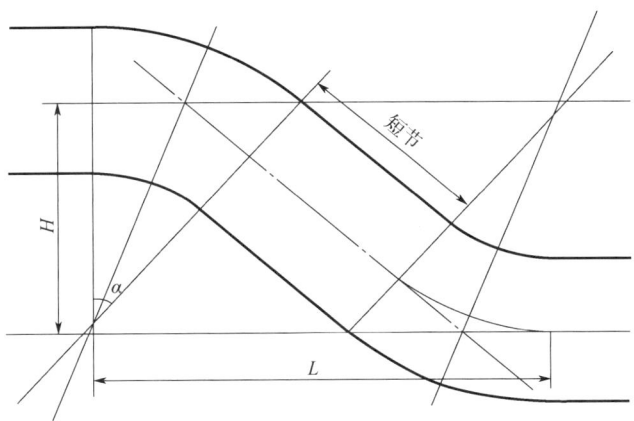

图 2-7-17　同一平面内标高相同来回弯组对

实际测量得出管口距离 L、管中心距离 H、曲率半径 R,通过公式计算出短节长度 X,连接所需弯头(两个连接弯头角度完全相等)角度 $\angle \alpha$。

$$短节\ X = \sqrt{L^2 + H^2 - 4RH}$$

$$角度\ \angle \alpha = \arcsin \frac{2RL \pm \sqrt{X^4 + 4R^2X^2 - L^2X^2}}{4R^2 + X^2}$$

两管中心距离 $H>2R$(R 是曲率半径)时用加号,其他情况用减号。

图 2-7-18 为同一平面但标高不同(转角计算)的情形。这种组对形式涉及一个转角的问题,通过测量出来的数值计算出转角角度,通过角度计算出相对应的弧长,然后在直管段上划出点,对口时与弯头中心点准对。

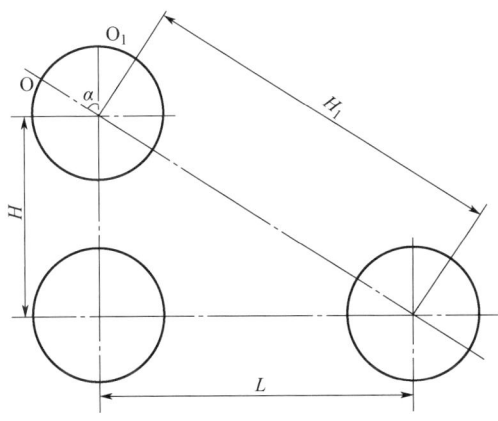

图 2-7-18　同一平面但标高不同转角示意图

测量得出管中心高差 H、管口距离 L，实际管中心距离 $H_1=\sqrt{H^2+L^2}$，对口时管固定管口管段与弯头中心相对应的点为 O，所以要求出转角弧长，以确定管口实际中心点。

$$转角角度 \angle\alpha=\arctan\frac{L}{H}$$

$$弧长 = \angle\alpha\pi R/180$$

式中　α——转角角度。

　　　π——圆周率。

　　　R——半径。

(2)用连接弯头的角度，计算出所对应的内弧长，中(两个)弧长，外弧长。

(3)计算出连接所需短直管段长度。

(四)直管段下料

(1)将直管段放在平台或者平整场地的枕木上。

(2)测量出管段长度，减去坡口的长度和间隙，划点。

(3)用围尺(铜皮)围紧，划线确定连接直管段长度。

(4)气割切割。

(5)坡口加工。

(五)弯头下料

(1)用水平尺找至弯头水平。

(2)用水平尺和钢直角尺找出弯头中心点、连接，找到中心线。

(3)按照上面讲到的画出连接弯头角度所对应的弧长划点、连线。

(4)气割切割。

(5)坡口加工。

(六)固定管口与弯头、短节组对

(1)用水平尺找直管段水平。

(2)用水平尺找弯头水平。

(3)直管段与两个弯头组对。

(4)固定管口与弯头、短节整体组对。

三、技术要求

(1)站场直管段上两对接焊口中心面间距的距离，当工程尺寸大于等于 150mm 时，不应小于 150mm；当工程尺寸小于 150mm 时，不应小于管子外径，且不小于 100mm。

(2)管口内外壁 10mm 铁锈油污清除干净。

(3)管道对接焊口的组对应做到内壁平齐，内壁错边量不宜超过壁厚的 10%，且不大于 2mm。

(4)弯头与直管段组对坡口角度、组对间隙、错口量在规定范围内。

(5)线路管道组对时，钢管短节长度不应小于管子外径，且不应小于 0.5m。

(6)管端 10mm 螺旋焊缝或直焊缝余高打磨掉，并平缓过渡。

(7)钢管对接角度偏差不得大于3°。

四、注意事项

(1)安装前的检查,应对管道及管件进行认真检查,确保无损害、无缺陷。

(2)安装前应清理管道内部,防止杂物堵塞管道。

(3)管道组对前应将管口的铁锈油污清除干净,露出金属光泽。

(4)管道组对时手严禁放在两管口处,以防止夹伤。

(5)切割管段、弯头时,放在平台上操作,如在水泥地面切割管件,下面垫一隔板,避免氧化铁落在水泥地面上,水泥地面受热爆炸伤人。

(6)测量数据和计算结果时最好两人进行,并多次测量和计算。管段划线划痕要细,以减小误差。

(7)作业场所应保持良好的通风条件,以降低有害气体的浓度。

(8)劳保着装齐全,避免管口毛刺划伤或电焊弧光伤害。

第三部分

典型作业案例

案例一 输油管道换管

一、适用工况

油管道开裂、腐蚀、管道焊缝位存在裂纹缺陷和不可抗拒的自然原因产生事故,需要停输换管作业;由于生产工艺和原油输量要求等原因,采用缺陷点两侧高压封堵接旁通输油管道不停输换管作业。

二、前期准备

(一)工艺准备

1. 场地布置和设备就位

(1)动火现场应设置风向标,根据风向对动火作业地带进行分区,并用警戒带进行隔离,机具摆放区、车辆停放区、休息区等应设置在上风口处,设备距离作业坑或者动火点至少1.5m以上。

(2)现场设置临时休息区,禁止随意走动。

(3)动火施工区域应设立安全警示标志、安全围栏,摆放安全警示区域提示标牌,制作标志杆、工程展示牌,现场列出作业工序表。

2. 动火作业风险管控

(1)动火作业前,油气调控部门将一级调控管道现场涉及设备设施操作权限移交至动火单位。动火单位应安排生产专业人员进行工艺操作,使油气储运设施停运或降压,达到动火要求条件,对相关阀门采取现场锁定、关断动力源等措施,挂示,避免阀门误操作。动火作业过程中,对与动火作业相关生产运行状况实时监控。

(2)动火作业前,动火单位组织作业单位召开风险交底会议。针对作业过程中可能存在的危害因素进行风险分析,制定相应的作业程序及安全措施,对作业人员进行安全教育,进行安全和技术交底。

(3)动火作业前,动火单位组织相关人员召开准备会议并形成会议纪要,逐项落实动火方案批复事宜,动火方案变更应经动火领导小组审批后实施。如果现场涉及动火方案的重大变更,应重新履行动火方案审批程序。

(4)动火作业前,动火单位与作业单位共同对作业现场进行认真检查,确认安全防范措施落实到位,经动火现场总指挥审批后方可动火。

(5)动火作业前,作业单位对预制管件、阀门、封堵器、封堵囊等设备进行强度和严密性试压,避免作业过程中出现渗漏,严禁使用氧气进行任何管道及设备设施的试压作业。

(6)动火作业前,清理动火作业现场,确保周边无易燃物,消防及疏散通道应畅通;动火点周边的漏斗、排水口、各类井口、排气管、地沟等应检测并封严盖实。

(二)主要设备、机具、材料

输油管道换管主要设备、机具、材料见表3-1-1。

表3-1-1 输油管道换管主要设备、机具、材料表

序号	名称	单位	数量	备注
1	吊车	台	1	
2	开孔机	台	2	
3	液压站	台	2	
4	开孔结合器	个	2	
5	封堵结合器	个	2	
6	夹板阀	个	4	
7	球阀	个	2	
8	封堵器	台	2	
9	封堵三通	套	2	
10	下囊三通	套	2	
11	短节	套	2	
12	封堵皮碗	个	4	
13	隔离囊	个	3	
14	开孔筒刀	把	2	
15	中心钻	个	2	
16	手动开孔钻头	把	2	
17	发电机	台	2	
18	配电柜	个	2	
19	电焊机	台	4	
20	管道消磁机	台	2	
21	焊条烘干箱	台	2	
22	测厚仪	台	2	
23	可燃气体检测仪	台	1	
24	含氧量分析仪	台	1	
25	灭火器	个	4	
26	照明灯	台	2	
27	红外线测温仪	台	1	
28	切管机	台	2	

续表

序号	名称	单位	数量	备注
29	抽油泵	台	2	带油管
30	污水泵	台	2	带水管
31	防爆轴流风机	台	2	
32	千斤顶	个	2	
33	倒链	条	2	
34	吊带	条	2	
35	彩钢板	块	若干	
36	脚手架	个	若干	
37	高斯计	台	1	
38	电焊条	kg	若干	
39	焊丝	kg	若干	
40	金属缠绕垫	个	若干	
41	高压石棉垫	个	若干	
42	吸油毡	捆	若干	
43	防渗膜	卷	若干	
44	氮气	瓶	若干	
45	氩气	瓶	2	
46	乙炔	瓶	2	
47	氧气	瓶	2	
48	黄油墙	m³	若干	
49	管道	m	若干	
50	弯头	个	1	
51	加强圈	个	4	
52	对口器	个	2	
53	防腐层剥离机器	个	2	
54	焊接检测尺	个	1	
55	管工工具	套	1	
56	焊工工具	套	1	
57	电工工具	套	1	
58	封堵工工具	套	1	

三、作业流程

(一)动火作业坑开挖

(1)动火作业坑尺寸的确定。

坑底宽度应按下式确定：

$$W = D + K$$

式中　W——坑底宽度，m；

　　　D——管道外径，m；

　　　K——坑底加宽系数，$K=2.5$m。

（2）动火作业坑四周应留出 1.5m 宽的安全通道，安全通道应保持畅通，两侧留有坡度不大于 30°的安全踏步，宽度应不小于 1m。因场地限制无法达到要求的，应采用移动梯、逃生绳等措施，确保动火作业人员的安全和快速逃生需求。

（3）动火作业坑内应设置排水坑，周边设置安全边坡或固壁支撑，防止坍塌。

（4）如对管道进行封堵，封堵坑与动火作业坑不应在同一个作业坑中，封堵坑尺寸执行相关标准，满足封堵实际作业需求。若动火坑和封堵坑在同一作业坑中，封堵作业坑与动火作业坑之间必须有高度不小于 1m 的连续间隔墙进行隔离。

（二）预制焊接

（1）预制焊接应执行相应的焊接工艺规程及标准。

（2）在运行管道上焊接提前应对所焊管道部位的壁厚和椭圆度进行检测，施焊最小壁厚不应小于 4.8mm，施焊部位管道椭圆度误差不应超过管道外径的 1%，且不超过 3mm。

（3）管件的焊接位置宜避开管道管体焊缝，涉及开孔的管件焊接应注意开孔刀中心钻位置不应落在焊缝上。

（4）管件焊接过程中，管道内液体流速不应大于 5m/s，气体流速不应大于 10m/s。

（5）当在运行压力超过上述规定的限值（或管道当前壁厚低于原壁厚）的管道上进行焊接时，应按下列公式计算管道焊接压力，进行专项风险评估并制定专项应急预案后实施。

管道允许带压焊接的压力按下列公式计算：

$$p = 2\sigma_s(t-C) \cdot F/D$$

式中　p——允许施焊的管道压力，MPa；

　　　σ_s——管材的最小屈服极限，MPa；

　　　t——焊接处管道实际壁厚，mm；

　　　C——因焊接引起的壁厚修正量，通常取 3.5mm；

　　　D——管道外径 mm；

　　　F——安全系数（原油、成品油管道取 0.6，天然气、煤气管道取 0.5）。

（三）停输换管作业流程

停输换管作业流程如图 3-1-1 所示。

(1) 依据技术人员现场测量，确定开孔、三通位置。

① 开孔、封堵作业点应选择在直管段上，管道壁厚必须均匀。

② 开孔部位尽量避开管道焊缝，无法避开时对开孔刀切削部位的焊道宜适量打磨。

③ 中心钻不能落在焊缝上。

(2) 焊接前，管件两侧做接地处理。

(3) 剥防腐保温层，除去管道表面油污、底漆。

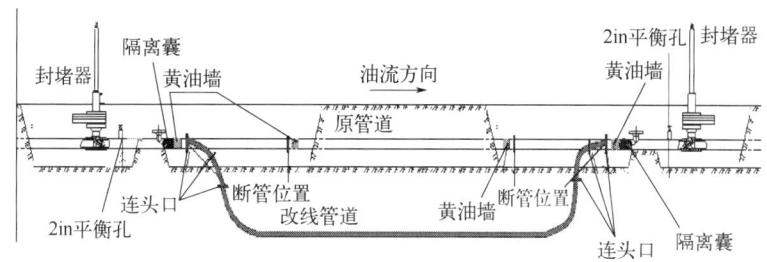

图 3-1-1 停输换管作业流程图

(4)测量管道椭圆度,确保开孔封堵部位的管道椭圆度误差符合 SY/T 6150.1—2017《钢质管道封堵技术规范 第 1 部分:塞式、筒式封堵》标准要求。

(5)测量管道壁厚,必须符合 SY/T 6150.1—2017 标准要求。

(6)选择封堵三通、封堵法兰、下囊短节、DN50mm 短节安装位置。选点时应避开管道焊道。

(7)焊接封堵三通、法兰、下囊短节、平衡短节、排油短节。严格按照焊接工艺规程进行焊接。

(8)三通、法兰、短节所有焊道进行湿式磁粉探伤检验,严格依据 SY/T 4109—2020《石油天然气钢质管道无损检测》和 NB/T 47013.4—2015《承压设备无损检测 第 4 部分:磁粉检测》进行验收。

(9)安装夹板阀。

① 在安装之前在三通管底用千斤顶进行支撑,千斤顶下面需加垫枕木。

② 夹板阀应在关闭状态下吊装。

③ 内旁通应关闭。

④ 应测量夹板阀内孔与对开三通法兰内孔的同轴度,同轴度误差不应超过 $\phi 1mm$。

(10)管道开孔。

开孔步骤如下:

① 组装调试开孔机并测量相应尺寸。

② 整体试压,对所有焊道和组装到管道上的阀门、开孔机等部件进行整体试压,试验压力为管道运行压力,稳压 5min,利用肥皂水观察各结合面有无气泡渗出,以压力不降低为合格,填写作业检查表。

③ 预热液压站,调节开孔参数。

④ 组装开孔机,分别开封堵孔、下囊孔、平衡孔。

开孔时需注意:

① 开孔前,利用含氧分析仪确认氮气瓶气体性质并填写检查记录,然后利用氮气瓶对开孔结合器进行氮气置换以及整体试压,利用泡沫水对集合面进行检查,同时观察压力表数值变化。

② 开孔时,当开孔机切削到预定尺寸后,停机,然后以手动操作开孔机使开孔刀前进 5~10mm,确认孔完全被开透,方可上提刀具。

③ 开孔完成后将刀退出关闭夹板阀。将开孔结合器内的成品油排放到指定地方,确认阀门关闭完好后拆卸开孔机。

④ 开孔作业时管道内介质压力、流速应保持稳定。

(11) 关闭阀门,拆除开孔机,安装封堵器。

(12) 管道停输。关闭下游阀室截断阀门及其旁通阀,关闭上游阀室截断阀门及其旁通阀,待管道内油品平静后进行封堵作业。

封堵设备吊装到夹板阀上之前,确认封堵头的封堵方向为被封堵管段方向。下封堵时应先下下游塞式封堵,后下上游塞式封堵。

(13) 封堵效果的验证。

① 打开平衡孔排油,压力下降为0.01MPa,关闭平衡孔阀门观察10min,若封堵隔离段管道压力没有回升,则塞式封堵成功。

封堵作业时,可能产生密封不严的现象,不严重时通过反复提升皮碗重新密封;严重时重新检查封堵头及皮碗是否损坏,更换新皮碗后再重试;再不成功就重新选择封堵点,并注意封堵操作前必须确保压力平衡。

② 若泄漏量在可控范围内,则可通过抽油孔插入抵管将渗漏油品抽出。

(14) 排油。封堵完成进行严密性检验,确认封堵成功后用抽油泵对封堵管段采用抽油方式进行排油。

(15) 管道断管作业。采用机械方法断管。断管期间,采用水冷却刀片。使用楔子预防夹刀。

(16) 安装隔离囊。手动下隔离囊,并用氮气给隔离囊充压至0.03MPa,并安排专人24h监测囊压。

(17) 构筑油气隔离墙(俗称黄油墙)。清理管口,在隔离囊安装完成后砌筑黄油墙,条件允许时选择倚靠隔离囊构筑。

黄油墙封堵操作详见第二部分模块四项目二囊式封堵。

(18) 管道动火连头。

① 组对。

采用外对口器,使新老管道对接,对接间隙2~4mm,对接前将坡口及其内外表面清理干净,清除管道边缘100mm范围内的油、漆、锈、毛刺等污物。对接错边量不大于1.6mm。再一次对动火点四周环境进行清理,保证现场无油污,地面整洁。测试可燃气体是否达标。

② 动火焊接作业。

在动火前,根据天气情况,做好防雨防风等措施,避免对焊接工作的影响。

按照焊接规范及焊接工艺评定的要求进行焊接,焊接前管口进行火焰加热,加热温度达到焊接评定要求温度,焊接过程中在黄油墙位置管段覆盖毛毡并浇水冷却,焊接完毕使用火焰加热,然后用保温被包裹焊缝使其缓冷。

③ 焊口检验。

连头口焊接完成后应采用100%射线和100%超声检测,并符合《石油天然气钢制管道无损检测》(SY/T 4109—2020)的规定,Ⅱ级及以上为合格。24h后再次进行超声及射线双百检测,合格后方可进行管道防腐作业。

④ 解除油气隔离囊封堵。

焊接完成并检测合格后,解除油气隔离囊封堵。提取油气隔离囊时使用吊带匀速、缓慢并不断地向囊体淋水。

(19)撤封堵作业。撤塞式封堵,平衡在役管道封堵头两侧压力,解除封堵,新线导通。

(20)封堵三通、下囊短节、平衡短节、排气孔安装塞堵,加盖盲板,在安装以及拆除前,对结合器实施氮气置换。

① 应检查塞堵的方向,确保鞍形板的方向与管道方向一致。

② 开孔时切下的鞍形板应随塞堵装回管道。

③ 使用夹板阀内旁通平衡压力打开夹板阀。

④ 下塞柄。下塞柄过程中管道内压力、流速应保持稳定。如果建设方需要对管道运行参数进行改变需提前通知施工单位,双方协商处理。

⑤ 确认塞柄到位后,伸出卡环并确认卡环圈数。

⑥ 确认塞堵安装完毕后,验证塞堵密封效果。

⑦ 排出结合器内介质。

⑧ 拆除开孔机。

⑨ 安装三通盲板。

(21)流程恢复操作。

① 解锁上下游阀室截断阀。

② 申请调度开上下游截断阀,导通干线阀室正输流程。

(22)回收落地废油。落地油经由环保部门指定地点进行处理。

(23)防腐作业及地貌恢复(三通、短节及焊缝补扣均采用黏弹体防腐材料)。

(24)竣工检查。检查管道系统各项运行参数是否正常,并及时上报有关部门。

(四)不停输换管作业流程

以 $D813mm$ 管道为例,不停输换管作业示意图如图3-1-2所示。

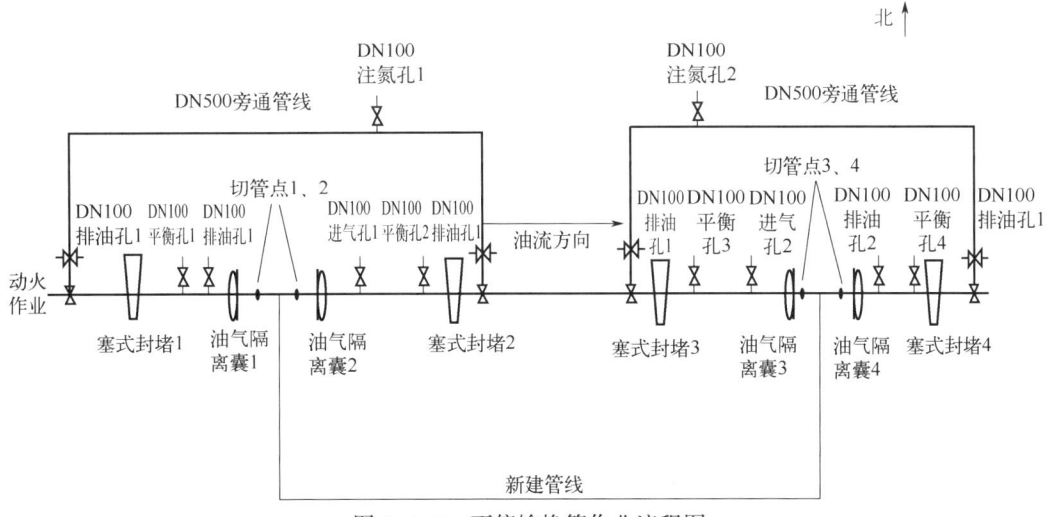

图3-1-2 不停输换管作业流程图

(1)确定封堵点位置,依据技术人员现场测量。

① 开孔、封堵作业点应选择在直管段上,管道壁厚必须均匀。

② 开孔部位尽量避开管道焊缝,无法避开时对开孔刀切削部位的焊道宜适量打磨。

③ 中心钻不能落在焊缝上。

(2)焊接前,管件两侧做接地处理。做焊接准备工作。

(3)剥去防腐保温层,除去管道表面油污、底漆。

(4)测量管道椭圆度,确保开孔封堵部位的管道椭圆度误差符合 SY/T 6150.1—2017 标准要求。

(5)测量管道壁厚,必须符合 SY/T 6150.1—2017 标准要求。

(6)选择封堵三通、封堵法兰、下囊短节、DN50mm 短节位置。选点时应避开管道焊道。

(7)焊接封堵三通、法兰、下囊短节、平衡短节、排油短节。严格按照 GB 50236—2011《现场设备、工业管道焊接工程施工规范》标准进行焊接。焊接三通、法兰时,管道运行压力必须控制在管道允许带压施焊的压力以下(管道带压施焊的压力计算参考第二部分模块一项目二对开三通及短节相关内容进行计算)。

(8)三通、法兰、短节所有焊道进行湿式磁粉探伤检验,严格依据 SY/T 4109—2020 和 NB/T 47013.4—2015 进行验收。

(9)安装夹板阀。

① 在安装之前在三通管底用千斤顶进行支撑,千斤顶下面需加垫枕木。

② 夹板阀应在关闭状态下吊装。

③ 内旁通应关闭。

④ 应测量夹板阀内孔与对开三通法兰内孔的同轴度,同轴度误差不应超过 $\phi1mm$。

(10)安装开孔机。

(11)设备整体试压,对所有焊道和组装到管道上的阀门、开孔机等部件进行整体试压,试验压力为管道运行压力的 1.1 倍,稳压 5min,利用肥皂水观察各结合面有无气泡渗出,以压力不降低为合格,填写作业检查表。

(12)管道开孔。

① 组装调试开孔机并测量相应尺寸。

② 预热液压站,调节开孔参数。

③ 组装开孔机,分别开旁通输油孔、封堵孔、平衡孔、抽油孔等。

(13)安装封堵器 2 处。

(14)按管径在高压封堵外侧,搭设旁通线一条。

(15)封堵效果的验证。

打开平衡孔排油,压力下降为 0.01MPa,关闭平衡孔阀门观察 10min,若封堵隔离段管道压力没有回升,则塞式封堵成功。

封堵作业时,可能产生封不住现象,不严重时通过平衡孔排放;严重时重新检查封堵头及皮碗是否损坏,更换新皮碗后再重试,再不成功就重新选择封堵点,并注意封堵操作前必须确保压力平衡。

若泄漏量在可控范围内,则可通过抽油孔插入抵管将渗漏油品抽出。

(16)排油。封堵完成进行严密性检验,确认封堵成功后用抽油泵对封堵管段采用抽油方式进行排油。

(17)管道断管作业。采用机械方法断管。断管期间,采用水冷却刀片。使用楔子预防夹刀。

(18) 安装隔离囊。手动下隔离囊,用氮气给隔离囊充压至 0.03MPa,并安排专人 24h 监测囊压。

(19) 在隔离囊后构筑黄油墙。

(20) 管道动火连头。

(21) 撤封堵作业。撤塞式封堵,平衡在役管道封堵头两侧压力,解除封堵,新线导通。封堵三通、下囊短节、平衡短节、排气孔安装塞堵,加盖盲板,在安装以及拆除前,对结合器实施氮气置换。

(22) 拆除旁通管道。

(23) 回收落地废油。落地油经由环保部门指定地点进行处理。

(24) 防腐作业及地貌恢复(三通、短节及焊缝补扣均采用黏弹体防腐材料)。

(25) 竣工检查。

四、注意事项

(一) 动火现场安全要求

(1) 现场作业、监护和监督工作人员应穿戴符合安全要求的劳动防护用品。

(2) 现场严格控制动火作业人数,非必要人员禁止进入动火现场。

(3) 动火现场严禁吸烟,严禁携带任何与动火无关的火种和易燃易爆物品进入动火现场。

(4) 严禁在易燃易爆区域使用任何非防爆器材。

(5) 动火使用的电气设施、工器具应符合防火防爆相关要求并安装漏电保护装置。

(6) 动火作业人员在动火点的上风位置作业,应位于避开油气流可能喷射和封堵物射出的方位。特殊情况下,应采取围隔作业并控制火花飞溅。

(7) 用气焊(割)动火作业时,氧气瓶与乙炔气瓶的间隔不小于 5m,且乙炔气瓶严禁卧放,二者与动火作业地点距离不得小于 10m,禁止在烈日下暴晒。

(8) 储存氧气的容器、管道、设备应与动火点隔绝(加盲板),动火前应置换,保证系统氧含量不大于 23.5%。

(9) 在受限空间和深度超过 1m 的作业坑内动火作业,应根据现场环境及可燃气体浓度和含氧量检测情况确定是否采取强制通风措施。

(10) 动火现场消防车和消防器材配备的数量和型号应在动火方案中明确并在现场落实;必要时,动火现场应配备医疗救护设备和器材。

(11) 动火作业使用的发电机、电焊机等设备设施,以及动火作业的油气储运设施,应安装接地线,其接地电阻应小于 10Ω。

(二) 吊装安全要求

(1) 吊车应停放在水平且坚实的作业面上,以保证吊车基础的水平和稳定。

(2) 动火作业前应对吊装的钢丝绳、吊带等进行安全确认。

(3) 吊车操作手、起重工应经过培训,并持有特殊工种操作证。

(4)吊车作业时应设专人指挥,吊装作业开始前应鸣笛提示现场作业人员,吊装过程中应同时用牵引绳导向。

(5)吊装作业过程中应与周围的建筑物、电缆等保持安全距离;吊车回转半径范围内应设置警戒。

(三)车辆安全要求

(1)动火前工程车辆、吊车、消防车、油槽车等施工作业车辆停放在指定区域,按要求安装接地线,其他非必要车辆远离动火现场停放。

(2)所有机动车辆进入易燃易爆场所,应配有阻火器,当该场所内发生油气扩散时,所有车辆禁止点火启动。

案例二　输气管道换管

一、适用工况

天然气管道腐蚀、管道焊缝位存在裂纹缺陷和不可抗拒的自然原因产生事故,需要停输动火换管或动火连头施工作业;停输影响区域广,须协调的下游用户数量多,社会影响较大,为避免出现大范围停气局面,需进行不停输封堵连头施工作业。

二、前期准备

(一)工艺准备

(1)动火方案经各方审核、审批完毕。

(2)提前办理好动火、挖掘、吊装等作业许可,协调国家管网集团油气调控中心保障停输时间等手续。

(3)施工道路、作业环境、工艺流程及管内介质满足作业要求。

(4)消防措施到位;天气状况良好,不影响焊接施工。

(5)施工前进行机具设备的维护和保养,完好率达到100%,认真准备零配件,确保设备在施工中正常运行。

(6)配合人员、机具到位;机具进行试运转,确保完好。

(7)完成对全体施工人员进行施工方案的技术交底及施工安全教育工作,让全体施工人员熟悉掌握动火方案、熟悉事故应急预案以及相关规范。

(8)确保阀室相关阀门的严密性。做好已关闭干线阀门的锁定和断电,打开排污嘴,并用胶管连接到空旷处,防止可能的天然气泄漏到动火区域的管道内。动火结束后,关闭阀门上的排污嘴。

(9)如管道开挖验证发现光缆离管道较近,光缆会对动火作业造成影响,动火前则用割接加长、甩出作业坑、架空保护的方式,由作业区提前上报光缆割接作业计划,组织实施割接,动火作业完成后恢复回填。

(二)主要设备、机具、材料

输气管道换管主要设备、机具、材料见表3-2-1。

表 3-2-1　输气管道换管主要设备、机具、材料表

序号	名称	单位	数量	备注
1	防爆照明灯	台	2	
2	切管机	台	2	
3	切管机液压站	台	2	
4	磁力切割机	台	2	
5	对口器	台	2	
6	中频加热器	套	2	
7	防腐剥离机	台	2	
8	发电机	台	2	
9	电焊机	台	2	
10	焊条烘干箱	台	2	
11	测厚仪	个	2	
12	灭火器	个	4	
13	可燃气体检测仪	个	1	
14	含氧量检测仪	个	1	
15	消磁机	台	2	
16	防爆轴流风机	台	2	
17	防爆对讲机	台	4	
18	温湿仪	台	1	
19	焊接检测尺	台	1	
20	风速仪	台	1	
21	配电箱	个	2	
22	吊链、吊带	条	2	
23	千斤顶	个	2	
24	管工工具	套	1	
25	电工工具	套	1	
26	焊工工具	套	1	

三、作业流程

(一) 动火作业坑开挖

动火作业坑尺寸的确定,同本部分案例一。

(二) 预制焊接

预制焊接工艺规程及标准,同本部分案例一。

(三) 停输作业流程

1. 放空、置换

输气管道动火前要将动火管段内的天然气进行放空处置和氮气置换作业。

2. 气体检测

(1)气体检测时间距动火开始时间不应超过 30min,动火开始后每隔 30min 进行一次气体检测,并进行记录。

(2)动火作业前,应使用便携式可燃气体报警仪或其他设备对作业区域或动火点可燃气体浓度进行检测分析,可燃气体浓度低于爆炸下限的 10%。

(3)输气管道打开后在检测可燃气体的基础上,还应定时检测氧气浓度,确保氧含量为 19.5%~23.5%,确保作业环境安全。

(4)气体检测的位置和所采的样品应具有代表性,必要时分析样品(采样分析)应保留到动火结束。

(5)用于检测气体的检测仪器仪表应在校验有效期内,并在每次使用前与其他同类型检测仪器仪表进行比对检查,以确定其处于正常工作状态。

(6)在进行可燃气体检测时应同时使用两台及以上检测仪进行检测和复检,保证检测结果的可靠和有效准确。

3. 管道切管

(1)管道切管作业前,应检查管道内部情况,确认管内介质排空,底部无积液,氮气置换合格。

(2)天然气管道打开作业,第一道口应采用机械或人工冷切割,管道完全打开、检测合格后可视安全条件采用其他切割方式,如采用火焰方式切割,切割前应确认管内无积液。

(3)切管机的操作应严格执行相关操作规程及注意事项。

(4)切管完成后要对管口进行复核,必要时可采取矫正措施,确保管口椭圆度符合组对要求。

4. 气体隔离

(1)天然气管道切管作业完成后,视情况在动火端两侧放置隔离囊(泡沫球或水溶纸),阻止可燃气体、氮气和流动气流,确保作业安全和焊接质量。

(2)在对油气管道进行多处打开动火作业时,应对相连通的各个动火部位的动火作业进行隔离;不能进行隔离时,相连通的各个动火部位的动火作业(包括气割修口、焊接等)不应同时进行。上一处动火部位的动火作业完成后,方可进行下一个部位的动火作业。

5. 组对焊接

(1)管口组对应严格执行焊接工艺要求,组对完成后,监理人员或技术人员应对组对质量进行检查,确保符合要求。

(2)焊接前要对管口进行磁通量检测,如果影响焊接应采用消磁机进行消磁后实施焊接。

(3)焊接前严格按照焊接工艺对焊口进行预热,确保焊接温度符合要求。

(4)焊接过程中严格按照焊接工艺规程进行焊接作业。

6. 焊口检测

(1)动火焊接完成后,应对焊口进行外观检测和无损检测,角焊缝应采用磁粉、渗透、超声等方式进行检测,组对焊缝要进行射线、超声等方式进行检测,角焊缝和组对焊缝焊接完成后24h应进行延迟裂纹检测(生产运行时间不允许的情况除外),焊口质量验收标准执行国家相关要求。

(2)大口径、高钢级、大壁厚管道焊接过程中,可视情况进行层间检测。

(3)对不合格焊口要及时进行返修或者割口处置,如果在生产运行允许时间内无法完成修复,应采用焊接B型套筒等方式对缺陷焊口进行加强保护,待条件允许后进行修复。

7. 防腐保温

开孔短接、封堵三通、动火管段的防腐保温按照相关技术标准执行。

(四)不停输作业流程

输气管道不停输作业示意图如图3-2-1所示。

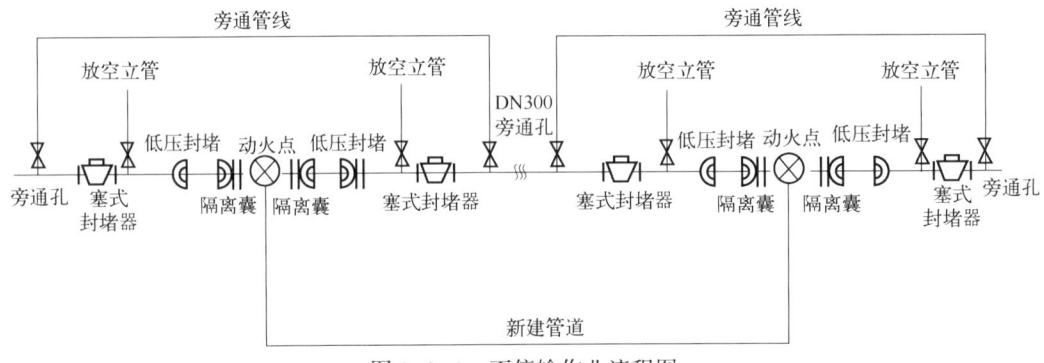

图3-2-1 不停输作业流程图

1. 焊接旁通三通、封堵三通、下囊三通、短节、注氮孔

1)位置选择

(1)选择水平管段确定上下游三通及短节的焊接位置。

(2)剥去防腐层,表面清理干净,露出管道金属光泽。

(3)测量管道椭圆度,确保开孔封堵部位的管道椭圆度误差小于1%,且不大于3mm。每一环向焊接处,沿管道四周检测四点,分别为0、3、6、9点位置,并进行记录和计算。

(4)测量管道壁厚,沿管道轴线和周向分别检测12个点,大于管道最小可焊接壁厚为合格,对测量数据进行记录。

2)三通及短节找正

(1)三通找正:先在管道上划出管道的中心线和三通的长度。法兰沿管道轴线方向的两端到管顶的距离差不应大于1mm,法兰中轴线与其所在位置管道轴线间距不应大于1.5mm。三通弧板与管道间隙不大于2mm。

(2)短节找正:保证短节在管道的中心线上,用水平尺测量短节的水平度,用直角尺测量短节和管道的垂直度。

3)管道焊接

(1)焊接时,焊接过程中要将短节的全部坡口焊透并填满,以保证该管件能承受额定压力。焊接过程中管道运行压力降至管道允许带压施焊的压力以下(管道带压施焊的压力计算参考第二部分模块一项目二对开三通及短节相关内容进行计算),且不允许随意提高或调整管道的运行压力。

(2)根据焊接工艺要求,三通短节焊缝全部采用手工焊条电弧焊作业。

(3)每道纵向直焊缝两名焊工焊接时,焊接顺序应同时焊接。对开三通的两道环向角焊缝不应同时焊接。

4)强度试验

(1)焊接完成后,需进行强度试验。最高不应超过管道当前运行压力1.1倍,试压介质用氮气。

(2)在试压压力下稳定15min,检查无泄漏、压降不大于1%为合格。

(3)认真记录试验情况和数据。

5)焊道检测及验收

三通、短节所有焊道进行渗透检测,严格依据SY/T 4109—2020和NB/T 47013.4—2015进行验收。

2. 阀门安装

(1)三明治阀应在关闭的情况下吊装,并确认内旁通已经关闭。

(2)安装时三明治阀的内径与三通内孔同轴度误差不应超过$\phi 1mm$。

(3)保持阀门和三通法兰面平行,法兰面平行后开始紧固,注意紧固时按照力矩值要求均匀对称旋紧螺母。

(4)阀门安装好之后,开启和关闭三明治阀。确认完全开启的旋转圈数或液压杆的长度。

(5)测量记录数据并保存。

(6)阀门安装完后,进行试堵。

3. 试堵

(1)强度试验完毕后,要对三通进行试堵试验。试堵时塞堵不装O形圈。

(2)塞堵能顺利地下到三通内指定位置,锁环能按照记录圈数锁紧塞堵,视为合格。

4. 开孔作业

1)安装开孔机

(1)安装开孔结合器。

(2)检查密封件,采取保护措施,无划伤。

(3)按照力矩值要求对称旋紧螺栓,并保持法兰间各个平面的平行。

2)安装刀具

(1)安装刀具结合器,均匀紧固,螺栓不能松动。

(2)针对不同的开孔直径测量筒刀尺寸,检查刀齿完好。

(3)根据筒刀尺寸选择中心钻,检查U形卡环灵活。

(4)安装筒刀时,测量筒刀和开孔结合器的同轴度,控制在$\phi 1mm$以内。

3) 尺寸测量

(1) 测量尺寸并记录保存。

(2) 通过现场测量情况进行计算,并参考试验数据。

4) 连接开孔机和三明治阀。

(1) 连接时先放好金属缠绕垫并保证和三明治阀的同心度,再按照力矩要求对称旋紧螺母。

(2) 连接时确认三明治阀处于关闭位置。

5) 检查气密性

(1) 打开三明治阀和结合器上的平衡阀(平衡孔已开),对密闭系统进行氮气置换,检测氧含量低于 2% 时,置换合格。

(2) 提升密闭系统内氮气压力至管道运行压力,稳压 15min,泡沫液检查无泄漏为合格。

6) 操作开孔机

(1) 宜先开平衡孔,再开旁通孔,再开封堵孔,最后开下囊孔。

(2) 开平衡孔,球阀提前试压,现场安装后再次试压,球阀无泄漏。

(3) 连接液压管,检查发动机油位,开启旁通阀。预热液压站,调节开孔参数。

(4) 开孔时,根据开孔机和液压站的不同来调节筒刀的转速。在开孔操作时,要专人监护开孔机的运转。

(5) 在开孔过程中,不断核对开孔尺寸,并确认标尺杆没有松动。

(6) 当标尺杆显示孔已开透时,停止动力装置,顺时针转动落入式摇把圈,下降刀具 0.5in,确认孔已完全开透。

(7) 提主轴,手动退刀,刀具正常收回。关闭三明治阀,记录圈数(液压杆长度)并核对,验证三明治阀的严密性。

(8) 遇上卡刀时,分析原因。可能存在以下几种情况:管道含有硬结点、切除块被切正从管件上松动、动力需要调节、刀具连接器从限位杆上振动松动。对卡刀的各种情况,操作人员应该控制阀把手扳到断开(OFF)位置,拆下标尺杆,把落入式摇把放到齿轮箱上,脱离离合器,然后逆时针方向旋转落入式摇把半圈退回筒刀,通过使用标尺杆检查刀具连接器和限位杆之间的紧固性,啮合离合器,拆下落入式摇把,并重新进行开孔作业。

7) 关闭阀门、拆卸开孔机

(1) 泄压、氮气置换、检测可燃气体浓度小于爆炸下限的 10% 为合格,拆开孔机。

(2) 取鞍型板,标记位置。

(3) 拆中心钻、筒刀和刀具结合器,按安装倒序拆除,设备正常。

(4) 检查筒刀及中心钻,刀具无损伤。

注意:所有开孔作业在动火连头的前一天同时进行,开孔作业期间管道运行压力要求降至 2.0MPa 以下并保证介质流动,且在整个开孔作业期间不允许随意调整管道的运行压力。

5. 封堵器安装

关闭阀门,拆除开孔机,安装旁通管道、试压,旁通线注氮,压力平稳后打开夹板阀导通旁通线,安装封堵器。

6. 封堵作业

(1)封堵设备吊装到夹板阀上之前,确认封堵头的封堵方向为被封堵管段方向。

(2)下封堵时应先下下游塞式封堵,后下上游塞式封堵。

7. 封堵效果验证

(1)打开平衡孔排气,压力下降为 0.01MPa,关闭平衡孔阀门观察 10min,若封堵隔离段管道压力没有回升,则塞式封堵成功。

(2)封堵作业时,可能产生封不住现象,不严重时通过平衡孔排放;严重时重新检查封堵头及皮碗是否损坏,更换新皮碗后再重试;再不成功就重新选择封堵点,并注意封堵操作前必须确保压力平衡。

8. 严密性检验

封堵完成进行严密性检验,确认封堵成功后对封堵管段采用氮气置换。

9. 氮气置换

对封堵管段进行氮气置换,从一端平衡孔处注入氮气,在另一侧管道平衡孔处用便携式含氧分析仪进行检测,间隔 3~5min 检测一次,当连续三次测得氧含量在 2% 以下时和可燃气体浓度低于爆炸下限的 10% 时,管道氮气置换合格。

10. 管道切管作业

采用液压式切管机切管(或手动切管机)。切管期间,采用水冷却刀片。使用楔子预防夹刀。

在切管过程中要在断口两侧设置等电位跨接,防止在断管过程中产生静电,发生危险。全程使用轴流风机进行通风。

11. 安装隔离囊

(1)切割管段吊出后清理管口,同时拆除夹板阀,将油气隔离囊从管口送入(注意囊体方向)。

(2)连接氮气管,打开氮气瓶总阀和减压器向管道中的密封囊充气,使囊压稳定在压 0.02~0.03MPa 的范围内,并在整个施工过程中保持这种状态。

(3)检查压力表压力值(保证囊压在 0.02~0.03MPa),合格后盖上法兰盖用黄油墙将引出孔的缝隙封严防止管内气体泄漏,每个油气隔离囊处必须设专人监视压力表的数据,施工中如果发现压力波动应立即汇报。

12. 气体检测

(1)气体检测时间距动火开始时间不应超过 30min,动火开始后每隔 30min,进行一次气体检测,并进行记录。

(2)动火作业前,应使用便携式可燃气体报警仪或其他设备对作业区域或动火点可燃气体浓度进行检测分析,当被测气体或蒸汽的爆炸下限大于或等于 4% 时,其被测浓度应不大于 0.5%(体积分数);当被测气体或蒸汽的爆炸下限小于 4% 时,其被测浓度应不大于爆炸下限的 10%)。

(3)输气管道打开后在检测可燃气体的基础上,还应定时检测氧气浓度,确保氧含量为 19.5%~23.5%,确保作业环境安全。

(4)气体检测的位置和所采的样品应具有代表性,必要时分析样品(采样分析)应保留到动火结束。

(5)用于检测气体的检测仪器仪表应在校验有效期内,并在每次使用前与其他同类型检测仪器仪表进行比对检查,以确定其处于正常工作状态。

(6)在进行可燃气体检测时应同时使用两台及以上检测仪进行检测和复检,保证检测结果的可靠和有效准确。

13. 管道消磁

组对前现场测量管口磁场大小,若磁场较小(磁通量小于 2mT),不影响焊接作业,则不需要处理。如现场测量发现磁场较大,则需要进行消磁处理,现场利用 2 台大功率消磁设备进行消磁处理,焊接前测量磁通量,满足焊接要求,待管口焊接完毕后撤销消磁机。

14. 气体隔离

天然气管道气体隔离

天然气管道切管作业完成后视情况在动火端两侧放置隔离囊(泡沫球),阻止可燃气体、氮气和流动气流,确保作业安全和焊接质量。

15. 管道动火连头

连头管道及弯头必须为试压合格的管道和弯头。

1)组对

采用外对口器,使新老管道对接,对接间隙 2~4mm,对接前将坡口及其内外表面清理干净,清除管道边缘 100mm 范围内的油、漆、锈、毛刺等污物。对接错边量不大于 1mm。再一次对动火点四周环境进行清理,保证现场无油污,地面整洁,并测试可燃气体是否达标。

2)动火焊接作业

(1)在动火前,根据天气情况,做好防雨防风等措施,避免对焊接工作的影响。

(2)严格按照焊接工艺规程施焊,焊接前管口进行火焰加热,加热温度达到焊评要求温度,焊接过程中在黄油墙位置管段覆盖毛毡并浇水冷却,防止黄油墙熔化坍塌,焊接完毕使用火焰加热,然后用保温被包裹焊缝使其缓冷。

(3)焊口检测:连头口焊接完成后应采用 100%射线和 100%超声检测,并符合《石油天然气钢制管道无损检测》(SY/T 4109—2020)的规定,Ⅱ级为合格。

(4)撤除油气隔离囊并堵孔:焊接完成并检测合格后,撤除油气隔离囊,提取油气隔离囊时使用吊带匀速、缓慢并不断地向囊体淋水。

16. 新管道进行氮气置换

利用氮气车从上游动火平衡孔 1 充气,下游平衡孔 4 排气。充气过程采用 0.1MPa 压力进行置换,密切观察排气情况,排气平衡孔处需要监测氮气浓度,整个过程控制氮气用量 1.5 倍管容。

17. 新管道充氮气排气

利用上游平衡孔 1 进行充氮气,从下游平衡孔 4 排气,当排气孔出油后,关闭排气孔阀门。

18. 平衡塞式封堵

在役管道封堵器两侧压力平衡后,解除封堵,撤除封堵并封堵三通、囊孔三通、短节、注氮孔,下塞堵及弧形板,加盖盲板。

(1) 应检查塞堵连接的弧形板方向,确保弧形板安装正确。

(2) 开孔时切下的弧形板应随塞堵装回管道。

(3) 使用夹板阀内旁通平衡压力打开夹板阀。

(4) 下塞堵过程中管道内压力、流速应保持稳定。如果建设方需要对管道运行参数进行改变需提前通知施工单位项目经理,双方协商处理。

(5) 确认塞堵到位后,伸出卡环并确认卡环圈数。

(6) 检查塞堵安装限位,确保塞堵安装正确,验证塞堵密封效果。

(7) 排出结合器内介质。

(8) 拆除开孔机。

(9) 安装三通盲板。

19. 焊口检测与防腐作业

24h 后对焊口进行射线和超声双百检测,合格后方可进行管道防腐作业。

20. 危险废弃物处置

按有关规定对危险废弃物进行环保处置。

四、注意事项

(一) 动火现场安全要求

(1) 现场作业、监护和监督工作人员应穿戴符合安全要求的劳动防护用品。

(2) 现场严格控制动火作业人数,非必要人员禁止进入动火现场。

(3) 动火现场严禁吸烟,严禁携带任何与动火无关的火种和易燃易爆物品进入动火现场。

(4) 严禁在易燃易爆区域使用任何非防爆器材。

(5) 动火使用的电气设施、工器具应符合防火防爆相关要求并安装漏电保护装置。

(6) 动火作业人员在动火点的上风位置作业,应位于避开气流可能喷射和封堵物射出的方位。特殊情况下,应采取围隔作业并控制火花飞溅。

(7) 用气焊(割)动火作业时,氧气瓶与乙炔气瓶的间隔不小于 5m,且乙炔气瓶严禁卧放,二者与动火作业地点距离不得小于 10m,禁止在烈日下暴晒。

(8) 储存氧气的容器、管道、设备应与动火点隔绝(加盲板),动火前应置换,保证系统氧含量不大于 23.5%。

(9) 在受限空间和深度超过 1m 的作业坑内动火作业,应根据现场环境及可燃气体浓度和含氧量检测情况确定是否采取强制通风措施。

(10) 动火现场消防车和消防器材配备的数量和型号应在动火方案中明确并在现场落实;必要时,动火现场应配备医疗救护设备和器材。

(11) 动火作业使用的发电机、电焊机等设备设施安装接地线,其接地电阻应小于 10Ω。

(二)吊装安全要求

(1)吊车应停放在水平且坚实的作业面上,以保证吊车基础的水平和稳定。

(2)动火作业前应对吊装的钢丝绳、吊带等进行安全确认。

(3)吊车操作手、起重工应经过培训,并持有特殊工种操作证。

(4)吊车作业时应设专人指挥,吊装作业开始前应鸣笛提示现场作业人员,吊装过程中应同时用牵引绳导向。

(5)吊装作业过程中应与周围的建筑物、电缆等保持安全距离。

(6)吊车回转半径范围内应设置警戒。

(三)车辆安全要求

(1)动火前工程车辆、吊车、消防车等施工作业车辆停放在指定区域,按要求安装接地线,其他非必要车辆远离动火现场停放。

(2)所有机动车辆进入易燃易爆场所,应配有阻火器,所有车辆禁止点火启动。

案例三 站内阀门更换

一、适用工况

站内阀门故障,维修后还有内漏等问题的情况,会影响站内工艺管线安全运行,需进行阀门更换作业。

二、前期准备

(一)工艺准备

1. 划定区域,场地平整,进出消防道路隔离

动火作业在现场设置风向标,场地自身平整,需用警戒带对施工区域隔离。另在动火点周围设置了下料区、设备摆放区、抢修车辆停放位置、吊车停放位置,并用警戒带进行隔离。动火施工区域设立了安全警示标志,摆放安全警示牌、区域提示标牌。

2. 施工便道

动火作业工艺区具备施工条件。

3. 阀门试压

阀门出厂已进行强度试验,动火前对阀门进行低压密封试验,低压密封试验压力为0.6MPa,动火前还需查验阀门合格证、质量证明文件及压力试验报告合格。

4. 作业现场安全防护隔离

施工现场工作区域设置醒目的警示标志,采取警戒带围护,禁止非施工人员靠近。施工期间,保证道路畅通。在动火区域相连接的放空、排污均需与系统进行双阀硬隔离。

5. 接地装置

为了减少由于动火连头时焊接电流对装置的影响,在管道焊接施工前需要对管道安装接地装置。接地线与焊件用扁铜线连接。接地线与焊接点的距离保证在30～100cm,接地电阻必须小于4Ω。现场接地与站场共用一套接地系统,且现场设备也需要进行接地。

6. 管道加固措施

断管前使用千斤顶和弧形托板对管道进行加固,位置设置在距离切割位置两侧各

300mm 处,防止切割完成后出现管道下沉和管口翘头。

7. 气液联动执行机构拆除

动火前一天,完成气液联动执行机构下电,由维抢修中心(队)将执行机构拆卸,并吊离至安全区域。

8. 动火前安全检查

严格按照动火前安全检查表内容及风险防范措施要求,进行动火前安全检查,并办理作业票证,严格遵守"十不动火"要求。

(二)主要设备、机具、材料

站内阀门更换主要设备、机具、材料见表3-3-1。

表 3-3-1 站内阀门更换主要设备、机具、材料表

序号	名称	单位	数量	备注
1	随车吊	辆	1	
2	吊车	辆	1	
3	防爆配电箱	个	2	
4	防爆轴流风机	台	2	
5	外对口器	台	2	
6	切管机	套	2	
7	手把火焰切割	台	1	
8	管口加热器	台	2	
9	防爆工具	套	1	
10	电缆盘	盘	若干	
11	起重工具	套	1	起重工具箱
12	照明灯具	台	2	
13	手提式干粉灭火器	具	4	
14	可燃气体检测仪	台	2	
15	灭火毯	张	2	
16	管工工具	套	1	
17	焊工工具	套	1	
18	电工工具	套	1	

三、作业流程

(一)流程切换

根据作业方案中规定的工艺流程步骤进行切换操作。

(二)管道动火作业

1. 管道冷切割断管

(1)氮气置换完成后进行相关阀门内漏测试。如有阀门内漏提前进行处理,先后注入

清洗液、润滑脂、911润滑密封脂进行处理。

（2）确认阀门切割尺寸及切割位置,用吊车将阀门及附属管道吊住。切割位置两侧管道底部用千斤顶及弧板支护。

（3）各气体检测点检测合格后,进行阀门切割,上下游侧切割均采用分瓣式切管机冷切割,两侧同时开始切割,下游侧剩余5mm时,下游侧停止切割,待上游侧全部切割完成后再继续切割。

（4）切割位置确定。

如图3-3-1所示,由于新阀门长度比原来阀门长度短,在安装时,下游侧切割位置距离原阀门下游侧袖管与管道连接焊缝350mm,上游侧切割位置距离原阀门上游侧与袖管连接焊缝350mm,上下游侧均保留原阀门袖管350mm,新阀门袖管上下游侧均为400mm。新阀门中心位置与原阀门中心位置一样。

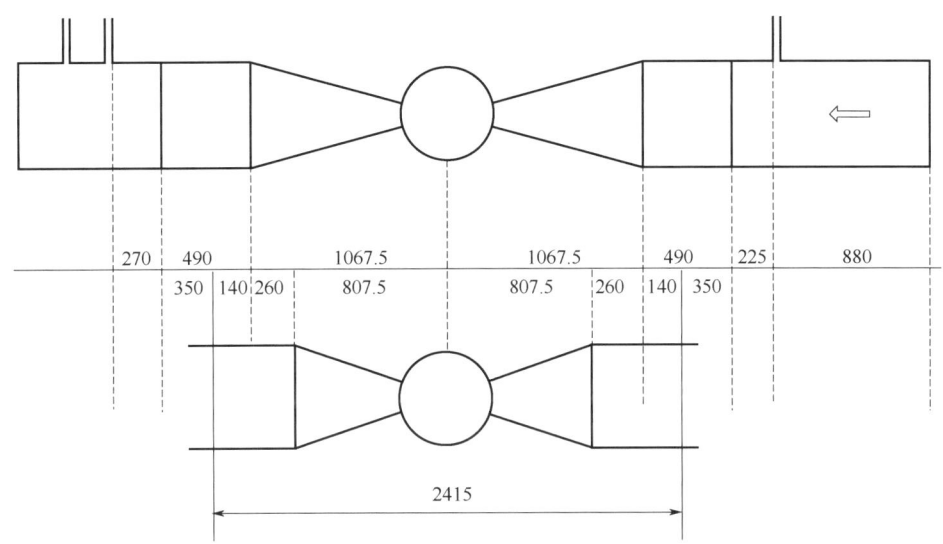

图3-3-1 切割位置示意图

断管前,在作业点提前开启2台排风量12000m^3/h的防爆轴流风机进行强制送风,持续测量作业区域可燃气体、氧气、硫化氢、氮气浓度,每30min记录并确认1次。

2. 阀门管道吊装

切割完毕,用吊车将旧阀门及附带管段吊离现场。吊车站位位置地势平坦坚固,视线开阔,作业半径10m,要求吊车核载满足要求,保养完好并完成年度检测,吊车司机、吊装指挥人员持证上岗。

切割设备最大重量为1t,阀门最大的重量为11t,拟使用75t吊车进行吊装作业,吊车站车位置距离作业面中心线10m。

75t汽车吊起重重量载荷计算如下：

阀门重量约为11t。吊车站车位置距离弯管安装位置约10m。75t汽车吊起重重量载荷计算=（吊装重量+平衡梁、索具重量+吊钩重量）×动载系数。平衡梁、索具、吊钩重量取1t,动载系数取1.1,即汽车吊最大吊装计算重量=（11+1）×1.1=13.2t。

吊车吊装性能校核如下：

当回转半径为10m时，主臂臂长24m，主臂与铅锤角度为25°，满足小于45°的要求，此时吊车起重能力为18.5t，大于13.2t（安全系数为1.4，13.2t×1.4＝18.5t），满足吊装要求。吊车作业旋转半径使用警戒带进行隔了防护，吊装前进行试吊装，调离地面0.1m，保持1min，无异常为合格。

3. 坡口打磨加工

严格按照焊接工艺评定中坡口角度的要求进行打磨加工，例如，ϕ914mm 管道坡口加工角度为直管单侧22°~28°。打磨过程严禁使用切片进行打磨，且打磨用的磨片最大转速不大于角磨机的最大转速。

4. 管道下料

同一管道上相邻两个对接环焊缝的间距，若管道公称直径大于等于150mm时不应小于150mm；若管道公称直径小于150mm时不应小于管道外径，且不宜小于100mm。

5. 管道组对

下料完成后，持续管口无天然气的情况下实施组对，组对焊接期间要求对作业区域氧含量和天然气浓度持续进行测量并且每隔30min进行记录。组对前应保证各管口内外表面150mm 内无铁锈、油污、油漆、毛刺，管口端部150mm 范围内焊缝余高打磨掉，并平缓过渡，检查是否有工器具等其他杂物。

按照要求对管道椭圆度进行复测满足要求再进行组对焊接，依据焊接工艺规程的要求，钝边0.8~2.4mm、组对间隙2.5~4.0mm、错变量应小于2mm、等径内壁组对错边量小于等于0.1倍壁厚，管口若内减薄处理，则角度应小于15°。两管口螺旋焊缝或直缝间距大于100mm，如管道组对不满足上述要求，则重新组对。动火管道组对原则，组对应无应力组对、管道中心轴线基本顺直。

6. 管道焊接

焊接材料使用前严格按照使用说明和焊接工艺评定进行烘干和保温工作，要求 E5515-N1P 焊材使用前380~400℃烘干，保温至少1h，做好防雨防潮措施，且应在烘干4h内使用，超过4h应重新烘烤，烘烤累计次数不超过2次。

接头形式为对接，坡口形式直管段为 V 型坡口，施焊环境温度要求≥-5℃，湿度≤90%RH，氩弧焊风速≤2m/s，电弧焊风速≤5m/s。焊口预热温度大于80~150℃，采用中频管口加热器进行加热，预热宽度坡口两侧至少75mm。现场准备一个3m×4m 的防风挡雨棚，当风速和湿度不满足焊接要求时使用防风挡雨棚确保施工质量与施工进度。

焊工进入现场后由安全监护人员检查焊工证件，技术人员对焊工进行技术交底，明确告知相关焊接工艺规程，焊接过程中现场监理负责监督焊接质量，主要控制焊接线能量和焊接层数、道数，球阀焊接时保证阀门处于全开状态，并在阀门阀座处涂抹润滑脂进行防护。

焊工焊接前严格按照焊接工艺规程的要求进行作业，焊接过程中将层间溶渣清除干净，并进行外观检查，合格后方可进行下一层焊接。焊接中应注意起弧和收弧处的焊接质量，收弧时应将弧坑填满。焊缝宽度为坡口两侧各加0.5~2mm；焊缝余高为0~2mm，局部不应大于3mm且长度不大于50mm。严禁在管道焊接引弧和试验电流，应在坡口内进行。焊接接地应使用与管道结合紧密的接地卡,坡口以外不应存在电弧烧伤母材的缺陷。焊接过程中,消防安全保卫组持续进行可燃气体浓度监测,每 30min 记录 1 次。焊接过程中严格按照焊接工艺规程要求对焊缝管口进行预热和保温处理。

对不合格的焊缝,应进行质量分析,制定措施后方可进行返修。同一部位的返修次数不超过 1 次。返修焊评执行原焊接工艺规程,返修过程中应严格控制可燃气体、氧气、硫化氢、一氧化碳的含量,使用四合一气体检测仪器对管道内有害气体含量进行时时检测,防止火灾爆炸或者中毒等意外伤害,在返修全过程中安排专职安全员进行监护,直到返修结束。

7. 焊缝检测

动火作业开始前与无损检测单位取得联系,无损检测队伍在焊接完成前 2h 到达现场,准备检测设备和仪器。现场拍片人员具有一级资质,现场监护人员具有二级资质,审核人员具有三级资质,资质证件在现场留存以备检查。公司应对检测底片进行收集,并做好动火连头底片数字化扫描和存储。具体焊口检测次数和类型执行集团公司要求。

8. 置换排气及工艺恢复

检测合格后置换、排气,工艺恢复正常运行。

9. 场地清理

动火作业完成后,将现场所用设备设施进行回收,并清理现场作业废料,比如焊条头等,同时检查现场是否留有安全隐患。做到工完料尽场地清,无任何安全隐患,期间涉及危险作业时必须办理作业许可。

10. 管道防腐

1)表面处理

无损检测合格后,防腐开始作业。管道表面处理应符合以下要求:

(1)表面处理前应对不需涂装和易于被损坏的观察镜、铭牌、电气控制板等进行保护。

(2)表面处理前应对管道的毛刺、焊接残留物等进行清理,被涂敷表面应光滑平整,局部凹凸和焊缝高度均不宜超过 2mm。

(3)表面处理前应对管道表面的浮锈、油脂、污物和积垢等进行清除。

(4)管道表面处理宜采用手动除锈,除锈等级应达到现行国家标准《涂覆涂料前钢材表面处理 表面清洁度的目视评定 第 2 部分:已涂覆过的钢材表面局部清除原有涂层后的处理等级》(GB/T 8923.2—2008)规定的 Sa2.5 级;无法进行喷砂处理的局部边角位置可采用人工动力工具打磨,除锈等级应达到 St3。表面处理要达到表面具有金属底材光泽,表面应无可见的油、脂和污物,并且没有附着不牢的氧化皮、铁锈、图层和外来杂质。

(5)基材表面锚纹深度应符合涂料说明书的要求,当无规定时,表面锚纹深度宜为 40~75μm。

(6)表面处理后,应采用干燥、洁净、无油污的压缩空气将表面吹扫干净,清洁度等级应达到现行国家标准《涂敷涂料前钢材表面处理 表面清洁度的评定试验 第 3 部分:涂敷涂料前钢材表面的灰尘评定(压敏粘带法)》(GB/T 18570.3—2005)规定的 3 级。

2)防腐层恢复

管道防腐层恢复时,当存在下列情况之一,不允许进行施工,必须要开展施工时,需要有有效的防护措施：

(1) 雨、雾、雪、风沙天。

(2) 风力达到5级以上。

(3) 相对湿度大于85%。

(4) 基材表面温度低于漏点3℃。

管道防腐层恢复采用环氧富锌底漆2道(干膜厚度不小于80μm)+环氧云铁中间漆3道(干膜厚度不小于140μm)+耐候性氟碳面漆2道(干膜厚度不小于100μm)，原防腐层的修补边缘应打磨成斜面，修补防腐层和原防腐层的搭接宽度应大于50mm，搭接范围内的原防腐层应进行打磨处理。

11. 阀墩恢复

原阀门袖管底部至阀墩上沿300mm，新阀门袖管底部至阀门支撑402mm，故原阀墩不拆除，原阀门切割调离后，仅对阀墩表面破除102mm，新阀门焊接完毕，管道恢复正常运行后，修复阀墩，确保达到牢固结实美观。

(三) 恢复运行

根据方案中对恢复工艺流程的具体操作进行。

四、注意事项

(一) 动火安全要求

(1) 使用警戒带，使施工区域与其他区域相隔离，并悬挂安全警示牌。

(2) 必须清除动火施工区域内可燃物质或易燃品。

(3) 动火点及其周围放置6具8kg级手提式干粉灭火器，保持消防通道畅通。

(4) 设作业单位安全监护人和作业区安全监督人实时进行双监护，安全环保部门进行现场监管。

(5) 动火施工过程中，动火点及操作区域空气中可燃气体浓度必须处于安全范围，在动火施工全过程中，安全员实时检测可燃气体浓度，分别使用两台气体检测仪人工双检，并进行连续监测，每30min填写一次检测记录。

(6) 当可燃气体浓度高于前述规定时，立即停止施工，待可燃气体浓度处于安全范围时再开展作业。

(二) 吊装安全要求

(1) 吊车应停放在水平且坚实的作业面上，以保证吊车基础的水平和稳定。

(2) 动火作业前应对吊装的钢丝绳、吊带等进行安全确认。

(3) 吊车操作手、起重工应经过培训，并持有特殊工种操作证。

(4) 吊车作业时应设专人指挥，吊装作业开始前应鸣笛提示现场作业人员，吊装过程中应同时用牵引绳导向。

(5) 吊装作业过程中应与周围的建筑物、电缆等保持安全距离；吊车回转半径范围内应设置警戒。

(三)焊接安全要求

(1)焊接作业时穿戴防护服;为防止触电,电焊工所用焊把必须绝缘,电缆线、地线、把线必须绝缘良好。

(2)禁止将接地线连接在干线上,禁止在干线上引弧。

(3)焊机必须接地,接地电阻≤4Ω。

(四)间距安全要求

(1)与动火点相连的管道应当切断物料来源,采取有效的隔离、封堵或拆除处理,并彻底吹扫、清洗或置换;距动火点15m区域内的漏斗、排水沟、各类进口、排气管、地沟等应当封严盖实。

(2)动火作业前应当清楚距动火点周围5m之内的可燃物质或用阻燃物品隔离,半径15m内不准有其他可燃物泄漏和暴露,距动火点30m内不准有液态烃或低闪点油品泄漏。

案例四 天然气阀室重建

一、适用工况

天然气阀室重建适用于阀室工艺管道因自然灾害、恐怖袭击、人为破坏等原因,导致天然气大量泄漏,阀室设备引压管接头、法兰连接处易发生渗漏,天然气聚集,也可能发生着火爆炸,导致整个阀室被毁,阀室工艺管道大量天然气泄漏,造成干线截断阀室失效,影响天然气正常输送。泄漏的天然气遇明火可能引发着火、爆炸,给周边环境及群众带来危害,造成较大社会影响。

二、前期准备

(一) 工艺准备

1. 预案启动

阀室发生事故后需要尽快完成重建工作,应由四个维抢修队伍共同完成,地下部分由两个队伍完成,地面部分由两个队伍完成。当接到抢修令后,各家单位立即启动应急响应,组织力量参加抢险救援。

2. 先遣组赶往现场

先遣人员在接到抢修令后10min内出发,赶往现场进行现场勘查及布控。

3. 物资装车

任务下达后,维抢修人员在30min内组织物资、设备装车赶往抢修现场。

4. 现场勘查

(1) 先遣人员到达现场后,初步判断事件程度,核实现场情况,制定抢险作业方案,向上一级应急处置领导小组汇报,并预估是否可能发生次生灾害。

(2) 佩戴安全防护设施对事件现场实施可燃气体浓度的安全检测,确认安全范围,设置安全警戒、隔离措施、风向标等。

(3) 查看周边情况,特别是对高压线、公路、铁路、河流、水源地、人口密集区等情况,制定防火、防污染措施。

(4) 确定消防、救护、抢修设备及物资摆放位置,设置逃生通道,引导抢修的车辆人员进场。

阀室被毁原址重建抢修流程示意图如3-4-1所示。

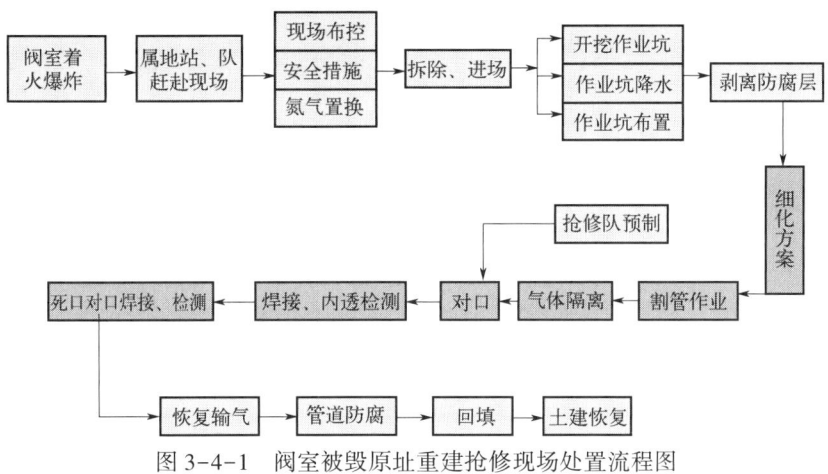

图 3-4-1 阀室被毁原址重建抢修现场处置流程图

(二)主要设备、机具、材料

天然气阀室重建主要设备、机具、材料见表3-4-1。

表 3-4-1 天然气阀室重建主要设备、机具、材料表

序号	名称	单位	数量	备注
1	随车吊	辆	1	
2	吊车	辆	1	
3	切管机	套	2	
4	焊机	套	2	
5	防爆潜水泵	台	2	
6	防爆轴流风机	台	2	
7	照明机具	套	2	
8	发电机	台	2	
9	挖掘机	台	2	
10	消磁机	台	1	
11	防腐层剥离机	台	2	
12	先遣物资	套	1	
13	气焊工具	套	1	
14	管工工具	套	1	
15	电工工具	套	1	
16	防爆配电箱	套	2	
17	千斤顶	个	2	
18	导链	个	2	
19	外对口器	套	2	

续表

序号	名称	单位	数量	备注
20	隔离球	个	1	
21	钢管	米	若干	
22	异径三通	个	若干	
23	弯头	个	若干	
24	法兰	个	若干	
25	气液联动阀	个	若干	
26	法兰球阀	个	若干	
27	焊接球阀	个	若干	
28	电焊条	包	若干	
29	焊丝	盘	若干	
30	氧气	瓶	若干	
31	乙炔	个	若干	
32	氩气	个	若干	
33	钢板	张	若干	
34	黄油墙	桶	若干	
35	工字钢	米	若干	
36	绝缘垫板	张	若干	
37	整套阀室重建物资	套	1	
38	灭火器	个	4	

三、作业流程

(一)放空、清理现场

截断事故阀室上下游阀室(场站),利用上下游阀室(场站)放空系统对事故管道进行热(冷)放空,放空结束事故现场火焰熄灭,进行可燃气体检测。若浓度超标,采取轴流风机对现场进行吹扫;冷却后将管道敞口部分用隔热毯塞住或打黄油墙,避免空气与天然气混合。对上下游阀室截断阀进行内漏确认,并通过阀门排污阀进行引流,如阀门内漏,需紧急加注密封脂。查看现场如无带压管道则可快速进行土建部分的拆除;如果有带压管段,则放空后拆除;如果预留分输口等管道内带压无法放空,则待冷却后,将压力泄掉后进行拆除。

(二)氮气置换

如果被毁阀室具备注氮条件,则在被毁阀室向两侧各注氮 5km 以上;如果被毁阀室管道有敞口不具备注氮条件,则将开口部分堵塞住,在管道上开 2in 孔,注氮 5km 以上,用同样的办法向另一侧注氮 5km 以上。

前期进入阀室的人员必须穿戴防高温手套、避火服,佩戴空气呼吸器。施工过程中,在断管处安装可燃气体探测仪、氧含量检测仪,HSE 监督人员要及时监控数据变化并不间断在断管处和气体置换开孔口处进行可燃气体、氧含量检测并作出及时响应。

(三)作业坑开挖、防腐层剥离

(1)按照要求开挖作业坑,做好防塌方措施。随时注意作业坑内积水情况,及时启动潜水泵排水。阀门全部挖出后,检查原有基础是否还能利用,否则重新制作阀门基础。

(2)利用 H100 型钢制作阀门支撑 1000mm×1000mm×1000mm,在完成安装后浇灌混凝土。支撑顶部铺 10mm 钢板垫,钢垫板上放绝缘板,阀门支撑底部铺设基础钢板(视情况铺设,见图 3-4-2。

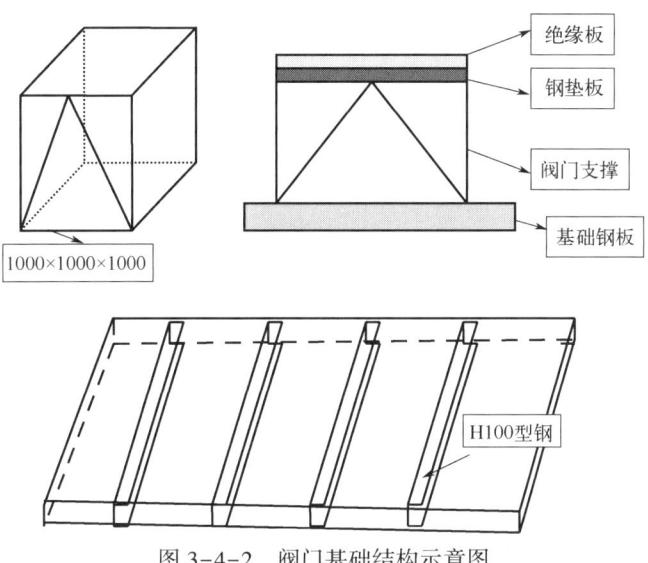

图 3-4-2　阀门基础结构示意图

(3)防腐层剥离,保留段管口防腐层距管口至少距离 400mm。

(四)切管、拆除事故管段

优先采用冷切割,可在注氮期间进行预切割,因管道可能存在应力,应采取措施,避免夹刀。在阀室阀门无内漏的情况下,开检测孔,检查管道内是否有凝析油,如无凝析油则可用火焰切割机进行切割。

在干线截断阀基础可以利用的情况下,在上下游三通外侧不少于 2m 处进行切割;在干线截断阀基础不可以利用的情况下,根据管道受损情况,在上游或下游选择受损较小的一侧,距三通与干线的焊口外 50mm 处切割,另一侧在三通与干线焊口外 2m 处切割,可根据实际情况向外延伸,通知预制阀门基础。

(五)气体隔离

在清理完管口后,建议使用泡沫隔离球、油气隔离囊隔离或水溶纸进行气体隔离。

氮气置换后再次确认阀室截断阀门无内漏。如阀室阀门内漏,且内漏量不大(可以通过放空立管全部放掉),则打开内漏阀室侧的放空阀,在断管处放置隔离球或隔离囊,确保内漏的天然气全部可以通过阀室放空排净的情况下,进行机械切管,在断管处检查合格后进行组对焊接。

（六）工艺安装

阀室工艺恢复尺寸按设计图纸恢复，分影响投产、不影响投产两部分。如果旁通球阀内漏则加封头。

（七）施工

以 φ1016mm 线路截断阀室为例，阀室原址抢修管道铺设示意图如图 3-4-3 所示。

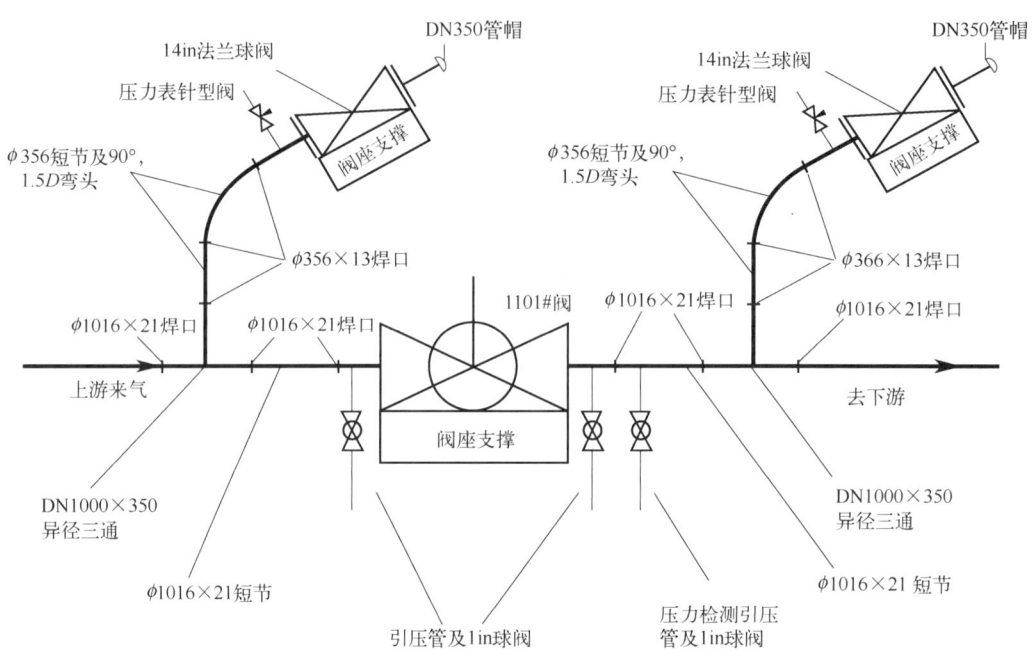

图 3-4-3　阀室原址抢修管道铺设示意图

1. 三通和旁通管道预制

现场使用的管材必须有质量合格证。3 道焊口及以下不试压，3 道焊口以上的管道、临时管道必须试压。

到达现场的所有管材、管件必须有合格证。干线管材、三通到货后预制三通与阀门之间的短节，并将干线三通和短节焊接到一起；旁通管道、弯头到货后立即进行旁通管道预制，旁通管道预制时优先进行与干线相连管道和旁通球阀的预制；为了能够尽快进行超声波检测，优先将最后两道死口的两侧管道打磨，露出金属光泽（单侧打磨宽度：管道壁厚×7.5），再把其他焊口全部打磨露出金属光泽。

2. 干线截断阀组对焊接

1）干线截断阀基础可以利用的情况

进行干线截断阀吊装就位；待阀门吊装就位后将两侧的三通和短节整体与阀门组对焊接；根据施工进度进行一侧死口短节的下料、组对、焊接，并同时进行同一侧旁通管道的组对安装、焊接；另一侧死口短节暂不下料，待组对好的焊口全部焊接完毕后进行内透射线探伤，检测后进行最后的一个死口短节的下料、组对、焊接，最后一个死口短节开始焊接后进行同侧旁通管道的组对安装,组对过程中要校核同另一侧旁通线标高相一致。在最后一个死口短节焊接结束后如时间允许则进行射线探伤,如时间不允许则先进行超声波探伤。

2）干线截断阀基础不可以利用的情况

将其中一个预制好的三通和短节整体与干线(选择三通与干线焊口外侧50mm处进行切割的一侧干线)组对焊接,热焊三遍后开始进行阀门吊装就位,与短节组对焊接,根焊完成后进行同一侧旁通管道的组对安装、焊接,并同时将预制好的另一侧三通和短节整体与阀门进行组对焊接;最后一个死口短节暂不下料;当前面所有干线焊口焊接结束后对干线焊口进行内透射线探伤,检测后进行最后的一个死口短节的组对焊接,最后一个死口短节开始焊接后进行同侧旁通管道的组对安装,组对过程中要校核同另一次旁通线标高相一致。在最后一个死口短节焊接结束后如时间允许则进行射线探伤,如时间不允许则进行超声波探伤。

3）旁通管道安装

三通与阀门组对焊接完成后,即可同时安装上下游旁通管道,对旁通管道阀门底部安装临时阀座支撑,避免管道受力。

(八)恢复投产

焊接检测合格后如上下游阀室检测为纯氮气(采用全部置换),或检测为纯天然气(被毁阀室上下游各注氮5km),则无需氮气置换直接恢复供气。

四、注意事项

(1)前期进入阀室的人员必须穿戴防烫伤手套,佩戴空气呼吸器、避火服。

(2)施工过程中,HSE监督人员要不间断在断管处和气体置换开孔口两处进行可燃气体检测并作出及时响应。

(3)施工过程注意大型机具的操作安全,开挖过程中注意对光缆的保护。

(4)在进行氮气置换过程中,置换点周围10m内,非操作人员不得进入。

(5)安装隔离囊球前应使用防爆工具将切割后的管口内表面的毛刺清理干净,以防止刮伤隔离球的橡胶面。

(6)吊车到现场后由维抢修单位检查其吨位是否与实际相符,操作人员是否持证,所携带枕木、吊具是否充足,钢丝绳、副钩等是否完好。各抢修单位明确一名吊车指挥人员。

(7)管道焊接要严格执行相关焊接工艺规程。如有焊口检测不合格且无法返修的情况下,可以使用B型套筒对焊口做临时补强。

(8)材料到货后由指定人员负责接管、验收和分发,阀门需要进行内漏检测,各抢修单位领取材料后对材料进行验收复核。

(9)组织好多家抢修单位之间的协调工作,各维抢队伍划定各自的作业区域,属地维抢修单位为每个抢修单位配备一名联系人,并制作电话表。

案例五　跨越管道钢结构施工

一、适用工况

物体(管道)在空间保持一定的位置,没有支持物是不可能做到的。支持管道保持空间位置的物体就是管道的支、吊架。本案例所讲的钢结构施工也就是支、吊架的施工。由于管道系统本身有许多特殊之处,也就产生了形式不同的支、吊架。不过,无论什么样的支、吊架都有承重或防止管道弯曲变形的作用。支、吊架制作安装是管道安装的首要工序,是重要的安装环节。本案例适用各类跨越管道钢结构施工作业。

二、前期准备

(一)工艺准备

熟悉施工图样,仔细审图,查找图样中的错、漏、碰、缺内容,并进行记录,要求有关人员给予解答;掌握图样要求的技术标准和质量标准,是否有特殊要求。

(二)主要设备、机具、材料

跨越管道钢结构施工主要设备、机具、材料见表3-5-1。

表3-5-1　跨越管道钢结构施工主要设备、机具、材料表

序号	名称	单位	数量	备注
1	切管机	台	2	
2	无齿锯	台	2	
3	等离子切割机	台	2	
4	弯管机	台	1	
5	空压机	台	1	
6	角式磨光机	台	1	
7	棒式磨光机	台	1	
8	小型液压弯管机	台	2	
9	磁力气焊切割机	套	2	
10	发电机	台	2	

续表

序号	名称	单位	数量	备注
11	电焊机	台	2	
12	焊条烘干箱	台	2	
13	配电箱	个	2	
14	吊链、吊带	条	2	
15	千斤顶	个	2	
16	管工工具	套	1	
17	焊工工具	套	1	
18	电工工具	套	1	

三、作业流程

管道支架大多数由型钢制成,所以管道支架制作主要是进行金属加工。

(1)制作前,检查钢材的牌号及规格型号应符合设计的要求。

(2)加工前应对所用的管材及型材进行调直和找平。

(3)制作前,应检查验收放置支架的基础是否符合设计要求,要考虑制作现场是否能满足制作要求。

(4)制作前要详细审阅图样,熟悉每一个部件的详图。不但要看懂连接(施工)方式,还要知道焊接位置和要求,同时要注明每一道工序的制作要求和质量标准,必要时可制作一个样板进行核对。

(5)部分支架制作前要考虑制作变形的问题,必要时采用反变形法施工。

(6)钢材的切断下料:钢材一般采用无齿锯、砂轮机或手工锯断,采用气割的方法也可以,只是断面的表面质量不如用前三种工具做得好,并且浪费较多。切割前应按设计图样给定的尺寸在钢材上画线。切断时,注意刀具的一侧靠线,使下料长度保持一致。切断后要及时处理断面边角的毛刺。

(7)型钢表面加工:对需要作相对滑动、滚动的表面,一般要做车、铣、刨作业,在保证部件规格的前提下,使工件表面达到设计要求的粗糙度。其他的型钢切割表面一般不再作表面处理,而只作边角的倒角处理。

(8)钻孔:管道支架上为安装管卡、吊杆和为穿固定保温材料的铁丝需要一些孔洞。在施工现场常用台钻或手电钻钻孔。钻孔前要按设计图样位置在下好料的型钢上划十字线,并在交点上打样冲眼,然后再钻孔。钻孔要一次钻透,钻后要用锉刀将毛边锉平。

(9)型钢弯曲:对有弯曲要求的部件,应先做个模具,用挤压法或滚压法进行弯曲。

(10)支架组装焊接:需要组装焊接的支架,要先划出定位线,组对时先点焊,经复查合格后再进行焊接,焊接质量必须符合焊接质量标准,焊缝高度必须达到设计要求,不得有咬肉、裂纹、结瘤等缺陷。复杂形状的支架应先编制焊接程序,按程序进行焊接,避免产生焊接变形。

(11)制作好的支架应经过自检、互检和专业检查,及时涂刷防锈漆。保证支架制作质量的手段主要是要控制影响功能的项目,例如采用的材料规格、管卡的内间距、滚动与滑动面的粗糙度、焊缝高度与长度以及防腐等。不符合要求的必须返工改正,不可将就使用。

四、注意事项

(1)看图时要全面详细,不得遗忘重复利用图和定型设计图中的材料和设备。

(2)看图时要对图样中出现的错、漏、碰、缺问题进行详细的记录,应向工程技术人员提出,并要求有关人员对问题进行解答。

(3)看图时同时要考虑施工的要求,要安排好先干哪部分,后干哪部分,哪部分不宜先挖沟,哪部分可以先挖沟,以防止发生二次倒运或重复挖沟现象。

(4)施工时要考虑工艺与土建施工是否存在交叉施工的现象,如果有应采取何种对策。施工一般遵循先土建后工艺、先地下后地上的原则。

(5)吊装作业时应有专人负责指挥,起重臂距离高压线路的安全距离应符合有关部门的规定。

(6)管道支架的形式、材质、加工尺寸、精度及焊接质量等应符合设计文件和有关施工验收规范的要求。

(7)支架底板及吊架弹簧盒的工作面应平整。

(8)管道支架焊缝应进行外观检查,焊缝应均匀完整,外观成形良好,不得有漏焊、裂纹、缺焊、咬肉等缺陷。焊缝位置应执行设计图样的要求。

(9)制作合格的支、吊架成品应进行防腐处理,防腐涂层应完整,厚度均匀,涂层颜色应遵守设计意图。

(10)下料加工后应清除边缘毛刺、飞溅等杂物。

案例六　站场工艺管道安装

一、适用工况

本案例适用站场工艺管道安装施工作业。

二、前期准备

(一)工艺准备

熟悉施工图样,仔细审图,查找图样中的错、漏、碰、缺内容,并进行记录,要求有关人员给予解答;掌握图样要求的技术标准和质量标准,是否有特殊要求。

(二)主要设备、机具、材料

站场工艺管道安装主要设备、机具、材料见表3-6-1。

表 3-6-1　站场工艺管道安装主要设备、机具、材料表

序号	名称	单位	数量	备注
1	切管机	台	2	
2	无齿锯	台	2	
3	等离子切割机	台	2	
4	弯管机	台	1	
5	空压机	台	1	
6	角式磨光机	台	1	
7	棒式磨光机	台	1	
8	小型液压弯管机	个	1	
9	发电机	台	2	
10	电焊机	台	2	
11	焊条烘干箱	台	2	
12	配电箱	个	2	
13	吊链、吊带	条	2	

续表

序号	名称	单位	数量	备注
14	千斤顶	个	2	
15	管工工具	套	1	
16	焊工工具	套	1	
17	电工工具	套	1	

三、作业流程

(一)钢制管道敷设安装

预制管道应按管道系统号和预制顺序号进行安装。管道安装时,应检查法兰密封面及密封垫片,不得有影响密封性能的划痕、斑点等缺陷。

法兰连接应与管道同心,并应保证螺栓自由穿入。法兰螺栓孔应跨中安装。法兰间应保持平行,其偏差不得大于法兰外径的 1.5‰,且不得大于 2mm。不得用强紧螺栓的方法消除歪斜。

法兰连接应使用同一规格螺栓,安装方向一致。螺栓紧固后应与法兰紧贴,不得有楔缝。需加垫圈时,每个螺栓不应超过一个。紧固后的螺栓与螺母宜齐平。

管道组对前准备工作如下:

逐根清理管内杂物,管端校圆,校圆后,管口圆度应小于或等于 3‰D(D 为管外径),管道端部不得有超过 0.5mm 深的机械伤痕,管道组对不得强力对口,组对间隙应符合规范要求。Ⅰ、Ⅱ、Ⅲ 类管道对口的错边量应不超过壁厚的 10%,且不大于 1mm。管道组对中心线偏斜量:地上管道不应大于 1mm,埋地管道不应大于 2mm。

管道上各焊缝的相对位置应符合下列规定:

(1)组对的钢管的纵向焊缝或螺旋焊缝应错开,错开距离不应小于 100mm 的弧长。当钢管外径小于或等于 65mm 时,钢管的焊缝应置于两侧。

(2)有加固环的管道,加固环的接口与管道的纵焊缝或螺旋焊缝的错开距离不应小于 100mm。加固环与管道环形焊缝间距不应小于 100mm。

(3)管道环焊缝上严禁开孔。管道开孔位置与管道焊缝的间距不得小于 100mm。

(4)管口组对合格后,方可进行定位焊。定位焊应与正式焊接要求相同,焊缝的厚度为 2~4mm,且不超过管壁厚度的 2/3。定位焊不应少于三处,沿圆周均匀分布。定位焊长度应为 10~15mm。

(二)明沟穿越现场施工

(1)依据施工方案组织人员和施工机具的配备,检查管材、管件、稳管材料、焊接材料、补口保温材料。

(2)在穿越路段一侧组焊套管和管段。管道组对,可根据现场实际情况决定单管组对还是管段组对。管段组对时应准确测量管段的长度,以免连头时增加额外工作量。对套管内管段焊缝进行无损检测,合格后,将管段穿入套管。

(3)封堵路面。按照设计图样的要求组织快速开挖管沟,同时起吊管段下沟,检查并填写隐蔽记录,进行回填。

(4)穿越段管段施工完毕后,按要求封堵套管两端,管段两端加临时盲板。

(三)连接设备的管道安装

连接设备的管道,其固定焊口应远离设备。对不允许承受附加外力的设备,管道与设备的连接应符合下列规定:

(1)管道与设备连接前,应在自由状态下,检验法兰的平行度和同轴度,允许偏差应符合规定。

(2)管道系统与设备最终连接时,应在联轴节上架设百分表监视设备位移。当转速大于6000r/min时,其位移应值小于0.02mm;当转速大于或等于6000r/min,其位移值应小于0.05mm。

管道安装合格后,不得承受设计以外的附加载荷。管道经试压、吹扫合格后,应对该管道与设备的接口进行复位检验,其偏差值应符合有关规定。

(四)伴热管及夹套管安装

伴热管应与主管平行安装,并应自成独立系统。当一根主管需多根伴热管伴热时,伴热管之间的距离应固定。外伴热管应安装在主管道中心下方45°的位置,并应与主管贴紧,个别地方允许有不超过10mm的间隙,应有可靠的固定件。

对不允许与主管道直接接触的伴热管,在伴热管与主管间应有隔离垫。当主管为不锈钢管、伴热管为碳钢管时,隔离垫宜采用干燥清洁的石棉垫,并应采用不锈钢丝等不引起渗碳的物质绑扎。

伴热管经过主管法兰时,伴热管应相应设置可拆卸的连接件。各伴热管起点或终点安装应排列整齐,不宜互相跨越和就近斜穿。

夹套管的安装除应符合有关规定外,还应符合下列规定:

(1)当夹套管经剖切安装时,纵向焊缝应置于易检修部位。

(2)夹套管的连通管安装,应符合设计文件的规定,当设计文件无规定时,连通管应防止存液。

(3)夹套管的支撑块不得妨碍管内介质流动。支撑块的材料与主管材质相同。

(五)阀门安装

阀门在安装前均应进行外观检查,应无裂纹、砂眼等缺陷,阀杆、法兰密封面应平整光滑,阀杆螺纹应无毛刺或击痕。有填料的应进行填料检查,紧好的压盖螺栓应有足够的调节余量,合格后应逐个进行强度试验和严密性试验,焊接式阀门的强度试验可在系统试验时进行。当工作介质为水或蒸汽时,试压介质用水;当工作介质为油气时,试压介质宜用煤油。经试压合格的阀门,应立即排净内部积液。密封面应涂防锈油(需脱脂的阀门除外),关闭阀门盖好密封盖,填写阀门试验记录,并在阀门上做好标记。按型号、规格分类保管,并应防雨、泥沙等脏物进入阀体。

阀门在安装前应对传动装置和操作机构进行清洗和检查,转动应灵活可靠,无卡涩现象。安全阀在安装前应送安全部门认可的专业部门按设计规定的压力进行定压,并打好铅封。取回已标定安全阀的同时,应索取相应的标定证书。

安装前还应按设计图样核对型号、规格、压力等级和试压合格标识,并按介质流向确定其安装方向。安全阀、双闸板阀应直立安装。水平管道上的单闸阀门,其阀杆应安装在上半周范围内。阀门在安装过程中,手轮和执行机构均不得做起吊点。

集群安装的阀门应排列整齐,同一平面或间距偏差不大于5mm。

法兰螺栓应符合设计要求,安装方向一致,紧固应对称、均匀且松紧适当,应涂润滑脂加以保护。

(六)补偿装置安装

补偿器的安装应在管道固定支架已固定牢固、阀门和法兰上的螺栓已全部拧紧、滑动支架全部安装完毕后施工。

Π形补偿器安装前,应按设计规定的数值进行预拉伸(压缩),预拉伸(压缩)量的允许偏差为±10mm。

埋地管道补偿器上下游各2m范围内,应采用易压缩土替换较硬的土质。

管道Π形补偿器宜选用整根管煨制,如需接口,其焊口位置应符合设计要求。若设计无规定,焊口位置宜选在弯矩较小的部位,即放在垂直管段上。

1. Π形补偿器安装要求

(1)敷设于冻土地带的补偿器,应水平安装在不冻层内。

(2)水平安装时,垂直臂应水平放置,水平臂应与管道坡度相同。安装位置应符合设计图样的规定。

(3)垂直安装时,不得在弯管处安装放气管和排水管。

(4)补偿器处滑托的预偏移量应符合设计要求。

2. 球形补偿器安装要求

(1)球形补偿器安装前,应将球体调整到所需要的角度,并与球心距管段组成一体。

(2)球形补偿器的安装应紧靠弯头,使球心距长度大于计算长度。

(3)球形补偿器的安装方向,宜按介质从球体端进入,由壳体端流出安装。

(4)垂直安装球形补偿器时,壳体端应在上方。

(5)球形补偿器的固定支架或滑动支架,应按照设计规定进行。

(6)运输、装卸球形补偿器时,应防止碰撞,并应保持球面清洁。

(7)各部尺寸应符合设计规定,球体、密封圈及球壳间应有良好的密封性。

(8)转动灵活,工作平稳可靠,无卡涩现象。

(9)在与两管道连接前,应以设计补偿量的1.1倍进行伸缩试验,不得有异常现象。

3. 波纹膨胀节安装要求

(1)波纹膨胀节应按设计文件规定进行预拉伸,受力应均匀,变形量均匀。

(2)波纹膨胀节内套有焊缝的一端,在水平管道上应迎介质流向安装,在铅垂管道上应置于上部。

(3)波纹膨胀节应与管道保持同轴,不得偏斜。

(4)安装波纹节时,应设临时约束装置,待管道安装固定后再拆除临时约束装置。

（七）支、吊架安装

（1）管道安装时应及时固定和调整支、吊架。管道支、吊架应平整、牢固、位置正确，标高应符合设计要求。

（2）管道支、吊架的焊接应按设计要求进行。管道与管托等焊接后，在管壁上不得有电弧擦伤、焊疤、咬边等现象。

（3）管道导向支架的导向结合面应平整、洁净、接触良好，不得有歪斜和卡涩现象。

（4）管道安装时，不宜使用临时性的支、吊架，如使用时，应做标记，其位置应避开正式支、吊架位置。管道安装完毕后，应拆除临时支、吊架。

（5）固定支架应严格按照设计要求安装，并在补偿器预补偿前固定。固定支架是管道安装的定位点、受力点，必须保证管架的牢固稳定。焊接质量必须保证焊肉饱满，无漏焊、欠焊，施工完毕技术人员要对固定管架逐个检查确认。

（6）保温管道支、吊架和管托施工时，应留出保温操作空间。

（7）管道固定、滑动支架安装的允许偏差应符合规定。

四、注意事项

（1）看图时要全面详细，不得遗忘重复利用图和定型设计图中的材料和设备。

（2）看图时要对图样中出现的错、漏、碰、缺问题进行详细的记录，应向工程技术人员提出，并要求有关人员对问题进行解答。

（3）看图时同时要考虑施工的要求，要安排好先干哪部分，后干哪部分，哪部分不宜先挖沟，哪部分可以先挖沟，以防止发生二次倒运或重复挖沟现象。

（4）施工时要考虑工艺与土建施工是否存在交叉施工的现象，如果有应采取何种对策。施工一般遵循"先土建后工艺、先地下后地上"的原则。

（5）穿越段管沟开挖时，地下水位较高应采取降水措施；沟壁如有塌方现象应采取一定措施加以防护。

（6）管道拉运时，注意对防腐管道的保护，应采取一定的防护措施和使用专用吊具。

（7）预制完成的管段及管道的组成件和组对安装的管道敞口，应进行封闭，防止雨水、杂物等进入。

（8）管道吹扫时，吹扫口必须加固，吹扫口朝向安全方向，不得朝向人行道路、设备等处。

（9）管道吊装作业时应有专人负责指挥，起重臂距离高压线路的安全距离应符合有关部门的规定。

（10）工艺管道安装时，穿墙及过楼板的管道，应加套管，管道的焊缝不宜置于套管内，穿墙套管长度不得小于墙厚，穿楼板套管应高出楼面50mm，穿过屋面的管道应有防水肩和防雨帽，管道与套管间的环向空间应用不燃材料堵塞。

（11）连接设备的管道，安装合格后，不得承受设计以外的附加载荷。

（12）施工用材料的检查验收应由技术、质量、材料有关人员共同参加。焊接用材料应有专人检查验收。

（13）阀门必须使用试压合格的，并有试压合格证。

附录

附录一 危害因素辨识与风险防控

附表1-1 油气长输管道及场站维抢修施工作业常见的危害因素及控制措施

风险名称	危害	易发时段	原因分析	预防控制措施	处理措施
损伤管道	火灾、爆炸、人员伤亡、环境污染	开挖作业坑	机械损伤	(1)开挖作业坑时,制定开挖方案,探明管道埋深及走向,专人指挥。 (2)开挖作业坑前,使用人工挖一个探坑,确定管道位置。 (3)靠近管道的部位采取人工开挖,避免伤及管道	(1)如果是损伤管道,立即对损伤部位进行修补。 (2)如管道泄漏,立即停输降压,对管道进行带压抢修,同时执行应急反应程序
介质泄漏	火灾、人员伤亡、环境污染	开孔过程中	连接部位紧固不够或紧固不均匀	开孔机、夹板阀组装完成后,进行整体压力试验,试验压力为管道运行压力,确认整体严密性合格后,方可进行开孔作业	通过紧固连接,处理泄漏
卡刀	无法正常完成开孔作业	开孔过程中	(1)管道应力过大。 (2)管道椭圆度过大。 (3)开孔速度过快	(1)焊接防胀圈,开孔位置应避开管道焊缝,三通焊接前测量管道圆度。 (2)控制开孔各阶段的开孔速度。 (3)开孔前,调整开孔机、开孔结合器、刀具、夹板阀以及三通,保证良好的整体同轴度	停机,手动退刀0.5in,再重新启机开孔
开孔中断	延误施工	开孔过程中	(1)开孔机安装、调节不当。 (2)开孔刀损坏。 (3)开孔速度过快。 (4)没严格按操作规程作业	(1)开孔前,调整开孔机、开孔结合器和刀具、夹板阀以及三通的对中组装,保证良好的整体同轴度。 (2)控制开孔速度,开孔过程中监视液压站的压力表变化,并保持对开孔切削的监听。 (3)检查刀具、中心钻的重点部位是否满足开孔要求。 (4)严格按照开孔机操作规程进行作业	(1)检修开孔机。 (2)更换刀具。 (3)重新选择开孔点

管道工

续表

风险名称	危害	易发时段	原因分析	预防控制措施	处理措施
封堵严重泄漏	火灾、爆炸、人员伤亡、环境污染	封堵验证	(1)封堵点管道内杂质过多。 (2)管道焊缝原因。 (3)封堵皮碗损伤。 (4)封堵尺寸不到位	(1)封堵点选择应严格测量管道圆度和壁厚。 (2)封堵点选择应控制好管道直焊缝的周向位置。 (3)作业尺寸由专人计算,专人检查核对。 (4)开孔时保证所开孔对管道的对中性,保证开孔尺寸到位。 (5)在封堵皮碗相对管道直焊缝的位置加工凹槽	首先检查核对封堵到位尺寸。若尺寸无误,则提起封堵头,重新进行下封堵。若反复多次,仍然泄漏严重,则拆除封堵器,检查密封皮碗,分析原因或更换皮碗,再次下封堵,若仍然无效,则应分析管道内部原因,可考虑另外选择封堵点
封堵器泄漏	火灾、人员伤亡、环境污染	封堵过程中	(1)封堵器密封件损坏。 (2)封堵器进异物或主轴弯曲	(1)施工前检查密封件。 (2)进行带压封堵试验。 (3)封堵前压力检查。 (4)严格按封堵操作规程操作	立即停止封堵操作,检修封堵器;如泄漏不严重,继续进行作业
断管刀具损坏	延误施工	断管过程中	(1)管道应力过大。 (2)切口处含高硬度质点	(1)利用楔子防止夹刀。 (2)在断管位置附近多爬几道口,释放管道应力	更换刀具
塞柄无法到位	延误施工	安装塞柄过程中	(1)塞堵安装不正确。 (2)尺寸计算不正确	(1)保证三通、夹板阀、开孔结合器、开孔机和塞堵的同轴度。 (2)作业尺寸由专人计算,专人检查核对	拆除开孔机,调整后重新下塞堵
塞堵密封发生泄漏	延误施工	塞堵安装完成后	(1)密封损坏。 (2)三通密封部位划伤或进铁渣	(1)注意塞堵和密封件的存放保护,防止塞堵密封槽和密封件的划伤和损坏。 (2)开孔前的检查,保证三通内腔密封部位的光滑度	提起塞堵,拆除开孔机,检查或更换密封,重新下塞堵
开孔机损坏	延误施工	下塞堵平衡时	(1)管道压力波动大。 (2)操作前没有进行压力平衡。 (3)没严格按操作规程进行操作	(1)严格按照工艺规程操作。 (2)下塞堵作业时,严格保证管道压力无波动或波动压力小于0.1MPa	拆除开孔机,进行维修,利用另外一台开孔机进行作业
黄油墙倒塌	爆炸	动火焊接时	(1)黄油墙未和均匀。 (2)黄油墙比例不合适	(1)黄油和滑石粉用和面机搅拌均匀。 (2)按照施工时温度情况进行比例调节	(1)专人盯守。 (2)黄油墙长度增长。 (3)淋水降温
作业坑塌方	人员伤亡,设备受损	整个作业过程中	(1)未按方案开挖。 (2)作业坑内积水过多导致作业坑土质松软	(1)对于多沙或者多水地段,作业坑除了要按照规定放坡之外还要打木桩。 (2)定期抽走作业坑内的积水。 (3)作业坑周围禁止摆放重物	(1)专职人员监护作业坑。 (2)尽量避开土质松软区域开挖作业坑

续表

风险名称	危害	易发时段	原因分析	预防控制措施	处理措施
压力伤害	人员伤害	管道试压	操作不当	(1)严格按照施工方案作业。 (2)人员避开压力正前方	试压期间设立试压区和警戒区,无关人员禁止入内
无关人员围观	火灾、人员伤亡	动火施工过程中	人为	动火点200m范围内停止所有无关的施工作业并严禁烟火	(1)专职人员监护。 (2)设立隔离带,无关人员禁止入内
排气孔氮气致人窒息	窒息	氮气置换排气时	氮气浓度大,造成呼吸困难	(1)排气孔引管到坑外无人区。 (2)使用轴流风机进行强制通风	准备空气呼吸器
高温	中暑	整个作业过程中	当地气候特点	(1)现场搭设帐篷。 (2)质量安全环保部提供物理降温冰袋、防暑降温药(藿香正气水)	(1)120人员专职监护,现场处置。 (2)送往医院
触电	高压线	动火施工过程中	操作不当	(1)对高压线断电。 (2)在两侧安装电力线接地线。 (3)吊臂与电线保持安全距离1.5m以上。 (4)起重指挥人员做好监护	(1)120人员专职监护,现场处置。 (2)送往医院抢救
交通	交通事故	动火施工过程中	人为	(1)设置警戒线。 (2)防止无关车辆通行	(1)120人员专职监护,现场处置。 (2)送往医院
交叉作业	人员伤害	交叉作业过程中	人为	(1)对交叉作业人员进行培训。 (2)分析作业中可能出现的危险。 (3)注意施工工序衔接,避免能力释放伤害	(1)120人员专职监护,现场处置。 (2)送往医院救治
焊接不合格	延误施工	施工过程中	(1)焊工不合格。 (2)焊接环境不符合要求	(1)检查焊工有效证件。 (2)严格执行焊接工艺评定	执行现场动火施工领导小组决议

附录二 现场作业标准化

一、安全目视化

(一)风险提示

(1)现场有作业流程风险识别图,现场设置风险识别看板。

(2)动火施工区域应设立安全警示标志、安全围栏,摆放安全警示牌、区域提示标牌、制作标志杆、工程展示牌,现场列出作业工序表。

(二)逃生通道、安全通道指示设置

(1)在逃生通道、安全通道处设置指示提示牌。安全通道标牌安装于安全通道和安全出口的醒目位置。

(2)动火作业坑四周应留出1.5m宽的安全通道,安全通道应保持畅通,两侧留有坡度不大于30°的安全踏步,宽度应不小于1m。因场地限制无法达到要求的,应采用移动梯、逃生绳等措施,确保动火作业人员在紧急情况下能迅速安全撤离。

(三)风向标设置

动火现场应设置风向标。根据风向对动火作业地带进行分区,并用警戒带进行隔离。机具摆放区、车辆停放区、休息区等应设置在上风向处,设备距离作业坑或者动火点至少1.5m以上。

二、现场布置

(一)作业坑标准化

1. 常规条件下作业坑开挖

(1)作业坑开挖前,应确认管道走向、埋深、漏点位置,应检测现场油气浓度,确保气体浓度符合作业要求。

(2)作业坑开挖可采取人工、水射流、机械或其他方式开挖;在管道泄漏的情况下,如采用非防爆机械方式,应在通风、水雾或泡沫覆盖保护下作业;如需破拆硬化的路面、地坪,应注意检测路面、地坪下的油气浓度,若油气浓度超标,应采用不产生火花的作业方式。

(3)作业坑管道两侧应设有安全阶梯逃生通道,安全踏步宽度应不小于1m,坡度不大

于 30°,通道上不应有障碍物并采取防滑措施。

坑底宽度应按下式确定:

$$W = D + K$$

式中　W——坑底宽度,m;

　　　D——管道外径,m;

　　　K——坑底加宽系数,$K=2.5$m。

(4) 作业坑边缘 1m 范围内不应堆土,1.5m 范围内不应摆放设备、停放车辆,堆高不能超过 1.5m,周边摆放物不宜妨碍吊装视线。

(5) 作业坑内应设立集油(水)坑,坑内应采取防渗、防扩散措施,宜提前安装应急抽油(水)泵,或根据需要在作业坑外下风向、低注处再开挖油(水)引流沟渠,并由专人在作业过程中负责抽排。

(6) 作业坑的深度及大小应根据作业需求确定。作业坑的坡度应根据土壤类别、力学性能和开挖深度确定。

(7) 如果作业坑挖掘深度超过 4m,则必须进行负荷计算及支撑设计,并在开挖期间监督对设计的支撑的安装;对于挖掘深度 6m 以内的作业,为防止挖掘作业面发生坍塌,应根据土质的类别设置斜坡和台阶、支撑和挡板等保护系统;对于挖掘深度超过 6m 所采取的保护系统,应由有资质的专业人员设计。

(8) 作业坑土壤为淤泥质土时应根据实际情况,采取降水或钢(木)板桩、混凝土等支撑措施。

(9) 封堵换管作业时,如对管道进行封堵,封堵坑与动火作业坑不应在同一个作业坑中,封堵坑尺寸执行相关标准,满足封堵实际作业需求。若动火坑和封堵坑在同一作业坑中,封堵作业坑与动火作业坑之间必须有高度不小于 1m 的连续间隔墙进行隔离。

(10) 作业坑管道每侧至少设置 1 条逃生通道,逃生通道宽不少于 1m,跨步间隙不高于 0.3m。

(11) 封堵开孔作业在架空管道上施工时,三通法兰端面高于地面 1.3m 时,建议搭建作业平台;在埋地管道上施工,三通法兰端面高于作业坑底 1.3m 时,建议搭建作业平台。

(12) 为了防止作业坑出现塌方等安全隐患,建议在边坡周围及作业坑底部敷沙袋,边坡四周用沙袋固定,防止作业坑边坡垮塌。

(13) 夜间作业应设置防爆照明灯,并配备值班人员。

2. 沼泽、水网地区作业面成型

进入沼泽、水网地区,抢修作业前需对作业面进行处理,包括作业点降排水、作业坑开挖、作业面硬化、吊车支护点加固等工作。以下介绍几种常见的作业面成型方式,现场抢修作业时,可结合现场具体情况,综合采用不同方法达到作业面成型的目的。

(二) 作业点降排水

作业点降排水包括围堰降水、井点降水、围堰导流降排水等手段。

1. 围堰降水

根据现场勘查,管道泄漏点跨度小于 10m 沟渠、池塘、水网稻田地区,并且现场有地表水积存,需要先对其进行围堰。围堰范围应大于施工所需场地面积,同时满足基本抢修机具的放置需要。跨度小于10m沟渠可设置围堰水坝截断上下游水流,大型池塘水网地区则设置环形围堰水坝。围堰高度应高于水位,根据实际情况而定,围堰坝体迎水面设置防水布。

围堰的种类较多,常见有土围堰、草土混合堰、槽钢(木排)桩围堰和草(麻)袋围堰等方式。各种河底围堰如附图2-1所示。

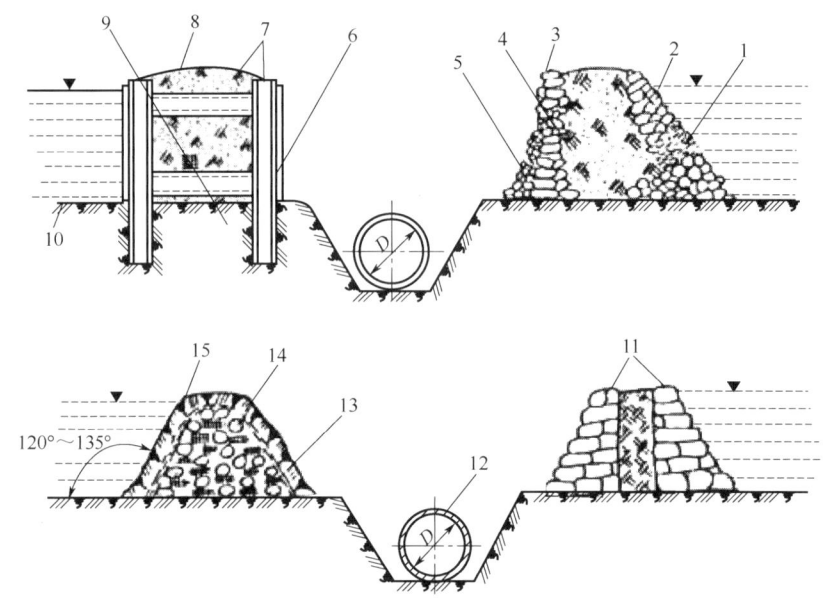

附图2-1 各种河底围堰示意图

1—石块竹笼;2—黏土草包防冲层;3—黏土草包护层;4—砂质黏土;5—石块护脚;6—钢板;
7—槽钢桩;8—土质堰体;9—满布铅丝绳;10—敷设管道;11—草(麻)包黏性土;12—敷设管道;
13—散草;14—捆草;15—黏性土壤

(1)土围堰采用含有卵石的砂质黏土料堆成梯形并夯实,水流急时外层用黏土草包和石块保护,防止水流冲刷。此方法简单,在流速小、河流狭窄情况较适用。

(2)草土混合堰由草捆与黏土相间堆压而成。草呈柔性以抗水,受土荷重而密实,有很稳定的抗渗性能。此方法造价低廉、施工方便,适于水深在6m内,流速小于3m/s的河流中。围堰土和草的体积比为1:1.5左右,堰体底宽取水深4~5倍为宜。

(3)槽钢(木排)桩围堰用槽钢桩或木桩打入围堰两侧,间距为1m左右,入土深度视水深和流速而定。围堰两侧用铁板封闭,填土夯实。由于填土量比土围堰、草土混合堰少,一般适用于水深3m、流速2m/s的河流。

(4)草(麻)袋围堰在草(麻)袋中装入松散黏性土(装填量为袋容量的2/3),堆筑于围堰两侧,中间加砂质黏土。此方法适用于水深3~5m,流速为1~2m/s,河床不透水场合用。

各种围堰构筑要求见附表2-1。

附表2-1 各种围堰构筑要求

分类	填料	顶宽,m	边坡	
			临水面	背水面
土围堰	松散黏土、砂黏土	2~4	1:2~1:3	2:3~1:2
草土混合堰	黏性土及草	1~2	1:2~1:3	2:3~1:2
草(麻)袋围堰	草袋、黏性土	2~2.5	1:1~1:0.5	1:0.5~1:0.2
钢(木)桩围堰	黏性土	0.8~1.5	1:0	1:0

对于小跨度小于10m的沟渠,待上下游水坝设置完毕后使用多台水泵持续从上游往下游抽水引流,同时坝体内部降排水。环形围堰则开挖排水渠,将区域内积水进行抽排。抢修人员首先根据现场水网情况,使用沙袋修筑临时防水坑,随后使用潜水泵将围堰内积水抽排到挖好的排水渠内积存。

由于地表水丰富,可根据实际情况采用一定数量的潜水泵或泥浆泵不间断抽水,用发电机24h进行供电,直到抢修结束。

2. 围堰导流降排水井点降水

由于沟渠河流不能断流,且水量相较于小型沟渠、池塘及水网地区更大,无法通过积水渠完成降排水收集,可开挖沟渠进行导流或者大型水泵组(拖拉泵)进行强排方式。围堰导流方法如下。

以管沟中心线为中心,上游15m,下游20m各设置一条截水坝,截水坝长度20m,迎水面坡比1:1,背水面坡比1:0.5,坝体高度3m(可根据实际情况确定),截水坝迎面铺设一层防水布。

对于水量较小的水渠、河流,可在上游围堰完成的同时用水泵向下游抽水过流,下游围堰完成后用水泵抽出围堰后的河水,直通围堰,采用水泵翻坝导流。根据实际需要采用一定数量的潜水泵或泥浆泵。

对于水量较大的水渠河流,围堰筑坝完成后可沿河道一侧开挖导流明渠,将原沟渠河流临时改线。之后通过一定数量的潜水泵或泥浆泵将围堰内的积水排出,完成降水。

3. 井点降水

对于地下水丰富地区,围堰降水无法有效排净作业坑积水,可采取结合井点降水方法进一步完成作业坑降水。井点降水具有排水量大,降水深、不受土质限制等特点,适用于地下水丰富、基坑深(>10m)、基坑占地面积大的工程地下降水,流沙地区和重复挖方地区使用这种方法,效果更佳。井点降水示意图见附图2-2。

井点设备主要包括井点管(下端设滤网)、集水总管、抽水设备及冲井设备组成。

(1)井点管采用$\phi 60mm \times 4mm$无缝钢管。管下端配1.0m滤管。滤管采用与井点管同直径钢管。井点管和滤管之间用钢制管箍连接。与集水汇管连接用耐压胶管。滤管上钻圆孔,直径5mm,距15mm,内衬钢丝网二层。

(2)集水总管为内径100mm的无缝钢管,每节长4.0m,总管上装有与井点管连接的短接头,间距1.0m。

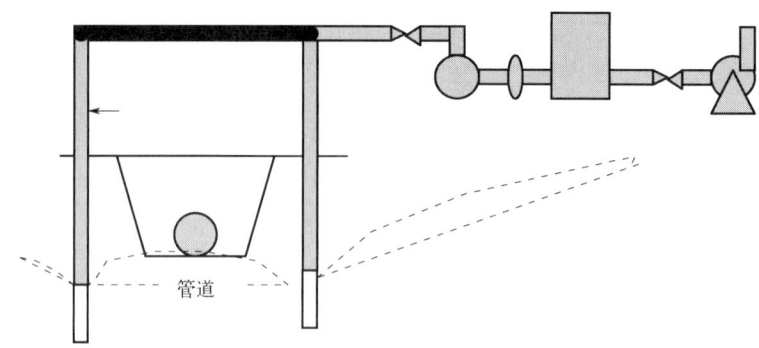

附图 2-2　井点降水示意图

（3）抽水设备由 3BL-9 清水离心泵（3BL-9 型）一台以及连接管组成，其作用是将地下水抽入自溢式水箱。

（4）冲井设备由一台离心泵（3BL-9 型）和相连接高压水管及冲井枪组成，其利用高压形成射流在预设点冲击将水基坑以埋设井点管。

每套井点降水设备带 100 根井点管，12 根集水管。

井点的平面布置为环状井点，井点管至坑壁不小于 1.0m，防局部发生漏气。高程布置是根据井点的埋设深度 H（不包括滤管）。井点埋设深度 H(m)计算如下：

$$H = H_1 + h + IL$$

式中　H_1——井管埋设面至基坑底的距离；

　　　h——基坑中心处底面至降低后地下水位的距离，一般为 0.5~1.0m；

　　　I——地下水降落坡度，环状井点为 1/10；

　　　L——井点管至基坑中心的水平距离。

同时还应考虑井点管一般要露出面 0.2m 左右，无论在任何情况下，滤管必须埋在透水层内，为了充分利用抽吸能力，总管的布置接近地下水位线，这样事先应挖槽，水泵轴心标高宜与总管平行或略低于总管，总管应具有 0.25%~0.5% 坡度（坡向泵层），各段总管与滤管最好分别设在同一水平面，不宜高低悬殊。

（5）首先排放总管，再埋设井点，管用弯联管将井点管与总管连通，然后安装抽水设备，在这里，井点管的埋设是一项关键性工作。

（6）井点管采用水冲法埋设，分为冲孔与埋管两个过程。冲孔时先将高压水泵，利用高压胶管冲与孔管连接，本设备冲孔管由人工扶持，并插在预设井点的位置上，利用高压水（1.8N/mm²），又经主冲孔管头部的喷水小孔，以急速的射流冲刷土壤，同时使冲孔管上下左右转动，边冲边下沉，从而逐渐在土中形成孔洞，井孔形成后，拔出冲孔管，立即插入井点管，并及时在井点管与孔壁之间填灌砂滤层，以防止孔壁塌土。

（7）认真做好井点管的埋设和砂滤层的填灌，是保证井点顺利抽水，降低地下水的关键。同时应注意，冲孔过程中，孔洞必须保持垂直，孔径一般为 30mm，并要求冲孔上下一致，冲孔深度宜比滤管低 0.5m 左右，以防止拔出冲孔管时部分土回填而触及滤管底部砂滤层。宜选用粗砂，以免堵塞滤管网眼，并填至滤管顶上 1.0~1.5m。砂滤层填灌好后，距地面下 0.5~1.0m 的深度内，应用黏土封口以防漏气。井点系统全部安装完毕后，需进行抽试,以检查有无漏气现象。

(8)井点降水使用时,一般应连续抽水。时抽时停,滤网易堵塞出水混浊,并引起附近建筑由于土颗粒流失而沉降、开裂,同时由于中途停抽,地下水回升,也可能引起边坡塌方等事故。抽水过程中,应调节离心泵的出水阀以控制水量,使抽吸排水保持均匀,正常的出水规律是"先大后小,先浑后清"。真空泵的真空度是判断井点系统工作情况是否良好的尺度,必须经常检查并采取措施。在抽水过程中,还应检查有无堵塞"死井"(工作正常的井管,用手探摸时,应有冬暖夏凉的感觉)。死井太多,严重影响降水效果时,应逐个用高压水反复冲洗拔出重埋。

4. 作业坑开挖

(1)降排水完毕后,将作业带内的淤泥清理干净,用草袋子或编织袋装土或沙子铺垫两层;确定设备就位场地,为保证地质承载力,可铺设道木桥排或钢浮板。

(2)人工开挖作业坑(如果方便机械开挖,用机械开挖),随时进行测量,防止破坏管道,作业坑要考虑设有安全紧急疏散通道;设备场地、道路距管沟至少1.5m以上。

(3)作业坑两侧打钢板桩,采用波浪形拉伸型钢板桩,长度根据实际确定,钢板桩之间的连接采用互握式。

(4)管沟成型后,立即采用防护板对作业坑沟壁进行保护,必要时可打排桩保护,防止管沟壁塌方,并用水泵排除沟内渗水。

(5)根据作业坑渗水量和含沙土率估算,设置潜水泵或泥浆泵数量进行排水,人工修理作业坑,作业坑要考虑安全通道。

(6)根据水深情况确定抢修人员是否穿戴和准备救生衣、救生艇。

(7)开挖完毕后,可采用聚酯柔性纤维、铝合金复合材料等手段硬化作业面。吊车进入现场后,抢修现场地面能否承受其支腿载荷是决定吊车能否正常使用的前提。为此应提前规划好吊车支腿位置,并在其下方采用垫钢板、钢浮板等方式进行加强。

(三) 区域功能划分

(1)作业现场区域应至少包含三层警戒区(警戒区、管控区、作业区),如附图2-3所示。三层区域使用警戒杆和警戒带隔离,如条件允许或现场环境需要,可采用硬隔离对警戒区进行隔离警戒,其他区域应使用警戒杆和警戒带进行隔离。

(2)警戒区域内划分起重作业区、设备摆放区、人员休息区、作业指挥区、辅助作业区(打磨、预制等区域),各区域应使用警戒带、警戒杆进行警戒区分。

(3)作业指挥区、人员休息区应设置在警戒区或管控区内的安全位置;起重作业区、设备摆放区、人员休息区、作业指挥区、辅助作业区(打磨、预制等区域)设置于管控区内;作业区只用于核心作业,除作业人员、安全监护人员(需要时)、质量监督人员(需要时)其他人员未经属地管理人员的许可不得入内。

(4)各区域间应该设置有安全通道,并且安全通道宽度便于快速疏散,通道内无障碍物。

(5)核心作业区为作业坑及周边1.2m范围,该区域应该采用警戒带隔离警戒,核心作业区内原则上只允许安全条件确认人员、作业人员、质量确认人员等进入,无关人员应依申

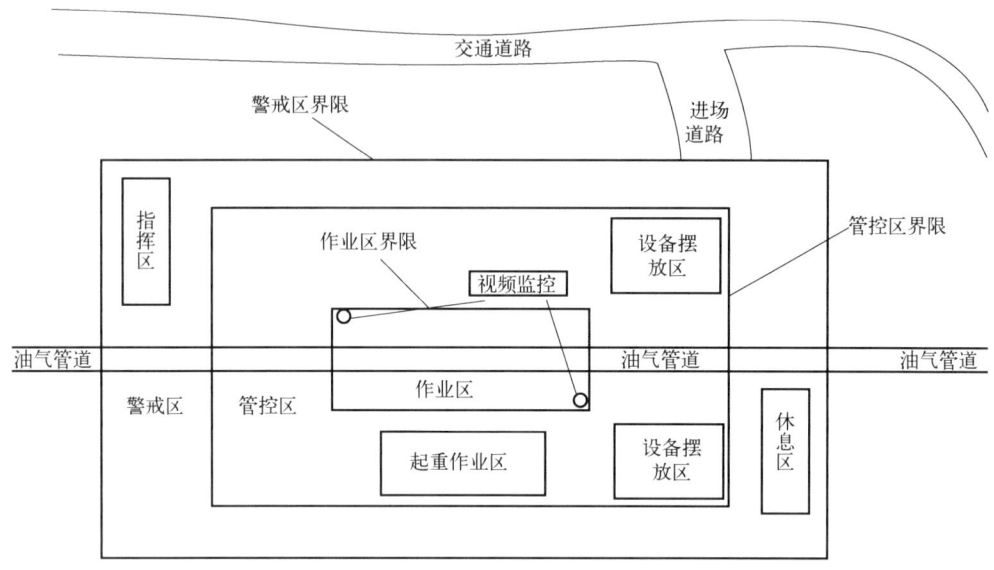

附图2-3 警戒区域示意图

请进入,并遵照属地管理相关要求。

(6)起重作业区吊车应停放在水平且坚实的作业面上,以保证吊车基础的水平和稳定。吊装作业过程中应与周围的建筑物、电缆等保持安全距离。吊车整体范围内应设置警戒及有相应的警示标识,作业过程中,警戒范围内无关人员不得入内。在显著位置应设置区域指示牌。

(7)设备摆放区为预防设备在雨天避免设备受到雨水淹没造成设备损失,设备摆放区位置应尽量避开洼地位置处,地面应平整,并铺设有竹夹板、石子或其他材料,应尽量避免设备直接与地面接触。

设备摆放应整齐、规范、方便取用,设备之间应预留出满足人员通行的通道。

设备摆放区应设置警戒线,并在显著位置设置区域指示牌。

(8)作业辅助区主要用于管道切割、打磨、测量、设备准备等作业,地面应结实平整,不易出现塌陷,如有需要,应采用钢板、木板、竹夹板等材料敷设。

(9)作业人员临时休息区应设立在起重作业回转半径之外,并远离作业点的安全位置。

(10)作业指挥区应设立在远离作业区域之外的安全位置,并应在防爆对讲机信号范围之内,确保指挥人员能够通过防爆对讲机等通信设备进行现场指挥作业。

三、现场管控

(一)安全监护

(1)现场应设置具备国家、行业或企业规定相关从业和上岗资质的专职安全监护人员,负责动火施工人员、现场设备设施和施工过程的现场安全监护。

(2)动火作业过程中,动火单位和作业单位应实施安全"双监护",动火监护人应坚守作业现场,动火作业监护人发生变化需经现场指挥人员批准。

(3)现场作业指挥人员与安全监护、监督人员不应是同一个人。

(4)现场安全监护人员必须佩戴明显标志,配备专用可燃气体检测仪器、含氧以及有害气体测试仪器,负责各个程序的监护检测。若抢修现场可燃气体含量高于10%LEL,应采取强制通风的方式控制空气中的可燃气体含量,施工过程中用防爆轴流风机强制吹扫,随时排除作业坑和管道中散发的可燃气体以及有毒有害气体。

(二)车辆人员管控

(1)进入作业现场勘查或进行前期处置的抢险作业人员,注意佩戴好防护用具,避免油气毒害。

(2)进入警戒区的抢修车辆要安装防火帽,其他车辆要停放在警戒区以外。

(3)与抢修无关人员禁止进入抢修现场,抢修现场严禁烟火。

(4)动火作业人员在动火点的上风位置作业,应位于避开油气流可能喷射和封堵物射出的方位。特殊情况下,应采取围隔作业并控制火花飞溅。

(5)动火现场严禁吸烟,严禁携带任何与动火无关的火种和易燃易爆物品进入动火现场。

(三)气体检测

(1)气体检测时间距动火开始时间不应超过30min,动火开始后每隔30min,进行一次气体检测,并进行记录。

(2)动火作业前,应使用便携式可燃气体报警仪或其他设备对作业区域或动火点可燃气体浓度进行检测分析。当被测气体或蒸气的爆炸下限大于或等于4%时,其被测浓度应不大于0.5%(体积分数);当被测气体或蒸气的爆炸下限小于4%时,其被测浓度应不大于0.2%(体积分数)。

(3)输气管道打开后在检测可燃气体的基础上,还应定时检测氧气浓度,确保氧含量为19.5%~23.5%,确保作业环境安全。

(4)气体检测的位置和所采的样品应具有代表性,必要时分析样品(采样分析)应保留到动火结束。

(5)用于检测气体的检测仪器仪表应在校验有效期内,并在每次使用前与其他同类型检测仪器仪表进行比对检查,以确定其处于正常工作状态。

(6)在进行可燃气体检测时应同时使用两台及以上检测仪进行检测和复检,保证检测结果的可靠和有效准确。

(四)环境保护

(1)涉油作业的,应在管道作业点作业坑内或管道下方敷设防渗膜,同时应配置吸油毡、吸油纸等能够清理油污的物资,作业过程确保无次生环境污染发生。

(2)涉油作业且作业点临水源、河流、湖泊等的,应提前做好溢油防控措施,确保油品发生泄漏后不出现大规模扩散,造成次生环境污染。

(3)油气管道切割时,每个管道切割点下方应至少准备1个接油槽,并准备足够数量油桶和接油用具,防止油品落地污染环境。

(五)防静电措施

(1)油气环境作业现场,应在现场入口处设置临时防静电桩,用电设备、抽油设备及油罐车、动火管道等应设置静电释放接地线,其接地电阻应小于10Ω。

(2)动火使用的电气设施、工器具应符合防火防爆相关要求并安装漏电保护装置。

(六)起重作业管控

(1)动火作业前应对吊装的钢丝绳、吊带等进行安全确认。

(2)吊车操作手、起重工应经过培训,并持有特殊工种操作证。

(3)吊车作业时应设专人指挥,吊装作业开始前应鸣笛提示现场作业人员,吊装过程中应同时用牵引绳导向。

(七)现场作业条件确认

(1)现场作业人员均可提出需要进行作业安全分析的工作任务。

(2)各作业现场专业技术负责人对工作任务进行初步审查,确定工作任务内容,判断是否应做作业安全分析,制定作业安全分析计划。

(3)若初步审查判断出的工作任务风险无法接受,则应停止该工作任务,或者重新设定工作任务内容。

(4)其他现场作业安全分析活动参照相关规定开展。包含但不限于:作业坑逃生通道、气体浓度、明火控制、防滑防塌方措施、气体放散等措施。

(5)作业前,应确认管道上下游阀室是否完成能量隔离、相关工艺阀门是否已关闭锁定,管内压力是否符合作业要求;同时还应确认上下游封堵是否有效、隔离囊安装完毕,焊接前黄油墙无坍塌。

参 考 文 献

[1] 中国石油天然气集团有限公司人力资源部. 油气管道安装工:上册. 北京:石油工业出版社,2020.
[2] 中国石油天然气集团有限公司人力资源部. 油气管线安装工:下册. 北京:石油工业出版社,2020.
[3] 冯庆善,王婷,秦长毅. 油气管道管材及焊接技术. 北京:石油工业出版社,2015..
[4] 《油气长输管道抢修技术》编委会. 油气长输管道抢修技术. 北京:石油工业出版社,2018.
[5] 胡忆沩,杨梅,李鑫,等. 实用管工手册.4版. 北京:化学工业出版社,2017.